21世纪本科院校土木建筑类创新型应用人才培养规划教材

建筑工程安全管理与技术

主　编　高向阳　秦淑清

参　编　张树娟　周国恩

北京大学出版社
PEKING UNIVERSITY PRESS

内 容 简 介

本书尽量体现安全管理在建筑工程中表现的本质精神，同时注意理论联系实际，强调内容精炼、说理明白、脉络清晰。本书主要内容包括安全工程基本原理、建设工程安全生产管理理论、建筑工程安全生产保证、建筑施工安全控制及现场文明施工与建筑职业病防治等安全管理的基础原理和方法，以及建筑施工现场高处作业及开挖作业、建筑机械使用、建筑施工现场用电和用火等安全技术与管理。本书阐述有关基本概念和基本原理，叙述了常用的技术要求和措施，并提供了丰富的插图和工程实例；在每章前后附有引例、案例和本章小结，并设置较全面、详细的例题和习题。

本书可作为土木工程专业（建筑工程、岩土工程、水利工程、道路桥梁工程等各个专业方向）的本科教材，也可作为相关专业工程技术人员的学习参考用书。

图书在版编目(CIP)数据

建筑工程安全管理与技术/高向阳，秦淑清主编. —北京：北京大学出版社，2013.1
(21世纪本科院校土木建筑类创新型应用人才培养规划教材)
ISBN 978-7-301-21687-3

Ⅰ. ①建… Ⅱ. ①高…②秦… Ⅲ. ①建筑工程—安全管理—高等学校—教材 Ⅳ. ①TU714

中国版本图书馆CIP数据核字(2012)第282615号

书　　　名：建筑工程安全管理与技术
著作责任者：高向阳　秦淑清　主编
策 划 编 辑：卢　东　吴　迪
责 任 编 辑：卢　东
标 准 书 号：ISBN 978-7-301-21687-3/TU·0299
出 版 发 行：北京大学出版社
地　　　址：北京市海淀区成府路205号　100871
网　　　址：http://www.pup.cn　新浪官方微博：@北京大学出版社
电 子 邮 箱：编辑部 pup6@pup.cn　总编室 zpup@pup.cn
电　　　话：邮购部 010-62752015　发行部 010-62750672　编辑部 010-62750667
印　刷　者：北京虎彩文化传播有限公司
经　销　者：新华书店
787毫米×1092毫米　16开本　21印张　492千字
2013年1月第1版　2024年7月第7次印刷
定　　　价：48.00元

前　言

本书是根据教育部颁布的专业目录和面向21世纪土木工程专业培养方案，并结合培养创新型应用本科人才的特点和需要编写的。

本书在介绍安全工程学科基本知识的基础上，以工程建设安全生产责任为主线，以施工安全生产技术与安全生产管理为重点，使“技术”与“管理”有机结合，从理论上做广泛论述，并从施工现场实际安全隐患控制的角度，细致地叙述了安全技术要求和措施。本书内容基本涵盖安全科学与工程学科的“建筑安全生产”各主要方面的基本知识。

现阶段土木工程专业或工程管理专业的课程设置中，有关安全工程方面的课程(如安全系统工程学、安全管理学、安全人机工程学)普遍较少甚至没有开设。因此本书在安排章节时注意适当体现上述课程的必要内容，使土木工程专业和工程管理专业学生更好地理解相关技术知识和理论方法，了解安全生产管理工作应具备的基础知识和理论，为提高学生对安全管理的认识、加强管理的科学性和有效性，更好地做好安全生产管理工作打好基础。

本书编写的特色主要有两点。

(1) 内容体系充分考虑高校工程管理专业课程的设置和衔接，弥补工程管理专业所设置的先修课程对本课程相关知识(如安全相关学科的基本知识)支撑不够的缺陷，注重知识的系统性、完整性、连贯性，并使安全管理原理与工程建设特点充分结合。

(2) 注意工程管理专业其他各门课程教材间知识点的衔接、交叉、融合问题，尽量避免本门课程与其他课程内容(如项目管理、施工技术等)的重复。

本书第7～10章由徐州市创佳建设监理咨询有限公司秦淑清和徐州工程学院高向阳共同编写；第3、5章由广西科技大学周国恩编写；第1、2、4、6章由徐州工程学院张树娟编写。全书由高向阳统稿。

由于编者学识有限，书中不足和疏漏之处在所难免，恳请广大读者予以指正。

编者

2012年10月

目　录

第1章 绪 论

教学目标

本章主要讲述安全生产的概念与定义，介绍目前我国安全生产的研究现状。通过本章学习，应达到以下目标。

(1) 掌握安全生产的概念，建筑业事故种类。

(2) 熟悉事故发生的原因、规律、安全生产投入与效益的关系。

(3) 理解安全生产的意义，建筑业的安全管理现状。

教学要求

知识要点	能力要求	相关知识
安全生产	(1) 掌握安全生产的概念 (2) 理解安全生产的意义	安全生产
安全生产现状	(1) 建筑业安全生产基本情况 (2) 建筑施工伤亡事故种类及等级 (3) 建筑施工伤亡事故产生的原因 (4) 建筑安全事故发生的规律 (5) 建筑安全的投入与收益	(1) 安全管理制度 (2) 建筑业事故种类 (3) 五大伤害 (4) 事故发生的心理规律 (5) 事故发生的时间规律 (6) 安全投入的定义 (7) 安全投入与效益的关系图

基本概念

安全生产、安全事故、伤亡事故、安全投入、安全效益

引例

国家安全监管总局2012年工作要点

2012年安全生产工作的总体要求是：全面贯彻落实党的十七大和十七届三中、四中、五中、六中全会及中央经济工作会议精神，以邓小平理论和“三个代表”重要思想为指导，深入贯彻落实科学发展观，认真贯彻落实《国务院关于坚持科学发展安全发展促进安全生产形势持续稳定好转的意见》(国发[2011] 40号，以下简称《意见》)精神，坚持以人为本，以科学发展、安全发展为总要求，以深入扎实开展“安全生产年”活动为载体，以强化预防、落实责任、依法治理、应急处置、科技支撑、基础建设

为主要措施，以进一步减少事故总量、有效防范和坚决遏制重、特大事故为工作目标，切实把各项责任落实到位，把各项政策措施落到实处，全力以赴做好安全生产各项工作，全面促进全国安全生产形势持续稳定好转，以安全生产的新成效迎接党的十八大胜利召开。

一、牢固树立科学发展、安全发展理念，着力凝聚共识，推动实施安全发展战略。

二、坚持预防为主，着力排查治理隐患，深化重点行业领域的安全整治。

三、坚持落实责任，着力强化和落实企业安全生产主体责任，不断加强政府及其部门安全监管。

四、坚持依法治理，着力打击非法违法行为，进一步规范生产经营建设秩序。

五、强化科技支撑，着力推广先进适用技术，全面提升安全保障能力。

六、强化应急处置，着力加强队伍和装备建设，进一步提升应急救援能力。

七、强化基础建设，着力推进企业安全生产达标创建，搞好安全培训工作。

八、加强职业病危害防治，着力落实监管职责，把职业卫生工作纳入依法开展的轨道。

九、加强安全监管监察队伍建设，着力深化创先争优活动，提升监管监察能力。

十、统筹做好其他各项工作。

在国家安全监管总局2012年的工作要点中，我们看到，建筑业作为一个重点的监管行业，主管部门特别提出：深化建筑施工、高速铁路等行业领域的安全整治。认真整治借用资质和挂靠、违法分包转包、以包代管，以及严重忽视安全生产、赶工期抢进度等建筑施工领域的突出问题。深入排查治理高速铁路、城市轨道交通安全隐患。以高层地下建筑、人员密集场所、“三合一”场所为重点，集中整治重大火灾隐患。深化渡口渡船、渔业船舶、农业机械安全专项整治。此外，抓好安全培训教育工作。进一步加强高危行业“三项岗位”人员和班组长、农民工安全培训。严肃查处“三项岗位”人员无证上岗、农民工未经培训就下井进厂作业等违法违规行为。加强“安全科学与工程”学科建设，办好安全工程类高等教育和职业教育，强化注册安全工程师等专业技术人员的教育培训。因此可以看出，安全工程专业的学生，专业执业资格证书的取得和能力的培养应从在校的学习过程中开始准备，这样才能胜任今后的工作。

1.1 安全生产的概念及意义

1. 安全生产的概念

所谓安全生产就是指生产经营活动中，为保证人身健康与生命安全，保证财产不受损失，确保生产经营活动得以顺利进行，促进社会经济发展、社会稳定和进步而采取的一系列措施和行动的总称。

2. 安全生产的意义

随着社会的发展与进步，安全生产的概念也在不断地发展。安全生产的概念已不仅仅是保证不发生伤亡事故和保证生产顺利进行，而且增加了对人的身心健康要求，以及搞好安全生产以促进社会经济发展、社会稳定及社会进步的要求。我们应从理论、政治、经济（宏观和微观）、伦理道德和社会稳定等不同角度来理解安全生产，从而进一步搞好安全生产工作。

(1) 从理论而言，人民群众是历史的创造者。人类社会赖以生存的物质资料都是劳动者创造的，保护劳动者就是保护生产力，推动历史前进。

(2) 从政治而言，劳动人民是国家的主人，我国的宪法和其他法律法规都明确规定要保护劳动者在生产过程中的安全与健康。国际劳工组织也规范了保障就业者安全的各种章程。

搞好安全生产，保护劳动者的安全与健康已成为国家乃至世界关注的一个政治敏感问题。

(3) 从宏观经济而言，生产力的高低决定着经济发展的高低，生产力是由人的因素和物的因素构成，而人的因素是主体，在构成生产力诸多因素中起主导作用。一个国家或一个地区安全生产搞不好，会直接影响这个国家或这个地区的经济发展。

(4) 从微观经济而言，每一起生产安全事故都将造成一定的经济损失，这些直接和间接的经济损失有时是巨大的，甚至是一个企业或个人难以承受的。因此，搞好安全生产就是保护生产力，促进经济发展。

(5) 从伦理道德而言，家庭是社会的细胞，尤其在我国，重视家庭生活是传统的美德。如果一个家庭的某一个成员因生产事故而伤残或死亡，会造成这个家庭的极大不幸。伤亡一名职工，会给其父母、妻子、儿女、亲朋好友带来很大的痛苦，甚至给家庭带来长久的痛苦。

(6) 从社会稳定而言，生产安全事故的频发，一方面会影响政府的形象，给招商引资带来负面影响，引起经济发展的波动；另一方面由于事故造成的人身伤害和财产损失所产生的众多经济纠纷，往往会引起人们对政府甚至对社会的不满，易成为社会不稳定因素。

1.2 我国建筑安全生产现状

1.2.1 建筑业安全生产基本情况

我国总体安全生产事故变化趋势

(1) 事故总量继续下降。2005 年，全国共发生伤亡事故 717938 起、死亡 127089 人；2006 年，全国共发生伤亡事故 627158 起、死亡 112822 人，同比分别减少 90780 起、14267 人，分别下降 12.6％和 11.8％；2007 年，全国共发生伤亡事故 417423 起、死亡 79540 人，同比分别减少 209735 起、33282 人，分别下降 33.4％和 29.5％。

(2) 重大事故下降。2005 年，全国共发生伤亡事故 2539 起、死亡 9690 人；2006 年，全国共发生伤亡事故 2357 起、死亡 9065 人，同比分别减少 182 起、14267 人，分别下降 7.2％和 6.4％；2007 年，全国共发生伤亡事故 1809 起、死亡 7060 人，同比分别减少 548 起、2005 人，分别下降 23.2％和 22.1％。

(3) 特大事故下降后有回升趋势。2005 年，全国共发生伤亡事故 134 起、死亡 3049 人；2006 年，全国共发生伤亡事故 95 起、死亡 1570 人，同比分别减少 49 起、1479 人，分别下降 36.6％和 48.5％；2007 年，全国共发生伤亡事故 67 起、死亡 1002 人，同比分别减少 28 起、568 人，分别下降 29.5％和 36.1％。但是 2008 年上半年，全国共发生伤亡事故 76 起、死亡 1157 人，比上年全年总量还高，安全生产形势走差。

(4) 特别重大事故下降后有回升趋势。2005 年，全国共发生伤亡事故 17 起、死亡 1200 人；2006 年，全国共发生伤亡事故 7 起、死亡 263 人，同比分别减少 10 起、937 人，分别下降 58.8％和 78.1％；2007 年，全国共发生伤亡事故 5 起、死亡 194 人，同比分别减少 2 起、69 人，分别下降 28.6％和 26.2％。但是 2008 年上半年，全国共发生伤亡事故 10 起、死亡 662 人，比前两年全年总量还高出 2 倍以上，显示出明显的恶化势态。

1.2.2 建筑施工伤亡事故种类

1. 根据伤害程度划分

(1) 轻伤，指损失工作日为1个工作日以上(含1个工作日)，105个工作日以下的失能伤害。

(2) 重伤，指损失工作日为105个工作日以上(含105个工作日)的失能伤害，损失工作日最多不超过6000日。

(3) 死亡，其损失工作日定为6000日，这是根据我国职工的平均退休年龄和平均死亡年龄计算出来的。

此种分类是按伤亡事故造成损失工作日的多少来衡量的，而损失工作日是指受伤害者丧失劳动能力(简称失能)的工作日。各种伤害情况的损失工作日数，可按《企业职工伤亡事故分类》GB 6441—1986中的有关规定计算或选取。

2. 生产安全事故等级

根据中华人民共和国国务院令第493号《生产安全事故报告和调查处理条例》，生产安全事故按造成的人员伤亡或者直接经济损失划分为四个等级。

(1) 特别重大事故。

特别重大事故，是指造成30人以上死亡，或者100人以上重伤(包括急性工业中毒，下同)，或者1亿元以上直接经济损失的事故。

(2) 重大事故。

重大事故，是指造成10人以上30人以下死亡，或者50人以上100人以下重伤，或者5000万元以上1亿元以下直接经济损失的事故。

(3) 较大事故。

较大事故，是指造成3人以上10人以下死亡，或者10人以上50人以下重伤，或者1000万元以上5000万元以下直接经济损失的事故。

(4) 一般事故。

一般事故，是指造成3人以下死亡，或者10人以下重伤，或者1000万元以下直接经济损失的事故。

(等级事故中所称的“以上”包括本数，所称的“以下”不包括本数。)

国务院安全生产监督管理部门可以会同国务院有关部门，制定事故等级划分的补充性规定。

3. 事故分类

《企业职工伤亡事故分类》GB 6441—1986中，将事故类别划分为20类。建筑施工企业易发生的事故占10类。

(1) 高处坠落，指出于危险重力势能差引起的伤害事故。适用于脚手架、平台、陡壁施工等高于地面的坠落，也适用于山地面踏空失足坠入洞、坑、沟、升降口、漏斗等情况，但排除以其他类别为诱发条件的坠落。例如，高处作业时，因触电失足坠落应定为触电事故，不能按高处坠落事故划分。

(2) 触电，指电流流经人体，造成生理伤害的事故。适用于触电、雷击伤害。例如，人体接触带电的设备金属外壳或裸露的临时线，漏电的手持电动手工工具；起重设备误触高压线或感应带电；雷击伤害；触电坠落等事故。

(3) 物体打击，指失控物体的惯性力造成的人身伤害事故。例如，落物、滚石、锤击、碎裂、崩块、砸伤等造成的伤害，不包括爆炸而引起的物体打击。

(4) 机械伤害，指机械设备与工具引起的绞、辗、碰、割、戳、切等伤害。例如，工件或刀具飞出伤人，切屑伤人，手或身体被卷入，手或其他部位被刀具碰伤，被转动的机构缠压住等。但属于车辆、起重设备的情况除外。

(5) 起重伤害，指从事起重作业时引起的机械伤害事故。包括各种起重作业引起的机械伤害，但不包括触电，检修时制动失灵引起的伤害，上下驾驶室时引起的坠落式跌倒。

(6) 坍塌，指建筑物、构筑、堆置物等倒塌以及土石塌方引起的事故。适用于因设计或施工不合理而造成的倒塌，以及土方、岩石发生的塌陷事故。例如，建筑物倒塌，脚手架倒塌，挖掘沟、坑、洞时土石的塌方等情况。不适用于矿山冒顶片帮事故，或因爆炸、爆破引起的坍塌事故。

(7) 车辆伤害，指本企业机动车辆引起的机械伤害事故。例如，机动车辆在行驶中的挤、压、撞车或倾覆等事故。

(8) 火灾，指造成人身伤亡的企业火灾事故。不适用于非企业原因造成的火灾，如居民火灾蔓延到企业。此类事故属于消防部门统计的事故。

(9) 中毒和窒息，指人接触有毒物质，如误吃有毒食物或吸入有毒气体引起的人体急性中毒事故，或在暗井、涵洞、地下管道等不通风等缺氧的地方工作，因为氧气缺乏，有时会发生突然晕倒，甚至死亡的事故称为窒息。两种现象合为一体，称为中毒和窒息事故。不适用于病理变化导致的中毒和窒息的事故，也不适用于慢性中毒的职业病导致的死亡。

(10) 其他伤害。凡不属于《企业职工伤亡事故分类》其他19种伤害的事故均称为其他伤害，如扭伤、跌伤、冻伤、野兽咬伤、钉子扎伤等。

高处坠落、坍塌、物体打击、机械伤害(包括起重伤害)、触电等事故，为建筑业最常发生的事故，占事故总数的85%以上，称为“五大伤害”。

此外，还可按受伤性质分类。受伤性质是指人体受伤的类型。实质上这是从医学的角度给予创伤的具体名称，常见的有如下一些名称：电伤、挫伤、割伤、擦伤、刺伤、撕脱伤、扭伤、倒塌压埋伤、冲击伤等。

1.2.3 建筑施工伤亡事故产生的原因

安全与生产是同时存在的，危及生产人员的不安全因素也是同时存在的，事故的原因是复杂和多方面的。全世界每年都会发生上百万起事故，伤亡人数巨大。针对世界上不断发生的各类事故，各国都进行了事故调查分析，其原因都与不安全行为、不安全动作以及不安全心理状态有着密切关系。

通过分析大量事故案例可以看出，职工的心理状态与事故有很大的关系。在事故发生的主要原因中，如忽视安全、违章指挥、违章作业等，都与不正常的心理状态相关。

事故发生前的心理状态是复杂多样的，但在大多数情况下，有以下几种。

1）侥幸心理

其表现特征：一是碰运气，认为违章操作并非一定会发生事故，认为“动机是好的”，不会遭到责备；二是自信心很强，相信自己有能力阻止事故的发生，别人不一定会发现自己的违章操作。抱有侥幸心理的人，不是防止“万一”，而是马虎了事，贪图方便，从而导致事故的发生。侥幸心理是产生事故较普遍的原因。

2）冒险行为

其表现特征：一是好胜心强，喜欢逞能；二是私下爱与别人打赌；三是有过违章行为而未造成事故的经历；四是为缩短工作时间，不按规程作业；五是企图挽回某种影响。冒险行为只顾眼前一时得失，而不顾客观结果；盲目行动，蛮干瞎干。由于冒险行为所引起的事故是很多的，尤其在青年人中经常发生。

3）思想麻痹

其表现特征：一是由于经常从事某种工作，所以习以为常，并不感到有什么危险；二是此工作已作过多次，因此满不在乎；三是没有注意到反常现象；四是责任心不强。在这种心理状态支配下，沿用习惯方式进行操作，凭经验行事，放松思想警惕，以致酿成灾祸。

4）技术不熟练

其表现特征：一是认为“差不多就行了”，对业务知识一知半解，不能精益求精；二是认为“已经作过多少次了”，没有什么需要学习的等。在这种心理支配下，一旦遇到难一点、复杂一点的问题，就乱了阵脚，从而导致事故的发生。

5）安全意识淡薄

其表现特征：一是不能意识到安全是个人家庭的最大需要；二是不能意识到发生事故会给个人、家庭、集体、国家带来的巨大损失。由于缺乏安全意识，放松了对事故发生的警惕性，更谈不上预防事故，因此事故也就容易发生。

1.2.4 建筑安全事故发生的规律

通过研究和分析过去违反安全条例的记录以及意外伤害事故的资料，了解国内外在过去若干年中针对建筑安全所进行的研究工作，使我们能够深入地了解和分析其中的一些问题。通过对各类工业生产企业的事故调查与分析，得出结论：建筑业在伤害及死亡事故发生率方面一直居于前列。虽然在过去的几十年中，建筑业事故率已经有了大幅度的下降，但目前的安全水平仍然不能令人满意。为了提高建筑业的整体安全水平，方法之一便是重点调查和研究建筑安全事故发生的规律，并且找出导致安全事故发生的主要原因。

1. 事故类型规律

通过对我国在2004～2007年发生的建筑安全事故的分析可知，事故的主要类型分别是高处坠落、坍塌、物体打击、机械伤害和触电事故，它们分别所占的比例见图1.1。

而早在1990年，OSHA(Occupational Safety and Health Administration，美国职业安全与健康管理局)发表了美国在1985～1989年发生的死亡事故的调查分析报告。在报告中明确指出了值得人们关注的一些主要事故类型，也就是在建筑业导致死亡事故发生的一些主要原因。首先，高处坠落是建筑安全事故最主要的直接原因，几乎在所有国家都是如此。其次，值得关注的领域是由触电造成的伤害。我国的统计数据表明，有18%的事故是由于触电造成的，而OSHA的调查研究报告发现，在美国所有的死亡事故中，11%是由于工人与高架电线接触而造成的。再次，近几年，我国建筑业领域造成较大伤亡的安全事故中，坍塌事故日益突出，特别是2010年以来，由于脚手架、模板以及基坑、土方、建筑物的倒塌事故发生概率比较大，给国家和人民带来了巨大的损失。针对这些突出问题，我国建设行政主管部门也出台了针对性的法规和文件，但对于施工企业和施工现场而言，如果没有切实可行的培训和宣传，短时间内很难认识到问题的严重性。

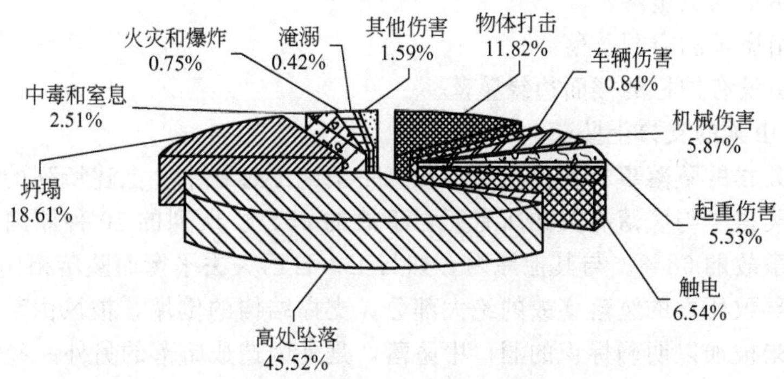

图 1.1 各类型事故死亡人数比例

下面介绍一下OSHA在1980年、1985年、1990年进行调查的结果。

研究人员在对雇主所受最高处罚(超过5000美元)所依据或援用的条例进行分析后，发现在1980年，1985年、1990年所发生的大量大额处罚事件中有某些安全标准被大量援用，按其被援用次数(即违反该条款的次数)多少排列如下。

(1) 1926.652 防护系统需求。

(2) 5A001 OSHA法案的一般职责条款。

(3) 1926.21 安全培训与教育。

(4) 1926.651 特殊开挖要求条件。

(5) 1926.550 塔式起重机。

(6) 1926.451 脚手架。

(7) 1926.105 安全网。

(8) 1926.500 地面洞口防护。

(9) 1926.28 个人防护装备。

(10) 1926.950 通用设备(电能传输与分配)。

从OSHA调查的结果看，以上10大问题是建筑业中容易引起事故的主要原因。值得注意的是，由于高处坠落而导致的死亡事故所占比例随着时间的发展有所升高。有趣的是，在同一时期，违反脚手架设计标准的事故数量却出现了下降。从这一信息中我们也许可以推断出，在OSHA的某些方面如果有更严厉的措施出台，那么在那一领域导致死亡的事故将会发生得较少。物体打击导致的伤害事故显示出增加的趋势，而挤压造成的伤害事故却呈现出下降趋势。

这一调查确认了在建筑业已经被广泛接受的一种观点，即高处坠落是导致建筑工人死亡的最普遍原因。通过对数据库中508起高处坠落事故起因的评定，发现最常见的高处坠落事故有以下几类。

(1) 人员由屋顶坠落。

(2) 脚手架倒塌。

(3) 人员由脚手架上坠落。

(4) 结构倒塌。

(5) 人员由地上的洞口坠落。

(6) 人员由梯子上坠落。

(7) 人员由结构上坠落。

(8) 人员由屋顶的空洞坠落。

(9) 人员由没有护栏的楼面边缘坠落。

(10) 人员由梁的支撑上坠落。

许多导致死亡的坠落事故发生在屋顶和脚手架施工过程中。上述所列的高处坠落事故种类中，前五类占了与坠落有关的所有死亡事故的45%。所列的10种原因占了与坠落有关的所有死亡事故的68%。与其他原因，如与工人自已失去平衡而坠落相比，外因造成的坠落事故占了导致死亡的坠落事故的绝大部分。支撑结构的倒塌，被风由某处吹落，或由一个未知的或未被加以明确标识的洞口中坠落，是外因造成坠落的另外一些例子。

导致死亡的坠落高度也在调查范围内。平均坠落高度是14.26m。这一平均坠落高度在被调查的3年中没有发生明显的变化。最低的坠落高度是1.5m，事故发生情况如下。“一名工人从一辆正在以8～10m/h速度行驶的运输卡车上摔下来，高度约1.5m，其后脑勺直接触地，由此造成了他的死亡。”当查看有关低处坠落导致死亡的案例时，人们发现工人脑部受伤是导致死亡的最直接原因。

排在高处坠落之后，导致死亡最常见的原因便是物体打击。有关物体打击事故的具体案例可以被分为以下几类。

(1) 工人受到坠落物的打击。

(2) 工人受到运动着的重型设备的打击。

(3) 工人受到吊车、吊臂或其所吊物的打击。

(4) 工人受到私人交通工具的打击。

(5) 工人受到掘进设备的打击。

以上所列举的情况占所有由物体打击造成死亡事故的70%。1980年、1985年、1990年，由物体打击造成的死亡事故有所增加。增加的原因很大程度上归咎于工人受到重型设备的物体打击或受吊车及其所吊的横梁或荷重的物体打击数量的增加。但在随后的几年中，由物体打击造成的死亡事故数却出现了下降。

工人受到物体挤压而导致死亡是造成建筑工人丧生的第三个最常见原因。具体情况可以分为以下几类。

(1) 掘进设备引起。

(2) 工人被一些重型设备挤压。

(3) 重型设备或机械的倾覆。

(4) 工人受到重型设备的传动部分的挤压。

以上所列的情况占所有由挤压造成死亡的事故的62%。掘进设备是引起此类死亡事故的最主要原因，约占总量的32%。通过对造成此类死亡事故情况的调查，发现很多时候，其情况与物体打击造成的死亡情况非常类似。也就是说重型设备通常都与这些死亡事故相关。

由于掘进设备是造成挤压死亡的最主要原因，因此此次调查包括了对由此引起的死亡事故的进一步调查。在调查中，开挖沟渠的深度最令人关注。很多死亡事故都发生在一些看起来较浅的沟渠中；有60%的死亡事故发生在深度不超过3m的沟渠中。这些死亡事故一般都是工人在开挖沟渠时，沟渠的边坡倒塌并将工人埋在其中而造成的。在这种情况下，将被埋工人救出的努力一般很少奏效。虽然在一些开挖过程中的死亡是由于窒息引起，但在很多情况下，工人是被倒塌的边坡物体打击而受到严重伤害或直至死亡的。在1985～1990年，沟渠开挖中，死亡事故的数量有了一定的下降。其原因也许可以归于在此期间OSHA曾努力强调在掘进操作中安全的重要性。在20世纪80年代后期，沟渠施工过程中的安全问题引起了OSHA乃至全美国的关注。

近年来，我国对安全生产日益重视。2002年，《中华人民共和国安全生产法》出台。在2004年年初，建筑业安全管理方面的两大条例出台，相关安全研究机构也着手对于建筑业的伤亡事故进行统计和分析，得到建筑业近10年来事故类型的变化特征，如表1-1所示。

表1-1 五大伤害事故变化分析

年份	第一名	第二名	第三名	第四名	第五名
1995～1999年	高处坠落	触电	物体打击	机械伤害	坍塌
2004年	高处坠落	坍塌	物体打击	触电	机械伤害
2005年	高处坠落	坍塌	物体打击	触电	机械伤害
2006年	高处坠落	坍塌	物体打击	起重伤害	触电
2007年	高处坠落	坍塌	物体打击	触电	起重伤害

2. 事故发生的心理规律

影响安全的心理因素很多：感觉、知觉、注意、记忆、思维、想象、情感、意志、需要、兴趣、动机、行为、能力、性格、气质、厌倦、态度等，都对安全发生作用。安全管理工作者要了解职工的心理条件，发挥职工积极的心理因素，保证安全，提高工作效率，消除消极的心理因素，防止事故发生。

1）注意与安全的关系

注意，是人们熟悉的一种心理现象，更在人们的生产实践中的安全占有特殊地位。注意是心理活动对一定对象的指向和集中。任何心理过程的开端总是表现为人的注意指向这一心理过程所反映的事物。注意总是伴随着心理过程。

感觉、知觉、记忆、想象、思维、情感、意志等心理过程都伴随着注意。这就决定了注意对人的行为与效率起着特殊的作用，人在活动前必须注意，要全神贯注地进行工作，才能防止各种错误的操作行动，保证安全生产顺利进行。

注意分两种。一种是无意注意，另一种是有意注意。

无意注意没有预定的目的，也不需要做意志努力。它表现为在某些刺激物的直接影响下，人不由自主地立刻把自己的感觉器官转向这些刺激物并试图认识它们。无意注意是一种定向反射，所谓定向反射是由环境中的变化所引起的有机体的一种应答性反应，如强烈光线、巨大的声响、浓郁的气味、新奇的外形等，都容易引起人们的无意注意。它虽然主要是由外界环境变化引起的，但它也决定于人本身的心理状态。当操作人员处于疲劳和困倦的状态下，是很难集中注意的，因而容易发生错误行为，引起事故。所以，在生产过程中，要控制无意注意，不要被某些事物分散自己的注意，避免事故发生。

有意注意是一种自觉的、有目的的，在必要时还需要一定意志努力的注意。它是人体特有的心理现象。操作工人要操作安全生产，保证产品质量以及提高生产效率必须做到有意注意。有意注意要服从于工作任务，并把自己的注意集中到工作任务上来，才能保证安全。

2）情绪与安全生产的关系

情绪是一种十分复杂的心理现象，是人的喜、怒、哀、乐等的心理表现，也是人对客观事故所持态度的一种反映。情绪对人的行为有很大的影响，因为人的一切心理活动带有情绪的色彩，而心理活动又影响人的行为。在生产过程中，情绪不仅直接影响工作效率，而且还会影响人们的生理变化，与安全生产有着密切的关系。

一般说来，人总是处于某种情况状态下，情绪状态根据其特点可分为心境、激情、应激三种状态。心境是一种比较持久而又微弱的情绪状态。它在一段时间内影响人的全部行为和生活。在生产过程中，心境不佳时进行操作，常不能集中注意，违章作业增多而导致事故发生。激情是一种强烈而短暂的情绪状态，如高兴时眉飞色舞，愤怒时咬牙切齿。处于激情状态下的人，理智分析能力受到抑制，往往不能控制自己的行为，所以带着激情操作是很危险的。应激是由出乎意料的紧张情况所引起的情绪状态。例如，突然处于危险条件下，有的人“呆若木鸡”，有的人沉着镇定。在应急状态下，人究竟怎样行动，主要取决于人的个性特征、生活经历和所受过的锻炼以及经验等。

从情绪和形态来看，它有明显的两极性，即积极性情绪和消极情绪。前者是保证安全生产的必要条件，后者则是发生事故的重要因素。因此，在现场作业时，应引导操作人员的积极情绪，避免其带着消极的情绪进行操作。

3）厌倦与安全的关系

厌倦，是工作心理的一个重要因素。单调重复的工作可能引起厌倦。它表现在工作愿望低落，注意力分散，心烦意乱，不愉快，精疲力竭，兴味索然。

一般说来，工作动机的强弱与厌倦有一定的关系。具有强烈工作动机的人，与工作动机弱的人相比，不易感到厌倦。厌倦使人工作迟钝。速度减慢，很容易造成事故，同时也影响工作效率。因此，管理工作者要设法防止和减少职工的厌倦情绪，强化职工的工作动机，根据职工的智力水平与人格特点分配工作，改善工作环境和条件，合理安排作息时间等，充分调动职工的积极情绪，防止由厌倦而产生的生产事故。

4）心理疲劳与安全的关系

心理疲劳表现为无精打采、懒洋洋、百无聊赖、心情烦躁等。操作者在心理疲劳时，注意力分散，情绪不稳定，懒于思考，反应迟钝。在疲劳时，人的操作准确度下降，有时会发生反常现象。例如，对于较强的刺激出现较弱的反应，对较弱的刺激出现较强的反应。动作协调性也受到破坏，有的动作过于急促，有的动作过于迟缓。同时，人的思维和判断的错误增多，因而对潜在事故的可能性和应对方法考虑不周，甚至出现错误，导致事故的发生。产生疲劳的原因很多，一般如睡眠不足、家务负担太重、营养不良、人自身的不同生理素质(如青年人易疲劳也易排除疲劳，老年人疲劳症状少但消除能力差，女性比男性易疲劳等)、作业环境中的各种因素(如温度、湿度、噪声、振动、粉尘、有毒物质等)，都对大脑皮质有一定的刺激作用。

5）心理挫折与安全的关系

心理挫折是指人从事有目的活动遇到障碍或干扰时所产生的一种心理紧张状态或情绪反应。心理挫折及其发生的原因是发生事故的重要方面，而事故的发生，也会造成一部分人的心理挫折。

一个人遭受挫折后，可能产生如下各种反应。

(1) 攻击。采取愤怒的反击行为，对使自己受挫折的人采取愤怒的直接攻击，也可能转向别人，或转向自己。

(2) 压抑。将自己的愤怒情绪强压下去而表现出一种镇静自若、无动于衷的态度。

(3) 倒退。失去对自己的控制，理智感降低，出现一种和自己年龄、身份不相称的行为，像小孩一样任性。

(4) 固执己见。不肯改变自己的行为，坚持自己的态度。

(5) 妥协。用让步的办法避免冲突，以求得心理平衡和矛盾解决。

人们遇到挫折时，有的人处之泰然，不折不挠；有的人却一蹶不振，精神崩溃。对挫折的适应能力，被称为挫折容忍力。在生产过程中，一旦发生事故，领导干部和管理工作者要尽量提高操作者的容忍力，使其增强信心，情绪得到缓和。

6）态度与安全的关系

态度对人的行为有着重要的作用。因此，在安全生产中，不安全行为的出现与操作者的态度有很大关系。大多造成操作者违反操作规程的原因是：

(1) 认为自己技术高，有把握，不遵守操作规程也不会出事故，当无人监督时，就违章操作。

(2) 对操作规程的执行感到麻烦困难。

(3) 因任务急，想减少动作，心里着急，不遵守安全规程。

(4) 因情绪不好、技术水平低，忘记执行操作规程。

(5) 因外界影响和操作不熟练而没有执行安全操作规程。

管理人员应针对不同的态度分别给予帮助，保证安全生产的顺利进行。

7）生活事件与安全的关系

在日常生活中发生过多的不悦事件或生活环境的频繁变化，不仅会损害身心健康，还将导致事故的发生。例如，亲属的不幸死亡，离婚失意，受到处分或不公正批评等，都会造成感情上的痛苦，出现精神疲劳，使观察力、注意力下降；迁居、睡眠习惯的改变等，会使生活习惯反常；环境的变化使人体新陈代谢活动受到影响，情绪容易产生波动等。当生活变化所造成的影响超过了人的心理承受力，使人难于自制时，就可能发生不幸，造成事故的发生。

3. 从心理规律预测事故

1）根据性格、气质安排工作避免事故

采用大量的统计方法，可以知道哪种心理品质容易发生事故，哪种性格的人不适合从事哪种工种。因此，在分配工作时，就要注意人们的性格特征，避免事故发生。

有些工作要求人的动作反应迅速敏捷。例如，操作自动化系统、打字、矿山救护、侦察等，具有多血质和胆汁质的人较合适。而黏液质和抑郁质的人较难适应，就容易出事故。有些工作要求有坚持性、沉稳、能够较长时间坚守岗位，这样的工作，黏液质、抑郁质的人较为合适，而多血质和胆汁质的人往往难以适应，易出事故。

2）分析、判断事故中的行为动机

动机是指为满足某种需要而进行活动的念头或想法，人的一切行为都是一定的动机所引起的，是引起人们活动的直接原因。在分析判断事故中，对事故责任者既要分析外显的行为表现，也要分析内在的动机。因为动机和行为之间存在着复杂关系，主要表现如下。

(1) 同一动机所引起不同的行为，如想尽快完成生产任务的动机，可表现多方面的行革新技术、加快速度、偷工减料、提高产量；省去必要的环节，以求尽快完成等。

(2) 同一行为可由不相同的动机所引起，如努力工作，可能来自不同的动机：为了多做贡献；为了让同事们看得起；为了获得奖励等。

(3) 合理的动机也可能引起不合理甚至错误的行为，如为了完成生产任务，加班加点，忽视劳逸结合，工人在极端疲劳的状态下连续工作，而出了工伤事故。

可见人的动机和行为之间的关系复杂。在分析事故时，要从人的行为与动机入手，实事求是地进行分析，以便找出事故发生的真正原因，总结教训，防止事故的发生。

4. 事故发生的时间规律

虽然人们通常认为事故是随机或者偶发事件，但美国的一份关于事故的统计报告表明：事故并不总是随机发生的。在一天中的某几个小时和一周中的某几天，事故发生的概率要大于其他的时候。在很大程度上，某个项目上进行的施工作业类型和工人在一天或一周中某些时候的精神状态可以用来解释特定时刻事故发生的概率不同。没有明确的“法则”可以确定在某一个具体的项目上，事故会在什么时候发生，但我们总能从经验中总结出一些规律。这些结论来源于我国某特大城市近10年的事故统计数据以及美国华盛顿州劳动与工业部积累五年的统计数据。尽管这些事故仅仅是发生在某个地区的，但通过与其他国家和地区的比较，可以发现这些结论也是正确的。

1）一天中的事故分布

工程建设和施工通常是在一天中的正常工作时间内进行的。在劳动协议中通常规定工作日从早晨8：00开始，如果工作日是8h制的并且中间有午餐时间，工人通常就在下午6：00下班。但我国大部分的建筑项目上工人每天的工作时间都会在10～11h，因此夜间施工的现象比较普遍，尤其是在夏季。

工人在一天中，不同时间的作业水平可以在一定程度上解释工作日发生事故的时间规律。为了更深刻地理解这个联系，我们来看一个典型的建筑项目一天中各种工作进行的顺序。工作日通常从上午8：00开始，在最初的15～30min，主要的工作是调配作业工具和物资，组织作业地点和计划当日的工作。随着这些准备工作的进行，一天的工作开始了。然后，工人被分配到每个特定的岗位上，施工主管也开始把精力集中于维持工作的进度。这种进度持续进行(可能在上午10：00达到高峰)，到了上午11：30，工人开始准备午餐和休息时，工作的速度就会明显放慢。在午餐前不能完成的任务就会延至午餐以后再完成，工人可能会开始收拾工具和打扫施工现场。到了中午，所有的工作都会停下来。

午餐休息时间以后，工人又重新回到他们的工作岗位上。虽然这时不像上午开始时那样要花费很长的时间进入工作状态，但需要工作持续一段时间以后工人才能回到上午的工作高峰状态。某些类型的工作，特别是那些对体力要求很高的工作，工作速度再也不可能达到上午那样的高峰状态了。开工 30min 以后，工作速度会达到一定的生产率水平，在整个下午剩下的时间里，工作的速度就保持在这个水平上。在某些项目上，工作会在下午 3：00 达到高峰。在停工前的 30min，工人们的工作效率就很低了。大家开始收拾作业场所，保护好在现场完成的工作，组织好材料并把工具和设备归还储藏处。

从刚才简述的工作程序中可以看出，劳动生产率最低的时候显然是一天中刚开工、午餐之前、午餐后刚开工和下午停工之前。类似的工作效率的降低也会出现在上午、下午中间休息之前和之后，只是程度较小。

2）一周中的事故分布

因为伤害事故在一天中的时间不是平均分配的，我们也可以预计伤害事故在一周中的时间也不是平均分配的。就像一天中的工作分布情况不同，在一周中，每一天工作分布情况也不同。在某种程度上，工作在上午和下午之间的变化类似于一周中工作步调的变化。以下介绍美国有关的研究结果，尽管具体情况不同(如工作时间)，但其结论仍有很大的参考价值。

在正常的建设项目上，工作时间从星期一到星期五。星期一计划一周的工作，在接下来的几天中，工作的步调会在星期三和星期四达到高峰。星期五是一周工作的结束。

星期一比一周中其他的时间发生伤害事故的可能性都大，而接下来的几天伤害事故的发生频率逐渐降低。对这个现象的解释是：星期一，工人们的精神状态需要作最大程度的调整，从周末的休息中转变过来，也就是说，工人在星期一的精神状态最不适合工作。正是因为这个原理，工地主管一般都在星期一上午召开安全会议。虽然一般的统计数据表明，星期一会发生更多的伤害事故，但在对一个具体的项目做判断时，要想确定“是否星期一会是伤害事故最容易发生的时间，之前，最好先评价这个项目的具体工作条件。

同一周中其他天的情况相比，星期一的伤害事故的发生率尤其高。实际上，如果考虑下午的情况，在周末时，下午的伤害事故率会明显上升。星期一上午的高事故发生率支持了以下观点：工人在星期一时，还没有从周末的休息放松状态转变到工作状态上来。

在大规模的建筑项目上，尤其是那些需要浇筑大量混凝土的项目，工作计划都是以周为流水周期来组织的。在这样的项目上，浇筑混凝土都是在一周中的同一天完成的。例如，星期一制订一周的工作计划；星期二主要的工作就是支模；星期三完成楼板上的工作，绑扎钢筋，然后测定它的垂直度和固定模板；星期四是检查模板(确保其已经涂除模剂并且预埋构件已经安装到位)，最重要的工作就是浇筑混凝土；依据项目性质的不同，星期五是拆模和清洗。项目的类型和混凝土的浇筑部位(墙、梁、柱、楼梯板等)对混凝土的养护时间起到决定作用，当达到一定的养护时间以后，就可以拆模了。

如果一周的流水作业是这样组织和实施的，那么伤害事故的发生就与这样的流水作业有很大的关系。如果混凝土的工作强度在星期四达到最高，我们就会认为在星期四会有更多的伤害事故发生。这样，伤害事故发生率与一天中的劳动强度更有关系，而不是与星期一从周末状态转变到工作中来更有关系。

一些项目的事故记录还揭示了伤害事故发生率与其他一些因素也有关系，这往往取决于项目的一些实际情况。例如，在一些项目上，刚发完工资的第二天，伤害事故发生率达到最高。许多工人在发完工资的当天晚上庆祝到很晚，这样在第二天开始时，不能正常地进行操作。一个项目包括几个木结构的小建筑物，大部分框架的工作都是由一些在暑假打工的大学生完成的，这样的项目引发了许多起伤害事故。一个受伤记录的调查表明，伤害事故在星期四发生得最多。因为在当地，大学生有在星期三晚上开派对的传统，这个传统导致了星期四伤害事故频发。公司应当认真评价在他们自己的项目上事故发生的时间，而不是仅仅依赖于关于项目一周中工作日受伤事故的全局性的统计。特别是对于我国，每天工作时间长，每周工作 7 天是非常普遍的情况，只有针对具体的项目制订计划，才能避免伤害事故的发生。

3）一年中的事故分布

伤害事故还与一年中的作业时间有关，尤其是户外自然状态的工作。天气的影响因素中最重要的是气温——太高或者太低。在某些有可能造成洪水的地区，降雨也是很重要的因素。

寒冷的天气对一些工作作业的影响非常大，尤其是那些对技能要求高的工作。与安全有关的是寒冷的天气会伴随着降雪，而降雪会使路面和作业平台变得很滑，这就会产生危险。在建筑工地上的冰和雪是导致许多高处坠落事故和严重伤害事故的主要原因。

春天和夏天是施工的高峰期。这两个季节一般比较干燥，通常也能达到最高的劳动生产率。但如果夏天的天气过于炎热，也会危及工人的安全和健康。热量消耗和脱水是很现实的威胁，必须努力把这些影响降到最低。工人必须能得到足够的饮水和适当的避免暴露在太阳下的保护措施。在工地上的所有时间，工人都必须要穿戴好头盔、衬衫和长裤。此外，节假日对于工人心理状态也是有影响的，一般节假日里以及节后的几天也是事故多发的时段。

4）轮班作业的影响

在一个项目上使用轮班作业时，了解人体 24h 生理节律的作用是很重要的。自然生物钟在每个人身上都会起作用，不论是每小时、每年或者是 24h 的循环节律。这些节律中，以一天的变化(24h 循环)最为显著，它们在人的一生中都管理着身体中的不同机能。即使没有白天(光)和晚上(黑暗)的暗示，这 24h 的生理节律也会起作用。在试验室里的植物和动物身上都能观察到这样的生物钟，但此类实验并没有在人类身上进行过。在人类身上，这种生理节律表现为与外部的刺激同步，即日夜循环。

这种 24h 光—暗循环与人体生物钟的 24h 的循环相对应。这些诱因导致内部的生理节律系统地、可预测地控制身体的一定机能。只要外部的刺激存在，这些内部的调节机制就会有规律地起作用。在日夜循环中，人体的温度也会在一个很小的范围内波动。

日夜生理循环与一天的 24h 同步，这样人就会在一定的时间吃饭、睡觉，而改变外部环境就会使生物钟紊乱。例如，当人们乘飞机跨越时区，特别是跨越几个时区时，人们就会有“时差”反应。这个现象的发生是因为人体会根据已经建立好的生理循环调节自身在一定的时间吃饭、睡觉，但外部的环境会促使原来的生理循环与新时区同步。虽然当一个人只跨越一个时区时，他不会感觉到什么，但是当一个人跨越了 8 个或者 10 个时区以后，他的身体会有一个很大的调整，而这个调整往往要好几天以后才能全部完成。很多人还发现，向西跨越时区比向东跨越时区更容易调整时差。显然，当人体要使自己的生物钟调到比较早的时间比调到比较晚的时间要容易。

虽然大部分的施工作业不会给工人的生物钟带来负面效应，但是轮班作业会给工人的生物钟造成不良影响。如果一个工人总是上白班，突然间要被调到去上夜班，这个工人的生物钟就会被打乱。生物钟会使身体保持原来的生理节律，并且会在晚上促使身体入睡。工人需要花费一定的时间来调整生理节律以适应上夜班。最后，几个星期以后，这个工人会调整身体以适应晚上工作白天睡觉的工作情况，如果调整过来以后的生理节律继续维持下去，生物钟也会随之调节。

对许多上夜班的工人而言，这种生理节律经常给他们带来不良的影响。在周末，当工人想要融入家人“正常”的生活节律中时，这种不良影响表现得更明显，因为家人都是晚上睡觉白天活动。因此，在周末，白天打个瞌睡对工人维持上夜班的生理节律是很重要的。

项目经理不能在对生理节律的影响一无所知的情况下就安排轮班工作。工人通常能够适应轮班工作状态，但这需要花费一定的时间来调整。如果工人不断地从夜班换到白班，又从白班换到夜班，这将对工人产生很不好的影响。

在一些工作环境下，轮班作业是不可避免的。这通常出现在施工要“不间断”的合同中，承包方要在很短的时间内使一些设备开始运转或者要在最短的时间内完成建筑的维修。这种情况经常出现在制造车间里，制动运转的设备时，成本往往很高，轮班作业就显得必不可少。有些建设项目，如果不加快建设进程就不能按期完工时，也需安排轮班作业。轮班作业可能是使项目快速顺利完工最有效的方法，但仍然不能忽略它可能带来的负面影响。

从安全的角度出发，对轮班作业应当考虑新的影响因素。因为人体的生理调节需要一定的时间，在轮班作业开始的几天和刚改变班次的几天要特别注意安全工作。在非自然光的条件下进行轮班工作，工人的精神会更紧张。当工人的生理节律对正常的日夜循环有很大的维持力时，紧张程度往往会更高，因而必须要加强额外的预防措施。

5）生物节律对安全作业的影响

有很多关于生物周期位相与很多不同事情之间有联系的文献记载，这使得对生物周期的研究显得很重要。

对生物节律周期的研究兴趣在20世纪70和80年代达到了顶峰。共有三种典型的生物节律周期，这些周期有一些共同的特征：所有的周期都开始于同一时刻，即人们出生的那一刻，三个周期同时开始；所有的周期都呈现出一个正弦曲线。这些周期的最重要的不同点就在于完成一个周期所需要的时间。第一个周期为“生理周期”，大约持续23天；第二个周期为“情感周期”，大约持续28天；第三个周期为“智力周期”，大约持续33天。

因为所有的周期都呈正弦曲线，所有的周期都有正面成分和负面成分。虽然负面成分显得很不理想，但更重要的是那些从正面效应向负面效应过渡或负面效应向正面效应过渡的转折点。这些转折点被视为“很关键的日子”，因为这些天人们将经历一个快速的转变。根据这个理论，工人很容易在这些“很关键的日子”发生伤害事故。

其他一些伴随着这些生物节律的事件会使有些人更具有意外倾向性。例如，当一个人处于智力周期的低谷而生理、情感周期的高峰时，这个人通常会很有活力并且很乐观，但却很缺乏有理智的敏感性。在这种状态下，工人通常很容易发生伤害事故。

有一个很简单的程序可以判断对于任何给定的一天，人处于怎样的生物节律周期中。先计算出人以天为单位的“岁数”，对情感周期，用这个“岁数”除以28，如果得到的是整数，这个人正好处于情感周期的“很关键的一天”，在这一天，人的整个情感周期结束了。如果除以28以后还有余数，这个余数表示人在下一个未完成的情感周期中处于第几天。如果余数是14，这也表示是情感周期的“很关键的一天”，它正处于情感周期的中间，在这一天，情感周期从正面走向负面。

1.2.5 建筑安全的投入与收益

1. 安全投入的概念

建筑企业的安全投入是指为保障建设工程项目的顺利实施，而将一定资源投入到安全生产领域的一系列经济活动和资源的总称。与其他生产要素投入不同的是，由于事故风险的不确定性，建筑企业安全投入与其安全效益产生的过程更为复杂。建筑业的安全投入主要包括安全资金的投入以及安全技术的投入。建筑企业安全投入由政府、社会的投入和建筑企业自身的投入两部分组成。其中，前者是指与建筑企业有关的政府部门对社会提供安全教育，进行安全方面宣传等。后者是指安全教育投入、安全管理投入、安全技术投入和劳动防护与保健投入等。

(1) 安全教育投入。指在建筑企业中对工人进行安全教育及提供教育培训等所需的资金投入。

(2) 安全管理投入。指建筑企业为了进行正常的安全管理而进行的资金投入。包括安全管理人员的工资、安全办公支出以及维护安全环境健康体系的支出。

(3) 安全技术投入。指为了安全保护而购进的各种安全设施的支出，包括：现场施工防噪，对废物进行处理等的支出；现场安全保护器械等的支出；灭火器等消防器材的购置费用；现场防止非施工人员进入的围栏，施工场地绿化等的支出；漏电保护器、开关箱等电器产品的购置费用，陈旧安全设备的安全管理支出等；钢筋网、安全网等临边保护措施的费用支出。

(4) 劳动防护与保健投入。指为了保障工人在生产过程的安全以及身体健康而支出的费用，包括安全帽、防护面罩、工作服、防寒物品、保健用品和食品等。

2. 安全生产资金管理要求概述

安全生产资金管理是确保安全生产投入的重要内容。我们应根据企业和施工现场安全生产资金保障制度的管理要求，落实安全生产劳动保护用品、安全教育培训宣传、安全生产技术措施、安全生产先进奖励资金等专项资金使用和管理，重点是加强企业和施工现场安全生产劳动保护用品、安全教育培训宣传、安全生产技术措施、安全生产先进奖励资金等安全生产专项资金使用监管。

3. 安全生产费用管理基本要求

财政部安全监管总局《企业安全生产费用提取和使用管理办法》财企［2012］16号对安全生产费用管理有如下要求。

1) 安全费用使用范围

(1) 完善、改造和维护安全防护设施设备支出(不含“三同时”要求初期投入的安全设施)，包括施工现场临时用电系统、洞口、临边、机械设备、高处作业防护、交叉作业防护、防火、防爆、防尘、防毒、防雷、防台风、防地质灾害、地下工程有害气体监测、通风、临时安全防护等设施设备支出。

(2) 配备、维护、保养应急救援器材、设备支出和应急演练支出。

(3) 开展重大危险源和事故隐患评估、监控和整改支出。

(4) 安全生产检查、评价(不包括新建、改建、扩建项目安全评价)、咨询和标准化建设支出。

(5) 配备和更新现场作业人员安全防护用品支出。

(6) 安全生产宣传、教育、培训支出。

(7) 安全生产适用的新技术、新标准、新工艺、新装备的推广应用支出。

(8) 安全设施及特种设备检测检验支出。

(9) 其他与安全生产直接相关的支出。

2) 安全费用提取要求

建筑施工企业以建筑安装工程造价为计提依据。各工程类别安全费用提取标准如下。

(1) 矿山工程为2.5%。

(2) 房屋建筑工程、电力工程、水利水电工程、铁路工程、城市轨道交通工程为2.0%。

(3) 市政公用工程、冶炼工程、机电安装工程、化工石油工程、港口与航道工程、公路工程、通信工程为1.5%。

建筑施工企业提取的安全费用列入工程造价，在竞标时，不得删减，列入标外管理。国家对基本建设投资概算另有规定的，从其规定。

总包单位应当将安全费用按比例直接支付分包单位并监督使用，分包单位不再重复提取。

3) 安全生产费用管理要求

(1) 企业提取安全费用应当专户核算，按规定范围安排使用，不得挤占、挪用。年度结余结转下年度使用，当年计提安全费用不足的，超出部分按正常成本费用渠道列支。

(2) 集团公司经过履行内部决策程序，可以对所属企业提取的安全费用按照一定比例集中管理，统筹使用。

(3) 企业应当建立健全内部安全费用管理制度，明确安全费用使用、管理的程序、职责及权限，按规定提取和使用安全费用。

(4) 企业安全费用的会计处理，应当符合国家统一的会计制度的规定。

4) 企业安全生产专项资金使用管理要求

(1) 企业安全生产资金保障制度能够得到落实。

(2) 企业各项安全生产资金使用有相应的管理台账(或统计管理台账)，且管理台账(或统计管理台账)全面、清晰，无假账。

(3) 施工现场等所属单位的安全生产资金使用有相应的管理台账(或统计管理台账)，且管理台账(或统计管理台账)全面、清晰，无假账。

(4) 其他管理要求。

4. 安全经济相关规律分析

从经济角度看，安全具有避免与减少事故无益的经济消耗和损失，以及维护生产力与保障社会经济财富增值的双重功能和作用。

1) 安全投入规律分析

安全的功能函数反映了安全系统输出状况。显然，提高或改变安全性需要投入，即付出代价。并且对安全性要求越大，所需要的投入越高。从理论上讲，要达到100%的安全

(绝对安全)，所需投入趋于无穷大。由此可推出安全的投入函数 $C(S)$：

$$C(S)=C\exp\left(\frac{c}{1-S}\right)+C_0(C>0,\ c>0,\ C_0<0) \tag{1-1}$$

式中，C，c，C_0 均为统计常数。

安全投入函数见图 1.2。

从图 1.2 中可看出以下两点。

(1) 实现系统的初步安全(较小的全度)，所需投入是较小的。随着 S 的增高，投入随之增大，并且递增率越来越大；当 S 趋于 100%时，投入趋于无穷大。

(2) 当 S 达到接近 100%的某一点时，会使安全的功能与所耗投入相抵使系统毫无效益，这是社会所不期望的。

2) 安全效益规律分析

函数 $F(S)$与函数 $C(S)$之差就是安全效益，用安全效益函数 $E(S)$来表达。

$$E(S)=F(S)-C(S)$$

函数 $E(S)$曲线见图 1.3。

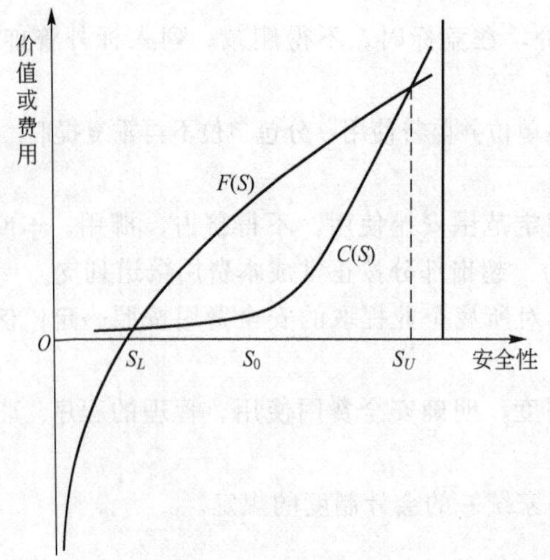

图 1.2　安全投入函数

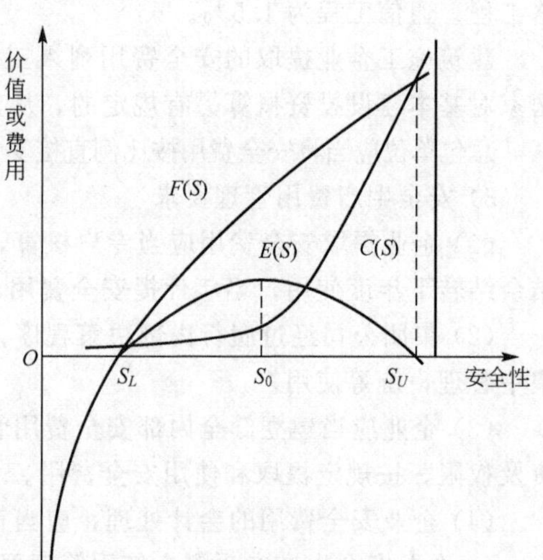

图 1.3　安全效益函数

由图 1.3 可知，在 S_0 点，$E(S)$达到最大值。S_L 和 S_U 是安全经济盈亏点，它们决定了安全效益的理论上下限。则在 S_0 点能获得最佳安全效益。由于 S 从 $S_0-\Delta S$ 增至 S_0 时，投入增值小于功能增值，因而当 $S<S_0$ 时，提高 S 是有必要的；当 S 从 S_0 增至 $S_0-\Delta S$ 时，投入增值大于功能增值，因而 $S>S_0$ 后，增加 S 就显得不合算了。

安全效益与安全产出有着紧密的关系，安全具有两大收益功能：第一，安全能直接减轻或免除事故或危害事件，减少对人、企业、社会和自然造成的损害，实现保护人类财富、减少无益消耗和损失的功能，简称“减损功能”；第二，安全能保障劳动条件和维护经济增值过程，实现其间接为社会增值的功能。

案例

2010 年 11 月 15 日，上海市静安区胶州路 728 号公寓大楼发生一起因企业违规造成的特别重大火灾事故，造成58人死亡、71人受伤，建筑物过火面积12000m²，直接经济损失1.58亿元。经调查认定，这起事故是一起因企业违规造成的责任事故。

一、事故基本情况

上海市静安区胶州路728号公寓大楼所在的胶州路教师公寓小区，于2010年9月24日开始实施节能综合改造项目施工，建设单位为上海市静安区建设和交通委员会，总承包单位为上海市静安区建设总公司，设计单位为上海静安置业设计有限公司，监理单位为上海市静安建设工程监理有限公司。施工内容主要包括外立面搭设脚手架、外墙喷涂聚氨酯硬泡体保温材料、更换外窗等。

上海市静安区建设总公司承接该工程后，将工程转包给其子公司上海佳艺建筑装饰工程公司(以下简称佳艺公司)，佳艺公司又将工程拆分成建筑保温、窗户改建、脚手架搭建、拆除窗户、外墙整修和门厅粉刷、线管整理等，分包给7家施工单位。其中，上海亮迪化工科技有限公司出借资质给个体人员张利分包外墙保温工程，上海迪姆物业管理有限公司(以下简称迪姆公司)出借资质给个体人员支上邦和沈建丰合伙分包脚手架搭建工程。支上邦和沈建丰合伙借用迪姆公司资质承接脚手架搭建工程后，又进行了内部分工，其中支上邦负责胶州路728号公寓大楼的脚手架搭建，同时支上邦与沈建丰又将胶州路教师公寓小区三栋大楼脚手架搭建的电焊作业分包给个体人员沈建新。

2010年11月15日14时14分，电焊工吴国略和工人王永亮在加固胶州路728号公寓大楼10层脚手架的悬挑支架过程中，违规进行电焊作业引发火灾，造成58人死亡、71人受伤，建筑物过火面积12000m²。

二、事故原因

直接原因：在胶州路728号公寓大楼节能综合改造项目施工过程中，施工人员违规在10层电梯前室北窗外进行电焊作业，电焊溅落的金属熔融物引燃下方9层位置脚手架防护平台上堆积的聚氨酯保温材料碎块、碎屑引发火灾。

间接原因：一是建设单位、投标企业、招标代理机构相互串通、虚假招标和转包、违法分包；二是工程项目施工组织管理混乱；三是设计企业、监理机构工作失职；四是上海市、静安区两级建设主管部门对工程项目监督管理缺失；五是静安区公安消防机构对工程项目监督检查不到位；六是静安区政府对工程项目组织实施工作领导不力。

三、对事故有关责任人员及单位依法依纪进行了严肃处理

根据国务院批复的意见，依照有关规定，对54名事故责任人作出严肃处理，其中26名责任人被移送司法机关依法追究刑事责任，28名责任人受到党纪、政纪处分(具体处理情况见附件)。同时，责成上海市人民政府和市长韩正分别向国务院作出深刻检查。由上海市安全生产监督管理局对事故相关单位按法律规定的上限给予经济处罚。

四、深刻吸取事故教训，有效防范重特大火灾事故的发生

这起特别重大火灾事故给人民生命财产带来了巨大损失，后果严重，造成了很大的社会负面影响，教训十分深刻。为了防止类似事故再次发生，现提出以下要求。

(一) 进一步加大工程建设领域突出问题专项治理力度。建设领域相关管理及监督部门要全面排查工程建设领域突出问题，所有改建、扩建的建设工程、城市基础设施的大修、中修、维护工程以及既有建筑的修缮工程，必须严格按照国家基本建设程序规定，根据项目的规模和性质，完善建设管理流程。工程建设应严格履行项目立项、设计、施工许可、施工组织、竣工验收等程序，严禁越权审批和未批先建的行为。坚决查处工程建设领域违纪违法案件，深挖细查事故背后的腐败问题，采取有力措施，维护市场公平竞争。

(二) 进一步严格落实建设工程施工现场消防安全责任制。建设工程建设、施工、监理等相关单位要切实增强消防安全主体责任意识，严格遵守国家有关施工现场消防安全管理的相关法律、法规、标准，建立健全并落实各项消防安全管理制度，特别要加强对动火作业的审批和监管，严把进场材料的质量关，进一步规范对进场材料的抽样复验程序，制定切实可行的初期火灾扑救及人员疏散预案，定期组织消防演练，保障施工现场消防安全。施工单位要在施工组织设计中编制消防安全技术措施和专项施工方案，

并由专职安全管理人员进行现场监督，施工现场配备必要的消防设施和灭火器材，电焊、气焊、电工等特种作业人员必须持证上岗。

（三）进一步加强建设工程及施工现场的监督管理。各级建设主管部门要进一步加强对建设工程及施工现场的动态监管，督促工程建设各方严格按照有关规定及设计方案进行施工，严厉查处将工程肢解发包、非法转包、违法分包以及降低施工质量和安全要求的行为，要将消防安全列入施工现场安全监督检查的重要内容，督促企业做好防火工作。各级公安部门消防机构要进一步完善相关规章制度，将施工期间有人员居住、经营或办公的建筑改、扩建工程，特别是规模较大、易发生人员群死群伤的建筑工程，纳入重点消防监管的范围，加强监督检查，对于消防安全责任制不落实、不满足消防安全条件的要依法督促整改。

（四）进一步完善建筑节能保温系统防火技术标准及施工安全措施。各相关部门要进一步研究完善有关建筑节能保温系统防火技术标准，规定不同材料构成的节能保温系统的应用范围以及采用可燃材料构成的节能保温系统的防火构造措施，以从根本上解决建筑节能保温系统的防火安全问题。要认真落实节能保温系统改、扩建工程施工现场消防安全管理的要求，进行节能保温系统改、扩建工程时原建筑原则上应当停止使用，确实无法停止使用的，应采取分段搭建脚手架、严格控制保温材料在外墙上的暴露时间和范围等有效安全措施，并对现场动火作业各环节的消防安全要求作出具体规定。

（五）进一步深入开展消防安全宣传教育培训。各相关部门要重点从检查和消除火灾隐患、扑救初起火灾和组织疏散逃生等方面，继续加强对从业人员的消防安全教育培训，有针对性地组织开展应急预案的演练。要充分利用广播、电视、报纸、互联网等媒体，宣传普及安全用火、用电和逃生自救常识，不断提高社会公众的消防安全意识和技能。

（六）进一步加强消防装备建设。各地要进一步加大对消防装备建设的投入，按照《城市消防站建设标准》的要求，结合本地区实际，增置扑救高层建筑外部火灾的装备，增强城市高层建筑及超高层建筑的扑救和应急救援能力，以适应城市建筑发展趋势的需求。

本章小结

通过本章学习，了解了建筑业安全生产的形势，目前我国安全管理的现状以及问题，建筑业常见的事故类型及原因。在建筑业的安全管理中，不但要从施工现场安全技术方案、安全防护角度加强安全管理，更要从人的角度提高安全管理的水平。这不仅对管理者，也对现场的作业人员提出了较高的要求。如何实现，是值得思考的问题。安全生产的投入虽然是建筑业的一项成本，但这项投入可以赢得无法估量的效益。

习　题

(1) 目前建筑业安全生产存在哪些问题？

(2) 为何要对建筑业常见事故进行分析，分析的目的是什么？

(3) 为什么要进行安全管理？安全管理的对象有哪些？如何来实现？

(4) 建筑业常常发生的事故类型有哪些？

(5) 导致事故发生的原因有哪些？

(6) 安全生产的投入与产出的关系成正比吗？

第2章 安全工程基本原理

教学目标

本章主要讲述危险、有害因素的分类以及识别原则，介绍了安全管理系统方法中故障类型及影响、危险度分析以及事故树的相关内容，列举了施工现场危险源的种类，介绍了识别方法，从人的心理、生理以及环境因素介绍对安全生产的影响。

(1) 掌握危险、有害因素的六个大类，故障类型及影响危险度分析方法，以及人的生理、心理因素对安全的影响。

(2) 熟悉事故树定性定量分析的程序，熟悉作业强度以及分级。

(3) 理解作业环境、人的尺寸测量等。

教学要求

知识要点	能力要求	相关知识
危险、有害因素	(1) 掌握危险、有害因素的区分 (2) 熟悉危险、有害因素的类别	(1) 物理性危险、有害因素 (2) 化学性危险、有害因素 (3) 生物性有害因素
故障类型及影响、危险度分析	(1) 掌握危险度的分析 (2)熟悉故障类型的分类及其影响	(1) FMEA 的定义 (2) FMEA 分析步骤
事故树的定性与定量分析	(1) 掌握事故树的定量、定性分析 (2) 熟悉事故树方法的类别	(1) FTA (2) ABC 法、PDCA 循环
危险源辨识与控制	(1) 掌握危险源的控制方法 (2) 熟悉危险源的分类	(1) 重大危险源识别 (2) 技术控制、管理控制
人机工程学理论	(1) 掌握人机工程学的应用 (2) 熟悉人的生理、心理特征	(1) 人体运动系统 (2) 心理因素 (3) 人体测量
作业特性、强度和劳动环境	(1) 掌握作业强度等级，疲劳强度 (2) 熟悉各类劳动环境	(1) 静力作业、动力作业 (2) 心理状态、作业疲劳

基本概念

安全生产、安全事故、伤亡事故、安全投入、安全效益

引例

疲劳导致事故

某厂40t冲床正在冲制零部件。由于任务比较紧张，冲床操作工王某已连续工作7天，每天从早晨上班一直干到晚上7时半。第7天，她的体力已明显下降，头脑昏昏沉沉，手脚的协调性也比平时差了。但是，为了完成任务，王某还是继续上机操作。到了下午2时，她的操作节奏突然发生紊乱，安放工件的手还未离开，竟下意识地踏下了开关。冲头迅速落下，将她右手的中指、无名指、小指压在工件与冲床台面之间，造成三指断裂。

2.1 危险、有害因素

2.1.1 危险、有害因素的定义与分类

对人造成伤亡或者对物造成突发性损害的因素，被称为危险因素；对影响人的身体健康，导致疾病，或者对物造成慢性损害的因素，被称为有害因素。根据国家标准《生产过程危险和有害因素分类与代码》GB/T 13861—2009的规定，将生产过程中的危险、有害因素分为4大类，15中类，89小类，如表2-1所示。此种分类方法所列危险、有害因素具体、详细、科学合理，适用于项目管理人员对于危险源进行辨识和分析，经过适当的选择和调整后可以作为危险源提示表使用。

表2-1 生产过程危险和有害因素分类与代码

代码	名称	说明
1	人的因素	
11	心理生理性危险有害因素	
1101	负荷超限	
110101	体力负荷超限	指引起疲劳、劳损、伤害的负荷超限
110102	听力负荷超限	
110103	视力负荷超限	
110199	其他负荷超限	
1102	健康状况异常	
1103	从事禁忌作业	
1104	心理异常	
110401	情绪异常	

（续）

代码	名称	说明
110402	冒险心理	
110403	过度紧张	
110499	其他心理异常	
1105	辨识功能缺陷	
110501	感知延迟	
110512	辨识错误	
110599	其他辨识功能缺陷	
12	行为性危险有害因素	
1201	指挥错误	
120101	指挥失误	包括生产过程中各级管理人员的指挥
120102	违章指挥	
120199	其他指挥错误	
1202	操作错误	
120201	误操作	
120202	违章操作	
120299	其他操作错误	
1203	监护失误	
1299	其他行为性危险和有害因素	
2	物的因素	
21	物理性危险和有害因素	
2101	设备、设施、工具、附件缺陷	
210101	强度不够	
210102	刚度不够	
210103	稳定性差	抗倾覆、抗位移能力不够。包括重心过高、底座不稳定、支承不正确等
210104	密封不良	指密封件、密封介质、设备附件、加工精度、装配工艺等缺陷以及磨损、变形、气蚀等造成的密封不良
210105	耐腐蚀性差	
210106	应力集中	
210107	外形缺陷	指设备、设施表面的尖角利棱和不应有的凹凸部分
210108	外露运动件	指人员易触及的运动件

（续）

代码	名称	说明
210109	操纵器缺陷	指结构、尺寸、形状、位置、操纵力不合理及操纵器失灵、损坏等
210110	制动器缺陷	
210111	控制器缺陷	
210199	其他设备、设施、工具附件缺陷	
2102	防护缺陷	
210201	无防护	
210202	防护装置、设施缺陷	指防护装置、设施本身安全性、可靠性差，包括防护装置、设施、防护用品损坏、失效、失灵等
210203	防护不当	指防护装置、设施和防护用品不符合要求，使用不当；不包括防护距离不够
210204	支撑不当	包括矿井、建筑施工支护不符合要求
210205	防护距离不够	指设备布置、机械、电气、防火、防爆等安全距离不够和卫生防护距离不够等
210299	其他防护缺陷	
2103	电伤害	
210301	带电部位裸露	
210302	漏电	
210303	静电和杂散电流	
210304	电火花	
210399	其他电伤害	
2104	噪声	
210401	机械性噪声	
210402	电磁性噪声	
210403	流体动力性噪声	
210499	其他噪声	
2105	振动危害	
210501	机械性振动	
210502	电磁性振动	
210503	流体动力性振动	
210599	其他振动	
2106	电离辐射	包括X射线、γ射线、α粒子、β粒子、中子、质子、高能电子束等

（续）

代码	名称	说明
2107	非电离辐射	
210701	紫外辐射	
210702	激光辐射	
210703	微波辐射	
210704	超高频辐射	
210705	高频电磁场	
210706	工频电场	
2108	运动物伤害	
210801	抛射物	
210802	飞溅物	
210803	坠落物	
210804	反弹物	
210805	土、岩滑动	
210806	料堆(垛)滑动	
210807	气流卷动	
210899	其他运动物伤害	
2109	明火	
2110	高温物质	
211001	高温气体	
211002	高温液体	
211003	高温固体	
211099	其他高温物质	
2111	低温物质	
211101	低温气体	
211102	低温液体	
211103	低温固体	
211199	其他低温物质	
2112	信号缺陷	
211201	无信号设施	指应设信号设施处无信号，如无紧急撤离信号等
211202	信号选用不当	
211203	信号位置不当	

（续）

代码	名称	说明
211204	信号不清	指信号量不足，如响度、亮度、对比度、信号维持时间不够等
211205	信号显示不准	包括信号显示错误、显示滞后或超前等
211299	其他信号缺陷	
2113	标志缺陷	
211301	无标志	
211302	标志不清晰	
211303	标志不规范	
211304	标志选用不当	
211305	标志位置缺陷	
211399	其他标志缺陷	
2114	有害光照	包括直射光、反射光、眩光、频闪效应等
2199	其他物理性危险和有害因素	
22	化学性危险和有害因素	依据 GB 13690 中的规定
2201	爆炸品	
2202	压缩气体和液化气体	
2203	易燃液体	
2204	易燃固体、自燃物品和遇湿易燃物品	
2205	氧化剂和有机过氧化物	
2206	有毒物品	
2207	放射性物品	
2208	腐蚀品	
2209	粉尘与气溶胶	
2299	其他化学性危险和有害因素	
23	生物性危险和有害因素	
2301	致病微生物	
230101	细菌	
230102	病毒	
230103	真菌	
230199	其他致病微生物	
2302	传染病媒介物	
2303	致害动物	

（续）

代码	名称	说明
2304	致害植物	
2399	其他生物性危险和有害因素	
3	环境因素	包括室内、室外、地上、地下(如隧道、矿井)、水上、水下等作业(施工)环境
31	室内作业环境不良	
3101	室内地面湿滑	指室内地面、通道、楼梯被任何液体、熔融物质润湿，结冰或有其他易滑物
3102	室内作业场所狭窄	
3103	室内作业场所杂乱	
3104	室内地面不平	
3105	室内楼梯缺陷	包括楼梯、阶梯、电动梯和活动梯架，以及这些设施的扶手、扶栏和护栏、护网等
3106	地面、墙和天花板上的开口缺陷	包括电梯井、修车坑、门窗开口、检修孔、孔洞、排水沟等
3107	房屋基础下沉	
3108	室内安全通道缺陷	包括无安全通道、安全通道狭窄、不畅等
3109	房屋安全出口缺陷	包括无安全出口、设置不合理等
3110	采光不良	指照度不足或过强，烟尘弥漫影响照明等
3111	作业场所空气不良	指自然通风差、无强制通风、风量不足或气流过大、缺氧、有害气体超限等
3112	室内温度、湿度、气压不适	
3113	室内给、排水不良	
3114	室内涌水	
3199	其他室内作业场所环境不良	
32	室外作业场地环境不良	
3201	恶劣气候与环境	包括风、极端的温度、雷电、大雾、冰雹、暴雨雪、洪水、浪涌、泥石流、地震、海啸等
3202	作业场地和交通设施湿滑	包括铺好的地面区域、阶梯、通道、道路、小路等被任何液体、熔融物质润湿，冰雪覆盖或有其他易滑物
3203	作业场地狭窄	
3204	作业场地杂乱	
3205	作业场地不平	包括不平坦的地面和路面，有铺设的、未铺设的、草地、小鹅卵石或碎石地面和路面
3206	巷道狭窄、有暗礁或险滩	

（续）

代码	名称	说明
3207	脚手架、阶梯或活动梯架缺陷	包括这些设施的扶手、扶栏和护栏、护网等
3208	地面开口缺陷	包括升降梯井、修车坑、水沟、水渠等
3209	建筑物和其他结构缺陷	包括建筑中或拆毁中的墙壁、桥梁、建筑物；筒仓、固定式粮仓、固定的槽罐和容器；屋顶、塔楼等
3210	门和围栏缺陷	包括大门、栅栏、畜栏和铁丝网等
3211	作业场地基础下沉	
3212	作业场地安全通道缺陷	包括无安全通道、安全通道狭窄、不畅等
3213	作业场地安全出口缺陷	包括无安全出口、设置不合理等
3214	作业场地光照不良	指光照不足或过强、烟尘弥漫影响光照等
3215	作业场地空气不良	指作业场地通风差或气流过大、作业场地缺氧、有害气体超限等
3216	作业场地温度、湿度、气压不适	
3217	作业场地涌水	
3299	其他室外作业场地环境不良	
33	地下(含水下)作业环境不良	不包含以上室内、室外已列出的有害因素
3301	隧道/矿井顶面缺陷	
3302	隧道/矿井正面或侧壁缺陷	
3303	隧道/矿井地面缺陷	
3304	地下作业面空气不良	包括通风差或气流过大、缺氧；有害气体超限
3305	地下火	
3306	冲击地压	指井巷(采场)周围的岩体(如煤体)等在外载作用下产生的变形能，当力学平衡状态受到破坏时，瞬间释放，将岩体、气体、液体急剧、猛烈抛(喷)出造成严重破坏的井下动力现象
3307	地下水	
3308	水下作业供氧不足	
3399	其他地下(水下)作业环境不良	
39	其他作业环境不良	
3901	强迫体位	指生产设备、设施的设计或作业位置不符合人类工效学要求而易引起所业人员疲劳、劳损或事故的一种作业体位
3902	综合性作业环境不良	指两种以上作业致害环境因素不能分清主次的情况

（续）

代码	名称	说明
3999	以上未包括的其他作业环境不良	
4	管理因素	
41	职业安全卫生组织机构不健全	包括组织机构的设置和人员配备
42	职业安全卫生责任制未落实	
43	职业安全卫生管理规章制度不完善	
4301	建设项目“三同时”制度未落实	
4302	操作规程不规范	
4303	事故应急预案及响应缺陷	
4304	培训制度不完善	
4399	其他职业安全卫生管理规章制度不健全	
44	职业安全卫生投入不足	
45	职业健康管理不完善	
49	其他管理因素缺陷	

参照《企业职工伤亡事故分类标准》，将危险、有害因素分为20类：①物体打击；②车辆伤害；③机械伤害；④起重伤害；⑤触电；⑥淹溺；⑦灼烫；⑧火灾；⑨高处坠落；⑩坍塌；⑪冒顶片帮；⑫透水；⑬放炮；⑭瓦斯爆炸；⑮火药爆炸；⑯锅炉爆炸；⑰容器爆炸；⑱其他爆炸；⑲中毒和窒息；⑳其他伤害。

这些标准的划分依据和划分类别差别较大，目前最常采用的是GB/T 13861—2009和GB 6441—1986，通常的危险、有害因素的分类是综合这两个标准确定的。

各行各业的差别较大，主要的危险、有害因素各不同，为了便于准确地辨识危险、有害因素，查找事故隐患，提出经济可行的安全对策措施，应制定一个统一的危险、有害因素辨识标准，根据各行业本身特点，划分危险、有害因素的类别。编者结合工作实际情况，初步划分情况如表2-2所示。

表2-2 危险、有害因素分类标准

类别		主要的危险、有害因素
矿山	煤矿	瓦斯爆炸、煤尘爆炸、冒顶片帮、中毒、窒息、电气设备、设施伤害、火灾、机械伤害、水灾、提升、车辆运输、高处作业、掘进作业、采煤作业、顶底板灾害、爆破作业等
	非煤矿山	地压、粉尘、爆破作业、中毒、窒息、触电、设施伤害、火灾、机械伤害、水灾、提升、运输、坠落、噪声与振动危害、放射性危害、起重伤害、沉陷、裂缝、坍塌、位移、管涌、流土等、滑坡、物体打击、车辆运输、高温、冻伤等
石油化工		火灾、化学爆炸、中毒、化学腐蚀、物理爆炸、窒息、高温灼烫、低温冻伤、辐射、粉尘爆炸、高处坠落、开停车、检修、危险品运输等

（续）

类别		主要的危险有害因素
烟花爆竹		药剂的热感度、火焰感度、机械感度、电能的敏感度、化学能的敏感度等；明火引燃、引爆成品和半成品；静电引起爆炸；雷电引发事故；撞击或摩擦引发事故；温度、湿度引起的事故
民用爆破器材		高温、撞击摩擦、静电火花
建筑		坍塌、高处坠落、物体打击和挤压、触电、起重机械伤害、火灾爆炸、交通事故等
交通运输	公路	恶劣天气、运输的危险货物、道路状况、车辆、人员、道路交通安全标志等
	水路	恶劣天气，航道(宽度、弯曲度、深度、航路标志的设置)，海上礁石、浅滩及水中障碍物，机器故障，淹溺等
	航空	恶劣天气、机械故障等
	铁路	恶劣天气、轨道故障、电气火灾等
电力		触电、电气火灾、静电危害、雷击、停电、短路、过载、灼烫、中毒、高处坠落、车辆伤害、电磁辐射、噪声、振动、高温、粉尘等
机械行业	静止的危险	切削刀具的刀刃，机械加工设备突出较长的机械部分，毛坯、工具、设备边缘锋利飞边和粗糙表面，引起滑跌、坠落的工作平台
	运动的危险	卷统和绞缠；卷入和碾压；挤压、剪切和冲撞；飞出物打击；物体坠落打击；切割和擦伤；碰撞和剐蹭
	电离辐射危害	放射性物质；x射线装置；γ射线装置等的电离辐射
	非电离辐射危害	紫外线、可见光、红外线、激光和射频辐射等
共性危险有害因素	噪声	机械噪声、电磁性噪声、空气动力性噪声等
	锅炉压力、容器压力管道	设备本身失效、承压元件的失效、安全保护装置失效等
	其他特种设备	挤压、坠落、物体打击、超载、碰撞、基础损坏、夹钳、擦伤、卷入等
	人员	违反操作规程、人员失误、违章指挥、监护不利、生理缺陷、心理缺陷等
	管理缺陷	安全责任制、安全管理制度、岗位安全操作规程不健全，不能够有效贯彻落实，不能够持续改进等；事故应急预案不健全、不使用、不能够持续改进、不举行演练、演练未达到效果等
	防护缺陷	无防护设施、设备；防护设施、设备不符合要求等

备注：(1) 石油化工企业具有高温高压易燃易爆的特性，建议按照生产工艺流程进行危险、有害因素辨识。

(2) 为了能够全面有序地识别危险、有害因素，对于规定的项目，企业易按照以下方面进行分析：①厂址；②总平面布置；③道路及运输；④建构筑物；⑤主要设备装置；⑥作业环境；⑦公用工程；⑧物料；⑨安全管理措施。

(3) 职业危害分析：各行业应根据实际情况按照职业卫生相关规定进行辨识分析。

(4) 安全评价或其他过程涉及的危险物质应参考危险化学品安全技术说明书的内容和数据进行辨识和分析。

2.1.2 危险、有害因素产生的原因

国家安全监管总局编写的《安全评价》第三版中，将危险、有害因素产生的原因划分为两个方面：①存在危险有害本身具有的物质、能量；②危险有害物质、能量失去控制。

危险有害物质、能量失去控制的主要体现：①人的不安全行为(13 大类)；②物的不安全状态(4 大类)；③管理缺陷(6 类)。任何物质都具有相应的能量，物质和能量是客观存在的，只有当物质、能量在外力条件或自身变化且失去控制造成一定的危险或伤害时，才可以被称为危险有害物质和能量。

关于导致危险有害物质、能量失去控制的三个方面的说法大多比较笼统，例如：分散注意力的行为、冒险行为；作业场所的限制；作业场所杂乱；来自相关方风险管理的缺陷等。相对于物质和能量来说，人的不安全行为是外在条件；物的不安全状态有可能是外部条件引起的，也有可能是其自身的变化引起的；管理的主角是人类自身，所以也应归结为外部条件。外部条件很多，除了上述的人的不安全行为之外，恶劣的自然条件是最重要的外部条件之一，地震、台风、洪水、雷击、高温、低温、大雾、冰雹、滑坡、泥石流、火山喷发等。因此，危险、有害因素产生的原因应该是物质、能量在外部条件或自身变化的情况下，失去控制造成伤害或事故的综合作用。

2.1.3 危险、有害因素辨识原则

危险、有害因素辨识就是根据评价对象的具体情况，辨识和分析危险、有害因素，确定其存在的部位、方式，以及发生作用的途径和变化规律。它是安全评价过程中非常重要、不可或缺的步骤，是划分评价单元，提出安全对策措施与建议的依据和原则。

1. 危险、有害因素辨识的原则

危险源辨识应该具有科学性、系统性、全面性和预测性。危险、有害因素辨识必须采用科学的方法、借用科学的仪器设备和科学的态度进行；各行各业的危险、有害因素各有不同，必须熟练掌握运用系统工程原理，从物质、能量及其外力条件或自身变化全面地分析辨识；同时运用科学的技术方法对未知的危险、有害因素进行辨识。

2. 危险、有害因素辨识方法

1）直观经验法

适用于有可供参考先例、有以往经验可以借鉴的系统。

(1) 对照、经验法：对照有关标准、法规、检查表或依靠分析人员的观察分析能力，借助于经验判断能力对评价对象的危险、有害因素进行分析的方法。

(2) 类比法：利用相同或相似工程或作业条件的经验和劳动安全卫生的统计资料来类推、分析评价对象的危险、有害因素。

(3) 案例法：收集整理国内外相同或相似工程发生事故的原因和后果；相类似的工艺条件、设备发生事故的原因和后果对评价对象的危险、有害因素进行分析的方法。

2) 系统安全分析法

常用于复杂、没有事故经验的新开发系统。常用的有事件树、事故树分析等。

3. 危险与有害因素辨识时应注意的问题

危险、有害因素的辨识应注意以下4个方面。

1) 科学、准确、清楚

危险、有害因素的辨识是分辨、识别、分析确定系统内存在的危险，而并非研究防止事故发生或控制事故发生的实际措施。它是预测安全状况和事故发生途径的一种手段，这就要求进行危险、有害因素辨识必须要有科学的安全理论做指导，使之能真正揭示系统安全状况、危险和有害因素存在的部位、存在的方式和事故发生的途径等，对其变化的规律予以准确描述并以定性定量的概念清楚地表示出来，用严密的合乎逻辑的理论解释清楚。

2) 分清主要危险、有害因素和相关危险

不同行业的主要危险、有害因素不同，同一行业的主要危险、有害因素也不完全相同，所以，在进行危险、有害因素辨识中，要根据企业的实际情况，辨识企业的主要危险、有害因素，体现项目的特点，对于其他共性的危险、有害因素可以简单分析。

3) 防止遗漏

辨识危险、有害因素时不要发生遗漏，以免留下隐患；辨识时，不仅要分析正常生产运转，操作中存在的危险、有害因素，还要分析、辨识开车、停车、检修，装置受到破坏及操作失误情况下的危险、有害后果。

4) 避免惯性思维

实际上，在很多情况下，同一危险、有害因素由于物理量不同，作用的时间和空间不同，导致的后果也不相同。所以，在进行危险、有害因素辨识时应避免惯性思维，坚持实事求是的原则。

4. 危险、害因素辨识的主要内容

为防止危害辨识出现漏项，可从企业生产管理系统中的以下8个方面进行排查工作。厂址、厂区平面布局、道路及运输、建(构)筑物、生产工艺过程、生产设备和装置、作业环境、安全管理措施。

1) 厂址

厂址的工程地质和地貌、水文、气象条件、周围环境、交通运输条件、自然灾害、消防支持等。

2) 厂区平面布局

考虑功能分区、防火间距、风向、建筑物朝向、危险有害物质设施、动力设施、道路、贮运设施等。

3) 道路及运输

从运输、装卸、疏散、消防、人流、物流、平面交叉运输和竖向交叉运输等方面分析。

4）建(构)筑物

厂房：从生产火灾危险性分类、耐火等级、结构、层数、占地面积、防火间距、安全疏散等方面识别。

库房：从储存物品的火灾危险性分类、耐火等级、结构、层数、占地面积、防火间距、安全疏散等方面识别。

5）生产工艺过程

(1) 对新、改、扩建项目：设计是否合理，是否根据需要采取了消除、预防、减少、隔离、连锁、安全警示标志等措施。

(2) 对在线项目：主要根据行业和专业的特点，利用各行业和专业制定的安全标准、规程进行分析、识别。

(3) 典型单元过程(基本单位、基本过程)：主要通过查阅相关手册、规范、规程和规定。

6）生产设备、装置

(1) 对工艺设备：重点关注高温、低温、高压、腐蚀、振动、关键部位的备用设备、控制、操作、检修和故障、失误时的紧急异常情况等。

(2) 对电气设备：重点关注触电、断电、火灾、爆炸、误运转和误操作、静电、雷电等。

(3) 对机械设备：重点关注运动零部件和工件、操作条件、检修作业、误运转和误操作等。

7）作业环境

重点考虑毒物、噪声、振动、高温、低温、辐射、粉尘及其他有害因素。

8）安全管理措施

从组织机构、管理制度、应急预案、作业许可、安全监管等方面分析。

2.2 故障类型及影响、危险度分析

FMEA 是 Failure Mode and Effects Analysis 的缩写，意为故障模式与影响分析。它实际上是故障模式分析(FMA)和故障影响分析(FEA)的组合。FMEA 是一种重要的可靠性设计方法，可以对各种可能的风险进行评价、分析，使企业在现有技术的基础上消除这些风险或将这些风险减小到可接受的范围内。FMEA 是一种系统化和前瞻性的可靠性分析方法，用于从系统、设计、过程和服务中发现产品的潜在故障模式，分析原因和影响，预先采取措施以降低故障风险。FMEA 可以用于产品、工艺设计或改进设计，对预防产品失效起重要作用。

2.2.1 FMEA 历史

FMEA 起源于美国航空业。20 世纪 50 年代初期：设计具有复杂操作系统的喷气式飞机；60 年代中期：航天宇宙产业的引入(阿波罗人造卫星)信赖性保证和安全性评价得出成果；1974 年：应用于美国海军(MIL－STD1629)；70 年代后期：随着制造物责任法导

入，广泛扩散；80年代以后：以各部门之间的工程改善工具扩散。现已被广泛应用于航空、航天、机械、汽车及医疗设备等领域，并取得了显著效果，为确保这些领域产品的可靠性发挥了巨大作用。

FMEA是一种表格式的分析方法，是为确定硬件的故障从可靠性分析中发展起来的。为了保障系统的安全运行，对可能导致事故的所有故障进行分析，是预防事故的一项重要内容。FMEA为此提供了一种严谨和简便的方法。目前在各个行业中得到广泛的运用。

2.2.2 FMEA概要

1. 以目标区分的FMEA种类

(1) 系统FMEA(S-FMEA)适用于产品构想初期在系统和子模块标准上、分析功能上的潜在性故障类型(Subsystem的function为主)。

(2) 设计FMEA(D-FMEA)适用于在产品开发阶段，分析因产品缺陷而发生的潜在的故障类型(详细设计阶段)。

(3) 流程FMEA(P-FMEA)适用于制造工程中，分析未遵循设计事项和规格所产生的潜在故障类型(工程设计及改善阶段)。

(4) SoftwareFMEA适用于分析Software作用和相关潜在的故障类型。

2. FMEA主要用语

(1) 故障类型(Failure Mode)：流程的功能上造成的失败，流程阶段为发现导致对顾客的影响，相关缺陷(Y)。

(2) 影响(Effect)：给顾客带来的影响，顾客包括流程的下一阶段及最终顾客。

(3) 原因(Cause)：引起故障类型的Process Activity，简捷并全面地定义原因，原因归明是对重要的故障类型赋予优先权。

(4) 现在管理方法(Current Control)：找出故障类型及原因，并且对其进行预防。

FMEA是一种归纳分析法，主要是在设计阶段对系统的各个组成部分，即元件、组件、子系统等进行分析，找出它们所能产生的故障及其类型，查明每种故障对系统安全所造成的影响，判明故障的重要度，以便采取措施予以防止和消除。FMEA也是一种自下而上的分析方法。如果对某些可能造成特别严重后果的故障类型进行单独分析，称为致命度分析(Criticality Analysis，CA)。FMEA与CA合称为FMECA。FMECA通常也是采用安全分析表的形式分析故障类型、故障严重度、故障发生频率、控制事故措施等内容。

这种方法的特点是从元件、器件的故障开始，逐次分析其影响及应采取的对策。其基本内容是为找出构成系统的每个元件可能发生的故障类型及其对人员、操作及整个系统的影响。开始，这种方法主要用于设计阶段。目前，核电站、化工、机械、电子及仪表工业中都广泛使用了这种方法。FMEA通常按预定的分析表逐项进行。分析表如表2-3所示。

表 2-3 故障类型及影响分析表

元件名称	故障类型	运转阶段	故障的影响				危险严重度	检测方法	备注
			子系统	系统	功能	人员			

按故障可能产生后果的严重程度(故障类型的影响程度)，可采用如下定性等级。

(1) 安全的(一级)，不需要采取措施。

(2) 临界的(二级)，有可能造成较轻的伤害和损坏，应采取措施。

(3) 危险的(三级)，会造成人员伤亡和系统破坏，要立即采取措施。

(4) 破坏性的(四级)，会造成灾难性事故，必须立即排除。

2.2.3 FMEA 分析步骤

1. FMEA 之前的准备工作

(1) 收集必要信息。

①关于类似产品或流程的文件；②类似产品的 A/S 数据；③流程标准书；③确认相关技术情况；④顾客要求事项。

(2) 制作前确认事项。

①合理 TEAM(团队)构成；②确认目的；③确认 Process Map，C&E Diagram；④确认 FDM 的结果。

2. 分析步骤

(1) 明确系统本身的情况和目的。从有关资料中了解系统的组成、任务等情况，查出系统含有多少个子系统，各个子系统又含有多少个单元或元件，熟悉它们之间的相互关系(如相互结合、相互干扰、输入和输出等情况)。

(2) 确定分析程度和水平。分析程度太浅，会漏掉重要的故障类型；分析程度太深，则会造成手续复杂，提出措施也很难。一般是对关键的子系统分析得深一些，不重要的分析得浅一些，甚至可以不分析。

(3) 绘制系统图和可靠性框图。一个系统可以由若干个功能不同的子系统组成，如动力、设备、结构、燃料供应、仪表控制、信息网络系统等，其中还有各种结合面。对复杂系统可用各功能子系统相结合的系统图，以表示各子系统间的关系；对简单系统可用流程图代替系统图，以系统图画出可靠性框图。

(4) 列出所有故障类型，并选出对系统有影响的故障类型，填入分析表格内，然后选出对关键子系统有影响的故障类型，深入分析其影响后果、故障等级以及应采取的措施。

(5) 对危险性特别大的故障类型，如故障等级为一级的，则要进行致命度分析。

FMEA 的分析步骤及流程见图 2.1 和图 2.2。

一张 FMEA 表格应包括以下几项：产品或部件/功能；潜在的故障模式；故障影响；严重度(S)；故障原因/故障机理；频数(O)；设计/过程控制；检测难度(D)；风险度

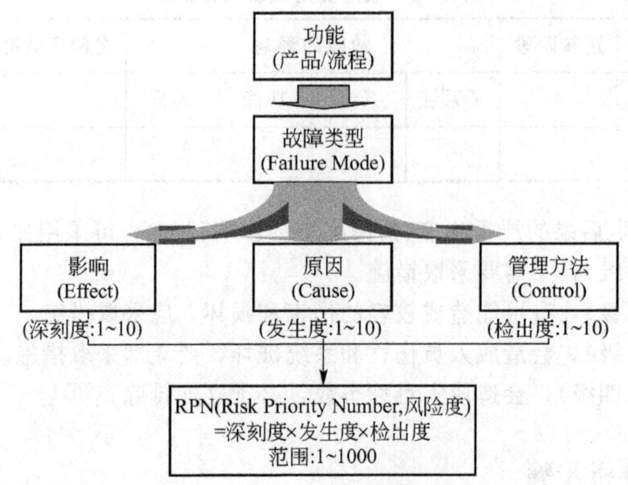

图 2.1 FMEA 分析步骤

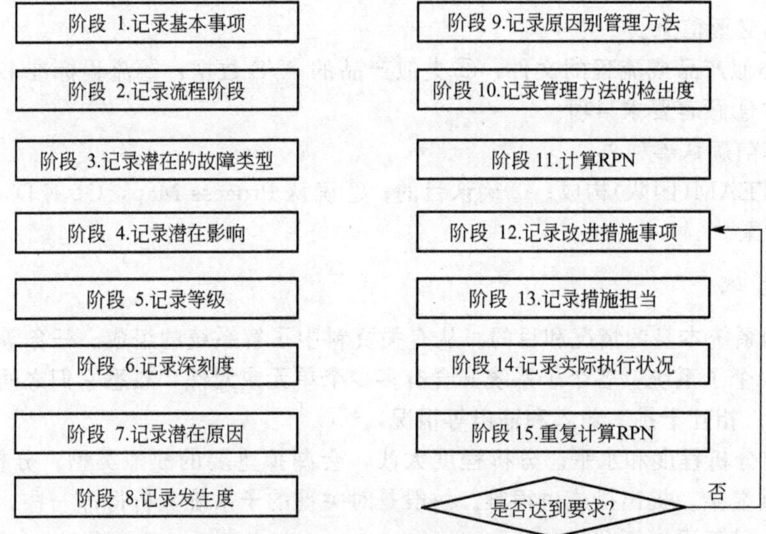

图 2.2 FMEA 制成步骤流程图

(RPN)；建议的改进或补偿措施；责任部门/责任人及完成时间。改进后：①实施的改进/补偿措施和日期；②严重度；③频数；④检测难度；⑤风险度，如表 2-4 所示。

表 2-4 PROCESS FMEA 的作成检查表

序号	阶段	检查事项
1	基本事项	是否组成 FMEA Team? 验证 Background Information 是否明确?
2	流程阶段	是否把 Process Map 作为 Activity 的重点? 所有 Activity 是否以目的语＋动词型定义?

（续）

序号	阶段	检查事项
3	潜在故障类型	在 KPOV 观点上是否充分列举故障类型？ 是否与 Y 有联系的故障类型？
4	潜在影响	潜在的故障类型发生时，是否全面地考虑了故障类型带来的影响？
5	深刻度	等级是否基于故障类型所造成的影响程度？
6	潜在原因	是否合理运用 Process Map，C&E Diagram 到处潜在原因？
7	发生度	故障类型发生度是否以原因别产生？ 发生度是否相对于其他原因的值？
8	原因别的管理方法	是否列举出找出 Y 的缺陷的管理手段？ 这些管理手段是预防性还是探知性？
9	管理方法的检出度	等级是否基于现行管理手段的效率？
10	计算 RPN	在技术观点 RPN 值计算是否合理？ 是否根据 RPN 值计算出优先顺序？
11	相关措施事项	RPN 值高时是否考虑对策？ 是否列举出合理的预防措施？ 是否考虑降低潜在危险的故障模型及消除的措施？ 对于确认好的 RPN 管理是否一般的标准还是特殊的标准？
12	措施担当者	对于措施的时间及担当者是否明确？
13	实际执行状况	执行措施以后，是否修正 FMEA？

在实际的 FMEA 项目中，常需要对可能的多个故障模式进行风险评估，以确定风险的优先次序，在有限资源下重点关注高风险的故障模式。最常用的方法是风险优先数法，RPN 由严重度 S、发生度 O 和难检度 D 三个风险因子决定。虽然 FMEA 已被认为是最有效的事前预防措施，但其风险评估方法却广受质疑。首先，传统 FMEA 要求专家采用精确数值来评价风险因子，但由于客观事物的复杂性、不确定性和人类思维的模糊性，专家难以做到精确估计。其次，三个风险因子之间的相对重要度未被考虑，而是假设其同等重要，这在实际应用中很难成立。最后，三个风险因子的不同组合可能产生完全相同的 RPN 值，即传统 FMEA 可能对具有不同内涵的风险缺乏区分度。这可能导致资源浪费，甚至使高风险的故障被忽略。

2.2.4 FMEA 实例

FMEA 在制造部门和间接部门的运用实例，见图 2.3 和图 2.4。

序号	Process 阶段	潜在故障类型	潜在影响	深刻度	等级	潜在性原因(KPIVs)	发生度	现在Process管理方法	检出度	RPN	措施对象	担当者及目标日程	措施内容	深刻度	发生度	检出度	RPN
1	Routing	PCB Cutting 后 PCB 上粘有粉末	SHORT	9		Vaccum pump 的吸力弱	7	周期性检查	1	63	吸力强化						
		Cutting 后 Dummy 有少量剩余	SHORT	9		设备 Setting 误差	6	周期性检查	1	54	Setting 的精确度提高						
2	手动插入	Lead 的弯曲	SHORT	9		弯曲管理 SPEC 不严格	3	输入检查	1	27	输入检查 SPEC 强化						
		挤压 JIG LODKING MISS	SHORT	9		作业者 MISS	2	肉眼确认	1	18	作业者教育						
			SHORT	9		LOCKING 部位磨损	2	肉眼确认	1	18	加工 SPEC 强化						
3	FLUX	FLUX 未覆盖	SHORT	9		SENSOR 的未认识	6	肉眼确认	6	324	SENSOR 认识强化						
			SHORT	9		NOZZLE 的堵塞	3	肉眼确认	1	27	NOZZLE 的周期性清扫						
			SHORT	9		AIR OFF	3	肉眼确认	1	27	设备检查						
			SHORT	9		SETTING 条件的错误	7	肉眼确认	1	63	周期检查实施						
		FLUX 量多	SHORT	9		NOZZLE 的磨损	5	周期性确认	6	270	周期性更换						
			SHORT	9		压力高	2	肉眼确认	1	18	周期性检查						

图 2.3 FMEA 在制造部门的运用

序号	PROCESS 阶段（PROCESS 功能）	潜在故障类型	潜在影响（KPOVs）	深刻度	分类	潜在原因（KPIVs）	发生度	现在 PROCESS 管理状态	检出度	RPN	劝告措施对象	担当者及目标日程	措施内容	深刻度	发生度	检出度	RPN
1	事业运营	闭锁	输入损失/破产	9		强打	3	无	10	270	营业店内气象广播设置	JG 7/8	设置及 TEST	9	3	2	54
2				9		营业店访问顾客负伤时，诉讼提出	3	对事故的保险	2	54	无						
3				9		由于异常产品访问顾客的诉讼	5	在商品贴上注意 LABEL	2	90	无						
4				9		由于漏电而引起的火灾	2	消火栓及 Sprinkler	10	180	漏电保护器及过负荷防止	LM 6/28	漏电保护器及过负荷防止调整	9	2	1	18
5				9		国税局核查结果发生会计错误	5	纳税时，根据 CPA 的核查	4	180	每 6 个月进行台帐整理及 CPA 核查	KC 7/15	步骤变更及经理部门/CPA 通报	9	2	2	36
6				9		过度竞争	5	??? 与进口商品分数限制协议	2	90	无						
7				9		RISS 损失	10	每月租赁费协议及自动更新	10	900	Riss 社与年例协商	KC 7/19	虽与??? 协议，但按照月 RISS 接续	9	10	10	900
8		收益目标未达成	还贷延迟	6		销售员不亲切	4	采用时 Interv	5	120	追加教育，能够确认后配置	KC 8/2	追加训练 MODULE	6	2	2	24
9				6		过度竞争	5	??? 与进口商品分数限制协议	2	60	无						
10				6		贷款支付拖延，造成供给出差错	3	无	10	180	本要因 FMEA 实行，当作故障 MODE						
11				6		地域经济迟钝	5	无	10	300	地域工商业会议所与季度别成长率 CHECK	KC 7/15	时时人口增加及所得统计资料接受	6	5	2	60
12				6		不清洁的卖场	9	先顾客预订后卖场管理	1	54	无						
13				6		供给者的运输延迟及未运输	7	forwarder 在搬运时，BL 送付，到达时 2 次接触	10	420	对 forwarder 每 3 天要求检查搬运状态	KC 7/28	与 forwarder 的合议：货物金 2.5% 追加	6	7	3	126
14				6		商品的缺乏	4	商场陈列前事前检查	2	48	无						
15				6		由于职员，造成柜员机现金缺少	7	现金领用职员姓名，日期，时间记录到台账上	10	420	监督者作业/交待时与职员的现金结算	KC 8/3	现金管理步骤确立	6	2	2	24
16				6		商品盗窃	5	在适当水准下，由职员核查顾客	8	240	贴上防止盗窃标签及在入口处观察	LM 8/15	$20 以上优先措施，其他 8.15 限预定	6	5	1	30
17				6		不适合商品的在库调整率降低	5	为 Trend 掌握，每年 2 次访问零售市场	3	90	无						
18				6		会计错误	5	纳税报告时，根据 CPA 的核查	4	120	无						

图 2.4 FMEA 在间接部门的运用

2.3 事故树的定性与定量分析

2.3.1 事故树分析的基本概念

事故树分析(Fault Tree Analysis，简称 FTA)是安全系统工程中常用的一种分析方法。1961 年，美国贝尔电话研究所的 H. A. 维森(H. A. Watson)首创了 FTA，并应用于研究民兵式导弹发射控制系统的安全性评价中，用来预测导弹发射的随机故障概率。接着，美国波音飞机公司的哈斯尔(Hassle)等人对这个方法又作了重大改进，并采用电子计算机进行辅助分析和计算。1974 年，美国原子能委员会应用 FTA 对商用核电站进行了风险评价，发表了拉斯姆逊报告(Rasmussen Report)，引起世界各国的关注。目前 FTA 已从宇航、核工业进入一般电子、电力、化工、机械、交通等领域，它可以进行故障诊断、分析系统的薄弱环节，指导系统的安全运行和维修，实现系统的优化设计。

FTA 是一种演绎推理法，这种方法把系统可能发生的某种事故与导致事故发生的各种原因之间的逻辑关系用一种称为事故树的树形图表示，通过对事故树的定性与定量分析，找出事故发生的主要原因，为确定安全对策提供可靠依据，以达到预测与预防事故发生的目的。在系统设计过程中，通过对可能造成系统故障的各种因素(包括硬件、软件、各种人为因素等)进行分析，画出逻辑框图，即事故树，从而确定系统故障原因的各种组合方法或其发生概率，再进一步计算系统的故障概率，采取相应的纠正措施，以提高系统可靠性的一种分析方法。

FTA 具有以下特点。

(1) 一种图形演绎方法，是事故事件在一定条件下的逻辑推理方法。它可以围绕某特定的事故作层层深入的分析，因而在清晰的事故树图形下，表达系统内各事件间的内在联系，并指出单元故障与系统事故之间的逻辑关系，便于找出系统的薄弱环节。

(2) FTA 具有很大的灵活性，不仅可以分析某些单元故障对系统的影响，还可以对导致系统事故的特殊原因，如人为因素、环境影响进行分析。

(3) 进行 FTA 的过程，是一个对系统更深入认识的过程，它要求分析人员把握系统内各要素间的内在联系，弄清各种潜在因素对事故发生影响的途径和程度，因而许多问题在分析的过程中就被发现和解决了，从而提高了系统的安全性。

(4) 利用 FTA 可以定量计算复杂系统发生事故的概率，为改善和评价系统安全性提供了定量依据。

FTA 是安全系统工程主要的分析方法之一，是分析、预测和控制事故的一种有效方法。FTA 是找出不希望事件(顶事件)的所有基本原因事件，把它们用逻辑门(与门、或门)连接起来，这样就能清楚地表示哪些原因事件及组合是怎样发展成为顶上事件的。

本法先决条件：①顶事件要设计得正确，同时能分析出真正的原因事件；②各个顶事件应独立进行分析，分析结果的好坏要看逻辑推理的完善与否和对基本原因事件的理解深度。

在定量方面，分析结果好坏，则要看所用的原因事件发生概率的精确程度。本法虽能计算出顶事件发生概率，但置信度不高。

2.3.2 FTA分析步骤

FTA是根据系统可能发生的事故或已经发生的事故所提供的信息，寻找同事故发生的有关原因，从而采取有效的防范措施，防止事故发生。这种分析方法一般可按下述步骤进行。分析人员在具体分析某一系统时可根据需要和实际条件选取其中若干步骤。

1. 准备阶段

(1) 确定所要分析的系统。在分析过程中，合理地处理好所要分析系统与外界环境及其边界条件，确定所要分析系统的范围，明确影响系统安全的主要因素。

(2) 熟悉系统。这是FTA的基础和依据。对于已经确定的系统进行深入的调查研究，收集系统的有关资料与数据，包括系统的结构、性能、工艺流程、运行条件、事故类型、维修情况、环境因素等。

(3) 调查系统发生的事故。收集、调查所分析系统曾经发生过的事故和将来有可能发生的事故，同时还要收集、调查本单位与外单位、国内与国外同类系统曾发生的所有事故。

2. 事故树的编制

(1) 确定事故树的顶事件。确定顶事件是指确定所要分析的对象事件。根据事故调查报告分析其损失大小和事故频率，选择易于发生且后果严重的事故作为事故的顶事件。

(2) 调查与顶事件有关的所有原因事件。从人、机、环境和信息等方面调查与事故树顶事件有关的所有事故原因，确定事故原因并进行影响分析。

(3) 编制事故树。采用一些规定的符号，按照一定的逻辑关系，把事故树顶事件与引起顶事件的原因事件，绘制成反映因果关系的树形图。

3. 事故树定性分析

事故树定性分析主要是按事故树结构，求取事故树的最小割集或最小径集，以及基本事件的结构重要度，根据定性分析的结果，确定预防事故的安全保障措施。

4. 事故树定量分析

事故树定量分析主要是根据引起事故发生的各基本事件的发生概率，计算事故树顶事件发生的概率；计算各基本事件的概率重要度和关键重要度。根据定量分析的结果以及事故发生以后可能造成的危害，对系统进行风险分析，以确定安全投资方向。

5. FTA的结果总结与应用

必须及时对FTA的结果进行评价、总结，提出改进建议，整理、储存事故树定性和定量分析的全部资料与数据，并注重综合利用各种安全分析的资料，为系统安全性评价与安全性设计提供依据。

目前已经开发了多种功能的软件包(如美国的SETS和德国的RISA)进行FTA的定性与定量分析，有些FTA软件已经通用化和商品化。

6. 事故树的符号及其意义

1) 事件及事件符号

(1) 结果事件：由其他事件或事件组合所导致的事件，总是位于某个逻辑门的输出端。用矩形符号表示结果事件见图 2.5(a)。结果事件分为顶事件和中间事件。

① 顶事件。是 FTA 中所关心的结果事件，位于事故树的顶端，总是讨论事故树中逻辑门的输出事件而不是输入事件，即系统可能发生的或实际已经发生的事故结果。

② 中间事件。是位于事故树顶事件和底事件之间的结果事件。它既是某个逻辑门的输出事件，又是其他逻辑门的输入事件。

③ 底事件。是导致其他事件的原因事件，位于事故树的底部，它总是某个逻辑门的输入事件而不是输出事件。底事件又分为基本原因事件和省略事件。

基本原因事件。表示导致顶事件发生的最基本的或不能再向下分析的原因或缺陷事件，用图 2.5(b)的圆形符号表示。

省略事件。表示没有必要进一步向下分析或原因不明确的原因事件。另外，省略事件还表示二次事件，即不是本系统的原因事件，而是来自系统之外的原因事件，用图 2.5(c)的菱形符号表示。

(2) 特殊事件：在事故树分析中需要表明其特殊性或引起注意的事件。特殊事件又分为开关事件和条件事件。

① 开关事件，又称正常事件。它是在正常工作条件下必然发生或必然不发生的事件，用图 2.5(d)的房形符号表示。

② 条件事件。是限制逻辑门开启的事件，用图 2.5(e)的椭圆形符号表示。

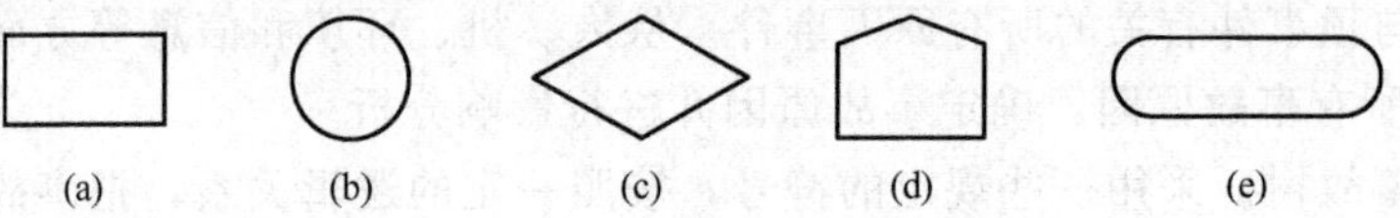

图 2.5 事件符号

2) 逻辑门及其符号

逻辑门是连接各事件并表示其逻辑关系的符号。

(1) 与门：可以连接数个输入事件 E_1、E_2、……、E_n 和一个输出事件 E，表示仅当所有输入事件都发生时，输出事件 E 才发生的逻辑关系。见图 2.6(a)。

(2) 或门：可以连接数个输入事件 E_1、E_2、……、E_n 和一个输出事件 E，表示至少一个输入事件发生时，输出事件 E 就发生。见图 2.6(b)。

(3) 非门：表示输出事件是输入事件的对立事件。见图 2.6(c)。

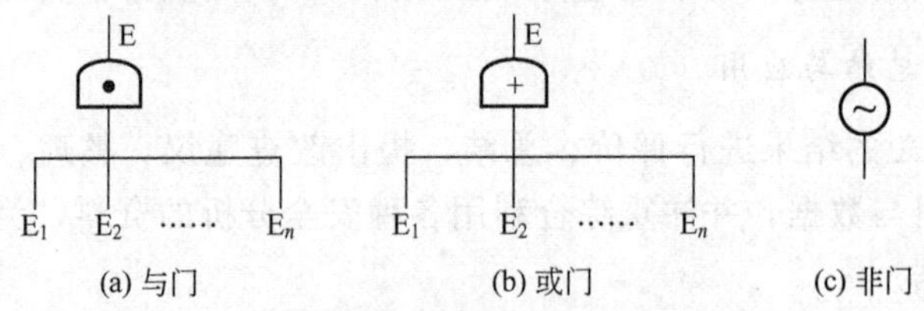

图 2.6 逻辑门符号

(4) 特殊门。包括以下 5 个方面。

① 表决门。表示仅当输入事件有 $m(m\leqslant n)$个或 m 个以上事件同时发生时，输出事件才发生。表决门符号见图 2.7(a)。显然，或门和与门都是表决门的特例。或门是 $m=1$ 时

的表决门；与门是 $m=n$ 时的表决门。

② 异或门。表示仅当单个输入事件发生时，输出事件才发生。异或门符号见图 2.7(b)。

③ 禁门。表示仅当条件事件发生时，输入事件的发生方导致输出事件的发生。禁门符号见图 2.7(c)。

④ 条件与门。表示输入事件不仅同时发生，而且还必须满足条件 A，才会有输出事件发生。条件与门符号见图 2.7(d)。

⑤ 条件或门。表示输入事件中至少有一个发生，在满足条件 A 的情况下，输出事件才发生。条件或门符号见图 2.7(e)。

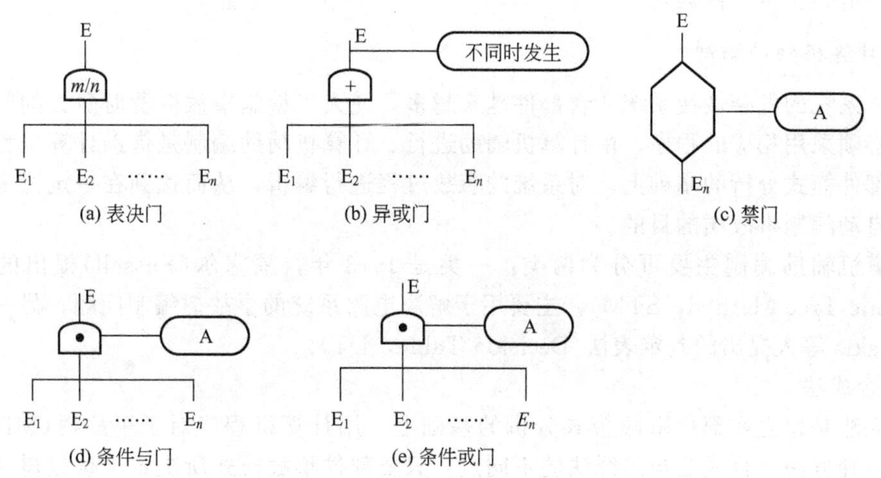

图 2.7 特殊门符号

3）转移符号

转移符号见图 2.8。转移符号的作用是表示部分事故树图的转入和转出。当事故树规模很大或整个事故树中多处包含相同的部分树图时，为了简化整个树图，便可用转入［图 2.8(a)］和转出［图 2.8(b)］符号。

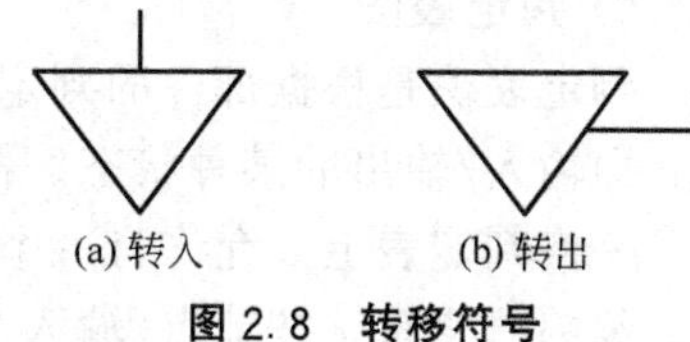

图 2.8 转移符号

2.3.3 事故树的编制

事故树编制是 FTA 中最基本、最关键的环节。编制工作一般应由系统设计人员、操作人员和可靠性分析人员组成的编制小组来完成，经过反复研究，不断深入，才能趋于完善。通过编制过程能使小组人员深入了解系统，发现系统中的薄弱环节，这是编制事故树的首要目的。事故树的编制是否完善直接影响到定性分析与定量分析的结果是否正确，关系到运用 FTA 的成败，所以及时对编制实践进行有效的经验总结是非常重要的。

编制方法一般分为两类，一类是人工编制，另一类是计算机辅助编制。

1. 人工编制

1）编制事故树的规则

(1) 确定顶上事件应优先考虑风险大的事故事件。

(2) 合理确定边界条件。

(3) 保持门的完整性，不允许门与门直接相连。

(4) 确切描述顶事件。

2) 编制事故树的方法

人工编制事故树的常用方法为演绎法，它是通过人的思考去分析顶事件是怎样发生的。利用演绎法编制时首先确定系统的顶事件，找出直接导致顶事件发生的各种可能因素或因素的组合即中间事件。在顶事件与其紧连的中间事件之间，根据其逻辑关系相应地画出逻辑门。然后再对每个中间事件进行类似的分析，找出其直接原因，逐级向下演绎，直到不能分析的基本事件为止。

2. 计算机辅助编制

由于系统的复杂性使系统所含部件越来越多，使人工编制事故树费时费力的问题日益突出，必须采用相应的程序，由计算机辅助进行。计算机辅助编制是借助计算机程序在已有系统部件模式分析的基础上，对系统的事故过程进行编辑，从而达到在一定范围内迅速准确地自动编制事故树的目的。

计算机辅助编制主要可分为两类：一类是 1973 年，福塞尔(Fussell)提出的合成法(Synthetic Tree Method，STM)，主要用于解决电路系统的事故树编制问题；另一类是由 Apostolakis 等人提出的判定表法(Decision Table，DT)。

1) 合成法

合成法是建立在部件事故模式分析的基础上，用计算机程序对子事故树(MFT)进行编辑的一种方法。合成法与演绎法的不同点：只要部件事故模式所决定子事故树一定，由合成法得到的事故树就唯一，所以，它是一种规范化的编制方法。

2) 判定表法

判定表法是根据部件的判定表来合成的。判定表法要求确定每个事件的输入/输出事件，即输入/输出的某种状态。把每个部件的输入/输出事件的关系列成表，该表称作判定表。一格判定表上只允许有一个输出事件，如果不止一个输出事件，则必须建立多格判定表。编制时将系统按节点(输入/输出的连接点)划分开，并确定顶事件及其相关的边界条件。一般认为来自系统环境的每一个输入事件属于基本事件，来自部件的输出事件属于中间事件。在判定表都已齐备后，从顶事件出发根据判定表中间事件追踪到基本事件为止，这样就制成所需要的事故树。

3. 编程举例——用演绎法编制“油库燃爆”事故树

油库燃烧并爆炸是危害性极大的事故，因而可以将“油库燃爆”事故作为事故树的顶事件并编制其事故树。

编制事故树从顶事件开始，逐级分析导致顶事件发生的中间事件和基本事件，按照逻辑关系，用逻辑门符号连接上下层事件。例如，“油气达到可燃浓度”与存在“火源”两个中间事件同时存在并且达到爆炸极限时，顶事件才能发生，因而两个中间事件与顶事件之间用与门连接起来，“达到爆炸极限”可以作为“与门”的条件记入椭圆内。“油气泄漏”和“库内通风不良”是使油气达到可燃浓度缺一不可的先决条件，因而也用与门连接。而任一种火源、任一种油气泄漏方式或任一种通风不良原因都是上层事件发生的条件，因此，上下层事件必须用或门连接。以此逐级向下演绎成如图 2.9 所示的事故树。

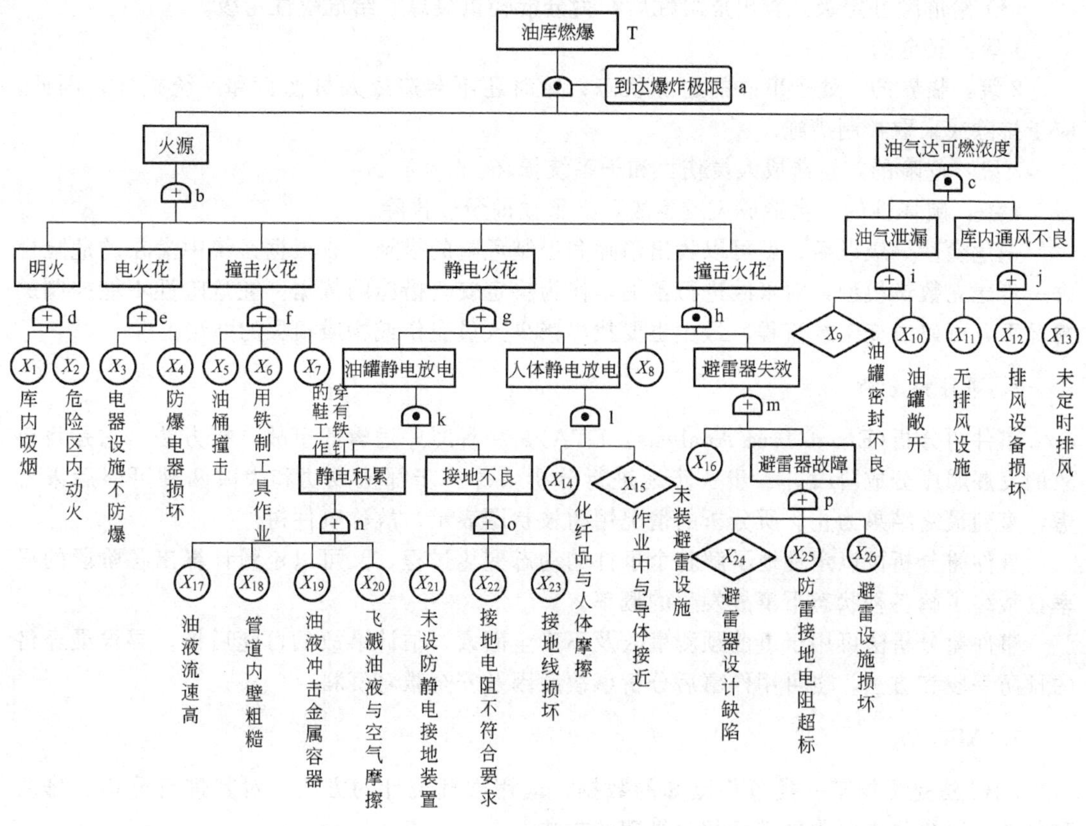

图 2.9 “油库燃爆”事故树

注：为了不使事故树太复杂，树中引用了省略事件：“作业中与导体接近”、“避雷器设计缺陷”和“油罐密封不良”。

2.3.4 其他安全系统方法简介

1. 危险性预先分析

危险性预先分析（Process Hazard Analysis，PHA）是在规划、设计、施工或生产前，首先对系统存在的危险性类别、出现条件、导致事故的后果，作概略的分析。

分析步骤如下。

(1) 识别可能出现的危险性。首先要对生产目的、工艺过程、操作条件以及周围环境作比较充分的调查了解，大体识别与系统有关的一切危害，在初始识别中，可以暂时先不考虑发生的概率。

(2) 鉴别危害产生的原因。按照过去的经验和同行业生产中发生过的事故，分析对象中是否也会出现类似的情况，查出能够造成人员伤亡、物质损失、不能完成系统任务的原因。

(3) 估计危险性的范围。按系统和子系统逐步地去找危险性，估计危险性的范围及对系统的影响。

(4) 给危险性定级。查出危险性后，为分清轻重缓急，给危险性定级。

1级：安全的。

2级：临界的，处于事故的边缘状态，暂时还不会造成人员伤亡和系统损坏，因此，应予排除或采取控制措施。

3级：危险的，会造成人员伤亡和子系统损坏。

4级：破坏性的，会造成灾难事故，必须立即予以排除。

把危险性分级以后，就可以找出消除和控制危险的措施，或根据系统中潜在的危险性进一步建立数学模型，对事故进行预测，作为决定安全措施的依据。在危险性不能控制的情况下，可以改变工艺流程，最少也要找出减少人员受伤或物质损失的办法。

2. 事件树分析

事件树分析(Event Tree Analysis，ETA)是一种时序逻辑的事故分析方法。它是将事故的发展顺序分成阶段，一步一步地进行分析，每一步都从成功和失败两种可能后果考虑，直到最终结果为止。所分析的情况用树枝状图表示，故称事件树。

事件树分析可以定性地了解整个事件的动态变化过程，又可以定量计算出各阶段的概率，最终了解各种状态下事故发生的概率。

事件树分析法可用于事前预测事故及不安全因素，估计事故的可能后果，寻求最经济的预防手段和方法，也可用作事后分析事故原因及安全教育资料。

3. ABC 法

ABC 法是根据某一类事物已知的数据，运用数理统计的方法，对其进行分析、排队和分类，以抓住主要矛盾进行相应管理的方法。

ABC 法是保证抓好危险控制点兼顾一般的方法。ABC 法以“关键的少数和次要的多数”的基本原理为理论根据，把安全管理对象按照危险指数或危险性大的生产设备的标准，或以危险、特种作业工种、场所为依据分为 ABC 三类。A 类是关键少数(占事故发生类别的多数)，B 类是一般管理对象，C 类属于次要多数。再根据这三类不同特点，分别采取重点、次要和一般三种不同程度的管理。这样不仅突出了安全重点防范部位，抓住了问题的关键，又照顾了一般，考虑了全面，使企业安全管理层次主次分明，井然有序。ABC 法简便易行，适用性强。

ABC 法的分析步骤：①收集安全数据；②统计汇总安全数据；③制作 ABC 分析表；④绘制 ABC 分析图；⑤确定重点管理方式。

4. PDCA 循环

PDCA 是英文 Plan(计划)、Do(实施)、Check(检查)、Action(处理)四个词第一个字母的缩写。PDCA 循环 20 世纪 70 年代后期传入我国，开始用于全面质量管理，现在已推广运用到全面计划管理，也适用于安全计划管理，已成为现代安全管理方法之一。

PDCA 循环包括四个阶段：第一阶段是制订计划(P)，包括分析现状和问题，根据主要原因制定方针、目标和活动计划；第二阶段是实施阶段(D)，即实施计划、措施；第三阶段是检查阶段(C)，即检查实施效果；第四阶段是处理阶段(A)，包括总结经验，巩固成绩，遗留问题转入下一个循环。

PDCA 循环的基本特点是大环套小环，小环保大环，相互联系，彼此促进。

2.4 建设工程施工危险源辨识与控制

2.4.1 危险源辨识与管理

建筑施工企业应根据本企业的施工特点，依据承包工程的类型、特征、规模及自身管理水平等情况，辨识出危险源，并对重大危险源制订应急预案，这是安全技术管理的一项重要内容。企业应对危险源识别，列出危险源清单，一一进行评价，对重大危险源进行控制策划、建档，并对重大危险源的识别及时进行更新。危险源的识别与评价必须有文件记录。企业应对重大危险源制订应急预案，预案应能指导企业进行施工现场的具体操作。

2.4.2 重大危险源辨识

重大危险源辨识是危险、有害因素辨识的一个非常重要部分，目前在安全评价过程中进行重大危险辨识主要的依据是国家标准《危险化学品重大危险源辨识》GB 18218—2009。

2.4.3 危险源的控制

危险源的控制可从两个方面进行，即技术控制和管理控制。

1. 技术控制

技术控制即采用技术措施对固有危险源进行控制，主要技术有消除、控制、防护、隔离、监控、保留和转移等。

1）消除措施

消除系统中的危险源，可以从根本上防止事故的发生。但是，按照现代安全工程的观点，彻底消除所有危险源是不可能的。因此，人们往往首先选择危险性较大、在现有技术条件下可以消除的危险源，作为优先考虑的对象。可以通过选择合适的工艺、技术、设备、设施，合理结构形式，选择无害、无毒或不能致人伤害的物料来彻底消除某种危险源。

2）预防措施

当消除危险源有困难时，可采取适当的预防措施，如使用安全阀、安全屏护、漏电保护装置、安全电压、熔断器、排风装置等。

3）减弱措施

在无法消除危险源和难以预防的情况下，可采取减轻危险因素的措施，如选择降温措施、避雷装置、消除静电装置、减振装置等。

4）隔离措施

在无法消除、预防和隔离危险源的情况下，应将人员与危险源隔离并将不能共存的物质分开，如采取遥控作业，设置安全罩、防护屏、隔离操作室、安全距离等。

5）连锁措施

当操作者失误或设备运行达到危险状态时，应通过连锁装置终止危险、危害发生。

6）警告措施

在易发生故障和危险性较大的地方，设置醒目的安全色、安全标志，必要时，设置声、光或声光组合报警装置。

7）应急救援措施

制定重大危险源应急救援预案，当事故发生时，应立即启动应急救援预案，组织有效的应急救援力量，迅速实施救护，是减少事故人员伤亡和财产损失的有效措施。

2. 管理控制

可采取以下管理措施，对危险源实行控制。

1）建立健全危险源管理的规章制度

危险源确定后，在对危险源进行系统危险性分析的基础上建立健全各项规章制度，包括岗位安全生产责任制、危险源重点控制实施细则、安全操作规程、操作人员培训考核制度、日常管理制度、交接班制度、检查制度、信息反馈制度，危险作业审批制度、异常情况应急措施、考核奖惩制度等。

2）明确责任、定期检查

应根据各危险源的等级分别确定各级的负责人，并明确他们应负的具体责任。特别是要明确各级危险源的定期检查责任。除了作业人员必须每天自查外，还要规定各级领导定期参加检查。

对危险源的检查要对照检查表逐条逐项进行，按规定的方法和标准进行检查，并作记录。如发现隐患则应按信息反馈制度及时反馈，促使其及时得到消除。凡未按要求履行检查职责而导致事故者，要依法追究其责任。规定各级领导人参加定期检查，有助于增强他们的安全责任感，体现管生产必须管安全的原则，也有助于重大事故隐患的及时发现和得到解决。

专职安技人员要对各级人员实行检查的情况定期检查、监督并严格进行考评，以实现管理的封闭。

3）加强危险源的日常管理

要严格要求作业人员贯彻执行有关危险源日常管理的规章制度。搞好安全值班、交接班，按安全操作规程进行操作；按安全检查表进行日常安全检查；危险作业经过审批等。所有活动均应按要求认真做好记录。领导和安技部门定期进行严格检查考核，发现问题及时给以指导教育，根据检查考核情况进行奖惩。

4）抓好信息反馈、及时整改隐患

要建立健全危险源信息反馈系统，制定信息反馈制度并严格贯彻实施。对检查发现的事故隐患，应根据其性质和严重程度，按照规定分级实行信息反馈和整改，做好记录，发现重大隐患应立即向安监部门和行政第一负责人报告。信息反馈和整改的责任应落实到人。对信息反馈和隐患整改的情况各级领导和安技部门要进行定期考核和奖惩。安监部门要定期收集、处理信息，及时提供给各级领导研究决策，不断改进危险源的控制管理工作。

5）搞好危险源控制管理的基础建设工作

危险源控制管理的基础工作除应建立健全各项规章制度外，还应建立健全危险源的安全档案和设置安全标志牌。应按安全档案管理的有关内容要求建立危险源的档案，并指定专人专门保管，定期整理。应在危险源的显著位置悬挂安全标志牌，标明危险等级，注明负责人员，按照国家标准的安全标志表明主要危险，并扼要注明防范措施。

6）搞好危险源控制管理的考核评价和奖惩

应对危险源控制管理的各方面工作制定考核标准，并力求量化，划分等级。定期严格考核评价，给予奖惩并与班组升级和评先进结合起来。逐年提高要求，促使危险源控制管理的水平不断提高。

2.5 人机工程学理论

2.5.1 人机工程学概述

人机工程学是研究人和机器的相应作用，使机器设计与人体的要求相适应，从而提高人-机系统工作效率的一门边缘学科，它是以人-机系统作为基本对象，研究在具体条件下，人机相互作用的特点，合理分配人和机器承担的操作职能，并根据人体的条件和特点，设计出使人能在安全、舒适的条件下从事操作，且工效达到最优的人-机系统。所谓人-机系统，就是人和机器、装置、工具等所组成的以便完成某项工作或生产任务的系统，更确切地说，人-机系统实际上是指人、机、环境所组成的系统。它在自身发展的过程中，逐步打破了各学科之间的界限，并有机地融合了各相关学科的理论，不断地完善自身的基本概念、理论体系、研究方法以及技术标准和规范。

由于该学科研究和应用的范围极其广泛，各个领域的研究人员都试图从自身的角度来给本学科命名和定义，因此，世界各国对本学科的命名不尽相同，即使在同一个国家里，命名也不统一。

美国的“Human Engineering”译为“人类工程学”或“人体工程学”；Human Factors 译为“人类因素学”；Human Factors Engineering 译为“人类因素工程学”；原苏联及东欧国家的“Engineering Psychology”一般译为“工程心理学”；

日本的相应学科译为“人间工学”，“人体工程学”，“人机工程学”，“人类工效学”，“人机控制学”，“宜人学”等。

国际上较为通用的名称是采用西欧各国的命名“Ergonomics”，是由希腊语中的两个词根“Ergon”（工作、出力）和“Nomics”（规律、正常化）构成的，即“人类工效学”，本意为人的劳动规律，也可理解为把机械产品设计成十分符合人类的工作或动作的法则或习惯。该词能全面地反映本学科的本质，词义能保持中立性。

“人机工程学”术语已被我国广大科技工作者所接受，并成为工程技术界较为通用的名称。但是，任何一个学科的名称和定义都不是一成不变的，随着学科的不断发展，特别是边缘学科的兴起，还会发生变化。

人机工程学在劳动保护领域应用范围很广，研究的重点应放在解决与劳动者的安全与健康有关的问题上。应用人机工程学原理进行事故分析和预防对策的研究，研究科学的劳动负荷，防止工人超负荷工作，避免职业病和伤害事故，研究、设计适合人体需要的最佳显示器和控制器，保证人-机系统的安全可靠和高效。

人-机系统由人的子系统、机的子系统和环境子系统组成。人与机的子系统的匹配称为人机界面，是人-机系统很重要的环节。人机界面分为三部分，即显示器与人的通道(感觉器官)匹配，控制器与人的效应器(手、足)匹配，人机与环境之间匹配。人体结构的适应性保证了人的子系统在人-机系统中的功能与作用。

2.5.2 人体尺寸测量与应用

人体测量学是一门用测量方法研究人体的体格特征的科学。它是通过测量人体各部位尺寸来确定个体之间和群体之间在人体尺寸上的差别，用以研究人的形态特征，从而为各种工业设计和工程设计提供人体测量数据。

1. 人体测量的基本术语

1）被测者姿势

(1) 立姿。

挺胸直立，头部以眼耳平面定位，眼睛平视前方，肩部放松，上肢自然下垂，手伸直，手掌朝向体侧，手指轻贴大腿侧面，自然伸直，左、右足后跟并拢，前端分开，使两足大致呈45°角，体重均匀分布于两足。

(2) 坐姿。

挺胸坐在被调节到腓骨头高度的平面上，头部以眼耳平面定位，眼睛平视前方，左右大腿大致平行，膝弯曲大致呈直角，双足平放在地面上，手轻放在大腿上。

2）测量基准面

人体基准面的定位是由三个互为垂直的轴(铅垂轴、纵轴和横轴)来决定的。

3）测量方向

(1) 在人体上、下方向上，将上方称为头侧端，将下方称为足侧端。

(2) 在人体左、右方向上，将靠近正中矢状面的方向称为内侧，将远离正中矢状面的方向称为外侧。

(3) 在四肢上，将靠近四肢附着部位的称为近位，将远离四肢附着部位的称为远位。

(4) 对于上肢，将挠骨侧称为挠侧，将尺骨侧称为尺侧。

(5) 对于下肢，将胫骨侧称为胫侧，将腓骨侧称为腓侧。

4）支承面和衣着

立姿时站立的地面或平台以及坐姿时的椅平面应是水平的、稳固的、不可压缩的。被测者裸体或尽量穿着少量内衣。

5）基本测点及测量项目

测点：头部测点(16个)，躯干和四肢部位测点(22个)。

测量项目：头部测量项目(12项)，躯干和四肢部位测量项目(69项)。

2. 人体测量的主要仪器

(1) 人体测高仪：主要用来测量身高、坐高、立姿和坐姿的眼高以及伸手向上所及的高度等立姿和坐姿的人体各部位高度尺寸。

(2) 人体测量用直角规：主要用来测量两点间的直线距离，特别适宜测量距离较短的不规则部位的宽度或直径，如耳、脸、手、足。

(3) 用于不能直接以直尺测量的两点间距离的测量，如测量肩宽、胸厚等部位的尺寸。

为提高人-机系统工作效率，保证人的安全、健康、舒适，这就要根据人的特征，以人为中心，设计出最符合人使用的机器设备、工具和最适宜的工作环境。为达到这个人机工程学的目的和要求，就必须先了解人体的人机工程学参数，包括人的身高、体重、肢体活动范围、反应速度等。国标 GB 10000—1988 标定中国男性身高均值为 1678mm，体重均值 59kg，女性身高均值为 1570mm，体重均值为 52kg。人体肢体活动范围，以我国人脚部运动为例，向前伸展的活动角度为 600°，能达到的距离为 0.85m，向后伸展的活动角度为 40°，能达到的距离为 0.45m。人体肢体力的范围，一般青年人右手的平均瞬时最大握力为 56.71kg，左手为 43kg，保持 1min 的右手平均握力为 28.1kg，左手为 24.9kg。人体的反应速度，一般视简单反应时为 0.2～0.25s；手指敲击的速度为 1.5～5 次/s。

依据人体的人机工程学参数，就可设计出符合人使用的机器设备、工具和适宜的工作环境。要达到人机功能的最佳匹配，首先必须解决显示器、控制器的最优化设计，使之适合于人的生理、心理特征。例如，视觉显示器的设计应遵循准确、简单、排列、一致等原则。设计指针式仪表时，要注意操作者与显示器的距离。显示器要布置在最佳视区范围，要选择有利于显示与认读的形式等。设计控制器的形状、大小、位置、运动状态、操纵力等时，都要符合人的生理心理特征，以保证人的手脚在操作时舒适方便，人体尺寸的运用原则如表 2-5 所示。

表 2-5 主要人体尺寸的应用原则

人体尺寸	应用条件	百分位选择	注意事项
身高	用于确定通道和门的最小高度，一般门和门框高度都适用于 99% 以上的人，所以，这些数据可能对于确定人头顶上的障碍物高度更为重要	由于主要功用是确定净空高度，所以应该选用高百分位数据	身高一般是不穿鞋测量的，故在使用时应给予适当补偿
立姿眼高	可用于确定在剧院、礼堂、会议室等处人的视线，用于布置广告和其他展品，用于去顶屏风和开畅式大办公室内隔断的高度 (站姿能看到：无论高矮，立姿眼高小百分位女 P5＝1371； 坐姿看不到：无论高矮，坐姿眼高男。P95＝847。低于 1371，高于 847 即可，考虑修正量及成本 900 左右即可)	取决于关键因素的变化，如隔断高度设计如果是保证私密性要求，那么隔断高度就与较高人的眼睛高度有关(第 95 百分位或更高)，反之，假如设计是允许人看到隔断里面，则应选择较矮人的眼睛高度(第 5 百分位或更低)。 思考：如果隔断要求领导巡视时能看到里面，而相临两座坐姿时互相看不见，高度应该怎样考虑	由于这个尺寸是光脚测量的，所以还要加上鞋的高度，男子约 2.5cm，女子约 7.6cm

（续）

人体尺寸	应用条件	百分位选择	注意事项
坐姿眼高	当视线是设计问题中心时，确定视线和最佳视区要用到这个尺寸。电脑屏幕的放置位置	假如有可调节性，就能适应从第5百分位到95百分位或更大范围，如测量近近视矫正仪	座椅的倾斜、坐垫的弹性、衣服的厚度以及人坐下和站起来时的活动都是要考虑的因素
肘部高度	对于确定柜台、梳妆台、吧台、厨房案台、工作台以及其他站着使用的工作表面的舒适高度，很重要，通常是凭经验估计或是根据传统做法确定的。然而，通过科学研究发现最舒适的高度是低于人肘部高度7.6cm。另外休息平面的高度大约应该低于肘部高度2.5～3.8cm	考虑到第五百分位的女性肘部高度较低，范围应为88.9～111.8cm，一般抬案设计为85cm	要注意特别的功能要求
挺直坐高	用于确定座椅上方无障碍的允许高度。在布置双层床时，或搞创新的节约空间设计，利用阁楼下面空间吃饭都和这个尺寸有关。或确定餐厅和酒吧的火车座隔断也要用到这个尺寸	由于涉及间距问题，采用第95百分位的数据是比较合适的	座椅的倾斜、座椅软垫的弹性、衣服的厚度，以及人坐下和站起来时活动都是要考虑的
肩宽	可用于确定环绕桌子的座椅间距，也可用于确定公用和专用空间的通道间距	由于涉及间距问题，应使用第95百分位的数据	要考虑衣服的厚度和躯干与肩的活动
腿弯高度	确定座椅面高度的关键尺寸，尤其用于确定座椅前缘的最大高度	应选用第5百分位的数据，因为如果座椅太高，大腿会受到压力感到不舒服	要考虑坐垫弹性
臀部至腿弯长度	这个尺寸用于座椅的设计中，尤其适用于确定腿的位置、确定长凳和靠背椅等前面的垂直面以及确定椅面长度	应该选用第5百分位的数据，这样能适应最多的使用者	要考虑椅面的倾斜度

除了显示器和控制器外，作业环境的设计，即人机与环境之间的匹配问题也是不容忽视的。工作高度要适合操作者的身体尺寸及所要完成的工作类型，座位应适合人的解剖生理特点，应为身体活动提供足够的空间。工作环境设计的目的，是保证环境中的物理、化学和生物学等环境因素不对人产生有害的影响，保证他们的安全、健康及工作能力和工作效率，对工作环境的设计，应特别注意工作场所、通风、气象条件、照明、颜色、噪声、振动、危险物质及辐射。

2.5.3 人的生理特征

1. 人体运动系统

人体运动系统由骨、骨连接和骨骼肌三部分组成。它们构成人体的支架，并赋予人体基本形态，起着保护、支持和运动的作用。运动系统的器官约占人体重的60%～70%。

骨与骨相连接，构成人体的杠杆的系统——骨架，骨骼肌附在骨架上，在神经系统的支配下，肌肉放松或收缩，牵动骨骼产生运动。因此，在劳动及运动过程中，骨是杠杆，骨连接起枢纽作用，骨骼肌则是动力。

1）骨

骨是一个器官。不同年龄的人，其骨的结构与化学成分都有所不同，未成年人，特别是幼儿，骨组织中有机物较多，故弹性大而硬度小，容易变形，易弯不易折；老年人骨中含无机物较多，故易折不易弯。老年人的骨质比例使骨具有最大的坚韧性，使股骨能承受263～400kg的压力，肱骨能承受174～276kg的压力。

成年人的骨共有206块，其中只有177块直接参与人体运动。经常从事劳动和运动，可使骨骼结实强壮，发育良好；若长期不劳动、不运动，可使骨骼萎缩退化；不良的劳动姿势，可引起骨骼畸形。

2）骨连接

骨与骨之间的连接叫骨连接，可分为直接连接与关节两种。前者的活动范围很小或不能活动，后者是人体骨连接的主要形式，其功能是在肌肉的作用下产生运动。每个关节有关节面、关节囊和关节腔三个结构。此外，各部位不同的关节还具备各种辅助结构以增加关节的灵活性和稳定性，如韧带、关节盘等。

3）骨骼肌

骨骼肌是指附着在骨骼上的肌肉，收缩时牵引骨骼引起肢体移动，产生各种各样的动作。骨骼肌的特点是收缩快而有力，但易于疲劳。

2. 肌肉与运动

人体各种形式的运动，主要是靠一些肌肉细胞的收缩活动来完成的。肌肉具有接受刺激产生兴奋的能力，兴奋到一定程度就会产生收缩。

肌肉收缩有两种主要表现：一是肌纤维长度缩短，二是肌纤维的张力增加。劳动过程中，人体肌肉收缩时作用于物体的力称肌张力，而物质重量加于肌肉的力称为负荷。肌张力与负荷是两种作用力方向相反的力，当肌张力克服负荷后，肌纤维长度缩短，但张力保持不变，这种收缩称为等张收缩。依靠肌肉等张收缩维持一定体位所进行的作业称为静态作业，其特点是能耗水平不高，但易产生疲劳。

人体劳动与运动的能力与肌纤维类型有关。肌纤维一般可分为快收缩纤维和慢收缩纤维两大类。快收缩纤维适用于高强度运动，慢收缩纤维适用于低强度运动。人体绝大多数肌肉均由这两类纤维按一定比例构成的，各人的比例不同，其中，遗传对比例有很大影响。肌肉收缩的力量与速度取决于肌肉中的快收缩纤维比例，而疲劳性取决于慢收缩纤维的多少。由于神经系统的机能状态是否良好对肌肉的影响很大。此外，肌肉中血液的供应和能源物质的含量都能影响肌肉力量。

3. 神经与运动

人体正常姿势的维持，劳动与运动过程中各项动作的完成，主要是骨骼肌收缩的结果，而人体肌肉活动都是在神经系统调节下进行的，都是复杂的反射活动。

神经系统在调节机体适应内外环境变化的过程中起主导作用。神经系统的功能单位是神经元，即神经细胞。它是由一个纤维体和一根轴突、若干树突构成。神经纤维受刺激后可产生电位变化，以电能形式传递的信息叫神经冲动。神经冲动传到轴突末梢时可引起化学性的中介物质的释放，通过递质将冲动传向另一个神经元的树突，使之产生新的动作电位。当神经肌肉接头处产生的新电位传播到整个肌肉时，就会引起肌肉收缩。

控制动作的高级神经中枢位于大脑皮层的运动区，称为躯体运动中枢。皮层运动区中的神经元的轴突，通过锥体系统将冲动下达到脊髓，并通过低位运动神经元的轴突与特定的肌纤维相连，从而完成特定的动作。此外，小脑具有协调众多肌肉参加运动的机能，使肌肉同步收缩或依次收缩。

人类进行作业时，刚开始属于学习阶段，参与动作的各部位由皮层运动中心的定位点，通过锥体系统控制肌肉，完成动作。当长期在同一劳动环境中进行作业时，通过复合条件反射，可以逐渐形成对该项作业的动力定型，使肌体各系统配合协调，动作迅速准确，能量消耗减少，疲劳程度减轻，有利于提高作业能力。

劳动环境与劳动强度可在一定程度上影响大脑皮层的活动。适当的体力劳动，明亮、洁净的工作环境可加强神经组织的兴奋性与传导性，使正在从事的作业动作协调、迅速。过度紧张的重度作业或持续高温、噪声的环境，会使大脑皮层的兴奋性大大降低，感觉器官和运动器官反应迟钝，动作迟缓，容易产生差错，甚至出现意外事故。

4. 劳动过程中呼吸机能的变化

呼吸系统由呼吸道和肺两部分组成。呼吸道是气体进出肺的通道，肺是进行气体交换的场所。劳动时，组织细胞代谢随肌肉活动强度的增大而增加，生物氧化不断加强，耗氧多，二氧化碳生成也多，生物膜两侧两种气体分压差更大、对气体交换更有利。

体力劳动中呼吸机能的变化是显著的，主要表现在每分钟呼吸次数及每分钟肺通气量方面。正常成年男子安静时每分钟呼吸 14～16 次，女子比男子稍多。从事体力劳动时，呼吸频率随劳动强度的增大而增多，重作业可达 30～40 次/min。人体在安静状态下每分钟肺通气量为 6～8L，进行体力劳动时，由于呼吸频率或呼吸浓度增加，肺通气量必然加大，可增至 40～120L/min。经常参加体力劳动和运动的人肺活量较大，劳动中，呼吸机能的变化主要表现为肺活量增大，缺乏锻炼的人则主要表现为呼吸次数的增加。

5. 劳动过程中循环机能的变化

血液循环系统包括心脏和血管。人体的新陈代谢需要氧和营养物质，同时又不断产生二氧化碳和代谢产物，借以维持整个机体的正常生命活动。在此过程中，循环系统的功能为供氧、输送养料和排除代谢产物。循环一旦停止，生命活动也就终结。

人体全身的体液约占体重的 60%～70%，其中大部分在细胞内部，称为细胞内液，小部分存在于细胞外部，称为细胞外液。通常称细胞外液为人体内环境。

血液是内环境的主要部分，它存在于心血管中，包括血细胞和液体两部分。正常成年人的血量约占体重的 7%～8%。全身血分为两部分，安静时，大部分在血管内流动的称为循环血量，还有一部分贮存在肝、肺、腹腔动脉等处的毛细血管中，称为贮存血量，约占体重的 1%。当人体从事体力劳动、脑力劳动、运动或情绪激动、体温升高或失血时，贮存血液很快被释放出来加入循环血中，同时消化、排泄等器官的血液也转移到肌肉或脑组织，以满足这些器官的需要。当上述活动停止后，不需要的循环血又进入贮血器官，以减轻心脏的负担。这种血液转移现象称为血液重新分配。

体力劳动开始时，心跳在 15～30s 内即开始增加，一般经 5～120min 达到稳定状态。

轻作业时，增加不多，重作业以上能达 150～200 次/min。安静状态下，心脏每分钟输出量为 3～5L，每搏输出量为 40～70mL。重作业以上时，每分钟输出量为 15～25L，每搏输出量可增至 150mL，而锻炼有素的运动员进行最激烈的运动时，每分钟输出量可达 35L。每分钟输出量的增加，对于不常锻炼的人，主要靠心跳频率的增加，而对于常锻炼的人则主要是每搏输出量的增加，有的可达 150～200mL。

体力劳动停止后，心跳可在 15s 后出现减少。恢复时间的长短随作业强度、工间暂歇、环境条件和身体健康状况而定。测定作业时及其停止 15s 内的脉搏，与安静时比较，可作为衡量作业强度指标。脉搏恢复时间的长短，可作为循环系统适应性及区别是否正常的标志。

体力劳动开始时，收缩压即上升，肌肉活动强度大的作业，能上升 60～80Pa。舒张压在轻作业时几乎不变。重作业时则上升，致使脉压变大。劳动停止后，血压迅速下降，不论劳动强度大小，均能在约 5min 内就恢复到正常范围，但大强度劳动后，收缩压降低至劳动前的水平，需 30～60min。

2.5.4 人的心理特征

劳动心理学是劳动生理学的发展，即通过劳动生理学的了解，用科学的分析研究人的心理对生产劳动的影响，提供更加有效的安全生产管理途径。劳动心理学是制定安全生产管理制度、措施和方法的重要科学依据，因此必须开展对劳动心理学的研究。本节将简要介绍劳动心理学的基本知识。

1. 心理因素在事故预防中的重要性

1）心理与事故有关

全世界每年都发生上百万起事故，伤亡人数巨大。针对世界上不断发生的各类事故，各国都进行了事故调查分析，其原因都与不安全行为、不安全动作以及不安全心理状态有着密切关系。

通过分析大量事故案例，职工的心理状态与事故有很大的关系。在事故发生的主要原因中，如忽视安全、违章指挥、违章作业等，都与不正常的心理状态相关。

2）事故发生前的心理状态分析

事故发生前的心理状态是复杂多样的，详见 1.2.3 节。但在大多数情况下，表现为侥幸心理、冒险行为、思想麻痹、技术不求精、安全意识淡薄等。

2. 研究心理因素在事故预防中的重要性

1）人的行动是受人的心理活动控制的

现代化工业生产离不开人、机组成的系统。使人-机系统正常安全运转的条件必须由人去创造。技术靠人去掌握；机器要靠人去设计、制造、操纵、维护。人的思想、知识、技能、创造力是保证安全生产的决定性因素。然而，人的一切行动，都不会自发地发生，要受人的心理活动控制。人们做任何事情，都要通过大脑，通过中枢神经的控制，同时也要受到人的心理状态的作用和影响。人的操作动作，不仅要通过大脑的思考，还要受心理状态支配，而且动作的正确与否也与心理状态有着密切的关系。因为，如果心理状态不正常，人的感知觉和中枢活动就不能正常运行。这样，所决定的措施、方案和策略，也就不能是客观事故的正确反映，因而在操作过程中，非出事故不可。

2）不良精神状态对安全生产的影响

人的动作反应有两种，一种是简单反应，另一种是复杂反应。简单反应是对一种单一激作出确定反应。它不需要过多地考虑和选择，就能根据人们日常的习惯和经验，立即做出反应。而复杂反应是在各种可能性中选择一种符合要求的反应，它需要进行一般思维活动，神经中枢活动比较复杂，做出反应时间较长。对于一个人，由于其当时的心理状态的不同，反应时间也不一样。例如，一个人在精神疲劳、情绪低落时，要比正常状态时反应得慢些。在紧张状态下，对意外刺激物的反应也会更慢些。相反，在积极准备状态下，反应时间会大大缩短。同时，准确性也会相应提高。因此，在劳动生产过程中，操作人员应全神贯注地进行工作，有一个好的精神状态才能避免事故，保证安全生产。

3）排除心理上不安全因素是避免事故发生的重要措施

发生事故的原因很多，但归纳起来，不外乎外因和内因。而绝大多数都产生于内因。内因包括操作人员的技术、心理活动和精神状态等方面不符合作业要求。在同样的设备、同样的作业环境、同样的保护措施下，有的操作人员就很少出事故，或者不出事故，但有的操作人员就常出事故，这就是由于内因导致的结果，这就得从操作人员的心理活动方面找原因。如果工人在生产中，对设备的运转、仪表的显示、环境的变化都能仔细观察，认真检查，细心操作，事故发生率就会降低。如果工人在生产中，纪律松弛，马马虎虎，粗枝大叶，会产生很多个人不安全因素。例如，作业时，注意力不集中、恼怒、忧郁、神经质、激动、不顺心等。所以，要达到安全生产，就要排除这种心理状态上的不安全因素，加强思想政治教育，提高主人翁责任感，防止操作人员的不安全因素，避免事故的发生。

由此可见，为了减少事故，保证安全生产，保障职工的安全健康，提高工作效率，增加效益，大力研究职工在生产过程中的心理状态和心理因素，是一项十分重要的工作。

3. 安全教育中的心理因素

1）安全教育中的心理方式

安全教育中的心理方式一般采取以下几种。

(1) 解释。这是对职工进行安全教育工作常用的一种心理方式。真正目的是使职工认识到安全生产不仅关系到生产能否顺利进行的问题，同时也关系到个人家庭的幸福。

(2) 劝慰。对职工给予劝导慰抚。职工在工作、学习、生活等方面时常会遇到困难和挫折，这些都会形成生产中的不安全因素。

企业领导发现情况要及时做好疏导抚慰工作，帮助其解决问题，以创造和缓解不安全因素。

(3) 说服。通过摆事实、讲道理，使职工能够充分地、心悦诚服地理解和领会某种正确的观点和思想。这不是单方面的强迫，而是要通过互相诚恳地交流取得。

(4) 感染。集体成员的情绪对他人施加影响的心理方式。这对人的思想和行为起着较大影响。我们要充分发挥积极向上的情绪感染作用，阻止消极的情绪感染作用。

(5) 奖惩。建立有利于安全生产的各项奖惩制度，目的是激发人的安全行为动机，引导更多的人遵守制度，注意安全。

(6) 社会舆论。对人的思想和行为会产生一种无形的心理压力。因此，可利用广播、电视、报纸等新闻传播工具，大造声势，为安全教育工作服务。

2）安全教育中的心理效应

在进行安全教育中，有如下几种心理效应即由于心理作用所产生的效果，必须引起注意。

（1）优先效应。也称第一印象。在实际生活中，人们初次接触所形成的印象，情景总是难于遗忘的。因此，企业领导要抓好新工人入厂后的三级安全教育。因为这时他们的注意力比较集中，观察比较细致，留下的影响较为深刻。

（2）近因效应。即最近给人留下的印象往往比较强烈。这与优先效应的作用有所不同，前者在陌生情况下起作用，后者在熟悉情况下起作用。因此，对职工经常性的安全教育，应寓于生产活动之中，警钟长鸣。

（3）心理暗示。即用含蓄的、间接的方法，对别人的心理和行为产生影响的一种作用。暗示需讲艺术性。因此，在安全教育中，要注意方式，运用现实中的典型和艺术中的典型感染力，使受教育的人获得现实真切的认识和感受。

（4）逆反心理。即在一定条件下，对方产生与当事人的意志和愿望背道而驰的一种心理行为。逆反心理往往是由厌倦、对立等原因所形成的。所以，在安全教育时，要注意方法，尤其是注意对方的情感变化，防止产生逆反心理。

2.6 作业特性、强度和劳动环境

2.6.1 作业过程中人体的能量代谢

在物质代谢过程的同时发生着能量释放、转移、贮存和利用的过程，称为能量代谢。

1. 劳动时的能量来源

糖是人体的主要能源。人体所需能量约有70%由糖的分解代谢来提供。脂肪则起着储存和供应能量的作用。蛋白质是人体组织的主要成分。糖和脂肪在体内经生物氧化后生成二氧化碳和水，同时产生能量。人体摄入的物质(糖、脂肪、蛋白质)在体内氧化分解，同时释放能量。能量中约有一半是热能，用以维持体温并不断地向体外散发；另一部分以化学能的形式贮存于三磷酸腺苷(Adenosine Triphos Phate，ATP)内，ATP 分解时放出能量，供应合成代谢和各种生理活动所需的能量。机体活动的大部分能量来源于三磷酸腺苷。

ATP 生成后，除直接为各种生理活动提供能量外，还可以把它的高能磷酸键转移给肌酸，生成磷酸肌酸(Creatine Phosphate，CP)。CP 是机体内的贮存库，多含于肌细胞内，其贮存量是 ATP 的 5 倍。每当细胞内 ATP 消耗时，即由 CP 生成新的 ATP 加以补充，使 ATP 在细胞内的量保持恒定。

2. 能量代谢量

能量代谢量分为基础代谢量、安静代谢量和劳动代谢量。

1）基础代谢量

基础代谢量是指维持生命所必需的消耗的基础情况下的能量代谢量。所谓基础代谢率(Basal Metabolic Rate，BMR)是指人在进餐 12h 后，在清晨，清醒地静卧于 18～25℃环境中，并保持神经松弛，体位安定，各种生理活动维持在较低水平下的代谢率。

2）安静代谢量

安静代谢量是指人仅为保持身体平衡及安静姿势所消耗的能量代谢量。一般在工作前或后进行测定。安静代谢率一般取为基础代谢率的1.2倍。

3）劳动代谢量

劳动代谢量是指人在工作或运动时的能量代谢量。作业时的能量消耗量是全身各器官系统活动能耗量的总和。一般而言，体力劳动的能耗量可高出基础代谢的10～25倍，它与体力劳动强度直接相关。

3. 能量代谢率

为了消除个人之间的差别，通常采用劳动代谢量和基础代谢量之比来表示某种体力劳动的强度。这一指标称为能量代谢率(Relative Metabolic Rate，RMR)。

2.6.2 劳动强度及其分级

1. 劳动强度

劳动强度反映了劳动的繁重、紧张或密集程度，是劳动者体力消耗、生理和心理紧张程度的综合反映。

劳动强度也反映了作业过程中劳动者在单位时间内做功与机体代谢能力之比。劳动强度的大小可以用耗氧量、能耗量、能量代谢率等参数加以衡量。

可以将所有作业归为静力作业和动力作业两种。

1）静力作业

静力作业主要是依靠肌肉的等长收缩来维持一定的体位，即身体和四肢关节保持不动时所进行的作业，如脑力劳动者、计算机操作人员、仪器监控者等所从事的作业。

静力作业的特征是能耗水平不高，但容易导致疲劳。

2）动力作业

动力作业是靠肌肉的等张收缩来完成作业动作的，即经常说的体力劳动。

2. 体力劳动强度分级

在国家标准《工业企业设计卫生标准》GBZ 1—2010的附录B(规范性附录)中规定了我国的体力劳动强度分级方法。

体力劳动强度分级采用体力劳动强度指数(Ⅰ)为分级指标，将体力劳动强度分为四级，如表2-6所示。

表2-6 体力劳动强度分级

劳动强度指数(I)	级别	
≤15	Ⅰ	轻
～20	Ⅱ	中
～25	Ⅲ	重
＞	Ⅳ	过重

2.6.3 作业疲劳及其预防

1. 疲劳及其产生机理

疲劳是指在长时间连续或过度活动后引起的机体不适和工作绩效下降的现象。无论是从事体力劳动，还是脑力劳动，都会产生疲劳。

长时间或高强度的体力活动，使得体内储存的能量和潜能耗尽，导致身体内部生物化学环境失调，使得确保活动的各个系统工作失调，从而产生了疲劳。

长时间的脑力活动，致使大脑中枢神经系统从兴奋转为抑制状态，导致思维活动迟缓，注意力不集中，动作反应迟钝，从而出现疲劳状态。

2. 疲劳的主要特征

疲劳是人们在日常生产及生活中常常遇到的一种生理和心理现象，其主要特征可以表现在以下几个方面。

(1) 休息的欲望。

(2) 心理功能下降。疲劳时人的各项心理功能下降，如反应速度、注意力集中程度、判断力程度都有相应的减弱，同时还会出现思维放缓、健忘、迟钝等。

(3) 生理功能下降。

(4) 作业姿势异常。在作业姿势中，立姿最容易疲劳，其次是坐姿，卧姿最不容易疲劳。

作业疲劳的姿势特征主要有：①头部前倾；②上身前屈；③脊柱弯曲；④低头行走；⑤拖着脚步行走；⑥双肩下垂；⑦姿势变换次数增加，无法保持一定姿势；⑧站立困难；⑨靠在椅背上坐着；⑩双手托腮；⑪仰面而坐；⑫关节部位僵直或松弛。

(5) 工作质量下降。疲劳会导致工作质量和速度下降，差错率增加，进而可能导致事故的发生，甚至造成人身伤亡与财产的损失。

总之，疲劳会导致工作能力下降。许多事故就是在疲劳的情况下发生的。

3. 疲劳的分类

根据疲劳发生的功能特点，可以将疲劳分为生理性疲劳和心理性疲劳。

1) 生理性疲劳

生理性疲劳是指人由于长期持续活动使人体生理功能失调而引起的疲劳。生理性疲劳又可以分为肌肉疲劳、中枢神经系统疲劳、感官疲劳等三种不同的类型。

(1) 肌肉疲劳：由于人体肌肉组织持久重复地收缩，能量减弱，从而使工作能力下降的现象。

(2) 中枢神经系统疲劳：也被称为脑力疲劳，是指人在活动中由于用脑过度，使大脑神经活动处于抑制状态的一种现象，是一种不愿意再作任何活动的懒惰感觉，中枢神经系统疲劳意味着肌体迫切需要休息。

(3) 感官疲劳：人的感觉器官由于长时间活动而导致机能暂时下降的现象。

2) 心理性疲劳

心理性疲劳是指在活动过程中过度使用心理能力而使其他功能降低的现象，或者长期单调地进行重复简单作业而产生的厌倦心理。

4. 引起疲劳的原因

人的生理、心理因素及管理方面的因素，都可能是造成疲劳的原因。具体而言，主要包括以下几个方面的原因。

(1) 工作单调，简单重复，如起重作业。

(2) 超过生理负荷的激烈动作和持久的体力或脑力劳动，如长时间不间断的工作。

(3) 作业环境不良，如作业现场存在噪声、粉尘以及其他有毒有害物质，作业场地肮脏杂乱，作业现场光线阴暗等。

(4) 不良的精神因素，多由于家庭变化或社会诸多不良因素而导致。

(5) 肌体状况不良以及长期劳逸安排不当，多由于个人因素或由于企业工作制度安排不合理而导致。

(6) 机器本身在设计制造时，没有按人机工程学原理设计。

5. 预防疲劳的措施

1) 合理安排休息时间

(1) 工间暂歇是指工作过程中短暂休息，如操作中的暂时停顿。

(2) 工间休息。在工作效率开始下降或在明显下降之前，及时安排工间休息，不仅大脑皮层细胞的生理机能得到恢复，而且体内蓄积的氧债也会及时得到补偿，因而有利于保持一定的工作效率。

休息次数太少，对某些体力或心理负荷较大的作业来说，难以消除疲劳；而休息次数太多，会影响作业者对工作环境的适应性并中断对工作的兴趣，也会影响工作效率和造成工作中的分心。因此，工间休息必须根据作业的性质和条件而定。

一般重体力劳动可以采取安静休息，也就是静卧或静坐。对局部体力劳动为主的作业，则应加强其对称部位相应地活动，从而使原活动旺盛的区域受到抑制，处于休息状态。作业较为紧张而费力的，可多做些放松性活动。一般轻、重体力劳动和脑力劳动，最好采取积极的休息方式，如打羽毛球、做工间操等，这样的效果相对较好。

(3) 工余时间的休息。工作后生理上或多或少会有一些疲劳，因此注意工余时间的休息同样重要。要根据自身的具体情况适当合理地安排休息、学习和家务活动，而且应该适当地安排文娱和体育活动，如郊游、摄影、培养盆栽等。当然，安静和充足的睡眠更是非常必要的。

2) 合理安排作业休息制度，适当调整轮班工作制度

对于违反人体生物规律的轮班工作制度所带来的疲劳，必须对轮班工作制度做出合理的调整，以更加符合人体生理需要的要求，尽量减少两者之间的冲突。

最好的方法是将所采取的轮班工作制度彻底地消除，采取新的工作时间制度，如弹性工作制度。

对于必须 24h 不间断工作的行业企业(如铁路，航空等)可以考虑采用以下两种方法对轮班制度作适当的调整。

(1) 调整轮班工作制度的周期。

例如，将“三班三运转制”(早、中、晚各班连续工作一周后轮班，每周休息一天)调整为“四班三运转制”(两天白班，两天中班，两天夜班，两天空班)或“四六工作制”(每天四班倒，每班工作 6h，在工作时间轮班吃饭)。好的轮班制对人体生物钟的干扰进一步降低，有利于提高工作效率。

(2) 对轮班员工的休息给予充分的照顾。

例如，对于上中班和晚班的员工，设置休息宿舍。尽量创造安静和舒适的环境，使倒班工作的人员能够得到及时良好的休息。

关心轮班制员工的膳食营养问题，尽量保证轮班工作人员，尤其是中、晚班工作人员能够及时地吃饭，饮食合理而且有营养。使轮班工作人员的体能消耗得到及时的补充。

3) 改进操作方法，合理分配体力

正确选择作业姿势，使作业者处于一种合理的姿势。尽量降低由于单调的重复作业引发的不良影响，可以采取如下措施：①通过播放音乐等手段克服单调乏味的作业；②交换不同工作内容的作业。

4) 改善环境条件及其他因素

改善工作环境，科学地安排环境色彩、环境装饰及作业场所布局，设置合理的温度、湿度，确保充足的光照，努力消除或降低作业现场存在的噪声、粉尘以及其他有毒有害物质，创造一个整洁有序的作业场地等，都对减少疲劳有所帮助。

5) 建立合理的医疗监督制度

为工作人员建立医务档案，定期对其生理、心理功能进行检查。特别应该针对年龄较大、工龄较长，并且其心理和生理功能开始下降的劳动者，更应该加强诊断和治疗。企业可以和医院建立紧密联系，使工作人员能够得到常规性的检查，了解其一段时间内休息是否充分，有无疲惫感等，消除由于疲劳而产生事故的隐患。

2.6.4 劳动环境基本知识

劳动环境是安全生产的保证，只有重视劳动环境的保护和改善才能促进安全生产水平的提高。本节将介绍有关劳动环境的一些基本知识。

1. 环境温度及湿度

人体向外散发热量决定于四个环境因素：气温、湿度、辐射热及周围气流的速度。具体说，人体向外散发的热量由传导热量、辐射热量及蒸发热量组成。

人本身就是一个热源，不断向体外散发热量。设由人体产生热量为 M，向体外散发的热量为 H，当 $M=H$ 时，人体处于热平衡状态，此时体温约在 36.5℃，人体感到比较舒适；当 $M>H$ 时，人感到热；当 $M<H$ 时，人感到冷。由于不适宜的劳动环境中的温度及湿度，易使劳动者产生疲劳，甚至出现事故。不适宜的劳动环境中的温度及湿度是事故发生的诸多因素之一。

在有水和植物的地方，水汽会不断地从水面及植物的表皮蒸发出来，人们所处的周围空气中总是含有水汽的。空气的干燥程度与人体的健康有一定关系：空气太潮湿，人会憋闷，甚至有窒息感；空气太干燥，人的口腔及皮肤会感到不舒服。

1) 湿度

空气的干湿程度叫湿度。湿度分为绝对湿度和相对湿度。

(1) 绝对湿度。

1m³ 空气内所含有的水汽质量叫绝对湿度，以 g 为单位。在实际工作中，由于直接测定水汽密度有一定困难，通常把空气里所含水汽的压强叫空气的绝对湿度。在水与汽共存的范围内，当空气中的水汽与水之间达到动态平衡时，这样空气中的水汽达到了饱和，饱和水汽的压强叫做饱和水汽压。

(2) 相对湿度。

某温度压力时，空气的绝对湿度与同一温度压力下饱和水汽压的百分比叫空气的相对湿度。

2) 温度

空气温度用干泡温度计测定，干泡温度计即常用的寒暑表，它指示的温度叫干泡温度。

相对湿度用湿泡温度计测定。湿泡温度计指示的温度叫湿泡温度，一般比干泡温度低一些，两者的温差反映了空气中水汽的相对湿度。

不同的温度、湿度，对人的生理感觉是不同的，这种感觉可以用一个综合参数——有效温度予以表示。

有效温度是由干球温度、湿球温度与气流速度三个参数综合作用所表示的温度。

3) 温度、湿度环境对劳动者工作能力的影响

在生产环境中，温度和湿度的变化，对人-机系统的安全有很大影响。作业环境的温度与湿度随季节而变化，一般情况下，在 7～8 月，温度和湿度出现峰值。在此期间，事故的发生频率最高，这是因为高温和湿度的增加，使人头晕、疲惫对于操作者，则增加了生理疲劳和疲惫，导致反应迟钝，操作能力低下，容易出现差错。

当温度在 17～23℃时，事故发生率较低。在 23℃以上，则事故频率增加很显著，在 17℃以下，则事故发生频率也增加。温度升高，由于高温对人的生理机能有明显的不良影响，因而事故频率也增高。如果人体在寒冷的环境中操作，最常见的是局部过冷，如手、足、耳及面颊等外露部分发生冻伤，严重时可导致肢体坏疽。此外，长期在低温高湿条件下作业(如冷冻工人)，易引起肌痛、肌炎、神经痛、神经炎、腰痛和风湿性疾患等。

2. 照明环境

良好的照明环境，对保护劳动者是必备的条件。照明不良。一方面，对劳动者来说，容易引起近视；另一方面，对工作来说，容易引起差错及事故。

1) 人工照明

用于工业生产的人工照明可分为作业照明、事故照明、值班照明和障碍照明等。

(1) 作业照明。在正常工作的情况下，为顺利地完成作业，看清周围的仪表显示，监控机器运转和进行操作而设置的照明。

(2) 事故照明。当正常的作业照明因故障熄灭后，供暂时继续工作或人员疏散用的照明称为事故照明。事故照明应设置在下列场所。

① 在作业照明熄灭后，工作中断或误操作可引起爆炸、火灾等严重危险的厂房或车间。

② 在无照明情况下，设备继续运转或人员的通行将造成设备或人身事故的地方。

③ 在人员聚集或有爆炸、火灾等危险作业的场所，供人员疏散的走廊、楼梯等处。

(3) 值班照明。在重要的车间和场所，有重要设备的厂房、重要的仓库，常设值班照明。值班照明可利用作业照明中能单独控制的线路或事故照明中的线路。

(4) 障碍照明。装设在高层建筑物尖顶上作为飞行障碍标志的照明及在船舶通行的航道两侧建筑物上作为障碍标志的照明都称为障碍照明。装设障碍照明时，应使用能透露的红光灯具。

2) 照度定律及照度的大小

照度是单位面积上的光通量。照度的单位为勒克斯。$1Lux=1Lm/m^2$。

求某一面积上的照度要根据照度定律。照度定律：点光源是单位面积上的照度与点光源和面积间距离的平方成反比，与点光源的发光强度成正比，和 $\cos\theta$ 成正比，如 $\theta=0$，则照度$(E)=-I/r^2$。

如面积被多数光源所照射，则总照度为各光源所致照度的和。

3) 照明环境对安全生产的影响

照明条件的好坏，直接影响操作者的工作效率和事故的发生。人在生产劳动中，主要通过视觉对外界的情况进行判断而行动的。若作业环境的照明和采光不好，操作人员就看不清周围的信息，可能出现操作差错，导致事故发生。

3. 色彩环境

1) 色彩调节

对工作场所的机械设备、墙壁、天花板……选用合理的颜色，利用颜色的效果，构成良好的色彩环境，叫做色彩调节。

色彩调节的目的：充分发挥色彩对工作人员的心理及生理效应，减少疲劳，精神愉快，工作兴趣增加，减少事故，以增加产量，提高质量，标志明确，容易识别，减少差错和耗损，容易管理，环境整洁，明朗，有美感。

2) 颜色的三要素及色立体

可识别的颜色约有几万种。这几万种颜色都是由颜色的几种基本要素所构成。根据门塞尔的表色体系，颜色的三要素：色相、明度及彩度。门塞尔根据颜色的色相、明度、彩度三要素制成图表叫色立体。

(1) 色相。

色相是用10种颜色顺序排列，顺次组成圆环状的“色相环”。

(2) 明度。

明度是指把一片灰色纸放在白纸上或放在墨纸上，由于背景不同，同一灰色纸给人的明亮感觉是不同的。对色彩的明亮感觉与背景的明亮感觉叫相对明度，而背景颜色的本身则为绝对明度。

(3) 彩度。

彩度表示颜色的浓、淡、饱和程度。彩度分为/0、/1、/2、…、/14等。

3) 色彩各要素给人的感觉

一般情况下，红、橙、黄色给人以温暖的感觉，这些颜色叫暖色；青、绿、紫色给人以寒冷的感觉，这些颜色叫寒色。彩度高的暖色给人的暖感强；彩度高的寒色给人的冷感强。

暖色一般起积极、兴奋的心理作用。红系统颜色对人在生理上起增加血压及脉搏的作用，在心理上有兴奋作用并有不安感及紧张神经的副作用，因此一般不广泛作用。橙色系统可以增加食欲，故适合于食堂。人对暖色黄系统颜色的生理反应近于中性，所以用于一般工作场所。

寒色一般起消极、镇静的心理作用。青系统颜色对人在生理上起降低血压及脉搏的作用，在心理上有镇静作用，有清洁感。但大面积使用会给人以荒凉的感觉，所以只能搭配使用。在寒冷中，人对绿系统颜色的生理反应近于中性，可给人以平静感。

对中间色绿、黄及红系统的生理反应近于中性。但红系统颜色不太适合于人眼，所以工作场以绿、黄系统颜色最为恰当。

彩度高的颜色给人眼以刺激感。彩度3以下的颜色对人眼没有刺激感。

明度在6.5以上的颜色给人以阳气感。明度在3.5以下的颜色给人以阴气感。

4. 声音环境

1) 声的三要素

声的三要素为：响度、音高及音色。

(1) 响度。

声强可用声学仪器加以测定。但人耳对于强度级相同而频率不同的两个声音所感到的主观的“响”的程度并不相同。

(2) 音高。

音高指的是人耳感觉到的声的频率高度。它与频率的关系符合韦伯范希纳法则：“感觉的大小与刺激的对数成比例”。

(3) 音色。

实际的声音往往不是单频率的纯音，而是多种频率的复合，其组合程度叫音色。

2) 声音的强度

当声源物体在空气中以高频振动时，周围的空气粒子受其影响引起振动形成的疏密波就是声波。声源物体发出声波也就放出能量。单位时间内发出的能量为瓦。在单位时间内穿过与声波行进方向垂直的单位面积上的能量叫声强。

频率为20～2000Hz的振动到达人耳时能引起特殊的声的感觉，这一段频率的声波称为回听声波。低于20Hz的称为次声波，高于2000Hz的称为超声波。

3) 噪声及其危害

由多种频率复合而组合的声音有嘈杂感，这种声音就是噪声。噪声容易分散注意力，增加工作差错。噪声会引起听力障碍。如经常在90dB以上的噪声下，则会使内耳的听觉器官受伤，灵敏性退化，导致永久性听力损失，而在4000Hz为中心的高频域的听力损失最大。

50～60dB以上的噪声就会引起生理上的血压上升，脉搏增快，筋肉紧张，胃的功能受到抑制，唾液分泌减少。有些人在长时间影响下会引起嗳气以至呕吐，严重的会使孕妇流产。

4) 噪声标准

随着近代工业和交通运输业的发展，机械设备向着大型、高速、大功率方向发展，产生越来越强烈的噪声，长期在高强的噪声环境下工作，必然引起部分工人出现不同程度的听力障碍、神经衰弱症候群、心血管系统和内分泌系统疾患。许多学者指出，在90dB(A)的条件下，职业性耳聋的发病率在4%～22.5%之间；ISO估计，在95dB(A)的条件下，工作30年后，噪声性耳聋为30%。此外，噪声还会引起人的疲劳，产生消极的情绪，导致工作效率下降。在噪声环境下工作，由于烦恼和注意力分散，还极易发生工伤事故。

我国现行《工业企业噪声卫生标准》(试行)是根据A声级制订的，以语言听力损伤为主要指标并参考其他系统的改变，规定工作地点噪声容许标准为85dB(A)，现有企业暂时达不到的可适当放宽，但不得超过90dB(A)。对接触噪声不足8h的工作，接触时间减半，噪声容许标准放宽3dB(A)，但最大不得超过115rib(A)。这个标准只适用于连续稳态噪声，不包括脉冲噪声，我国目前尚未制定脉冲噪声容许标准。

环境噪声标准是指不同地区的户外噪声标准，是为了防止噪声对交谈、思考、睡眠和休息的干扰而制定的。

5) 音乐调节

近年来实践证明：好的音乐环境可以使工作人员的精神紧张得到松弛，起缓和精神疲劳的作用，有利于更好地集中精神工作。

案例

案例1：

某市罐瓶厂，有400m³液化石油气球罐3台，50m³液化石油气卧式贮罐2台，一条15kg罐装流水线，一条50kg罐装流水线，一条手工罐装线。

主要公用和辅助设施有变配电站、锅炉房和空压站。变配电站电压等级为25kV，内设5台变压器。锅炉房内设2台4t/h燃煤锅炉，空压站安装有4台供气量为20m³/min的空气压缩机。

某日，该厂在充装过程中球罐焊缝处突然破裂，遇到明火引燃，在60000m²的范围内立即形成一片火海。由于火势太猛，邻近的1号球罐在大火烘烤4h后，严重超压发生强烈爆炸，4块约10t重的球壳碎片飞出100多米，事故造成死亡32人，伤54人。

1. 按照《生产过程危险和有害因素分类与代码》的规定，在该企业的危险有害因素中，由物理性危险、有害因素造成事故包括(　　)。

A. 锅炉爆炸

B. 电气伤害

C. 火灾、爆炸

D. 中毒、窒息

E. 锅炉爆炸、电气伤害、中毒、窒息

[答案] AB

2. 按照《生产过程危险和有害因素分类与代码》的规定，在该企业的危险、有害因素中，由化学性危险有害因素造成的事故包括(　　)。

A. 球罐内气体泄漏引发的爆炸

B. 空压机气罐爆炸

C. 中毒和窒息

D. 设备缺陷

E. 火灾

[答案] ACE

案例2：

某建筑公司承包了某居民楼的建设任务。在建筑场地内有塔式起重机及龙门架，混凝土搅拌机、机动翻斗车、电焊机等设备。某日气温很高，工人甲、乙、丙、丁四人因天气热，将安全帽放在一边，在6层两阳台中间临时搭设的毛竹脚手架上作业。由于没有搭设卸料平台，调运上来的物料只好卸在该脚手架上的跳板上。当第三车物料运上来时，工人甲进入跳板清理物料时，脚手架右侧内立杆突然断裂，跳板滑落，工人甲随之坠落，跳板砸在地面作业的2名工人头上，因未戴安全帽，当场死亡。

问题：

根据《企业职工伤亡事故分类标准》，叙述塔式起重机、电焊机及翻斗车等设备可能出现的事故。

[答案] 起重机事故类型：起重伤害；电焊机事故类型：火灾、爆炸、触电；机动翻斗车：车辆伤害。

本章小结

通过本章学习，可以加深对安全工程基本原理的理解。本章首先从危险源的角度介绍了危险、危害因素的种类和明细，以便在工程实践中很好地识别；第二节详细介绍安全管理的系统原理和方法，包括故障类型及影响、危险度分析、事故树分析，在后续的章节中还会介绍安全检查表法、安全评价等基本管理方法；本章后两节从人的特性以及作业环节特征等方面阐述了安全管理基本原理的系统性和全面性。应该说，影响安全的因素是多方面的，应该建立全局、全过程、全方位的安全管理思想。

习　题

(1) 根据自己参与过的工程项目，找出该项目的危险、有害因素，并列表。

(2) 故障类型及影响、危险度分析的程序和步骤。

(3) 明确事故树分析方法中的符号代表的含义。

(4) 施工现场危险源控制的程序是什么？

(5) 讨论人体尺寸在工程设计中的影响。

(6) 结合个人的生活经验谈谈对人体能量代谢的认识。

(7) 根据所学疲劳知识对自身的疲劳状况进行分析讨论，并总结出消除或改善的建议。

第3章 建设工程安全生产管理理论

教学目标

本章主要讲述建设工程安全生产管理的法律法规和技术标准，建设工程安全生产管理体系，管理机构与制度，建筑安全管理的基本理论方法和手段。通过本章学习，应达到以下目标。

(1) 熟悉建设工程安全生产相关法律法规和技术标准。

(2) 掌握建设工程安全生产管理体系的原则、目标、制度和体制；熟悉职业健康安全管理体系的运行模式，建立的方法与步骤。

(3) 了解外国建设工程安全生产管理体系。

(4) 熟悉建设工程安全生产管理机构与相关制度。

(5) 掌握建设工程安全生产管理方法和手段。

教学要求

知识要点	能力要求	相关知识
安全生产相关法律、法规及标准	(1) 理解法律、法规及标准的概念 (2) 熟悉安全生产相关法律法规 (3) 掌握建设工程安全技术标准	(1)《安全生产法》、《建设工程安全生产管理条例》等法律法规知识 (2) 建筑施工高处作业安全技术规范、建筑施工扣件式钢管脚手架安全技术规范等标准知识
建设工程安全生产管理体系	(1) 能够建立建设工程安全生产管理体系；熟悉安全管理原则、目标、制度与体制 (2) 建立职业健康安全管理体系	(1) 注册安全工程师安全生产管理知识 (2) 国家标准 GB/T 28001—2011《职业健康安全管理体系》
外国建设工程安全生产管理体系	能学习外国建设工程安全生产管理的经验	美国、英国、德国、法国、日本的安全生产管理体系及相关法律法规
建设工程安全生产管理机构与制度	懂得建设工程安全生产管理机构的设置；熟悉建设工程安全生产管理制度	注册安全工程师安全生产管理知识
建筑安全管理方法和手段	掌握建筑安全管理方法和手段，能通过工程实践案例解决安全问题	注册安全工程师安全生产管理知识

基本概念

建设工程法律法规、安全生产管理体系、安全生产管理制度、安全生产管理体制、职业健康安全管理体系、"四不放过"原则

引例

这是安全生产事故吗

一天小刘随检查团进行露天安全检查。当天太阳很大，小刘由于走得急，忘了带遮阳用具。刚开始小刘还感觉良好，但一段时间后就感到头痛、头晕、眼花、恶心、呕吐，最后竟晕倒在地。

这起事件原因：作业环境气温较高时，人员就感到烦闷，直接影响作业人员的正常作业。温度超过舒适温度的环境称为高温环境。29℃以上对人的工作效率有不利影响，可认为是高温。人的中心体温在37℃以上就感到热。高温影响主要有两方面：一是高温烫伤、烧伤，人体皮肤温度达41～44℃时即感到痛，超过45℃即可迅速引起皮肤组织损伤；二是全身性高温反应，当局部体温达38℃时，便产生不舒适反应。全身性高温的主要症状为：头晕、头痛、胸闷、恶心、呕吐、视觉障碍(眼花)、癫病样抽搐等。温度过高还会引起虚脱、肢体僵直、大小便失禁、晕厥、烧伤、昏迷、直至死亡。人体耐高温能力比耐低温能力差，当人体深部体温降至27℃时，还可抢救存活，而当深部体温达42℃时，则往往引起死亡。

高温作业中所引起的急性病(中暑)通常分为三种类型：热射病、日射病和热痉挛。

日射病是由于头部受强烈的太阳辐射线(主要是红外线)的直接作用，大量热辐射被头部皮肤及头颅骨吸收，从而使颅内温度升高所致，多发生于夏季露天作业人员。主要症状为急剧发生头痛、头晕、眼花、恶心、呕吐、烦躁不安，重者可能惊厥、昏迷。

分析此事件原因后，你对建设工程安全生产管理有怎样的感受？对安全生产管理的法律法规技术标准、制度与体制了解多少呢？

3.1 安全生产相关法律、法规及标准

安全生产至关重要，实现安全生产的前提条件是制定一系列安全法规，使之有法可依。目前，我国建设工程安全生产法律、法规、标准体系主要由《中华人民共和国建筑法》(以下简称《建筑法》)、《中华人民共和国安全生产法》(以下简称《安全生产法》)、《建设工程安全生产管理条例》以及相关的法律、法规、规章和工程建设强制性标准所构成。

我国现行有关建设工程安全生产的法律、法规与标准如表3-1～表3-4所示。

表3-1　建设工程安全生产法律法规

颁布单位	名称	发布时间(年)
全国人大	《中华人民共和国刑法》	1997
全国人大	《中华人民共和国建筑法》	1997
全国人大	《中华人民共和国消防法》	1998，2008修订

（续）

颁布单位	名称	发布时间（年）
全国人大	《中华人民共和国安全生产法》	2002
国务院	《国务院关于特大安全事故行政责任追究的规定》（国务院令第302号）	2001
国务院	《特种设备安全监察条例》（国务院令第373号）	2003
国务院	《建设工程安全生产管理条例》（国务院令第393号）	2003
国务院	《安全生产许可证条例》（国务院令第397号）	2004
国务院	《生产安全事故报告和调查处理条例》（国务院令第493号）	2007
	《建筑业安全卫生公约》(第167号公约)	1988

表3-2 建设工程安全生产部门规章

颁布单位	名称	发布时间（年）
建设部	《建筑施工企业安全生产许可证管理规定》（建设部令第128号）	2004
建设部	《工程建设重大事故报告和调查程序规定》（建设部令第3号）	1989
建设部	《建筑安全生产监督管理规定》（建设部令第13号）	1991
建设部	《建设工程施工现场管理规定》（建设部令第15号）	1991
建设部	《建设行政处罚程序暂行规定》（建设部令第66号）	1999
建设部	《实施工程建设强制性标准监督规定》（建设部令第81号）	2000
建设部	《建筑业企业资质管理规定》（建设部令第87号）	2001
建设部	《建筑工程施工许可管理办法》（建设部令第91号）	2001
建设部	《关于加强建筑意外伤害保险工作的指导意见》（建质［2003］107号）	2003
建设部	《建筑起重机械安全监督管理规定》（建设部令第166号）	2008
国家安监总局	《劳动防护用品监督管理规定》（国家安全生产监督管理总局令第1号）	2005
国家安监总局	《特种作业人员安全技术培训考核管理规定》	2010

注：建设部现已改组为住房和城乡建设部。

表3-3 建设工程安全生产规范性文件

颁布单位、文号或时间	名称
国家建工总局1981年4月	《关于加强劳动保护工作的决定》
建监安［94］第15号	《关于防止拆除工程中发生伤亡事故的通知》
建监安［1998］12号	《关于防止发生施工火灾事故的紧急通知》
建建［1999］173号	《关于防止施工坍塌事故的紧急通知》
建质［2004］59号	《建筑施工企业主要负责人、项目负责人和专职安全生产管理人员安全生产考核管理暂行规定》

（续）

颁布单位、文号或时间	名称
建设部，2004 年	《建筑施工企业安全生产管理机构设置及专职安全生产管理人员配备办法》
建设部，2004 年	《危险性较大工程安全专项施工方案编制及专家论证审查办法》

表 3－4　建设工程安全生产技术规程及标准规范

名称	编号
《建筑安装工人安全技术操作规程》	［80］建工劳字第 24 号文
《龙门架及井架物料提升机安全技术规范》	JGJ 88—2010
《建筑施工门式钢管脚手架安全技术规范》	JGJ 128—2010
《建筑施工工具式脚手架安全技术规范》	JGJ 202—2010
《液压升降整体脚手架安全技术规程》	JGJ 183—2009
《建筑施工塔式起重机安装、使用、拆卸安全技术规程》	JGJ 196—2010
《建筑施工土石方工程安全技术规范》	JGJT 180—2009
《建筑施工模板安全技术规范》	JGJ 162—2008
《施工现场机械设备检查技术规程》	JGJ 160—2008
《建筑施工扣件式钢管脚手架安全技术规范》	JGJ 130—2011
《施工现场临时用电安全技术规范》	JGJ 46—2005
《建筑机械使用安全技术规程》	JGJ 33—2001
《建筑施工现场环境与卫生标准》	JGJ 146—2004
《建筑拆除工程安全技术规范》	JGJ 147—2004
《液压滑动模板施工安全技术规程》	JGJ 65—1989
《建筑施工高处作业安全技术规范》	JGJ 80—1991

建设工程法律是指全国人民代表大会及其常务委员会通过的规范工程建设活动的法律规范，由国家主席令予以公布，如《建筑法》、《安全生产法》、《中华人民共和国劳动法》（以下简称《劳动法》）等。

建设行政法规是由国务院根据宪法和法律制定的规范工程建设活动的各项法规，由国家总理签署国务院令予以公布，如《建设工程安全生产管理条例》、《安全生产许可证条例》等。

建设工程部门规章是指住房和城乡建设部按照国务院规定的职权范围，独立或与国务院有关部门联系，根据法律和国务院的行政法规、决定、命令制定的规范工程建设活动的各项规章，是住房和城乡建设部制定的由部长签署建设部令予以公布的，如《建筑安全生产监督管理规定》、《建筑施工企业安全生产许可证管理规定》等，建设工程安全技术规范是强制性的标准，是建设工程安全生产法律法规体系的组成部分。

1.《建筑法》

《建筑法》于1997年11月1日第八届全国人民代表大会常务委员会第28次会议通过，1997年11月1日中华人民共和国主席令第91号发布，自1998年3月1日起施行。《建筑法》主要规定了建筑许可、建筑工程发包承包、建筑工程监理、建筑安全生产管理、建筑工程质量管理及相关法律责任等方面的内容。《建筑法》的颁发实施，奠定了建筑安全管理工作的法律体系的基础。

例如，在安全生产管理中，《建筑法》确立了安全生产责任制度、群防群治制度、安全生产教育培训制度、安全生产检查制度、伤亡事故处理报告制度等五项制度。它把建筑安全生产工作真正纳入到法制化轨道，开始实现建筑安全生产监督管理工作向规范化、标准化和制度化管理过渡。它不仅对"安全第一、预防为主"这个我国一贯的安全工作方针给予了肯定，而且还解决了建筑安全生产管理的体制问题。

2.《安全生产法》

《安全生产法》于2002年6月29日由九届全国人民代表大会常务委员会第28次会议通过，2002年6月29日中华人民共和国主席令第70号公布，自2002年11月1日起施行。

《安全生产法》中提供了四种监督途径，即工会民主监督、社会舆论监督、公众举报监督和社区服务监督。通过这些监督途径，使许多安全隐患得以及时发现，也将使许多安全管理工作中的不足得以改善。《安全生产法》中明确了生产经营单位必须做好安全生产的保证工作，既要在安全生产条件上、技术上符合生产经营的要求，也要在组织管理上建立健全安全生产责任并进行有效落实。《安全生产法》不仅明确了从业人员为保证安全生产所应尽的义务，也明确了从业人员进行安全生产所享有的权利。在正面强调从业人员应该为安全生产尽职尽责的同时，赋予从业人员的权利，也从另一方面有效保障了安全生产管理工作的有效开展。《安全生产法》明确规定了生产经营单位负责人的安全生产责任，因为一切安全管理，归根到底是对人的管理，只有生产经营单位的负责人真正认识到安全管理的重要性并认真落实安全管理的各项工作，安全管理工作才有可能真正有效地进行。违法必究是我国法律的基本原则，在《安全生产法》中明确了对违法单位和个人的法律责任追究制度。生产安全事故，特别是重、特大生产安全事故往往有其突发性、紧迫性，如果事先没有做好充分准备工作，很难在短时间内组织有效的抢救，防止事故的扩大，减少人员伤亡和财产损失。因此，《安全生产法》明确了要建立事故应急救援制度，制定应急救援预案，形成应急救援预案体系。

3.《建设工程安全生产管理条例》

《建设工程安全生产管理条例》于2003年11月12日国务院第28次常务会议通过，自2004年2月1日起施行。该条例的颁布是我国工程建设领域安全生产工作发展历史上具有里程碑意义的一件大事，也是工程建设领域贯彻落实《建筑法》和《安全生产法》的具体表现，标志着我国建设工程安全生产管理进入法制化、规范化发展的新时期。该条例较为详细地制定了建设单位、勘察、设计、工程监理、其他有关单位的安全责任和施工单位的安全责任，以及政府部门对建设工程安全生产实施监督管理的责任等。《建设工程安全生产管理条例》确立了建设工程安全生产的基本管理制度，对政府部门、有关企业及相关人员的建设工程安全生产和管理行为进行了全面规范，确立了13项主要制度。其中，涉及政府部门的安全生产监督制度有七项：依法批准开工报告的建设工程和拆除工程备案制度，三类人员考核、任职制度，特种作业人员持证上岗制度，施工起重机械使用登记制度，政府安全监督检查制度，危及施工安全工艺、设备、材料淘汰制度，生产安全事故报告制度。《建设工程安全生产管理条例》还进一步明确了施工企业的六项安全生产制度，即安全生产责任制度、安全生产教育培训制度、专项施工方案专家论证审查制度、施工现场消防安全责任制度、意外伤害保险制度和生产安全事故应急救援制度。

4.《安全生产许可证条例》

《安全生产许可证条例》于2004年1月7日经国务院第34次常务会议通过，自2004年1月13日起施行。该条例的颁布施行标志着我国依法建立起了安全生产许可制度。国家对矿山企业，建筑施工企业和危险化学品、烟花爆竹、民用爆破器材生产企业实行安全生产许可制度。企业未取得安全生产许可证的，不得从事生产活动。企业进行生产前，应当按照条例的规定向安全生产许可证颁发管理机关申请领取安全生产许可证，并提供条例第六条规定的相关文件、资料。安全生产许可证的有效期为三年。安全生产许可证有效期满需要延期的，企业应当于期满前三个月向原安全生产许可证颁发管理机关办理延期手续。企业在安全生产许可有效期内，严格遵守有关安全生产的法律法规，未发生死亡事故的，安全生产许可证有效期届满时，经原安全生产许可证颁发管理机关同意，不再审查，安全生产许可证有效期延期三年。

5.《特别重大事故调查程序暂行规定》

《特别重大事故调查程序暂行规定》于1989年1月3日国务院第31次常务会议通过，自1989年3月29日起发布施行。该规定主要规定了特大事故的现场保护、报告与调查等内容。

6.《建筑安全生产监督管理规定》

《建筑安全生产监督管理规定》于1991年7月9日由建设部第13号令发布，自发布之日起施行。本规定共15条，主要规定了各级人民政府建设行政主管部门及其授权的建筑安全生产监督机构对于建筑安全生产所实施的行业监督管理，贯彻了“预防为主”的方针，确立了“管生产必须管安全”的原则。

7.《建筑施工安全检查标准》

国家标准《建筑施工安全检查标准》JGJ 59—2011是强制性行业标准，自1999年3月30日颁发，1999年5月1日起强制实施。制定该标准的目的是为了科学地评价建筑施工安全生产情况，提高安全生产工作和文明施工的管理水平，预防伤亡事故的发生，确保职工的安全和健康，实现检查评价工作的标准化和规范化。

《建筑施工安全检查标准》采用了安全系统工程原理，结合建筑施工中伤亡事故规律，依据国家有关法律法规、标准和规程而编制，适用于建筑施工企业及其主管部门对建筑施工安全工作的检查和评价。

8.《施工企业安全生产评价标准》

国家标准《施工企业安全生产评价标准》JGJ/T 77—2010是一部推荐性行业标准，于2003年正式实施。在此基础上，2010年5月18日住房和城乡建设部以第575号公告批准、发布了JGJ/T 77—2010。

制定该标准的目的是为了加强施工企业安全生产的监督管理，科学地评价施工企业安全生产条件，实现施工企业安全生产评价工作的规范化和制度化，促进施工企业安全生产管理水平的提高。标准中的大部分内容是依据《安全生产法》和《建筑法》中对建筑施工企业生产保障的具体的基本要求编制而成。编制时，还结合了 JGJ 59—2011 等各项标准，力求各项规定要求的一致性。

标准的编制使评价方和被评价方均有统一的标准可依，被评价方参照标准可找出自身不完善的地方加以完善提高；评价方根据标准进行系统的客观的评价。这样，一方面帮助施工企业加强管理理念，加强安全管理规范化、制度化建设，完善安全生产条件，实现施工过程安全生产的主动控制，促进施工企业生产管理的基本水平的提高；另一方面通过建立安全生产评价的完整体系，转变安全监督管理模式，提高监督管理实效，促进安全生产评价的标准化、规范化和制度化。

3.2 建设工程安全生产管理体系

3.2.1 建设工程安全生产管理的重要意义

建设工程安全生产，特别是建筑行业和城市市政公用行业的安全生产与人民群众的切身利益密切相关，做好建设系统安全生产工作，切实保障人民群众生命和财产安全，是“三个代表”重要思想的集中体现，是科学发展观全面建设和谐社会、统筹经济社会全面发展、“以人为本”的重要内容，也是各级建设行政主管部门必须履行的法定职责。

各级建设行政主管部门要牢固树立安全生产“责任重于泰山”的意识，树立抓安全就是促发展、抓安全就是保稳定、抓安全就是为社会主义经济建设保驾护航的大安全观，增强抓好建设系统安全生产工作的责任感和紧迫感，求真务实，长抓不懈，动员全国建设系统和社会有关方面，齐抓共管，全力推进。依法落实建设活动各方主体的安全责任，建立安全生产长效机制，实现全国建设系统安全生产状况的根本好转。

3.2.2 建设工程安全生产管理体系的原则

我国建设工程安全生产管理的方针是“安全第一、预防为主、综合治理”。

“安全第一”是指我国各级政府，一切生产建设部门在生产设计过程中都要把“安全第一”放在首位，坚持安全生产，生产必须安全，抓生产必须首先抓安全；真正树立人是最宝贵的财富，劳动者是发展生产力最重要的因素；在组织、指挥和进行生产活动中，坚持把安全生产作为企业生存与发展的首要问题来考虑，坚持把安全生产作为完成生产计划、工作任务的前提条件和头等大事来抓。

“预防为主”就是掌握行业伤亡事故发生和预防的规律，针对生产过程中可能出现的不安全因素，预先采取防范措施，消除和控制它们，做到防微杜渐，防患于未然。科学技术的进步，安全科学的发展，使得我们可以在事故发生之前预测事故，评价事故危险性，采取措施进行消除和控制不安全因素，实现“预防为主”。

“安全第一”与“预防为主”两者相辅相成，与“综合治理”共同构成安全生产的总方针。“安全第一”是明确认识问题，“预防为主”是明确方法问题，“综合治理”是明确手段问题。“安全第一”明确指出了安全生产的重要性，是处理安全工作与其他工作的总原则、总要求。在组织生产活动时，必须优先考虑安全，采取必要的安全措施，并贯穿于生产活动的始终。

因此，建立建设工程安全生产管理体系的原则如下。

(1) 贯彻“安全第一、预防为主、综合治理”的安全生产方针，建立健全安全生产责任制和群防群治制度等，确保工程项目施工过程的人身和财产安全，减少一般事故的发生。

(2) 依据《建筑法》、《安全生产法》、《建设工程安全生产条例》、《劳动法》、《中华人民共和国环境保护法》，以及国家有关安全生产的法律法规和规程标准进行编制安全生产管理体系。

(3) 必须包含安全生产管理体系的基本要求和内容，并结合工程项目实际情况和特点加以充实，完善安全生产管理体系，确保工程项目的施工安全。

(4) 具有针对性，要适用于建设工程施工全过程的安全管理和安全控制。

(5) 持续改进的原则，施工企业应加强对建设工程施工的安全管理，指导、帮助项目经理部建立、实施并持续改进安全生产管理体系。

3.2.3 安全生产目标管理

安全目标管理是建设工程施工安全管理的重要举措之一。为了使现场安全管理而实行目标管理，要制定总的安全目标(如伤亡事故控制目标、安全达标、文明施工目标)，以便于制订年、月达标计划，进行目标分解到人，责任落实、考核到人。

推行安全生产目标管理能进一步优化企业安全生产责任制，强化安全生产管理，体现“安全生产，人人有责”的原则，使安全生产工作实现全员管理，有利于提高企业全体员工的安全素质。

3.2.4 安全生产管理制度

建设工程施工安全生产管理制度是对国家建设工程安全管理机构、建筑施工单位在施工过程中的安全管理工作的责任划分和工作要求，是为保证建设工程生产安全所进行的计划、组织、教育、指挥、协调和控制等一系列管理活动而制定的法律制度，并对建设行为主体单位在安全生产过程中的行为规范和所承担的责任做了具体详细的规定。

1. 三类人员考核任职制度

三类人员是指施工单位的主要负责人、项目负责人、专职安全生产管理人员，三类人员应经建设行政主管部门考核合格后方可任职，考核内容主要是安全生产知识和安全管理能力。对不具备安全生产知识和安全管理能力的管理者取消其任职资格。

2. 依法批准开工报告的建设工程和拆除工程备案制度

建设单位应当自开工报告批准之日起15日内，将保证安全施工的措施报送建设工程所在地的县级以上地方人民政府建设行政主管部门或者其他有关部门备案。

建设单位应当在拆除工程施工 15 日前，将施工单位资质等级证明，拟拆除建筑物、构筑物及可能危及毗邻建筑的说明，拆除施工组织方案，以及堆放、清除废弃物的措施报送建设行政主管部门或其他有关部门备案。

3. 特种作业人员持证上岗制度

垂直运输机械作业人员、起重机械安装拆卸工、爆破作业人员、起重信号工、登高架设作业人员等特种作业人员，必须按照国家有关规定经过专门的安全作业业务培训，并取得特种作业操作资格证书后，方可上岗作业。

4. 施工起重机械使用登记制度

施工单位应当自施工起重机械和整体提升脚手架、模板等自升式架设设施验收合格之日起 30 日内，向建设行政主管部门或者其他有关部门登记。

5. 政府安全监督检查制度

县级以上人民政府负有建设工程安全生产监督管理职责的部门在各自的职责范围内履行安全监督检查职责时，有权纠正施工中违反安全生产要求的行为，责令立即排除检查中发现的安全事故隐患，对重大隐患可以责令暂时停止施工。建设行政主管部门或者其他有关部门可以将施工现场的安全监督检查委托给建设工程安全监督机构具体实施。

6. 危及施工安全的工艺、设备、材料淘汰制度

国家对严重危及施工安全的工艺、设备、材料实行淘汰制度。具体目录由建设行政部门会同国务院其他有关部门制定并公布。

7. 安全生产事故报告制度

施工单位发生生产安全事故，要及时、如实向当地安全生产监督部门和建设行政管理部门报告。实行总承包的由总承包单位负责上报。

8. 安全生产许可制度

根据《安全生产许可证条例》规定，国家对矿山企业、建筑施工企业和危险化学品、烟花爆竹、民用爆破器材生产企业实行安全生产许可制度。上述企业未取得安全生产许可证的，不得从事生产活动。国务院建设主管部门负责中央管理的建筑企业安全生产许可证的颁发和管理；省、自治区、直辖市人民政府建设主管部门负责前述规定以外的建筑施工企业安全生产许可证的颁发和管理，并接受国务院建设主管部门的指导和监督。

9. 施工许可制度

《建筑法》明确了建设行政主管部门审核发放施工许可证时，要对建设工程是否有安全施工措施进行审查把关。没有安全施工措施的，不得颁发施工许可证。

10. 施工企业资质管理制度

《建筑法》明确了施工企业资质管理制度，《条例》进一步明确规定安全生产条件作为施工企业资质的必要条件。

11. 意外伤害保险制度

《建筑法》明确了意外伤害保险制度。《建设工程安全生产条例》进一步明确了意外伤

害保险制度。意外伤害保险是法定的强制性保险，由施工单位作为投保人与保险公司订立保险合同，支付保险费，以本单位从事危险作业的人员作为被保险人。当被保险人在施工作业中发生意外伤害事故时，由保险公司依照合同约定向被保险人或者受益人支付保险金。该项保险是施工单位必须办理的，以维护施工现场从事危险作业人员的利益。

12. 群防群治制度

《建筑法》明确了对建设工程安全生产管理实行群防群治制度。群防群治制度就是充分发挥工会组织、广大职工的积极性，加强工会组织和群众性的监督检查，以预防和治理施工生产中的伤亡事故。

3.2.5 安全生产管理体制

国务院1993年50号文《关于加强安全生产工作的通知》中提出：努力形成国家安全生产监督管理专业部门监督管理与建设行业管理相结合的“企业负责，行业管理，国家监察，群众监督，劳动者遵章守纪”的安全生产管理体制。2004年1月9日国务院颁发了《国务院关于进一步加强安全生产工作的决定》（国发［2004］2号），该决定指出：要努力构建“政府统一领导、部门依法监管、企业全面负责、群众参与监督、全社会广泛支持”的安全生产工作格局。我国目前基本形成了“政府统一领导、部门依法监管、企业全面负责、中介服务助管、从业人员遵章守纪、全社会监督支持”的管理体制。

生产经营单位是安全生产的责任主体，做好安全生产的根本保证是生产经营单位严格按照法律、法规办事。但是，并不是所有的生产经营单位都自觉地按照法定要求搞好安全生产保障的，所以，国家规定要对安全生产进行监督管理。政府是安全生产监管的主体。

1. 国家监管

安全生产的国家监督，是指政府及其有关部门的监督。安全生产事关人民群众生命、财产安全和国民经济持续健康发展以及社会稳定的大局，各级政府(主要指县级以上)都要对本地区的安全生产负责。同时，为了督促负有安全生产监督管理职责的部门及其工作人员依法履行安全生产监督管理职责，监察机关依照行政监察法的规定，有权对负有安全生产监督管理的部门及其工作人员履行其职责实施监察。

负有安全生产监督管理职责的部门，必须依法对涉及安全生产的事项进行审批并加强监督管理。

2. 行业管理

各级建设行政主管部门本着“管理生产必须管理安全”的原则，管理本辖区内的建筑安全生产工作，建立安全专管机构，配备安全专职人员。国务院建设行政主管部门(住房和城乡建设部)统一负责全国建筑安全生产的管理，县以上人民政府建设行政主管部门分级负责本辖区内的建筑安全生产管理。

住房和城乡建设部作为负责建设行政管理的国务院组成部门，是建筑行业安全管理的最高行政机构。住房和城乡建设部在工程质量安全监督与行业发展司之下设立了安全监督处，负责制定房屋工程和市政工程安全生产的法规、规章和标准，并负责建筑安全生产监督管理，指导重大事故隐患的预防和事故的查处。

在中国建筑行业“统一管理、分级负责”的安全管理模式下，省、市建设行政主管部门一般都成立了代表政府执法检查的建筑安全监督站，负责建筑安全生产的监督检查工作和日常管理工作。初步形成了“横向到边，纵向到底”的建筑安全生产监督管理体系。

3. 社会监督

安全生产是一项十分复杂的系统工程，点多面广，涉及的影响因素较多，所以，不仅需要政府以及负有安全生产监督管理职责的部门，依法履行监督管理职责，同时要调动和发挥社会各方面力量，走专门机关和群众路线相结合的道路，才有可能建立起经常性的、有效的群防群治的监督机制，齐抓共管，才能从根本上保障安全生产。

1）社会公众的监督

《安全生产法》第六十条规定：“任何单位或者个人对事故隐患或者安全生产违法行为，均有权向负有安全生产监督管理职责的部门报告或者举报”。各级政府及其有关部门对报告重大事故隐患或者举报安全生产违法行为的有功人员给予奖励。

2）基层群众性自治组织对安全生产的监督

居民委员会、村民委员会是城乡居民(村民)自我管理、自我教育、自我服务的基层群众性自治组织，它代表本区域居民(村民)的利益，所在区域的生产经营单位的安全生产事关全体居民(村民)生命和财产的安全。因此，当发现其所在区域内的生产经营单位存在事故隐患或者安全生产违法行为时，应当向当地人民政府或者有关部门报告。

3）新闻媒体的监督

新闻出版、广播、电影、电视等新闻媒体的宣传教育以及舆论监督，对安全生产工作有特殊重要的意义。通过新闻媒体的宣传教育以及舆论监督，可以提高社会公众的安全生产意识，增强生产经营单位以及有关人员、政府、有关部门及其工作人员的责任心，促使他们加强安全生产管理。

3.2.6　职业健康安全管理体系

职业健康安全管理体系是将现代管理思想应用于职业健康安全工作所形成的一整套科学、系统的管理方式。

建设工程职业健康安全管理的目的是通过管理和控制影响施工现场工作员工、临时工作人员、合同方人员、访问者和其他人员健康和安全的条件因素，保护施工现场工作员工和其他可能受工程项目影响的人的健康与安全。

企业建立职业健康安全管理体系是指将原有的职业健康安全管理按照体系管理的方法予以补充、完善、实施的过程。建立与实施职业健康安全管理体系能有效提高企业安全生产管理水平，有助于生产经营单位建立科学的管理机制；有助于生产经营单位积极主动地贯彻执行相关职业健康安全法律法规；有助于大型生产经营单位的职业健康安全管理功能一体化；有助于生产经营单位对潜在事故或紧急情况作出响应；有助于生产经营单位满足市场要求；有助于生产经营单位获得注册或认证。

1. 职业健康安全管理体系的概念与运行模式

职业健康安全管理体系，是指为建立职业健康安全方针和目标以及实现这些目标所制定的一系列相互联系或相互作用的要素。它是职业健康安全管理活动的一种方式，它的运行模式常见的有两种：ILO－OSH 2001 的运行模式为方针、组织、计划与实施、评价、改进措施(图 3.1)；OHSAS 18001 的运行模式为职业健康安全方针、策划、实施与运行、检查与纠正措施、管理评审(图 3.2)。

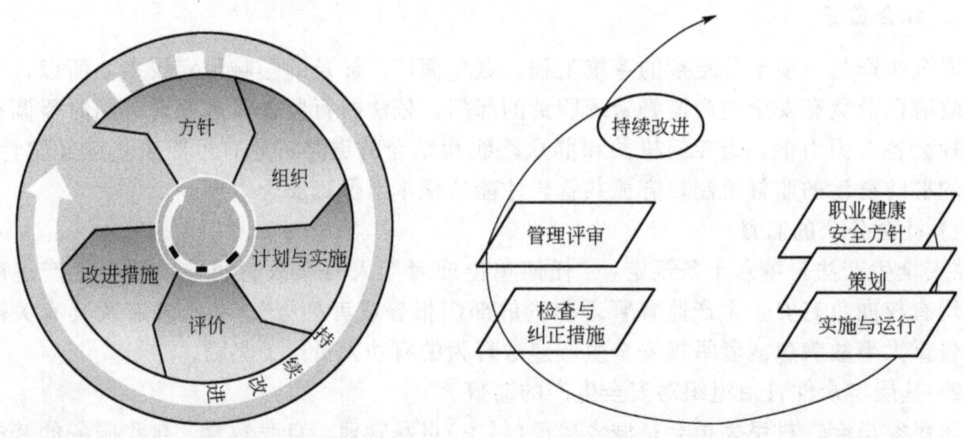

图 3.1　ILO－OSH 2001 的运行模式　　图 3.2　OHSAS 18001 的运行模式

2. 职业健康安全管理体系的基本要素

职业健康安全管理体系作为一种系统化的管理方式，在一些发达国家得到普遍认同。各个国家依据其自身的实际情况提出了不同的指导性要求，但基本上遵循了 PDCA 的思想并与 ILO－OSH 2001 运行模式相近似。依据 ILO－OSH 2001 运行模式的框架，现有职业健康安全管理体系的基本要素有如下。

(1) 职业健康安全方针。制定职业健康安全方针的目的是要求生产经营单位应在征询员工及其代表意见的基础上，制定出书面的职业健康安全方针，以指导体系运行中职业健康安全工作的方向和原则，确定职业健康安全责任及绩效总目标，表明生产经营单位实现有效职业健康安全管理的正式承诺，并为下一步体系目标的策划提供指导性框架。职业健康安全方针可根据实际需要，在评审的基础上适时进行修改。

(2) 组织。组织的目的是要求生产经营单位确立和完善组织保障，以便正确、有效地实施与运行职业健康安全管理体系及其要素，包括机构与职责、培训及意识和能力、协商与交流、文件化、文件与资料控制以及记录和记录管理。

(3) 计划与实施。计划与实施的目的是要求生产经营单位依据自身的危害与风险情况，根据职业健康安全方针，作出明确具体的规划。并建立和保持必要的程序，以持续、有效地实施与运行职业健康安全管理规划，包括初始评审、目标、管理方案、运行控制、应急预案与响应。

(4) 检查与评价。检查与评价的目的是要求生产经营单位定期或及时地发现体系运行过程或体系自身所存在的问题，并确定问题产生的根源或需要持续改进的地方。体系的检查与评价主要包括绩效测量与监测、事故事件与不符合的调查、审核与管理评审。

(5) 改进措施。改进措施的目的是要求生产经营单位针对绩效测量与监测、事故事件调查、审核和管理评审活动所提出的纠正与预防措施，制定具体的实施方案并予以保持，确保体系的自我完善功能，并不断寻求方法，持续改进生产经营单位自身职业健康安全管理体系及其职业健康安全绩效，从而不断消除、降低或控制各类职业健康安全危害和风险。改进措施主要包括纠正与预防措施和持续改进两个方面。

3. 职业健康安全管理体系建立的方法与步骤

建立与实施职业健康安全管理体系分以下六个主要步骤。

1）学习与培训

在企业建立和实施职业健康安全管理体系，需要企业所有人员的参与和支持。建立和实施职业健康安全管理体系既是实现系统化、规范化的职业健康安全管理的过程，也是企业所有员工建立“以人为本”的理念，贯彻“安全第一、预防为主、综合治理”方针的过程。因此，体系的建立与实施需要通过不同形式的学习和培训，使所有员工能够接受职业健康安全管理体系的管理思想，理解实施职业健康安全管理体系对企业和个人的重要意义。

培训的对象主要分三个层次：管理层培训、内审员培训和全体员工的培训。

管理层培训是体系建立的保证。培训的主要内容是针对职业健康安全管理体系的基本要求、主要内容和特点，以及建立与实施职业健康安全管理体系的重要意义与作用。培训的目的是统一思想，在推进体系工作中给予有力的支持和配合。

内审员培训是建立和实施职业健康安全管理体系的关键。应该根据专业的需要，通过培训确保他们具备开展初始评审、编写体系文件和进行审核等工作的能力。

全体员工培训是体系建立和顺利实施的根本，其目的是使员工了解职业健康安全管理体系，并在今后工作中能够积极主动地参与职业健康安全管理体系的各项实践。

2）初始评审

初始评审的目的是为职业健康安全管理体系建立和实施提供基础，为职业健康安全管理体系的持续改进建立绩效基准。

初始评审主要包括以下内容。

(1) 相关的职业健康安全法律、法规和其他要求，对其适用性及需遵守的内容进行确认，并对遵守情况进行调查和评价。

(2) 对现有的或计划的作业活动进行危害辨识和风险评价。

(3) 确定现有措施或计划采取的措施是否能够消除危害或控制风险。

(4) 对所有现行职业健康安全管理的规定、过程和程序等进行检查，并评价其对管理体系要求的有效性和适用性。

(5) 分析以往企业安全事故情况以及员工健康监护数据等相关资料，包括人员伤亡、职业病、财产损失的统计、防护记录和趋势分析。

(6) 对现行组织机构、资源配备和职责分工等情况进行评价。

初始评审的结果应形成文件，并作为建立职业健康安全管理体系的基础。

为实现职业健康安全管理体系绩效的持续改进，企业还应参照上述初始评审的要求定期进行复评。

3）体系策划

根据初始评审的结果和本企业的资源，进行职业健康安全管理体系的策划。策划工作主要包括以下内容。

(1) 确立职业健康安全管理方针。

(2) 制定职业健康安全体系目标及其管理方案。

(3) 结合职业健康安全管理体系要求进行职能分配和机构职责分工。

(4) 确定职业健康安全管理体系文件结构和各层次文件清单。

(5) 为建立和实施职业健康安全管理体系准备必要的资源。

4) 文件编写

按照职业健康安全管理体系的要求，以适用于企业自身管理的形式，对职业健康安全管理方针和目标，职业健康安全管理的关键岗位与职责，主要的职业健康安全风险及其预防和控制措施，职业健康安全管理体系框架内的管理方案、程序、作业指导书和其他内部文件等以文件的形式加以规定，以确保所建立的职业健康安全管理体系在任何情况下均能得到充分理解和有效运行。多数情况下职业健康安全管理体系文件的编写结构是采用手册、程序文件和作业指导书的方式。

5) 体系试运行

各个部门和所有人员都按照职业健康安全管理体系的要求开展相应的健康安全管理和活动，对职业健康安全管理体系进行试运行，以检验体系策划与文件化规定的充分性、有效性和适宜性。

6) 评审完善

通过职业健康安全管理体系的试运行，特别是依据绩效监测和测量、审核以及管理评审的结果，检查与确认职业健康安全管理体系各要素是否按照计划安排有效运行，是否达到了预期的目标，并采取相应的改进措施，使所建立的职业健康安全管理体系得到进一步的完善。

4. 职业健康安全管理体系审核与认证

职业健康安全管理体系审核是指依据职业健康安全管理体系标准及其他审核准则，对企业职业健康安全管理体系的符合性和有效性进行评价的活动，以便找出受审核方职业健康安全管理体系存在的不足，使受审核方完善其职业健康安全管理体系，从而实现职业健康安全绩效的不断改进，达到对工伤事故及职业病有效控制的目的，保护员工及相关方的安全和健康。

根据审核方(实施审核的机构)与受审核方(提出审核要求企业或个人)的关系，可将职业健康安全管理体系审核分为内部审核和外部审核两种基本类型。内部审核又称为第一方审核，外部审核又分为第二方审核及第三方审核。

职业健康安全管理体系认证是认证机构依据规定的标准及程序，对受审核方的职业健康安全管理体系实施审核，确认其符合标准要求而授予其证书的活动。认证的对象是用人单位的职业健康安全管理体系。认证的方法是职业健康安全管理体系审核。认证的过程需遵循规定的程序。认证的结果是用人单位取得认证机构的职业健康安全管理体系认证证书和认证标志。

职业健康安全管理体系认证的实施程序包括：认证申请及受理、审核策划及审核准备、审核的实施、纠正措施的跟踪与验证以及审批发证及认证后的监督和复评。

3.3 外国建设工程安全生产管理体系

3.3.1 美国建设工程安全管理

美国建设工程安全管理属于整个职业安全与健康管理的一部分。1970 年，OSHA。1996 年，在 OSHA 下设立了建筑处，负责建设工程标准的制定与解释、工程技术和咨询服务等。在策略方面，美国把制定“职业安全健康标准”作为职业安全与健康工作的基础与核心，强调根据严谨而详尽的法规标准和技术条例对雇主的活动进行严格的检查、帮助和处罚，同时，支持、发展和实施针对预防伤害事故的施工现场安全计划。

美国建设工程安全相关法律属于整个职业安全与健康法律体系的一部分。美国的职业安全与健康法律体系分为三个层次：第一层是基本法，即职业安全与健康法，明确了职业安全与健康的各项基本原则，成立了管理机构体系；第二层是职业安全与健康局制定的严格、细致的各项标准，不仅明确了安全与健康措施的各个细节，而且对各行业应该采取的不同的工程措施也做了详细规定；第三层是职业安全与健康标准的行动指南。

1.《职业安全与健康法》

1970 年美国颁布的《职业安全与健康法》(OSH Act)是现有职业及建设工程安全法规体系的基础，该法案适用于建筑业、制造业、海运、海洋工业、农业、法律、医药、慈善事业、有机构(项目)的劳动者和私立学校等。但是，它不适用于个体户、只有家人自己工作的农场以及受其他联邦法律特殊规定的社会成员。其主要内容如下。

(1) OSHA 的检察员通过经常地、不定期地对工作环境的检查，来确保此项法律实施。

(2) 雇主必须遵守依此法制定的安全健康标准，必须为雇员提供一个没有可能引起影响健康和损伤的工作环境。

(3) 雇员在工作中必须遵守所有的安全健康标准、法律、法令和规定。

(4) 要求雇主、雇员代表陪同 OSHA 检察官员进行检查。没有雇员代表陪同时，OSHA 检察官员应与一定数量的工人进行讨论，以了解工作地点的安全和健康状况。

(5) 雇员及其代表有权向最近的 OSHA 办公室揭发存在于工作地点的不安全因素；OSHA 对揭发者的名字和内容保密，法律保护揭发者不受任何歧视和偏见。

(6) OSHA 检察官员就在工作场所发现的违法事件发出传讯通知，并要求在规定时间内改正。

(7) 根据不同违法内容的性质及后果，每次罚款的最高额度为 50 万美元，并可对雇主判处 6 个月监禁。

(8) 鼓励雇主在受到 OSHA 官员检查前，自觉降低工作场所的危险因素。

(9) 提供免费咨询，雇主在任何时候都可以请求 OSHA 培训官员解决有关健康与安全的疑难技术和法律问题，并可委托其培训。

(10) 应张贴规定的宣传表格。

此外，《职业安全与健康法》赋予了职业安全健康局制定标准的权力。职业安全健康标准中既有属于一般安全与卫生管理原则的规定，又有各行业技术细节的要求，内容完善、覆盖面广。

2. 安全计划

安全计划包括安全与健康计划、培训计划、危险品计划、确保安全使用用电设备的接地计划、急救和急救反应计划、防火及消防安全计划等六项计划。其中，安全与健康计划的内容如下。

(1) 公司安全方针(由总经理签发)：员工是公司最宝贵的财富，公司有义务为全体员工提供安全、健康的工作环境，员工和公司共同创造此环境并遵守相应的法令、法规和纪律，保证对全体员工进行安全培训等。

(2) 指定安全与健康计划的执行人，负责对员工进行培训、组织安全会议、决定是否聘请外部专家、对相应法律规范进行解释、对公司工作场所的安全及健康进行全面管理；对施管人员提供安全方面的技术支援以及对安全事件进行调查处理。

(3) 现场的安全管理。

(4) 分析施工现场，对容易出现危险的地方进行重点保护。

(5) 危险的预防与控制。

(6) 培训。

(7) 管理机构的设置。

美国专门针对某一行业和某一市场领域的法规很少，企业行为的基本规则一般都受综合性的经济法规的制约，因而没有专门针对建筑业管理的法律。建筑业的管理主要是通过综合性法规及行业技术标准和规范来进行的，见图 3.3。

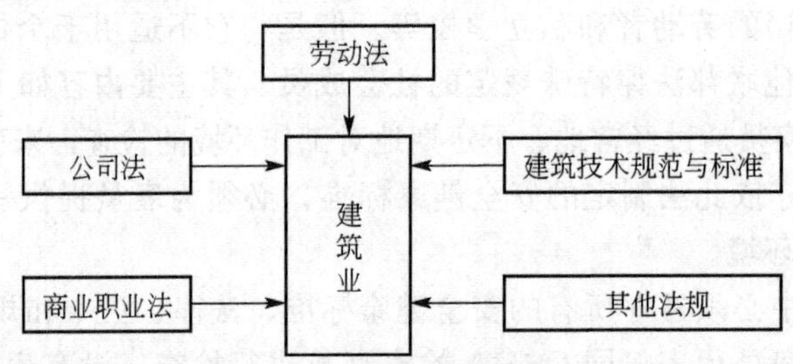

图 3.3　美国的建筑法规体系

在美国的建筑业管理中，行业协会和学会起着重要的作用。美国政府信奉自由市场经济体制，政府对经济活动的干预很少，其作用多体现在规范市场行为、保障公平竞争方面。

美国技术标准和规范中的《统一建筑法规》(Uniform Building Code，UBC)是一部很有影响的重要规范，它是由国际建筑工作者联合会、国际卫生工程和机械工程工作者协会及国际电气检查人员协会共同发起、联合制定的，法规的条文尽可能与美国各州的各项规定协调一致。该法规不具有法律效力，是指南性的。联邦各州、市、县都可根据本地的实际情况对 UBC 进行修改和补充。

3.3.2　英国建设工程安全管理

在英国，政府安全与健康委员会负责全国安全管理。安全与健康委员会负责对全英建筑业、制造业、农业和服务业等四个重要领域进行安全管理。该委员会在全英设有地方分部，每个分部下辖办事处，配备建筑安全调查员。

英国的职业健康与安全管理策略：一是通过健康与安全法律及辅助法规体系，提供一个良好的法律环境；二是通过各种手段鼓励雇员的参与，即安全不仅是雇主和高级管理人员的责任，也是实际参与工作的雇员的责任。

英国建设工程安全管理属于职业健康与安全管理体系的一部分。英国的健康与安全法规体系是在 1974 年《劳动健康安全法》(HSW Act)基础上发展起来的，英国的建筑法规体系可分为三个层次，见图 3.4。

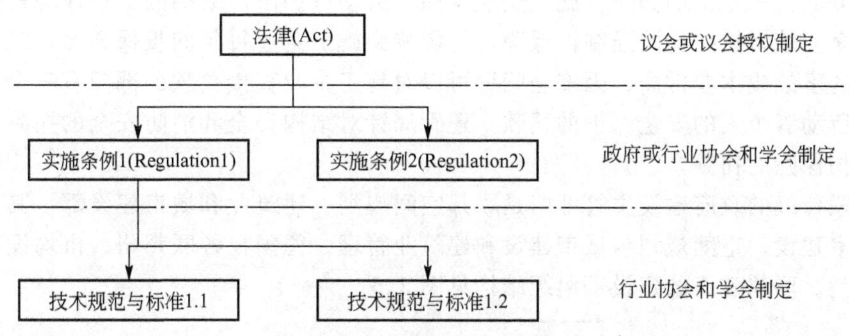

图 3.4 英国的建筑法规体系

第一层次是法律(Act)，它具有最高法律效力，一般由议会制定或由议会授权政府或社团机构制定，最后由议会审议通过。

第二层次是实施条例(Regulation)，一般是由政府或社会团体制定，并经过议会审定。这些条例是根据法律中的某些条款的授权制定的，对法律中的一些条款进行更加详细的规定，见图 3.5。

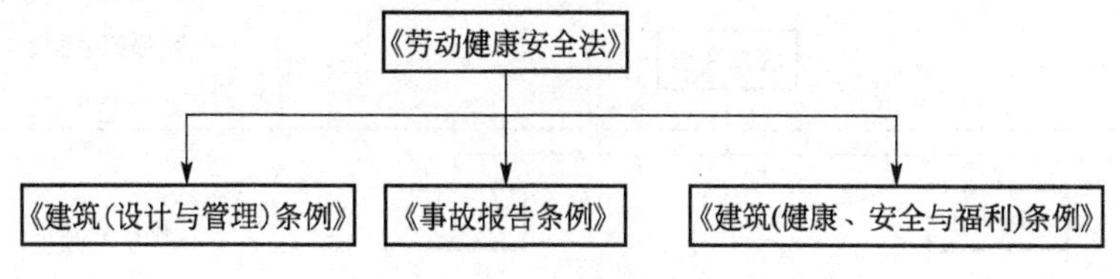

图 3.5 健康安全法规体系示例

第三层次是技术规范与标准。技术规范与标准的编制主要是由建筑行业协会或学会编制，或政府委托其编制的。另外，政府某些部门也专门设有固定的组织，编制一些专业性不是特别强的规范与标准。这些技术规范与标准有些是必须遵守的，有些是可选择遵守的，建筑业参与各方可以根据自己的具体情况和条件选择执行，还有的则是指南性的，仅供建筑业参与各方参考。

3.3.3 德国建设工程安全管理

在德国，建设工程安全管理是由建筑管理部门、劳动保护部门、技术监督部门、行业协会、企业内部安全管理、安全中介服务公司进行管理。德国政府建筑管理部门、劳动保护部门、技术监督部门对建设工程安全管理进行政府监督管理，行业协会进行行业自律，施工企业通过内部安全保证体系进行安全管理，安全中介服务公司(安全咨询公司)提供安全服务。行业协会和劳动保护部门还负责对建筑队伍或企业的管理。

1996年，德国联邦议会颁布了新的《劳动保护法》，它是根据欧共体(现称“欧盟”)1992年颁布的《劳动保护法》，在德国原有的《劳动保护法》基础上修订完成的。1998年10月，德国联邦议会授权联邦劳动部颁发了《建筑工地劳动保护条例》，以后陆续发布了该条例的配套细则，在有关细则中明确了协调员的资格条件、职责和工作范围，并由各个州(区、市)政府劳动局负责该条例的监督管理。德国施工企业安全管理工作的外部监管主要来自两方面：一是工伤保险，施工企业依照《劳动保护法》缴纳的工伤保险是一种同施工企业安全业绩直接挂钩的强制性保险，将影响到施工企业每年的投保金额；二是重罚机制，德国的事故成本非常高，因安全问题可以对施工企业直接罚款的部门有三个，包括劳动局针对劳动者个人的安全保护的罚款，建管局针对结构安全和消防安全的罚款，行业协会针对工伤保险的罚款。

德国联邦级的政府建设主管部门是联邦空间规划、建筑业和城市建设部，其主要职能是负责住宅建设、空间规划与城市建设和建筑业管理。德国在各联邦州、市均设有政府建设主管部门。联邦政府的建设部组织结构见图3.6。

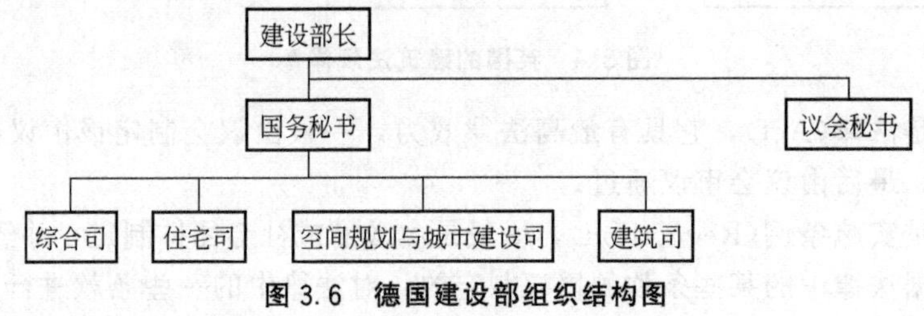

图3.6　德国建设部组织结构图

德国的建筑法规体系也分为三个层次，见图3.7。

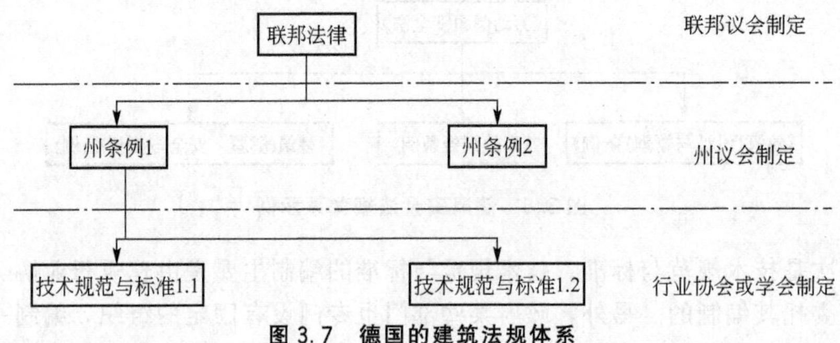

图3.7　德国的建筑法规体系

第一层次是联邦法律，它具有最高法律效力，一般由联邦议会制定。

第二层次是各联邦州议会制定的建筑条例。这些条例制定的依据是由联邦议会制定的建筑条例规定的统一模本。

第三层次是技术规范与标准。德国的技术规范与标准的编制主要是由建筑行业协会或学会编制的，以感兴趣各方自愿参加的“圆桌会议”方式制定标准，政府部门不直接制定技术规范与标准，只是在“圆桌”上占有一席。联邦德国共有约4万个技术规范与标准，比较重要的是DIN标准(Deutsch Industrie Normen)、欧洲标准(European Code)、VDI标准，其中以 DIN 标准最为著名。

对于建筑市场，德国建设部主要是通过协助立法和执法来进行管理。德国建设部把工作重点放在为市场提供法律、信息和行业技术标准化服务，保护市场公平竞争，组织和促进建筑科研和新技术推广，帮助拓展国际市场等方面。其对市场的干预主要是通过税收政策以及对资金投入和租赁市场价格水平的调节。其中后者主要限于对住宅建设的调节。而对建筑产品的价格却不作管理，主要依靠市场调节。

3.3.4 法国建设工程安全管理

法国的公共工程部是法国工程建设方面的主管和立法机构。它制定和审查工程建设的各种法规，提出国家近期和远景规划，审批流域规划、大中型工程项目的设计、开工和投资贷款等，是国家对工程建设实施管理的领导机构。

法国政府十分重视建筑法规的立法及执法工作。自 20 世纪 20 年代末起，法国政府就注意以立法和经济手段来促使建筑企业加强质量管理，提高工程和产品质量。建筑法规是国家权力机关颁布的、用以保证在施工和使用期建筑的安全、卫生、稳定、适应环境、保护能源并满足社会要求的规范文件，由于公民法制观念强，这些建筑法规均得到较严格的执行。法国的建筑法规体系见图 3.8。

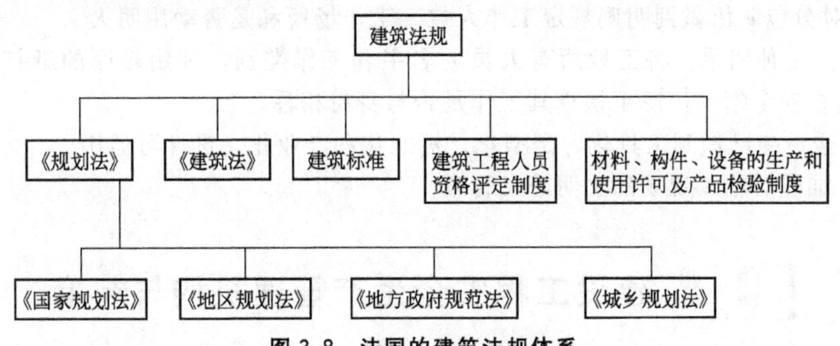

图 3.8 法国的建筑法规体系

法国为了提高建设项目质量，以立法和经济手段来促进建筑企业加强质量管理，法国实行了一套颇有特色的制度，包括强制性保险制度，强制性的法国标准(NF)和规范(DTU)，强制性和鼓励性的质量检查，强制性规定企业自检与质量保证，对工程项目设计质量的控制。

法国有专业资格方面的管理规则和产品检验制度，规定任何建筑工地或结构安装，都必须首先从主管部门取得许可，保证拟建工程在用途、性质、建筑尺寸以及道路交通方面符合法律及规章的规定；保证遵守施工的一般规则；保证遵守有关高层建筑、公共建筑中危险或不利于健康的工程规定。

3.3.5 日本建设工程安全管理

日本劳动省安全卫生部负责对职业安全卫生进行综合政府管理，建设业管理则由建设省、地方建设局和都、道、府、县的建设部负责。建设行政主管部门在受理建设工程后，虽在施工阶段赴工地进行安全检查比较少，但一旦发生事故时必到现场，并作相应的处理，对企业和负责人进行行政处罚、民事赔偿或依法惩处。同时，日本建筑工人的人身意外伤害保险得到了普遍的推行，建设行政主管部门要求企业必须明示，即在工地外侧悬挂“劳动保险关系成立票”，以接受社会的监督。

日本法律法规比较健全，有《劳动安全卫生法》和一批专业法辅助该法实施，如《劳动基准法》、《作业环境测定法》、《劳动者灾害补偿保险法》等。政府还颁发了《劳动安全卫生法施行令》，具体规定了各劳动场所安全的基本要求，制定了相应的标准，如《作业环境测定基准》、《作业环境测定法施行规则》、《建筑业附属寄宿舍规程》和《劳动者灾害补偿保险法施行规则》等，建筑业还有《建设业法》、《建筑基准法》及其施行规则等，由建设省监督执法。

日本建设工程施工安全管理，其主要内容如下。

(1) 工前的安全活动。每天上班前都有“早礼”活动，进行总的工作安排和安全交底。管理人员讲解了一天的工作内容和安全要求后，员工两人相互检查是否带了安全用具和穿戴是否正确。

(2) 施工中开展“KY(危险预防)”活动，包括“KYK(危险预知)”活动和“KYT(危险预防训练)”活动，由作业班长将当天的作业内容、危险事项、对策和措施写在铁板上，向全班成员讲解后，挂在规定的地方。

(3) 对分包队伍严格管理。工地办公室都有一块磁性黑板(可卷起来，拉开后可贴在铁板上)，对分包队伍做到明确规定工作人数、工作场所和是否动用明火。

(4) 个人工种明示。将工地所有人员的名字和工作类别，都用较厚的纸打印塑封后，插入或粘贴在安全帽上，便于检查其工作是否与身份相称。

(5) 安全设施已做到工具化、定型化、标准化和产业化，零件可通用。

此外，加强对施工现场的文明施工管理。

3.4 建设工程安全生产管理机构与制度

完善安全生产管理体制，建立健全安全管理制度、安全管理机构和安全生产责任制是安全管理的重要内容，也是实现安全生产目标管理的组织保证。

自1991年7月9日《建筑安全生产监督管理规定》(建设部令第13号)颁发实施以来，据统计，2002年，全国已有24个省、自治区、直辖市成立了建筑安全生产监督机构，24个省会城市和省以下地市县成立了1300多个建筑安全生产监督机构，共8000多人，形成了“横向到边，纵向到底”的安全生产监督管理网络。同时，施工企业建立了以企业法人为第一责任人、分级负责的安全生产责任制，建立健全了企业的安全生产管理机构，配备了专管人员，基本做到了每个施工现场都有专职安全生产管理人员，每个班组都有兼职安全生产管理人员，形成了自上而下、干群结合的安全管理网络。

3.4.1 安全生产管理机构的设置

安全生产管理机构是指建筑施工企业及其在建设工程项目中设置的负责安全生产管理工作的独立职能部门。

安全生产管理机构的职责主要包括：落实国家有关安全生产法律法规和标准，编制并适时更新安全生产管理制度，组织开展全员安全教育培训及安全检查等活动，及时整改各种事故隐患，监督安全生产责任制落实等。它是建筑业企业安全生产的重要组织保证。

每一个建筑业企业，都应当建立健全以企业法人为第一责任人的安全生产保证系统，都必须建立完善的安全生产管理机构。

1. 公司一级安全生产管理机构

公司应设立以法人为第一责任者分工负责的安全管理机构，根据本单位的施工规模及职工人数设置专职安全生产管理机构部门并配备专职安全员。根据规定，特一级企业安全员配备不应少于 25 人，一级企业不应少于 15 人，二级企业不应少于 10 人，三级企业不应少于 5 人。建立安全生产领导小组，实行领导小组成员轮流安全生产值班制度。随时解决和处理生产中的安全问题。

2. 工程项目部安全生产管理机构

工程项目部是施工第一线的管理机构，必须依据工程特点，建立以项目经理为首的安全生产领导小组，小组成员由项目经理、项目技术负责人、专职安全员、施工员及各工种班组的领班组成。工程项目部应根据工程规模大小，配备专职安全员。建立安全生产领导小组成员轮流安全生产值日制度，解决和处理施工生产中的安全问题并进行巡回安全生产监督检查，并建立每周一次的安全生产例会制度和每日班前安全讲话制度。项目经理应亲自主持定期的安全生产例会，协调安全与生产之间的矛盾，督促检查班前安全讲话活动的活动记录。

项目施工现场必须建立安全生产值班制度。24h 分班作业时，每班都必须要有领导值班和安全管理人员在现场。做到只要有人作业，就有领导值班。值班领导应认真做好安全生产值班记录。

施工现场安全管理机构示意图见图 3.9。

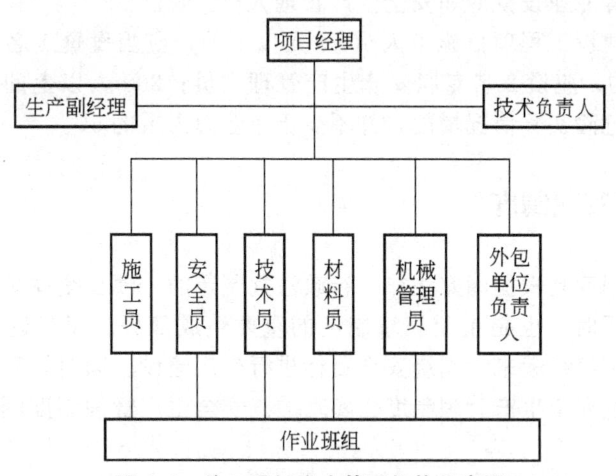

图 3.9 施工现场安全管理机构示意图

3. 生产班组安全生产管理

加强班组安全建设是安全生产管理的基础。每个生产班组都要设置不脱产的兼职安全员，协助班组长搞好班组的安全生产管理。班组要坚持班前和班后岗位安全检查、安全值日和安全日活动制度，同时要做好班组的安全记录。

大中型建筑企业安全生产管理机构通常分三级管理制。建筑工程总公司设安全处，负责本公司范围内的安全检查、监督和管理的工作。建筑工程公司设安全科(或安技科)，负责本公司范围内的安全检查和管理等各项工作，受上级机关安全处的技术领导及监督。建筑工程项目部设安全组(或专职安全员)，受公司安全科的技术领导，负责本项目的安全管理、安全检查工作。

建设部于2004年下发了《建筑施工企业安全生产管理机构设置及专职安全生产管理人员配备办法》，要求在建筑施工企业及工程项目中设置独立的安全专管部门负责安全生产管理工作。

对于不同的企业有不同的规定。

(1) 集团公司1人/百万平方米·年(生产能力)或每10亿施工总产值·年，且不少于4人。

(2) 工程公司(分公司、区域公司)) 1人/10万平方米·年(生产能力)或每一亿施工总产值·年，且不少于3人。

(3) 专业公司1人/10万平方米·年(生产能力)或每一亿施工总产值·年，且不少于3人。

(4) 劳务公司1人/50名施工人员，且不少于2人。

建设工程项目专职安全生产管理人员的配置如下。

(1) 建筑工程、装修工程按照建筑面积：①10000m^2以下的工程至少1人；②10000～50000m^2的工程至少2人；③50000m^2以上的工程至少3人，应当设置安全主管，按土建、机电设备等专业设置专职安全生产管理人员。

(2) 土木工程、线路管道、设备按照安装总造价：①5000万元以下的工程至少1人；② 5000万～1亿元的工程至少2人；③1亿元以上的工程至少3人，应当设置安全主管，按土建、机电设备等专业设置专职安全生产管理人员。

劳务分包企业建设工程项目施工人员50人以下的，应当设置1名专职安全生产管理人员；50～200人的，应设2名专职安全生产管理人员；200人以上的，应根据所承担的分部分项工程施工危险实际情况增配，并不少于企业总人数的5‰。

3.4.2 安全生产管理制度

安全生产管理制度是根据国家法律、行政法规制定的，项目全体员工在生产经营活动中必须贯彻执行，同时，也是企业规章制度的重要组成部分。通过建立安全生产管理制度，可以把企业员工组织起来，围绕安全目标进行生产建设。同时，我国的安全生产方针和法律法规也是通过安全生产管理制度去实现的。安全生产管理制度既有国家制定的，也有企业制定的。

1963年3月30日在总结了我国安全生产管理经验的基础上，由国务院发布了《关于加强企业生产中安全工作的几项规定》。规定中重新确立了安全生产责任制，解决了安全技术措施计划，完善了安全生产教育，明确了安全生产的定期检查制度，严肃了伤亡事故的调查和处理，成为企业必须建立的五项基本制度，也是我们常说的安全生产“五项规定”。尽管我们在安全生产管理方面已取得了长足进步，但这五项制度仍是今天企业必须建立的安全生产管理基本制度。此外，随着社会和生产的发展，安全生产管理制度也在不断发展，国家和企业在五项基本制度的基础上又建立和完善了许多新制度，如意外伤害保险制度，拆除工程安全保证制度，易燃、易爆、有毒物品管理制度，防护用品使用与管理制度，特种设备及特种作业人员管理制度，机械设备安全检修制度，以及文明生产管理制度等。

3.5 建筑安全管理方法和手段

建筑安全管理是安全管理原理和方法在建筑领域的具体应用，包括宏观的建筑安全管理和微观的建筑安全管理两个方面。宏观的建筑安全管理主要是指国家安全生产管理机构以及建设行政主管部门从组织、法律法规、执法监察等方面对建设项目的安全生产进行管理。它是一种间接的管理，同时也是微观管理的行动指南。微观的建筑安全管理主要是指直接参与对建设项目的安全管理，包括建筑企业、业主或业主委托的监理机构、中介组织等对建设项目安全生产的计划、实施、控制、协调、监督和管理。微观管理是直接的、具体的，它是安全管理思想、安全管理法律法规以及标准指南的体现。

3.5.1 建筑安全管理方法

目前，在我国建筑安全管理部门和工业生产企业，各级的安全管理人员和基层的安全技术干部，他们经过不断的探索、研究和实践，创造、总结和发展了许多行之有效的安全管理方法和技术，主要是宏观安全管理方法和微观安全管理方法。

1. 宏观安全管理方法

(1) 安全生产方针。我国推行的安全生产方针是：安全第一，预防为主，综合治理。

(2) 安全生产工作体制。我国执行的安全工作体制是：企业负责，国家监察，行业管理，群众监督，劳动者遵章守纪的安全工作体制。

其中，企业负责的内涵是：

负行政责任。指企业法人代表是安全生产的第一责任人；管理生产的各级领导和职能部门必须负相应管理职能的安全行政责任；企业的安全生产推行“人人有责”的原则等。

负技术责任。企业的生产技术环节相关安全技术要落实到位、达标；推行“三同时”原则等。

负管理责任。在安全人员配备、组织机构设置、经费计划的落实等方面要管理到位置，推行管理的“五同时”原则等。

(3) 安全生产五大原则。生产与安全统一的原则：管生产必须管理安全。“三同时”原则：新建、改建、扩建的项目，其安全健康设施和措施要与生产设施同时设计，同时施工，同时投产。“五同时”原则：企业领导在计划、布置、检查、总结、评比生产的同时，计划、布置、检查、总结、评比安全。“三同步”原则：企业在考虑经济发展、进行机制改革、技术改造时，安全生产方面同步规划、同步实施、同步投产。“四不放过”的原则：事故的原因分析不清不放过，事故责任者和群众没有受到教育不放过，没有防范措施不放过，事故的责任者没受到处罚不放过。

(4) 全面安全管理。企业安全生产管理执行全面管理原则是“横向到边，纵向到底”；安全责任制的原则是“安全生产，人人有责”。

2. 微观安全管理方法

(1) 三负责制。企业对各级生产领导在安全生产方面“向上级负责，向职工负责，向自己负责”。

(2) 安全检查制。查思想认识，查规章制度，查管理落实，查设备和环境隐患；定期与非定期检查相结合；普查与专查相结合；自查、互查、抽查相结合。

(3)“四查”工程。岗位每天查一次，班组车间每周查一次，厂级每季查一次，公司每年查一次。

(4) 安全检查表技术。定项目，定标准，定指标，科学评分，定性与定量相结合的科学检查方法。

(5)“11440 管理法”。即：第一个“1”指行政一把手负责制为关键；第二个“1”指安全第一为核心的安全管理体系；第一个“4”指以党政工团为龙头的四线管理机制；第二个“4”指以班组安全生产活动为基础的四项安全标准化作业(基础管理标准化，现场管理标准化，岗位操作标准化，岗位纪律标准化)；“0”指以死亡、职业病和重大责任事故为零的管理目标为目的。

(6)“0123 管理法”。“0”指重大事故为零的管理目标；“1”指第一把为第一责任；“2”指岗位、班组标准化的双标建设；“3”指开展“三不伤害”活动(不伤害他人，不伤害自己，不被别人伤害)。

(7)“01467”安全管理法。“0”指重大人身、火灾爆炸、生产、设备交通事故为零；“1”指一把手抓安全，是企业安全第一责任者；“4”指全员、全过程、全方位、全天候的安全管理和监督；“6”指安全法规标准系列化、安全管理科学化、安全培训实效化、生产工艺设备安全化、安全健康设施现代化、监督保证体系化；“7”指规章制度保证体系、事故抢救保证体系、设备维护和隐患整改保证体系、安全科研与防范保证体系、安全检查监督保证体系、安全生产负责制保证体系、安全教育保证体系。

(8) 检修“ABC”管理法。各行各业企业都要定期大、小检修。检修期间，人员多和杂、检修项目多、交叉作业多等情况给检修安全带来较大的难度。为确保安全检修，利用检修“ABC”法，把公司控制的大修项目列为 A 类(重点管理项目)，厂控项目列为 B 类(一般管理项目)，车间控制项目列为 C 类(次要管理项目)，实行三级管理控制。A 类要制定出每个项目的安全对策表，由项目负责人、安全负责人、公司安全执法队“三把关”；B 类要制定出每个项目的安全检查表，由厂安全执法队把关；C 类要制定出每个项目的安全承包确认书，由车间执法队把关。

(9)“四全”安全管理。即“全员”，指从企业领导到每个干部、职工(包括合同工、临时工和实习人员)都要管安全；“全面”，指从生产、经营、基建、科研到后勤服务的各单位、各部门都要抓安全；“全过程”，指每项工作的各个环节都要自始至终地做安全工作；“全天候”，指一年 365 天，一天 24 小时，不管什么天气，不论什么环境，每时每刻都要注意安全。总之，“四全”的基本精神就是人人、处处、事事、时时都要把安全放在首位。

(10)“5S”活动。指“整理、整顿、清扫、清洁、态度”。因为这是日本专家提出的,这5项的日语发音均以“S”起头,所以称为“5S”。开展“5S”活动,是通过人们的努力改变工作环境,养成良好的工作习惯和生活习惯,达到提高工作效率,提高职工素质,确保安全生产的目标。

(11)“五不动火”管理。即置换不彻底不动火;分析不合格不动火;管理不加盲板不动火;没有安全部门确认签发的火票不动火;没有防火器材及监火人不动火。

(12)审批火票的“五信五不信”。即相信盲板不相信阀门,相信自己检查不相信别人介绍,相信分析化验数据不相信感觉和嗅觉,相信逐级签字不相信口头同意,相信科学不相信经验主义。

(13)“四查五整顿”。即查领导、查思想、查隐患、查制度;整顿劳动纪律、操作纪律、工艺纪律、工作纪律、施工纪律。

(14)“巡检挂牌制”。在生产装置现场,重点部位,实行巡检挂牌制,操作工定期到现场按一定巡检路线进行安全检查。

(15)防电气误操作“五步操作管理法”。即周密检查、认真填票、实行双监、模拟操作、口令操作。不仅层层把关,堵塞漏洞,消除了思想上误差,而且是开动脑筋,优势互补,消除行为上的误动。

(16)人流、物流定置管理法。生产现场的人员活动路线及空间定位管理;使用的工具、设备、材料、工件等的位置规范、定位管理、文明管理。

(17)三点控制法。即对生产现场的“危险点、危害点、事故多发点”的强化控制管理。采取现场和车间挂牌标示方法强化管理。

(18)八查八提高活动。即一查领导思想,提高企业领导的安全意识;二查规章,提高职工遵纪、克服“三违”的自觉性;三查现场隐患,提高设备设施的本质安全程度;四查易燃易爆危险点,提高危险作业的安全保障水平;五查危险品保管,提高防盗防爆的保障措施;六查防火管理,提高全员消防意识和灭火技能;七查事故处理,提高防范类似事故的能力;八查安全生产宣传教育和培训工作是否经常化和制度化,提高全员安全意识和自我保护意识。

(19)安全班组活动“三落实”。即生产班组的每周安全活动要做到时间、人员、内容“三落实”。

(20)班组安全建设。以安全生产必须落实到班组和岗位的原则,企业生产班组对岗位的安全管理、生产装置、工具、设备、工作环境、班组活动和人员的思想教育等方面,进行经常性的灵活、严格、有效的安全生产建设。

3.5.2 建筑安全管理手段

建筑施工安全宏观的监督与管理模式有法律的手段规范安全管理、经济的手段促进安全管理、文化的手段加强安全管理以及科技的手段支持安全管理。

发达国家在建筑施工安全宏观的监督与管理模式方面已经有一百多年的历史,他们也是几经反复才发展到今天的规模和水平,如英国是目前世界上建筑安全状况最好的国家之一,10万人死亡率仅为6.0%,现已形成了比较科学的符合市场经济条件的机制,在法律手段、经济手段等各方面积累了不少经验。

1. 法律手段规范安全管理

美国、英国的法律体系都是基于职业安全与健康基本法律的综合安全法律体系。经过近30年的发展，美国和英国都已根据职业安全卫生基本法律的要求制定了辅助的条例、标准和规范等，从而形成了比较完整的、系统的法规体系。各法规之间层次清晰，内容统一，不交叉重叠，突出了预防性的法规任务。综合法规体系是安全法规体系发展的必然趋势。

2. 经济手段促进安全管理

美国和英国作为发达的市场经济国家，政府对安全问题的干涉除了法律手段以外，主要依靠劳工赔偿法建立的保险体系。利用保险机制保障劳动人员因职业原因遭遇工伤事故伤害后及时获得经济补偿，这是国际通用的做法。发达国家职业伤害保险制度中普遍强调重视工伤事故的预防，并通过多种措施来达到这一目的。职业安全法规体系与保险体制的结合是发达国家安全管理的主要特点。具体做法通常是要求雇主购买保险，以保证工人受到伤害时可以得到补偿。美国的劳工补偿保险有内在的激励机制，如承包商过去的安全业绩较好，可以缴纳较少的保险费，从而降低成本，提高竞争力。这种激励机制使得劳工保险成为一种有效的安全管理手段。

3. 文化手段加强安全管理

20世纪七八十年代，研究者开始意识到施工安全管理的成功往往取决于隐藏在管理制度和组织结构背后的某种成功因素。于是人们发现技术、组织或者经济方面措施的成功与否其实最终还是由该行业的安全文化决定的。安全文化的发展与社会法制和经济激励机制的发展密切相关。

文化手段在政府安全管理中正变得越来越重要。例如，美国和英国的安全管理机构正在越来越清醒地意识到改善社会、行业和企业的安全文化才是提高全社会安全水平的最有效的手段。因此这些国家都非常重视教育培训、宣传、现场安全管理计划和体系，以及其他可以促进安全文化的活动，努力培养一种政府与雇主、雇主与工人等各方面协调合作的氛围，从而最终形成一种可以改变所有从业人员安全工作态度和方式的安全文化。近年来，我国各级政府机构深入开展了一系列的关于安全管理人员、安全从业人员的安全培训工作，促使全面提升安全文化，已经做出了部分积极的工作。

从发达国家安全管理的历史发展看，法律法规是最早用来规范安全生产的手段，随后出现了各种经济刺激手段，而在近年来才开始强调安全文化的重要性。这种变化一方面说明了人们对安全问题的认识是不断进步的，另一方面说明法律手段、文化手段和经济手段是一个有机的整体。法律手段和经济手段是文化手段的基础，并且可以极大地影响安全文化；而安全文化是法律手段和经济手段的内在动力，可以极大地影响法律和经济手段的有效性。

4. 科技手段支持安全管理

安全科学的发展伴随着人类社会和生产技术的进步，从低级走向高级，从落后走向科学。安全技术和管理的进步可以使人们更为有效地控制技术应用过程中发生损害的可能性，并将损害的后果控制在最低限度内，或至少使其保持在可接受的限度内。发达国家都非常重视运用先进的管理和技术手段，而只有持续的研究工作才可以保证在管理和技术上不断领先。

案例

[刑法条文]

第一百三十五条工厂、矿山、林场、建筑企业或者其他企业、事业单位的劳动安全设施不符合国家规定，经有关部门或者单位职工提出后，对事故隐患仍不采取措施，因而发生重大伤亡事故或者造成其他严重后果的，对直接责任人员，处三年以下有期徒刑或者拘役；情节特别恶劣的，处三年以上七年以下有期徒刑。

[相关法律]

《劳动法》第九十二条用人单位的劳动安全设施和劳动卫生条件不符合国家规定或者未向劳动者提供必要的劳动防护用品和劳动保护设施的，由劳动行政部门或者有关部门责令改正，可以处以罚款；情节严重的，提请县级以上人民政府决定责令停产整顿；对事故隐患不采取措施，致使发生重大事故，造成劳动者生命和财产损失的，责任人员比照刑法第一百八十七条的规定追究刑事责任。

《矿山安全法》第四十七条矿山企业主管人员对矿山事故隐患不采取措施，因而发生重大伤亡事故的，比照刑法第一百八十七条的规定追究刑事责任。

《建筑法》第七十一条 建筑施工企业违反本法规定，对建筑安全事故隐患不采取措施予以消除的，责令改正，可以处以罚款；情节严重的，责令停业整顿，降低资质等级或者吊销资质证书；构成犯罪的，依法追究刑事责任。

建筑施工企业的管理人员违章指挥、强令职工冒险作业，因而发生重大伤亡事故或者造成其他严重后果的，依法追究刑事责任。

[处罚]

犯本罪的，处三年以下有期徒刑或者拘役；情节特别恶劣的，处三年以上七年以下有期徒刑。

司法实践中，情节特别恶劣的主要包括以下几种情况。

1. 造成了特别严重后果的。主要是指：(1)致多人死亡；(2)致多人重伤；(3)直接经济损失特别巨大；(4)造成了特别恶劣的政治影响。

2. 行为人的犯罪行为特别恶劣的，如经有关部门或单位职工提出多次意见后，对事故隐患仍不采取措施，以致发生重大事故的；已发生过事故仍不重视劳动安全设施，造成多人重伤、死亡或者其他特别严重后果的等。

3. 重大安全事故发生后，犯罪行为人的表现特别恶劣的。如重大事故发生后，行为人不是积极采取措施抢救伤残人员或防止危害后果扩大，而是只顾个人逃跑或者抢救个人财物，致使危害结果蔓延扩大的；事故发生后，为逃避罪责而故意破坏、伪造现场或者故意隐瞒事实真相、企图嫁祸于人的等。

[本罪与重大责任事故罪的界限]

两罪都有重大事故的发生，并且行为人对重大事故的发生都是一种过失的心理态度，但两者有明显区别。

(1) 犯罪主体不同。重大劳动安全事故罪的犯罪主体是工厂、矿山、林场、建筑企业或者其他企业、事业单位负责主管与直接管理劳动安全设施的人员，一般不包括普通职工；重大责任事故罪的犯罪主体较重大劳动安全事故罪范围要广，包括工厂、矿山、林场、建筑企业或者其他企业、事业单位中的一般职工和在生产、作业中直接从事领导、指挥的人员。

(2) 客观方面的行为方式不同。重大劳动安全事故罪在客观方面则表现为对经有关部门或单位职工提出的事故隐患不采取措施，是一种不作为犯罪；重大责任事故罪在客观方面表现为厂矿企业、事业单位的职工不服从管理、违反规章制度，或者生产作业的领导、指挥人员强令工人违章冒险作业，是作为形式的犯罪。

本章小结

通过本章学习，可以加深对建设工程安全生产管理相关法律法规标准的理解，掌握建设工程安全生产管理的基本理论方法。在安全管理中，通过建立建设工程安全生产管理体系的学习，加深贯彻“安全第一、预防为主、综合治理”的安全生产方针，实施安全管理目标，熟悉安全生产管理制度和体制。了解美国、英国、德国、法国、日本建设工程安全生产管理体系，以便更好地借鉴。

通过本章的学习，要求安全管理者熟悉安全管理相关法规、技术标准，熟悉建设工程安全生产管理机构与制度，能运用安全管理方法和手段对建设工程安全生产实施管理，从而实现安全生产管理目标。

习 题

(1) 什么是建设工程法律、法规？请列举出我国现行建设工程的主要法律法规。
(2) 为什么要进行建设工程安全生产管理？
(3) 建立建设工程安全生产管理体系的原则是什么？
(4) 我国的建设工程安全生产管理制度主要有哪些？
(5) 我国的安全生产管理体制是怎样的？
(6) 为什么企业要建立职业健康安全管理体系？
(7) 试述职业健康安全管理体系建立的方法与步骤。
(8) 我国建筑业企业安全生产管理机构是如何设置的？
(9) 试述建筑安全管理方法和手段主要有哪些。
(10) 建筑安全生产管理“四不放过”原则的内容是什么？

第4章 建筑工程安全生产保证

教学目标

本章主要讲述安全保证体系、安全保证计划的概念、基本要素等，以及安全专项方案的编制要求，主要范围，以及保证安全生产的措施。通过本章学习，应达到以下目标。

(1) 掌握安全保证体系、安全保证计划的基本要素，掌握安全保证措施的各个环节。

(2) 熟悉安全保证体系与安全保证计划的关系、意义。

(3) 理解安全施工方案的定义。

教学要求

知识要点	能力要求	相关知识
安全生产保证体系	(1) 掌握安保体系要素、基本结构与建立； (2) 理解安保体系文件编制与运行	(1) 安保习题要素要求 (2) 安保体系基本结构 (3) 安保体系的建立、文件编制 (4)安保体系的运行
安全生产保证计划	(1) 熟悉安保计划内容 (2) 熟悉安保计划审核程序 (3) 熟悉施工现场安全目标管理	(1) 安保计划内容 (2) 安保计划审核 (3) 施工现场安全目标管理
安全施工方案	(1) 熟悉安全专项方案的范围 (2) 掌握安全专项方案的内容	(1) 专项方案的定义、范围 (2) 安全专项方案的内容
安全保证措施	(1) 熟悉安全标志 (2) 掌握安全技术交底的程序 (3) 掌握安全检查的方式 (4) 了解安全宣传的意义 (5) 熟悉安全培训的方式、内容等	(1) 安全标志、安全色 (2) 安全技术交底程序 (3) 安全检查方式 (4) 安全宣传途径 (5) 安全教育培训内容、形式、效果

基本概念

安全保证体系、安全保证计划、安全技术交底、专项方案

引例

2010 年 1 月 3 日，连接机场高速路和航站楼的高架桥东引桥在施工中一段支架失衡垮塌，造成 7

人死亡、34人受伤。这起垮塌事故被认定为责任事故。事故调查组组长、市安监局副局长杨振武称，该事故是由于参与项目建设及管理的云南建工市政建设有限公司、云南建工第五建设有限公司、吉林省松原市宁江区诚信劳务服务有限公司、云南城市监理有限公司、云南省昆明新机场建设指挥部等相关单位安全管理不到位、安全责任落实不到位，未认真履行支架验收程序，未对进入现场的脚手架及扣件进行检查与验收，发现支架搭设不规范等事故隐患后未及时采取措施进行整改，最终导致事故的发生。

通报的处理决定中，吉林省松原市宁江区诚信劳务服务有限公司法定代表人代某、技术负责人杨某、工长代某，云南建工市政建设有限公司云南省昆明新机场工程项目部副经理潘某、陈某等六名事故责任人被移送司法机关处理，相关的工程承包方、施工方也分别受到处罚。其中吉林省松原市宁江区诚信劳务服务有限公司被清除出云南建筑市场，并被处予30万元罚款。

事隔数月，对处罚决定不服的吉林省松原市宁江区诚信劳务服务有限公司，一纸诉状将昆明市安全生产监督管理局告上法庭。诉状中，公司的起诉理由非常简单，提出"被告的处罚决定没有事实和法律依据"，请求法院撤销该决定。

法院经审理确定，原告就是机场垮塌事故的责任之一，也是本案行政处罚的相对人。在其获得工程后未能按照合同约定履行安全生产管理职责，采购、使用的部分模板支架的钢管、碗扣存在质量问题，扣件没有相应的合格证明材料，还存在无证人员从事特种作业的问题。"在施工过程中原告未能认真履行安全生产管理职责，对事故负有责任。被告依照《安全生产事故报告和调查处理条例》相关规定，作出的行政处罚决定适用依据正确，程序合法"，据此法院作出上述判决。

4.1 安全生产保证体系

4.1.1 施工项目安全生产保证体系要求

安全生产保证体系的标准描述为"为实施安全管理所需的组织结构、程序、过程和资源"。可这样理解：安全生产保证体系是以安全生产为目的，由确定的组织结构形式，明确的活动内容，配备必需的人员、资金、设施和设备，按规定的技术要求和方法，去开展安全管理工作这样一个系统的整体。安全保证体系包括多种要素，如表4-1所示。其基本结构见图4.1。

表4-1 安全生产保证体系要素及职能分配表

编号	安全生产保证要素	项目经理	项目副经理	项目技术负责人	职能部门(个人)						
					施工部门	技术部门	安全部门	材料部门	内业部门	财务部门	各施工班组长
1	管理职责	★	●	■	■	■	■	■	■		■
2	安全体系	★	■	■	■	■	●	■	■	■	■
3	安全用品采购	★					■	●			■
4	施工现场安全控制		★	■	■	■	●		■		■

（续）

编号	安全生产保证要素	项目经理	项目副经理	项目技术负责人	职能部门(个人)						
					施工部门	技术部门	安全部门	材料部门	内业部门	财务部门	各施工班组长
5	检查、检验		★		■	■	●				■
6	事故隐患控制		★		■	■	●				■
7	纠正与预防措施		★		■	■	●				■
8	教育与培训		★	■	■	■	●	■	■	■	■
9	安全记录		★	■	■	■	●	■	■	■	■
10	内部安全审核		★	■	■	■	●	■	■	■	■

注：★——主管领导；●——主管部门(个人)；■——相关部门(个人)。

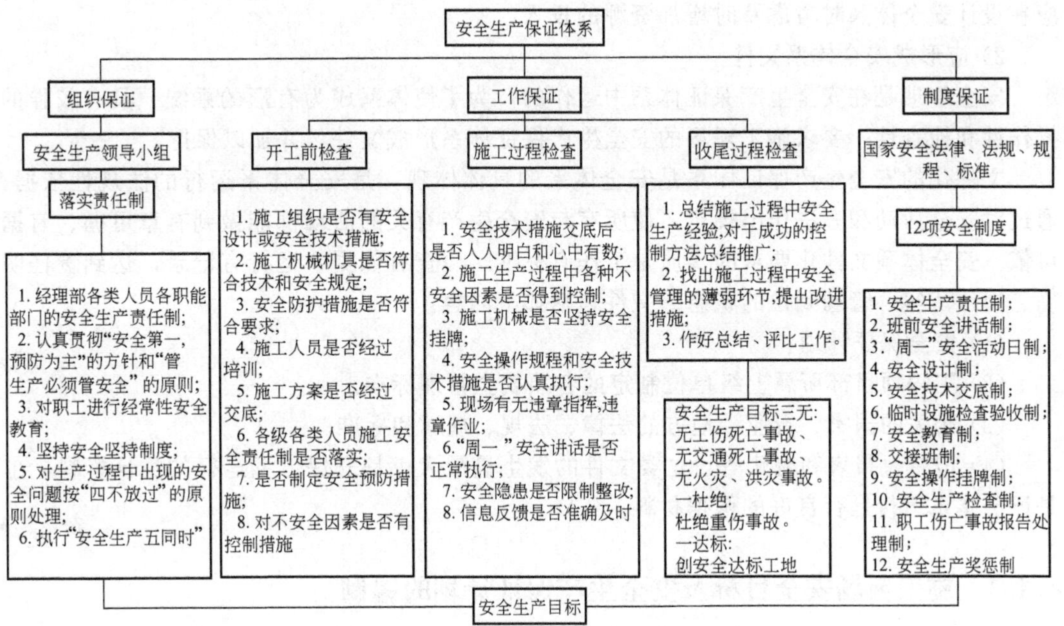

图 4.1　安全生产保证体系

4.1.2　施工现场安全生产保证体系的建立

每项安全体系要求都是构成施工现场安全生产保证体系的基本单元，对应一个逻辑上独立的安全活动过程，存在于职能中，又跨越职能，也就是安全体系要求既是独立存在，又是相互关联的，因此在应用时，要做好要求间的相互协调。

项目经理部应建立和实施施工现场安全生产保证体系，并不断改进其有效性。施工现场安全生产保证体系应围绕实现项目安全目标和持续改进安全管理活动及其业绩，按照策划(P)、实施(D)、检查(C)、改进(A)的循环模式运行。

安全生产保证体系有两条原则，即安全生产保证体系的建立应结合建筑特点和工程项目的具体情况，并覆盖标准要求；安全生产保证体系须文件化。

1）应结合建筑企业和工程项目施工生产管理现状及特点，并适合标准要求

在建立安全生产保证体系时应考虑以下因素。

(1) 工程项目规模的大小。根据工程规模来确定组织结构形式。大工程管理机构应齐全，分工可细化；小工程管理机构宜简洁，可一人多岗。

(2) 工程项目的复杂程度。根据工程复杂程度来确定体系文件的繁简。对工程复杂、技术含量高、危险性大的工程项目，在制定文件化体系时，应要求有详尽的以独立形式体现的安全保证计划，必要时还要制定有针对性的作业指导书等；而工程简单、技术含量低，危险性小的工程项目，其安全保证计划可在施工组织设计中独立、完整体现即可。

(3) 工程项目工期的长短。工程工期的长短一般与工程的规模大小和复杂程度相对应，在这种情况下，根据工程工期长短来考虑管理机构的繁简、体系文件的繁简。当工程的工期长短与工程规模大小和复杂程度不对应，如工期短且工程复杂、危险性又大时，则应在设计安全体系时考虑及时增加资源的投入。

2）应形成安全体系文件

安全管理是在安全生产保证体系中运作的，为了使体系成为有形的系统、具有较强的操作性和检查性，要求施工现场的安全生产保证体系形成文件，并加以保持。

文件化的安全生产保证体系是安全体系的具体体现，是安全体系运行的法规性依据，通过对安全活动和方法作出规定，使所有与安全生产有关的活动都能做到有章可循、有据可依。安全体系文件化要求的实质是工作有标准、检查有依据、运行有记录，达到责任明确、岗位落实、管理到位的状态。文件包括如下内容。

(1) 安全保证计划。

(2) 工程项目部所属上级单位制定的各项安全管理标准。

(3) 相关的国家、行业、地方的法律、法规、规章和标准。

(4) 记录、报表和台账等。这类文件的发生量最大，是安保体系运行的见证资料，也是评价体系运行是否良好的依据材料。

4.1.3 施工现场安全目标及安全生产保证计划的编制

1. 安全目标

项目经理部必须制定安全目标，并形成文件。安全目标应符合如下要求。

① 与所在建筑企业的安全方针、安全目标协调一致。

② 包括安全指标、管理达标的要求。

③ 可测量考核。

项目经理部在制定安全目标时，应综合考虑下述各因素。

① 项目自身的危险源与环境因素识别和评价结果。

② 适用法律法规、标准规范和其他要求识别结果。

③ 可供选择的技术方案。

④ 经营和管理上的要求。

⑤ 相关方的要求和意见。

2. 安全生产保证计划

安全生产保证计划可以包括下列内容。

(1) 工程概况。

(2) 工程项目安全管理目标。

(3) 工程项目部安全管理组织结构。

(4) 安全保证体系要素与安全管理职能分配(表 4-1)。

(5) 工程项目部各级人员的安全生产岗位责任制。

(6) 标准各要素在本项目中如何贯彻执行和安排，针对性地确定控制和检查手段，配备必要的设施、装备和人员技能。

(7) 确定整个施工过程中应执行哪些文件、规范，应补充哪些安全管理(操作)规定。

(8) 选择施工各阶段针对性安全技术交底文本，需补充哪些特殊的安全技术交底内容。

(9) 确定如何记录、由谁记录各种安全活动。

(10) 安全保证计划的管理要求，如编审、收发、变更的处理程序等。

(11) 专业性强、危险性大的分项工程安全技术方案。

3. 管理要求

施工现场安全生产保证计划应与施工组织设计同步策划，形式上可单独编制，也可在施工组织设计中体现，实施前应经上级机构审核确认并形成记录，以确保以下几项内容。

(1) 安全生产职责、权限和相互关系明确、适宜。

(2) 覆盖安全保证体系的全部要求，与重大危险源和重大环境因素有关活动的安全程序、规章制度、施工组织设计、专项施工方案、专项安全措施、作业指导书切实可行。

(3) 与施工现场安全生产保证计划不一致的问题得到解决。

(4) 项目经理部有能力满足要求。

(5) 查询相关文件的途径清楚。

针对工程设计、施工条件的变化，对施工现场安全生产保证计划及时进行评审，必要时进行修订，并送上级机构备案。

4.1.4 安全生产保证计划的运行

1. 安全生产保证体系资源

为使工程项目部能正常有效地实施安全管理，应确定并充分而必要的资源，满足施工现场安全管理对人员、设施、设备、资金、技术和方法等方面的需求。通常包括，但不限于以下情况。

(1) 配备与安全要求相适应并经培训考核持证的管理、执行和检查人员持证上岗，先培训后上岗。

(2) 施工安全技术及防护设施采用先进、可靠的施工安全技术和作业过程中的各类安全防护措施。

(3) 用电和消防设施配置临时安全用电技术及防触电措施、消防器材及设施应按规定的要求配置。

(4) 施工机械。

(5) 必要的安全检测工具。

(6) 安全技术措施的经费。

以上各项资源配备都应满足相关的安全法律、法规、规章和标准的基本要求。

2. 安全保证体系(图 4.2)

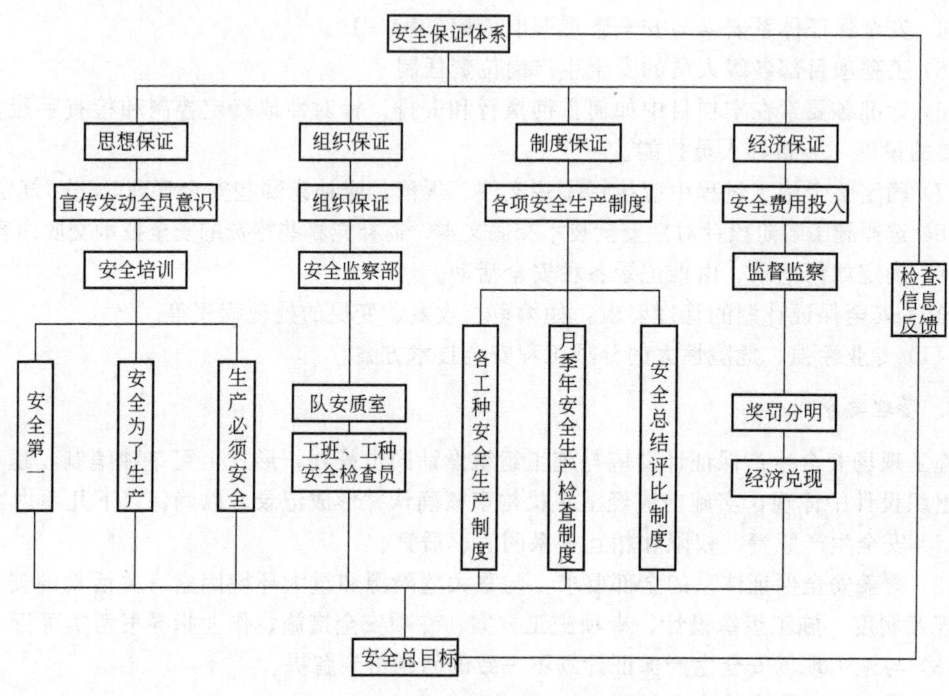

图 4.2 安全保证体系

4.2 安全生产保证计划

4.2.1 安全生产保证计划概述

1. 安全生产保证计划的定义

安全生产保证计划是依据施工现场安保体系的要求，围绕项目经理部的安全目标，经过安全策划、规定采取控制措施、资源和活动顺序的文件。安全生产保证计划不仅是描述对施工过程的安全控制，同时也是向相关方证实项目经理部的安全保证能力。安全生产保证计划是将施工全过程的安全管理的特定要求与本企业现有的安全管理通用程序和行业、政府现行安全法律法规及标准联系在一起的方法。

2. 安全生产保证计划的作用和管理要求

安全生产保证计划的作用：规划安全生产目标，确定过程控制要求，制定安全技术措施，配置必要资源，确保安全保证目标实现。

项目经理部应根据项目施工安全目标的要求配置必要的资源，确保施工安全，保证目标实现。专业性较强的施工项目，应编制专项安全施工组织设计并采取安全技术措施。项目安全保证计划应在项目开工前编制，经项目经理批准后实施。当工程设计或者施工条件发生变化的时候，往往会引起危险源和不利环境因素的变化，工程项目经理部应对这些变化可能涉及的危险源和不利环境因素进行补充识别、评价，对原计划是否需要修订作出评审，必要时进行修订，以保证安全生产保证计划的持续适宜性。经修订后的安全生产保证计划，应重新进行确认。

3. 项目安全保证计划的内容

项目安全保证计划的内容包括：工程概况，控制程序，控制目标，组织结构，职责权限，规章制度，资源配置，安全措施，检查评价，奖惩制度。

4.2.2 施工现场安全生产目标管理

1. 制定安全管理目标

工程项目部的安全管理目标和安全体系必须覆盖分包方的安全管理目标和安全体系要求；这种对分包方的要求符合建筑法关于“施工现场安全由建筑施工企业负责。实行施工总承包的，由总承包单位负责。分包单位向总承包单位负责，服从总承包单位对施工现场的安全生产管理”的精神。

(1) 工程项目的安全管理目标，应由工程项目部制定，形成文件，并由该项目安全生产的第一责任人——项目经理批准并跟踪执行情况。

(2) 安全管理目标是工程项目部安全管理的努力方向，应体现“安全第一、预防为主、综合治理”的方针，是项目管理目标的重要组成部分，并与企业的总目标相一致。

(3) 安全管理目标通常应包括，但不限于以下情况。

① 杜绝重大伤亡、设备、管线、火灾事故。

② 安全标准化工地创建目标。

③ 文明工地创建目标。

④ 遵循安全生产和文明施工方面有关法律、法规和规章以及对业主和社会要求的承诺。

⑤ 其他需满足的目标。

(4) 安全管理目标自上而下层层分解，明确到各部门、各岗位，确保使施工现场每个员工正确理解并明确目标要求，自觉关心安全生产、文明施工，做好本部门、本岗位的工作，以确保工程项目部安全管理目标落到实处。

2. 建立健全安全管理组织

工程项目部的安全管理组织的建立应符合安全生产保证体系及上级主管部门和相关法律、法规和规章的要求，并适合工程项目的实际状况。

1）安全组织机构

可在原有的管理机构中明确安全职能所在部门（或岗位），也可按工程规模和状况要求，增设专门的安全组织机构，有条件的可设置安全工程师岗位，安全组织机构设置的原则是精简，符合实际且有效。

2）规定职责和权限

对与安全有关的管理、执行和检查、监督部门及人员，应明确其职责、权限和相互关系。

安全职能是施工现场客观存在的涉及安全方面的管理职能，工程项目部各有关职能部门和岗位（包括管理和操作岗位）都直接或间接地参与施工过程中的相应安全活动，为了确保安全管理目标的实现，要求其按规定履行各自的管理职能，提供全部证据。建立有效运行的安全生产保证体系的核心内容就是全面落实安全职能。

4.3 安全施工方案

《建设工程安全生产管理条例》第二十六条规定，施工单位应当在施工组织设计中编制安全技术措施和施工现场临时用电方案，对达到一定规模的危险性较大的分部分项工程编制专项施工方案，并附具安全验算结果，经施工单位技术负责人、总监理工程师签字后实施，由专职安全生产管理人员进行现场监督。2009 年 5 月 13 日中华人民共和国住房和城乡建设部据此制定并颁发了《危险性较大的分部分项工程安全管理办法》（建质［2009］87 号）。危险性较大的分部分项工程是指建设工程在施工过程中存在的、可能导致作业人员群死群伤或者造成重大不良社会影响的分部分项工程。

项目经理部应根据工程特点、施工方法、施工程序、安全法则和标准的要求，采取可靠的技术措施，消除安全隐患，保证施工安全。对结构复杂、施工难度大、专业性强的项目，除制定项目安全技术总体安全保证计划外，还必须制定单位工程或分部分项工程的安全施工措施。对危险性大的专业性强的施工作业和特殊工种的作业，应制定单项安全技术方案和措施，并应对管理人员和操作人员的安全作业资格和身体状况进行合格审查。操作人员的身体状况必须与安全作业要求相适应。

4.3.1 安全专项方案的内容及危险性较大的分部分项工程范围

1. 安全专项方案的内容

（1）工程概况：危险性较大的分部分项工程概况、施工平面布置、施工要求和技术保证条件。

（2）编制依据：相关法律、法规、规范性文件、标准、规范及图纸（国标图集）、施工组织设计等。

（3）施工计划：施工进度计划、材料与设备计划。

（4）施工工艺技术：技术参数、工艺流程、施工方法、检查验收等。

（5）施工安全保证措施：组织保障、技术措施、应急预案、监测监控等。

（6）劳动力计划：专职安全生产管理人员、特种作业人员等。

（7）计算书及相关图纸。

2. 危险性较大的分部分项工程的范围

1) 基坑支护、降水工程

开挖深度超过3m(含3m)或者虽未超过3m但地质条件和周边环境复杂的基坑(槽)支护、降水工程。

2) 土方开挖工程

开挖深度超过3m(含3m)的基坑(槽)的土方开挖工程。

3) 模板工程及支撑体系

(1) 各类工具式模板工程：大模板、滑模、爬模、飞模等工程。

(2) 混凝土模板支撑工程：搭设高度5m及以上；搭设跨度10m及以上；施工总荷载10kN/m^{2}及以上；集中线荷载15kN/m及以上；高度大于支撑水平投影宽度且相对独立无联系构件的混凝土模板支撑工程。

(3) 承重支撑体系：用于钢结构安装等满堂支撑体系。

4) 起重吊装及安装拆卸工程

采用非常规起重设备、方法，且单件起吊重量在10kN及以上的起重吊装工程。采用起重机械进行安装的工程。起重机械设备自身的安装、拆卸。

5) 脚手架工程

搭设高度24m及以上的落地式钢管脚手架工程。附着式整体和分片提升脚手架工程。悬挑式脚手架工程。吊篮脚手架工程。自制卸料平台、移动操作平台工程。新型及异型脚手架工程。

6) 拆除、爆破工程

建筑物、构筑物拆除工程；采用爆破拆除的工程。

7) 其他

建筑幕墙安装工程；钢结构、网架和索膜结构安装工程；人工挖孔桩工程；地下暗挖、顶管及水下作业工程；预应力工程；采用新技术、新工艺、新材料、新设备及尚无相关技术标准的危险性较大的分部分项工程。

3. 住房和城乡建设部规定的超过一定规模的危险性较大的分部分项工程

1) 深基坑工程

(1) 开挖深度超过5m(含5m)的基坑(槽)的土方开挖、支护、降水工程。

(2) 开挖深度虽未超过5m，但地质条件、周围环境和地下管线复杂，或者影响毗邻建筑(构筑)物安全的基坑(槽)的土方开挖、支护、降水工程。

2) 模板工程及支撑体系。

(1) 工具式模板工程：滑模、爬模、飞模工程。

(2) 混凝土模板支撑工程：搭设高度8m及以上；搭设跨度18m及以上；施工总荷载15kN/m^{2}及以上；集中线荷载20kN/m及以上。

(3) 承重支撑体系：用于钢结构安装等满堂支撑体系，承受单点集中荷载700kg以上。

3) 起重吊装及安装拆卸工程

采用非常规起重设备、方法，且单件起吊重量在100kN及以上的起重吊装工程；起重量300kN及以上的起重设备安装工程；高度200m及以上内爬起重设备的拆除工程。

4）脚手架工程

搭设高度50m及以上落地式钢管脚手架工程；提升高度150m及以上附着式整体和分片提升脚手架工程；架体高度20m及以上悬挑式脚手架工程。

5）拆除、爆破工程

（1）采用爆破拆除的工程。

（2）码头、桥梁、高架、烟囱、水塔或者拆除中容易引起有毒有害气（液）体或者粉尘扩散、易燃易爆事故发生的特殊建、构筑物的拆除工程。

（3）可能影响行人、交通、电力设施、通信设施或者其他建、构筑物安全的拆除工程。

（4）文物保护建筑、优秀历史建筑或者历史文化风貌区控制范围的拆除工程。

6）其他

（1）施工高度50m及以上的建筑幕墙安装工程。

（2）跨度大于36m及以上的钢结构安装工程。

（3）跨度大于60m及以上的网架和索膜结构安装工程。

（4）开挖深度超过16m的人工挖孔桩工程。

（5）地下暗挖工程、顶管工程、水下作业工程。

（6）采用新技术、新工艺、新材料、新设备及尚无相关技术标准的危险性较大的分部分项工程。

4.3.2 危险性较大的分部分项工程的安全管理提出的管理要求

（1）建设单位在申请领取施工许可证或者办理安全监督手续时，应当提供危险性较大的分部分项工程清单和安全管理措施。施工单位、监理单位应当建立危险性较大的分部分项工程安全管理制度。

（2）施工单位应当在危险性较大的分部分项工程施工前编制专项方案；对于超过一定规模的危险性较大的分部分项工程，施工单位应当组织专家对专项方案进行论证。

（3）建筑工程实行施工总承包的，专项方案应当由施工总承包单位组织编制。其中，起重机械安装拆卸工程、深基坑工程、附着式升降脚手架等专业工程实行分包的，其专项方案可由专业承包单位组织编制。

（4）专项方案应当由施工单位技术部门组织本单位施工技术、安全、质量等部门的专业技术人员进行审核。经审核合格的，由施工单位技术负责人签字。实行施工总承包的，专项方案应当由总承包单位技术负责人及相关专业承包单位技术负责人签字。

（5）不需专家论证的专项方案，经施工单位审核合格后报监理单位，由项目总监理工程师审核签字。

（6）超过一定规模的危险性较大的分部分项工程专项方案应当由施工单位组织召开专家论证会。实行施工总承包的，由施工总承包单位组织召开专家论证会。

（7）专家组成员应当由五名及以上符合相关专业要求的专家组成。各地住房和城乡建设主管部门应当根据本地区实际情况，制定专家资格审查办法和管理制度并建立专家诚信档案，及时更新专家库。本项目参建各方的人员不得以专家身份参加专家论证会。

（8）专项方案经论证后，专家组应当提交论证报告，对论证的内容提出明确的意见，并在论证报告上签字。该报告作为专项方案修改完善的指导意见。

(9) 施工单位应当根据论证报告修改完善专项方案，并经施工单位技术负责人、项目总监理工程师、建设单位项目负责人签字后，方可组织实施。实行施工总承包的，应当由施工总承包单位、相关专业承包单位技术负责人签字。

(10) 专项方案经论证后需做重大修改的，施工单位应当按照论证报告修改，并重新组织专家进行论证。

(11) 施工单位应当严格按照专项方案组织施工，不得擅自修改、调整专项方案。如因设计、结构、外部环境等因素发生变化确需修改的，修改后的专项方案应当按本办法第八条重新审核。对于超过一定规模的危险性较大工程的专项方案，施工单位应当重新组织专家进行论证。

(12) 专项方案实施前，编制人员或者项目技术负责人应当向现场管理人员和作业人员进行安全技术交底。

(13) 施工单位应当指定专人对专项方案实施情况进行现场监督和按规定进行监测。发现不按照专项方案施工的，应当要求其立即整改；发现有危及人身安全紧急情况的，应当立即组织作业人员撤离危险区域。施工单位技术负责人应当定期巡查专项方案实施情况。

(14) 对于按规定需要验收的危险性较大的分部分项工程，施工单位、监理单位应当组织有关人员进行验收。验收合格的，经施工单位项目技术负责人及项目总监理工程师签字后，方可进入下一道工序。

4.4 安全保证措施

4.4.1 安全标志管理

正确使用安全警示标志是施工现场安全管理的重要内容。

安全标志是指在操作人员容易产生错误而造成事故的场所，为了确保安全，提醒操作人员注意所采用的一种特殊标志。目的是引起人们对不安全因素的注意，预防事故的发生。但安全标志不能代替安全操作规程和保护措施。根据国家有关标准，安全标志应由安全色、几何图形和图形符号构成。

国家规定的安全色有红、蓝、黄、绿四种颜色，其含义：红色表示禁止，停止(也表示防火)；蓝色表示指令或必须遵守的规定；黄色表示警告、注意；绿色表示提示、安全状态、通行。

安全标志根据使用目的，可以分为九种：①防火标志(有发生火危险的场所，有易燃、易爆危险的物质及位置，防火、灭火设备位置)；②禁止标志(所禁止的危险行动)；③危险标志(有直接危险性的物体和场所并对危险状态作警告)；④注意标志(由于不安全行为或不注意就有危险的场所)；⑤救护标志；⑥小心标志；⑦放射性标志；⑧方向标志；⑨指导标志。

施工单位应当建立施工现场正确使用安全警示标志和安全色的相应规定，对使用部位、内容作具体要求，明确相应管理要求、职责和权限，确定监督检查的方法，形成文件并组织实施。

企业应当对施工现场的平面布置和有较大危险因素的场所及相关设施、设备确定安全警示标志的统一规定。安全防护措施和警示、警告标识应符合安全色与安全标志规定的要求。

企业负责人应对安全标志进行检查。该项检查是对所设安全标志同作业现场条件和状态是否相适应的一种检查。

4.4.2 安全技术交底

安全技术交底是安全技术措施实施的重要环节，施工企业应该对安全技术交底做出明确规定和制定相关制度，形成有效的监督机制。在安全生产条件评价和审核中，没有安全技术交底的相关规定和制度文件，企业的安全生产条件将被评为不合格。安全技术交底是一项技术性工作，属于企业技术管理的范畴，应以企业的技术部门为主，生产安全部门参与进行。

安全技术交底应包括各级、各层次的安全技术交底。

(1) 专项施工项目及企业内部规定的重点施工工程开工前，企业的技术负责人应向参加施工的施工管理人员进行安全技术交底。

(2) 各分部分项工程、关键工序和专项方案实施前，项目技术负责人应当会同方案编制人员就方案的实施向施工管理人员进行技术交底，并提出方案中所涉及的设施安装和验收的方法和标准。项目技术负责人和方案编制人员必须参与方案实施的验收和检查。

(3) 总承包单位向分包单位，分包单位工程项目的安全技术人员向作业班组进行安全技术措施交底。

(4) 施工管理人员及各条线管理员应对新进场的工人实施作业人员工种交底。

(5) 作业班组应对作业人员进行班前交底。

交底应细致全面、讲究实效，不能流于形式。检查时应查看记录，从记录上看，未落实各级安全技术交底的，将在安全评价和审核中扣除一定的分数，如果多处发现问题，在安全生产评价和审核中，企业的安全生产条件将被评为不合格。

企业安全人员受企业安全机构的委派参与安全技术交底，在工程实施中按交底的内容和技术标准、规范、内部规章制度实施安全管理。

安全技术交底必须有书面交底记录。交底双方应履行签名手续，各保留一套交底文件。书面交底记录应在技术、施工、安全三方备案。

4.4.3 安全检查验收

从 1986 年起，建设部加强了建筑安全的技术立法工作，相继组织编写了一系列建筑安全技术标准规范，其中包括《建筑施工安全检查评分标准》(1999 年 5 月 1 日修订更名为《建筑施工安全检查标准》)、《高处作业安全技术规范》、《龙门架、井子架物料提升机安全生产技术规范》等标准、规范，逐步形成了建筑安全生产管理的技术法规体系。20 世纪 90 年代初，建设部还加大了安全生产监督管理力度，并在全国开展了安全达标、创建文明工地及安全生产月等活动，在安全管理中推进。同时，随着科技进步，建筑安全生产管理开始步入信息化管理阶段。

1. 安全生产检查概述

安全生产检查是落实安全生产管理的重要内容，必须将安全生产检查作为企业的一项重要制度落实下来。

(1) 建筑施工企业以及所属的分公司(或区域公司)、项目部均应建立安全生产管理机构，根据本单位或本部门的管理职责和特点制定和建立本单位或本部门的安全生产检查制度，安全生产检查制度应相互关联，但不得照搬照抄或互相替代。

(2) 企业应配备相应数量的专职安全生产管理人员，建立安全生产管理网络，确定安全生产检查责任制度，并建立安全生产检查工作的考核机制，有关考核部门应定期对安全生产的执行情况进行检查考核和评价。

(3) 负有安全生产检查职责的部门和人员应根据施工过程的特点和安全目标的要求，确定安全检查内容，对施工中存在的不安全行为和隐患，应分析原因并制定相应整改防范措施。

(4) 安全生产检查应配备必要的设备或器具，可采取定期检查、随机抽样、现场观察、实地检测相结合的方法，并记录检测结果。安全生产检查时，对现场管理人员的违章指挥和操作人员的违章作业行为应进行纠正。

(5) 安全生产检查人员应对检查结果进行分析，找出安全隐患部位，确定危险程度，并保留检查记录及其数据，对检查结果负责。

(6) 安全生产检查完毕应编写安全检查报告。

(7) 对检查出的问题和整改要求，进行跟踪检查，督促及时纠正和整改。

2. 安全生产检查的作用

安全与生产是同时存在的，危及生产人员的不安全因素也是同时存在的，事故的原因是复杂和多方面的。因此，必须通过安全生产检查对施工生产中的不安全因素进行预测、预报和预防，以便及时消除危险。

安全生产检查目的是指预知危险和消除危险，通过检查告诉生产管理人员和作业人员怎样去识别和防范事故的发生。安全生产检查内容主要是查思想、查制度、查机械设备、查安全设施、查安全教育培训、查操作行为、查劳保用品使用、查伤亡事故的处理等。

3. 安全生产检查的目的

(1) 发现施工生产中的人的不安全行为和物的不安全状态，从而采取对策，消除不安全因素，保障安全生产。

(2) 进一步宣传、贯彻、落实国家的安全生产方针、政策和企业的各项管理制度。

(3) 深入开展全员性的安全教育培训，不断增强领导和全体员工的安全生产意识，纠正违章指挥、违章作业，不断提高安全生产的自觉性和责任感。

(4) 互相学习、总结经验、吸取教训、取长补短，进一步促进安全生产工作。

(5) 了解和掌握安全生产状态，为分析安全生产形势，强化安全生产管理提供信息和依据。

4. 安全生产检查的目标

(1) 预防伤亡事故，把伤亡事故的频率和经济损失降到最低程度，以及国际同行认可的范围。

(2) 通过安全生产检查不断改善生产条件、作业环境和卫生与生活设施，建立企业安全文化氛围，促进生产人员的身心健康，创建平安、文明的工地。

5．安全生产检查的方式

(1) 企业或项目部定期组织的安全检查。

(2) 各级管理人员的日常巡回检查、专业安全检查。

(3) 季节性和节假日安全检查。

(4) 班组自我检查、交接检查。

(5) 上级主管部门临时抽查。

6．安全生产检查的方法

(1) 看：主要查看管理记录、持证上岗、现场标示、交接验收资料、“三宝”(安全帽、安全带、安全网)使用情况、“洞口”、“临边”防护情况、设备防护装置等。

(2) 量：主要是用尺子进行实测实量。例如，脚手架各种杆件间距、塔吊导轨距离、电器开关箱安装高度、在建工程邻近高压线距离等。

(3) 测：用仪器、仪表实地进行测量。例如，用水平仪测量导轨纵、横向倾斜度，用地阻仪遥测地阻等。

(4) 现场操作：由司机对各种限位装置进行实际动作，检验其灵敏度。例如，塔吊的力矩限制器、行走限位、龙门架的超高限位装置、翻斗车制动装置等。总之，能测量的数据或操作试验，不能用目测、步量或“差不多”等来代替，要尽量采用定量方法检查。

7．安全生产检查的要求

(1) 各种安全生产检查都应根据检查要求配备足够的资源，应明确检查负责人，选调专业人员，并明确分工、检查内容、标准等要求。

(2) 每种安全生产检查都应有明确的检查目的、检查项目、内容及标准。特殊过程、关键部位应重点检查。检查时应尽量采用检测工具，用数据说话。要检查现场管理人员和操作人员是否有违章指挥和违章作业的行为，还应进行应知应会的抽查，以便了解管理人员及操作人员的安全素质。

(3) 检查记录是安全评价的依据，要做到认真详细，真实可靠，特别是对隐患的检查记录要具体，包括隐患的部位、危险程度及处理意见等。采用安全检查评分表的，应记录每项扣分的原因。

(4) 对安全生产检查记录要用定性定量的方法，认真进行系统分析，做出安全评价。例如，哪些方面需要进行改进的，哪些问题需要进行整改的，受检部门或班组应根据安全检查评价及时制定改进的对策和措施。

(5) 整改是安全生产检查工作的重要组成部分，也是检查结果的归宿，但往往也是易被忽略的地方。安全生产检查是否完毕，应根据整改是否到位来决定。不能检查完毕，发一张整改通知书就算了事，而应对整改的执行情况进行跟踪检查并予以落实。

8．安全生产检查的验收

应建立施工安全检查验收制度，必须坚持“验收合格才能使用”的原则。

施工安全检查验收范围如下。

(1) 各类脚手架、井子架、龙门架和堆料架。

(2) 临时设施及沟槽支撑与支护。

(3) 支搭好的水平安全网和立网。

(4) 临时电器工程设施。

(5) 各种起重机械、路基轨道、施工电梯及中小型机械设备。

(6) 安全帽、安全带和护目镜、防护面罩、绝缘手套、绝缘鞋等个人防护用品。

9. 安全生产检查的隐患处理

(1) 对检查中发现的隐患应及时进行登记，不仅作为整改的备查依据，而且是提供安全动态分析的重要信息渠道。

(2) 对安全检查中查出的隐患，应及时发出隐患整改通知单。对凡存在即发性事故危险的隐患，检查人员应责令停工，被查部门和班组应立即进行整改。

(3) 对于违章指挥、违章作业行为，检查人员应当场指出，立即进行纠正。

(4) 被查部门和班组负责人对查出的隐患，应立即研究制定整改方案。按照“三定”(即定人、定期限、定措施)，限期完成整改，并按照“四不放过”原则处置。

(5) 整改完成要及时通知有关部门派员进行复查验证，经复查整改合格后，即可销案。

(6) 整改过程必须有记录，并存入安全生产检查记录中。

4.4.4 安全文化与宣传

安全文化是安全生产管理理论发展的一个新的理念，它必将促进安全生产管理登上一个崭新台阶。从事安全生产管理人员应当学习了解安全文化。本节简要介绍安全文化和企业的安全文化。

1. 安全文化概述

文化是人类在生存、繁衍、发展和社会历史的实践过程中所创造的物质财富和精神财富的总和。它是人类在生活、生产、生存的实践活动中创造的各种形态的事物所组成的有机复合体，标志着一定社会区域的物质文明和精神文明的发展水平、人们的价值观念和规范、特定的组织结构和生活方式。

安全文化是人类文化的组成部分，把安全文化的内容引入不同的领域，继承和创造保障人民的身心安全(含健康)并使其能舒适、高效活动的物质和精神形态的东西，均可称为某领域的安全文化，如企业安全文化、安全管理文化等。

1992 年，国际核安全咨询组织的《安全文化》小册子被译成中文到现在已 20 年，在理论研究方面取得了一些可喜的成果。对安全文化的定义出现了广义说和狭义说；在建设方面，出现了具备社会主义市场经济条件下的企业安全文化模式；在传播方面，出现了全民安全文化。在安全文化的器物层次、制度层次、精神智能层次和价值规范层次，都取得了新理论和新成果。

2. 安全文化定义

与文化范畴一样，由于人们的认识和应用范围不同，安全文化也有不同的定义。综合我国在安全文化理论研究的成果，可归纳出四种安全文化定义。

[定义 1]：1988 年，国际核安全咨询组织提出了安全文化(Safety Culture)这一术语。在 1991 年，INSAG-4 报告即《安全文化》小册子中给出的安全文化定义为：“安全文化是

存在于单位和个人中的种种素质和态度的总和，它建立一种超出一切之上的观念，即核电厂的安全问题，由于它的重要性要保证得到应有的重视。”这个安全文化的定义表明，安全既是有关人的态度问题又是组织问题，既是单位的问题又是个人的问题。建立一种超出一切之上的概念，即安全第一的概念，是安全生产的根本保障，特别是核电厂的安全运转需要，必须保证安全第一。

[定义 2]：英国保健安全委员会核设施安全咨询委员会(HSCASNI)人因组织提出了修正定义：“一个单位的安全文化是个人和集体的价值观、态度、能力和行为方式的综合产物，它决定于保健安全管理上的承诺、工作作风和精通程度。具有良好安全文化的单位有如下特征：相互信任基础上的信息交流，共享安全是重要的想法，对预防措施效能的信任。”

[定义 3]：我国学者在分析了企业各层次人员的本质安全素质结构的基础上，提出了安全文化定义：安全文化是安全价值观和安全行为准则的总和。安全价值观是指安全文化的里层结构，安全行为准则是指安全文化的表层结构。并指出我国安全文化产生的背景具有现代工业社会生活的特点、现代工业生产的特点和企业现代管理的特点。

[定义 4]：《中国安全文化建设系列丛书》给出的安全文化定义为：人类生存、繁衍和发展的历程中，在其从事生产、生活乃至实践的一切领域内，为保障人类身心安全(含健康)并使其能安全、舒适、高效地从事一切活动，预防、避免、控制和消除意外事故和灾害(自然的、人为的)；为建立起安全、可靠、和谐、协调的环境和匹配运行的安全体系，为使人类变得更加安全、康乐、长寿，使世界变得友爱、和平、繁荣而创造的安全物质财富和安全精神财富的总和。

分析以上几种安全文化的定义，可看出如下相同点：①安全是一种超出一切之上的观念，强调各层次人员的本质安全素质和结构，因此都具有“安全第一”的哲学思想；②安全文化是存在于单位和个人的，是一个综合性系统工程；③安全文化是以具体的形式、制度和实体表现出来的，并可分不同的层次；④安全文化具有社会文化的属性和特点，是社会文化的组成部分，属于文化的范畴；⑤安全文化把企业要实现的生产价值和实现人的价值统一起来，以保护人的安全与健康为目的，实现安全价值观和安全行为准则的统一。

前两个定义是指一种企业安全文化，后两个定义既包括企业安全，又包括社会基础性文化，指出安全文化建设包括全民安全文化建设和企业安全文化建设两个层次，因此，后两个定义是指全民安全文化。

安全文化是文化的一个组成部分，与文化一样具有精神性、群众性、环境制约性、动力支配性、连续性、广泛性等各种属性。我国安全文化各种属性的特点体现在：①加强精神文明建设，具有“安全第一”的哲学思想；②开展群众性的安全宣传教育活动，普及安全知识；③创造良好的安全生产、生活环境，充分发挥主人公精神；④逐步建立、健全各级安全管理体制，强化安全管理，加强安全监察；⑤逐渐健全各项安全标准、法规和规章制度，加强安全法制管理；⑥进行安全科学技术研究，发挥“科学技术是第一生产力”在安全文化建设中的作用；⑦逐步健全专业化和全民的安全教育体系，提高全民的本质安全素质；研究社会主义市场经济与安全文化的关系，建立全民安全文化模式。

3. 安全文化的现状

“安全生产周”活动主题鲜明，安全文化普及有声有色。1991 年开始的一年一度“安全生产周”活动，主题鲜明，目的明确，得到全国各地、各有关部门的积极支持和热烈响应，广泛深入地开展了安全宣传教育活动，使全民的本质安全素质得到普遍提高。

安全技术学科初具规模，全民安全教育体系正在形成。目前已经形成了以国家经贸委科学研究中心为主的安全科学研究机构网络。全国安全、劳动卫生和职业病防治研究机构近300家，专业科研队伍超过3万人，各省、直辖市、自治区都有专门的安全研究机构。1996年12月25日在北京成立了"安全工程专业教育指导委员会"，标志着安全专业教育体系的形成。安全科学技术已享有一级学科地位，安全工程专业的中、高级技术职称评审也已开始。

安全制度体系已经形成，乡镇、集体、个体和三资企业安全制度建设是薄弱环节。目前，我国已经形成了以国家经贸委为核心，在各级政府领导下的安全生产监督管理体系，并制定了大量的、针对国情的安全生产法规、标准及各项规章制度。一个安全法规标准的理论研究、制定、发布、执行监督的安全制度体系已经形成。乡镇、集体和个体所有制企业、三资企业生产地点分散，管理部门不一，职工素质低等特点，成为安全制度体系建设的薄弱环节。

安全精神文明建设已经起步，安全价值观念基本普及，全民安全文化素质有待提高。"安全第一"的哲学思想已经被社会的大多数人接受；安全经济学、安全价值观念逐步得到普及，并用于指导人们的生产和生活；在社会、企业，诸如注意防火，"一人安全、全家幸福"，安全就是效益，珍惜生命等公益广告到处可见；"安全生产周"活动已成为搞好安全、提高全民本质安全素质的重要活动；安全产业正在起步，安全保健用品和用具种类繁多；从家庭、幼儿园、小学到社会，都十分重视未成年人的安全教育；随着生活水平的提高，安全健康逐渐成为人们的第一追求；安全文艺作品开始走进人们的生产和生活。

4. 企业安全文化

企业安全文化是全民安全文化的一个分支，企业安全文化先于全民安全文化的发展。在核电工业、铁路系统、石化系统、煤炭系统、冶金系统等，已经具有了独特的企业安全文化模式。目前，我国企业安全文化的现状：企业安全文化的理论研究和实践活动有一定成果；部分行业或企业的企业安全文化模式已经形成，并取得了一定的经验；全国范围的有组织的系统企业安全文化建设刚刚起步。

企业安全文化是企业物质安全文化和精神安全文化的总称。物质安全文化就是在劳动保护、安全生产方面所要配置的防护用具、设备及设施，防护用品，保健产品，防护、预警、报警装置和仪器等，也称企业安全文化的"硬件"。它是企业安全文化的外在形式和浅层结构，是为企业安全文化的深层结构服务的。精神安全文化是指企业全体职工的安全认识、安全思维、安全价值观、安全道德规范和行为标准等，又称企业安全文化的"软件"，是企业安全文化的内在本质和深层结构。

一切事物都具有共性和个性两个方面，企业安全文化也不例外。企业安全文化的共性主要有：坚决树立安全生产第一的思想；企业安全目标管理；完善各项规章制度；提高职工安全技术水平。企业安全文化的个性主要有：企业安全生产特点；企业领导者的安全素质不同；企业职工安全操作规范不同。

广东大亚湾核电站的安全文化建设是企业安全文化建设成功的例证，其内容包括：①根据国际原子能机构的文件精神和电站建设过程中的安全工作实践经验，总结核电安全的评价条件；②施行各级部门及个人对核安全的承诺；③开展以核完善教育为中心的、与培训相结合的核安全文化教育活动；④施行安全指标定量、定期管理，设备跟踪管理，事件处理和经验反馈，在生产中贯彻核安全文化；⑤建立规程体系，核电站安全和可用率的所有活动必须根据可用的书面规程、指令和图纸进行；⑥建立内部质量保证体系，施行质量保证制度。

通过几年企业安全文化建设的实践，可归纳出10种企业安全文化模式，即企业安全文化形象模式，企业安全文化精神模式，安全生产标兵企业或精神激励模式，企业安全效益型文化模式，企业安全科学技术型文化模式，企业安全文化宣传教育模式，企业安全文化文明道德模式，企业安全行为模式，企业全员安全活动模式和企业安全管理模式。

4.4.5 安全教育培训

1. 安全培训的必要性

企业员工培训是指在完成职业培训后，在实际工作中的岗位培训。培训的最终目的是使员工的素质得以提高，生产效率得到提升。

我国现有的法律法规体系也一直把企业职工的安全教育放在很重要的位置。《建筑法》、《安全生产法》以及《建设工程安全生产管理条例》等法律法规都明确规定，企业的全体员工必须进行安全教育，特殊工种经培训、考核合格后方可上岗。

目前，建筑业作为我国的一个国民支柱产业，从业人员数量多、覆盖面广，并且建筑业工人多来自农村的青壮年劳动力。其自身的职业技能和专业素养没有经过系统的学习，很多技术和工艺都来源于现场的观摩和自身的经验，由于所形成的一些观念很难改变，短时间内也很难得到提升。此外，建筑业市场大，对于工人的需求量大，导致市场有技术、有经验的技术工人更为欠缺，而目前我国现有的法律法规虽然规定了企业对于员工的教育培训工作，但碍于建筑工人的流动性大等问题，造成部分企业很难真正把全体员工的教育培训落到实处。很多时候，都要通过政府主管部门的行政命令来执行，效果就更无法保证，所以这是一个难题。安全培训作为教育的重要部分，显然对人类的发展起着重要的作用。开展对广大职工的安全教育培训是专职安全生产管理人员的一项重要工作内容。专职安全生产管理人员不仅要懂得安全生产管理知识和安全生产防护技术，更重要的是要把这些知识和技术传授给其他管理者和职工。因此，专职安全生产管理人员必须掌握安全教育的基本理论，以便更好地履行安全生产管理职责。

2. 安全教育培训的内容

安全教育培训的机理遵循着管理心理学的一般规律：生产过程中的潜变、异常、危险、事故给人以刺激，由神经传输于大脑，大脑根据已有的安全意识对刺激作出判断，形成有目的、有方向的行动。

(1) 国家有关安全生产的方针政策、法律法规、部门规章、标准及有关规范性文件，本地区有关安全生产的法规、规章、标准及规范性文件。例如，《建筑法》、《安全生产法》、《建设工程安全生产管理条例》、《安全生产许可证条例》等，以及近几年国务院、国家安监总局以及建设行政主管部门出台的相关文件。

(2) 建筑施工企业安全生产管理的基本知识和相关专业知识，如管理学的基本原理、安全工程以及土木工程类相关的知识。

(3) 重、特大事故防范、应急救援措施，报告制度及调查处理方法。

(4) 企业安全生产责任制和安全生产规章制度的内容、制定方法。

(5) 国内外安全生产管理经验。

(6) 典型事故案例分析。

3. 安全教育培训形式

人的学习过程需要渐进性、重复性，这是人的生理与心理的特性决定的。例如，人对学习的知识会产生遗忘。遗忘就是记过的材料不能再认或回忆，或者表现为错误的再认或回忆。艾宾浩斯对遗忘现象首先进行了研究，并用一曲线规律来描述，称艾宾浩斯遗忘曲线。事实上，对不同的人和不同的学习材料进行识记，会有不同的遗忘曲线。

明白了这个道理，对如何开展安全教育具有实际的意义。例如，对新员工的入厂教育，即使进行了认真的安全三级教育，并且考试合格，假若以后不继续管理，按照遗忘规律，他将会忘掉大部分的安全知识。这样就会在生产过程中对安全规定不能进行再认，或形成错误的再认与处理，最终必然产生失误行为，从而导致事故发生。

为了防止遗忘量越过管理的界限，就要定期或及时地进行安全教育，使记忆间断活化，从而保持人的安全素质和意识警觉性。

安全教育的方法和一般教学的方法相似，方式多种多样，各种方法有各自的特点和作用，在应用中应结合实际的知识内容和学习对象，灵活多变。对于企业职工的安全教育建议采用讲授法、谈话法、访问法、练习与复习法及宣传娱乐法等；对于安全专职人员则采用讲授法、研讨法、读书指导法等。

(1) 讲授法：教学常用方法之一，具有科学性、思想性、严密的计划性、系统性和逻辑性；语言优美。

(2) 谈话法：指通过对话的方式传授知识的方法。一般分为启发式谈话和问答式谈话。

(3) 读书指导法：是通过指定教科书或阅读资料的学习来获取知识的方法。这是一种自学方式，需要学习者具有一定的自学能力。

(4) 访问法：是对当事人的访问，现身说法，获得知识和见闻。

(5) 练习与复习法：涉及操作技能方面的知识往往需要通过练习来加以掌握，复习是防止遗忘的主要手段。

(6) 研讨法：通过研讨的方式，相互启发、取长补短，达到深入消化、理解和增长新知识的目的。

(7) 宣传娱乐法：通过宣传媒体，寓教于乐，使安全的知识和信息通过潜移默化的方式深入职工的心中。

4. 安全培训效果检查

做好企业员工的教育和培训，特别需要对培训效果进行跟踪和收集反馈意见。目前，企业和相关科研机构对该部分的研究较少。对于培训必须进行跟踪评估，即对培训的效果进行分析和检查，找出培训和学习各环节的问题，及时解决。

好的培训效果的取得离不开以下几个环节。

第一，要了解培训对象存在的问题、了解他们的需要，知道他们对哪些内容有兴趣，这样才能保证培训过程的效率。这可以通过对培训对象展开一系列调查问卷来获取。第二，作为培训的机构或者培训的讲师，应从培训对象的需求作为出发点来设计培训环节，而不是把经济效益放第一位，培训机构首先应该是一个服务机构。第三，对于培训对象的跟踪和调研，也是促进培训效果的重要途径，教学相长，是相互促进的过程。此外，还可以通过对特定岗位的员工进行跟踪，把培训效果与绩效、岗位职责等挂钩。

案例

某企业安全保证计划实例

安全生产保证计划审批表

建设单位：　　　　　　　　　　　　监理单位：
设计单位　　　　　　　　　　　　　施工单位：
编制人：　　　　　　　　　　　　　编制日期：

<table>
<tr><td>项目部审核</td><td>审核意见：

项目部：
该安全生产保证计划按照规范 DGJ 08—903—2003《施工现场安全生产保证体系》进行编制，请予审批。

年　月　日
项目经理：
年　月　日</td></tr>
<tr><td>公司审批确认</td><td>技术负责人：　　　审批意见：
公司有关科(部)室：
年　月　日</td></tr>
<tr><td>备注</td><td></td></tr>
</table>

发布令

为贯彻“安全第一、预防为主”的方针，提高本工程项目部安全管理水平，更好地遵守国家、地方以及公司有关安全生产的法令、法规、规章要求，依据上海市《施工现场安全生产保证体系》规范，结合我项目部的实际情况，编制本工程《安全生产保证计划》(第 *1* 版)。本计划是指导本工程施工现场安全生产管理标准化、规范化的纲领性文件，同时也为审核认证提供依据，现予以发布，项目部全体员工及本工程项目合作的分包商们，必须严格遵照执行。本计划从　年　月　日起开始实施。

项目部
项目经理：
年　月　日

项目部承诺

项目管理部根据公司的安全方针和环境方针的指导，本项目部对业主和社会的承诺：我们在生产建设施工过程中，根据危险源辨识的各类危险和客观存在的粉尘、污水、噪声等不利环境因素，在生产的全过程中贯彻安全第一，以人为本，全面实施控制。尽可能地减少或预防不利的环境影响。

预防为主、加强宣传、全面策划、合理防范、改进工艺。保证安全资源的落实，保证安全管理目标实现，为企业争取最佳经济效益。

严格遵守国家和地方政府部门颁布的有关安全管理、环境管理的法律、法规、规范和标准。

项目经理：

年 月 日

工 程 概 况

<table>
<tr><td>工程名称</td><td colspan="2"></td><td>工程地址</td><td colspan="2"></td></tr>
<tr><td rowspan="2">工程类型</td><td colspan="3">■1. 建筑；□2. 设备安装；□3. 装修工程</td><td colspan="2">预(概)算建安工作量</td></tr>
<tr><td colspan="3">■1. 新建；□2. 扩建；□3. 改建</td><td colspan="2">10830.68 万元</td></tr>
<tr><td>投资类别</td><td colspan="3">□1. 外资；□2. 合资；□3. 国有；■4. 集体；□5. 民营</td><td>其中：桩基</td><td>万元</td></tr>
<tr><td>建筑面积</td><td>12.3m²</td><td>层次</td><td>1+8+1 层</td><td>土建</td><td>9630.68 万元</td></tr>
<tr><td>结构类型</td><td>剪力墙/框架</td><td>开工日期</td><td>2005.12.15</td><td>安装</td><td>1200 万元</td></tr>
<tr><td>完工日期</td><td>2007.4.13</td><td>验收日期</td><td>2007.4.18</td><td>装修</td><td>万元</td></tr>
<tr><td colspan="3">单位名称</td><td>资质等级</td><td>法人代表</td><td>项目负责人</td></tr>
<tr><td>建设单位</td><td colspan="2"></td><td>甲级</td><td></td><td></td></tr>
<tr><td>勘察单位</td><td colspan="2"></td><td>甲级</td><td></td><td></td></tr>
<tr><td>设计单位</td><td colspan="2"></td><td>甲级</td><td></td><td></td></tr>
<tr><td>监理单位</td><td colspan="2"></td><td>甲级</td><td></td><td></td></tr>
<tr><td rowspan="4">施工单位</td><td>总包</td><td></td><td>总承包特级</td><td></td><td></td></tr>
<tr><td>分包</td><td>/</td><td>/</td><td>/</td><td>/</td></tr>
<tr><td>分包</td><td>/</td><td>/</td><td>/</td><td>/</td></tr>
<tr><td>分包</td><td>/</td><td>/</td><td>/</td><td>/</td></tr>
<tr><td rowspan="9">结构及装修概况</td><td>基础</td><td colspan="4">桩筏基础</td></tr>
<tr><td>主体结构</td><td colspan="4">剪力墙/框架</td></tr>
<tr><td>屋面</td><td colspan="4">混凝土平屋面</td></tr>
<tr><td>楼，地面</td><td colspan="4">水泥砂浆地面/地砖地面</td></tr>
<tr><td>门窗</td><td colspan="4">铝合金门窗</td></tr>
<tr><td>外装饰</td><td colspan="4">外墙涂料/底部花岗岩贴面</td></tr>
<tr><td>内装饰</td><td colspan="4">油漆涂料/公共部位地砖、大理石</td></tr>
<tr><td>水，暖，卫</td><td colspan="4">给排水管道安装</td></tr>
<tr><td>电气</td><td colspan="4">管线敷设面板安装</td></tr>
</table>

2. 引用标准

本安保计划书的编制条文是根据DCJ 08—903—2003所包含的条文。通过对本工程的安保计划书的引用而构成的安保计划书的条文，在安保计划书发布时所示版本均为有效，在本工程安保体系运行一个阶段后自行组织安全评估时，所有条文都可能会被修订。

3. 施工现场安全生产保证体系要求

3.1 总要求

本项目建立和实施安全生产保证体系，旨在通过体系所提供的结构化和系统化的运行机制，基于计划(P)、实施(D)、检查(C)、改进(A)构成的动态循环过程，能够有效地自我控制在建项目施工活动中可能对安全、环境有负影响的各种危害和环境因素，使本项目结构实现和系统地控制自身设立的安全绩效水准，从而达到持续改进的最终目的。

安全保证体系与环境管理体系之间的关系。

安全保证体系在运行时涉及环境活动及过程中，本保证体系将侧重于安全管理。由于环境因素导致安全管理的内容，本安保计划书描述对某些环境因素实施控制。

3.2 策划

3.2.1 安全目标

1. 企业安全方针

“动态管理、确保安全”。

内涵：安全生产责任制是安全管理工作的核心，早在20世纪50年代国务院即提出建立安全生产责任制的规定，之后又提出了安全生产责任“横向到边、纵向到底”的要求，并明确“项目经理是项目安全生产”第一责任人，对安全生产负全面的领导责任，要求对从事与安全有关的管理、执行和检查人员，都明确其具体职责、权限和相互关系，以使所有有关人员能够按照其规定的职责、权限开展工作和及时有效地采取纠正和预防措施，以消除事故隐患和防止事故的发生。安全生产是一个根据现场实际情况随时检查、调整的管理方式。故“动态管理、确保安全”。

2. 安全目标

1) 目的

制定安全管理目标，对全体员工及分包单位进行动员，使全体人员理解并付诸实施。

2) 职责

项目经理组织安全管理目标制定、发布、评估和改进。

3) 安全管理目标

(1) 年事故负伤频率控制在0.6‰～1‰以内。

(2) 重大伤亡事故为零。

(3) 杜绝火灾、设备、管线、食物中毒等重大事故。

(4) 没有业主、社会相关方和员工的重大投诉。

(5) 施工现场安全检查达到JGJ 59—1999合格以上标准。

(6) 安保体系通过DGJ 08—903—2003规范的审核认证，创优目标项目部可自定。

(7) 粉尘、污水、噪声达到城市管理要求。

(8) 确保苏州市文明工地，争创省文明工地。

4) 本工程的重点部位

(1) 地下室施工时，基坑围护的安全防护。

(2) 上部主体施工时，建筑四周的安全防护。

(3) 落地脚手架、悬挑脚手架、洞口临边防护。

(4) 模板支撑系统搭设和拆除。

(5) 塔吊安装、使用与拆除。

(6) 人货电梯安装、使用与拆除。

(7) 施工用电，包括装饰阶段安全用电。

3.2.2 危险源与不利环境因素识别、评价和控制策划

1. 目的

(略)

2. 职责

(1) 项目经理：组织项目部全体管理人员识别各领域中的危险源和环境因素。

(2) 安全员：负责将危险源汇总，得出重点部位控制定位及排列重要环境因素。

3. 程序

1) 收集范围

(1) 国家有关的安全法律。

(2) 国务院发出的有关安全规定。

(3) 建设部颁布的有关安全的规范及标准。

(4) 江苏省及苏州市有关的安全规定和要求及通知。

2) 获取途径

(1) 上级来文。

(2) 标准出版机构。

(3) 专业杂志发布的信息；

(4) 其他有关的政府主管部门。

3) 获取方法

(1) 通过电话、信函、传真渠道联系，及时地了解安全法律、法规的新动向。

(2) 购买及订阅有关安全专业报刊。

4) 安全法律、法规、标准规范和其他要求的识别与评价

(1) 当获取了有关安全法律法规标准、规范后，项目总施工员金军灿组织项目部有关人员对法律、法规、标准、规范进行识别、评价。

(2) 安全员根据识别评价列出选用的法律、法规、标准规范清单。

(3) 安全员将识别的文件，按照公司文件管理要求进行受控标识。

4. 记录

(略)

3.3 实施

3.3.1 组织机构与职责权限

总则

1) 安全管理组织

确定安全生产保证体系第一责任人：项目经理×××

确定安全生产领导小组成员：

组长：

副组长：

组员：

领导小组的作用：

(1) 拟定落实安全管理目标，制订安全生产保证计划，根据保证计划的要求，落实资源配置；

(2) 负责对安保体系实施过程中的运行实施监督、检查；

(3) 对安保体系运行过程中，出现不符合要素的要求，施工中出现的隐患，制定纠正，并对上述措施进行复查。

2) 安全管理网络图

(略)

3）本项目部管理部职能分配表

（略）

本章小结

通过本章学习，可以加深对工程项目安全保证体系与安全保证计划的理解，在安保体系的建立中，熟悉施工项目现场安全保证计划的环节、实现安全生产的途径与主要措施。我们可以看到：安全生产与安全管理是综合性的工作，不仅要求相关人员能从安全组织、机构等环节做好策划与管理，更应该对安全技术与现场直接从事生产的人员进行安全教育与培训，全方位地保证安全生产工作顺利进行。

习　题

（1）简述安全保证体系与安全保证计划的关系。

（2）为何要进行安全施工方案的管理？如何进行管理？

（3）安全保证措施主要有哪些方面？

（4）你认为安全管理中最关键的因素是什么？请分析。

（5）查阅相关资料，掌握安全标志的类型与作用。

第5章 建筑施工安全控制

教学目标

本章主要讲述建筑施工安全控制的检查标准、施工现场安全资料管理、评价方法。通过本章学习，应达到以下目标。

(1) 掌握JGJ 59—2011及其应用。

(2) 熟悉施工现场安全检查的方法。

(3) 掌握JGJ/T 77—2010及其评价方法。

(4) 熟悉安全事故处理程序及安全施工应急救援预案的编制。

教学要求

知识要点	能力要求	相关知识
建筑施工安全检查标准与评分方法	(1) 理解建筑施工法律法规 (2) 熟悉建筑施工安全检查标准 (3) 掌握建筑施工安全检查评分方法	(1) JGJ 59—2011 (2)《建筑施工企业安全生产管理规范》等技术规范标准
施工现场安全资料管理	(1) 熟悉施工现场资料收集与整理 (2) 掌握建筑施工企业安全生产评价标准	(1) 建筑施工现场安全资料管理内容 (2) JGJ/T 77—2010
安全事故处理程序和安全施工应急救援预案	(1) 熟悉安全事故处理程序 (2) 熟悉编制安全施工应急预案	(1)《生产安全事故报告和调查处理条例》 (2)《工程建设重大事故报告和调查程序规定》内容

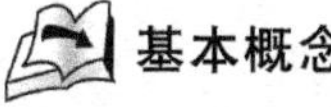

基本概念

施工企业、安全检查表、安全生产、评价等级、评价结论

引例

从北京地铁电梯事故，到哈尔滨居民楼垮塌；从京珠高速公路上的客车燃烧，到甬温线上动车D301与D3115发生追尾事故中频发的安全事故中引发人们深度关注……

国务院总理温家宝2011年7月27日主持召开国务院常务会议，决定采取坚决措施，以交通、煤矿、建筑施工、危险化学品等行业领域为重点，全面加强安全生产。会议指出，近一段时间，一些地方接连发生煤矿、非煤矿山、道路交通事故和建筑物、桥梁垮塌事故，给人民群众生命财产造成严重损失，这些问题充分暴露出一些地方、部门和单位安全生产意识淡薄，安全责任不落实、防范监管不到位，制度和管理还存在不少漏洞，教训极度深刻……

建筑施工安全生产是仅次于矿山安全管理的关键环节，是建筑工程施工安全控制的一部分，是致力于实现建设工程施工安全生产要求的一系列相关活动。国家标准GB/T 50326—2006《建设工程项目管理规范》将建设工程项目安全控制定义为："项目经理对建设工程施工项目安全生产进行计划、组织、指挥、协调和监控的一系列活动，从而保证施工中的人身安全、设备安全、结构安全、财产安全和适宜的施工环境。"建设工程施工安全控制是在明确的安全目标条件下，通过行动方案和资源配置的计划、实施、检查和监督来实现预期的安全目标的过程。

5.1 建筑施工安全检查标准与评分方法

建筑施工安全检查是指施工企业安全生产管理部门、监察部门或项目经理部对企业贯彻国家安全生产法律法规的情况、安全生产情况、劳动条件、事故隐患等所进行的检查。而安全检查的目的是验证工程施工安全计划的实施效果。

新中国成立以来，"三大规程"(《工厂安全卫生规程》、《建筑安装工程安全技术规程》、《工人职员伤亡报告规程》)、"五项规定"(安全生产责任制、编制安全技术措施计划、安全生产教育、安全生产定期检查、伤亡事故和处理)是建筑施工安全检查的基础。安全生产的法律法规、安全技术标准的制定与实施是JGJ 59—2011实施的有力保证；安全生产规定和文件为建筑施工安全检查标准实施提供了组织管理保证；安全技术标准、规范为建筑施工安全检查标准实施提供了技术保证。同时，随着施工技术的迅速发展，建筑施工机械化程度不断提高，伤亡事故的产生原因更为复杂化、多样化，严峻的安全生产形势，要求我们必须完善JGJ 59—2011，制定符合目前形势及要求的安全检查标准。

施工企业、施工现场项目经理部必须建立完善的安全检查制度。安全检查制度应对检查形式、方法、时间、内容、组织的管理要求、职责权限，以及对检查中发现的隐患整改、处置和复查的工作程序及要求作出具体规定，形成文件并组织实施。

目前，JGJ 59—1999仍是建筑施工企业的安全生产工作检查与评分的依据。它从施工现场安全检查、安全管理、安全防护、施工机具设备的标准化方面提出了明确的要求。该标准于1999年5月修订颁布与强制施行的，这使原本有章可循的安全检查和评价工作发展到更加科学、全面的阶段。

现阶段，我国建筑施工安全检查标准与评分依据主要如下。

(1)《建筑法》(实施日期1998年3月1日)。

(2)《安全生产法》(实施日期2002年11月1日)。

(3)《建设工程安全生产条例》(实施日期2004年2月1日)。

(4)《安全生产许可证条例》(实施日期2004年1月13日)。

(5)《生产安全事故报告和调查处理条例》(实施日期2007年6月1日)。

(6)《工程建设重大事故报告和调查程序规定》(1989年12月1日)。

(7)《建筑安全生产监督管理规定》(1991年7月9日)。

(8)《建设工程施工现场管理规定》(1992年1月1日)。

(9)《建筑施工安全检查标准》(JGJ 59—2011)。

(10)《施工企业安全生产评价标准》(JGJ/T 77—2010)。

(11)《建筑施工企业安全生产管理规范》(GB 50656—2011)。

5.2 安全检查表

5.2.1 安全检查表综述

建筑工程安全检查的目的在于发现不安全因素(危险因素)的存在状况，如机械、设施、工具等的潜在不安全因素状况、不安全的作业环境场所条件、不安全的作业职工行为和操作潜在危险，以采取防范措施，防止或减少伤亡建设工程事故的发生。

建筑工程安全检查的意义在于通过检查减少建筑工程安全事故的发生，提前发现可能发生事故的各种不安全因素(危险因素)，针对这些不安全因素，制定防范措施。最终保证建筑工程在安全的状态上施工，保护工作人员的安全。

为了使安全检查和评价工作的量化管理，更加科学、全面、规范。《建筑施工安全检查标准》JGJ 59—2011 自 1999 年 3 月 30 日颁发，1999 年 5 月 1 日起强制施行，以安全检查表的形式用定量的方法进行打分。目的是为了科学地评价建筑施工安全生产情况，提高安全生产工作和文明施工的管理水平，预防伤亡事故的发生，确保职工的安全和健康，实现检查评价工作的标准化和规范化。

JGJ 59—2011 分为安全管理、文明施工、脚手架、基坑支护与模板工程、“三宝”及“四口”(楼梯口、电梯口、通道口、预留洞口)防护、施工用电、物料提升与外用电梯、塔吊、起重吊装和施工机具等 10 个分项，共 158 个子项。

JGJ 59—2011 的内容很多，对于不同岗位的工作人员应有不同的要求。但任何级别的工作人员都有努力掌握标准的主要要求内容的义务。建筑施工安全检查的总评分为优良、合格和不合格三个等级。

JGJ 59—2011 有 17 张检查表和 1 份汇总表。

JGJ 59—2011 的每个分项的评分均采用百分制。满分为 100 分。凡是有保证项目的分项，其保证项目满分为 60 分，其余项目满分为 40 分。为保证施工安全，当保证项目中有一个子项不得分或保证项目小计不足 40 分时，此分项评分表不得分。

JGJ 59—2011 的汇总表也采用百分制，但各个分项在汇总表中所占的满分值不同。其中，安全管理占 10 分、文明施工占 20 分、脚手架占 10 分、基坑支护与模板工程占 10 分、“三宝”和“四口”防护占 10 分、施工用电占 10 分、物料提升机与外用电梯占 10 分、塔吊占 10 分、起重吊装占 5 分、施工机具占 5 分。(文明施工是独立的一个方面，也是施工现场整体面貌的体现和树立建筑业形象的综合反映，所以确定占分值为 20 分。)

5.2.2 安全检查表的编制

建筑施工安全管理就是管理者对安全生产进行的计划、组织、指挥、协调和控制的一系列活动。安全检查是建筑施工安全管理的重要组成部分，安全检查时要讲科学、讲效果。安全检查可分为社会安全检查、公司级安全检查、分公司级安全检查、项目安全检查。安全检查的形式有定期安全检查、季节性安全检查、临时性安全检查、专业性安全检查、群众性安全检查。安全检查的内容主要是查思想、查制度、查管理、查领导、查违章、查隐患。各级安全检查必须按文件规定进行，安全检查的结果必须形成文字记录；安全检查的整改必须做到“三定”原则，即定人、定时间、定措施；必须认真执行定期复查制度，经复查整改合格后，才能销案。因此，安全检查表的编制尤为重要。安全检查表是进行安全检查，发现和查明各种危险和隐患，监督各项安全规章制度的实施，及时发现事故隐患并制止违章行为的一个有力工具。

在我国，许多行业，包括建筑业，都编制并实施了适合行业特点的安全检查标准。企业在实施安全检查工作时，根据行业颁布的安全检查标准 JGJ 59—2011，可以结合本单位情况制定更具可操作性的检查表。JGJ 59—2011 中的安全检查表有建筑施工安全检查评分汇总表及安全管理、文明施工、脚手架、基坑支护与模板工程、“三宝”和“四口”防护、施工用电、物料提升机与外用电梯、塔吊、起重吊装和施工机具检查评分表，共 18 张。如表 5-1 和表 5-2 所示，其余略。

表 5-1 建筑施工安全检查评分汇总表

企业名称：　　　　　　　　　　　　　　　　　　　　　　　　　　资质等级：

<table>
<tr><td rowspan="2">单位工程（施工现场）名称</td><td rowspan="2">建筑面积（m^2）</td><td rowspan="2">结构类型</td><td rowspan="2">总计得分（满分分值 100 分）</td><td colspan="10">项目名称及分值</td></tr>
<tr><td>安全管理（满分分10分）</td><td>文明施工（满分分20分）</td><td>脚手架（满分分10分）</td><td>基坑工程（满分10分）</td><td>模板支架（满分10分）</td><td>施工用电（满分分值为10分）</td><td>高处作业（满分10分）</td><td>物料提升机与施工升降机（满分10分）</td><td>塔式起重机与施工升降机（满分5分）</td><td>施工机具（满分分5）</td></tr>
<tr><td></td><td></td><td></td><td></td><td></td><td></td><td></td><td></td><td></td><td></td><td></td><td></td><td></td><td></td></tr>
<tr><td colspan="14">评语：</td></tr>
<tr><td colspan="2">检查单位</td><td colspan="3"></td><td colspan="2">负责人</td><td colspan="2">受检项目</td><td colspan="2"></td><td colspan="2">项目经理</td><td></td></tr>
</table>

年　月　日

表 5-2 安全管理检查评分表

<table>
<tr><td>序号</td><td colspan="2">检查项目</td><td>扣分标准</td><td>应得分数</td><td>扣减分数</td><td>实得分数</td></tr>
<tr><td>1</td><td>保证项目</td><td>安全生产责任制</td><td>未建立安全责任制，扣 10 分
各级各部门未执行责任制，扣 4～6 分
经济承包中无安全生产指标，扣 10 分
未制定各工种安全技术操作规程，扣 10 分
未按规定配备专(兼)职安全员，扣 10 分
管理人员责任制考核不合格，扣 5 分</td><td>10</td><td></td><td></td></tr>
</table>

（续）

序号	检查项目		扣分标准	应得分数	扣减分数	实得分数
2	保证项目	目标管理	未制定安全管理目标(伤亡控制指标和安全达标、文明施工目标)，扣10分 未进行安全责任目标分解，扣10分 无责任目标考核规定，扣8分 考核办法未落实或落实不好，扣5分	10		
3		施工组织设计	施工组织设计中无安全措施，扣10分 施工组织设计未经审批，扣10分 专业性较强的项目，未单独编制专项安全措施未落实，扣8分 安全措施不全面，扣2～4分 安全措施无针对性，扣6～8分 安全措施未落实，扣8分	10		
4		分部(分项)工程安全技术交底	无书面安全技术交底的扣10分 交底针对性不强，扣4～6分 交底不全面，扣4分 交底未履行签字手续，扣2～4分	10		
5		安全检查	无定期安全检查制度，扣5分 安全检查无记录，扣5分 检查出事故隐患整改做不到定人、定时间、定措施，扣2～6分 对重大事故隐患整改通知书所列项目未如期完成，扣5分	10		
6		安全教育	无安全教育制度，扣10分 新入场工人未进行三级安全教育，扣10分 无具体安全教育内容，扣6～8分 变换工种时未进行安全教育，扣10分 每有一人不懂本工种安全技术操作规程，扣2分 施工管理人员未按规定进行年度培训的，扣5分 专职安全员未按规定进行年度培训考核或考核不合格的，扣5分	10		
		小计		60		
7	一般项目	班前安全活动	未建立班前安全活动制度，扣10分 班前安全活动无记录，扣2分	10		
8		特殊作业持证上岗	有一人未经培训从事特种作业，扣4分 有一人未持操作证上岗，扣2分	10		
9		工伤事故	工伤事故未按规定报告，扣3～5分 工伤事故未按事故调查分析规定处理，扣10分 未建立工伤事故档案，扣4分	10		

（续）

序号	检查项目		扣分标准	应得分数	扣减分数	实得分数
10	一般项目	安全标志	无现场安全标志布置总平面图，扣5分 现场未按安全标志总平面图设置安全标志的，扣5分	10		
		小计		40		
检查项目合计				100		

注：①每项最多扣减分数不大于该项应得分数。②保证项目有一项不得分或保证项目小计得分不足40分，检查评分表计零分。③该表换算到“施工安全检查评分汇总表”（表3.0.1)后，得分＝10×该表检查项目实得分数合计。

在安全检查中，还要有各种安全检查记录表，如表5－3所示；事故隐患整改通知单，如表5－4所示；项目周六安全检查、季节性检查、临时性检查、专业性检查、群众性检查等各项检查内容，项目周六安全检查记录，如表5－5所示。这些安全检查表都是建筑施工安全管理必备的检查用表，对完善建筑施工安全管理起着极其重要的作用。

表5－3　安全检查记录

施工单位：　　　　　　　　　　　　　　　　　　日期：　　年　月　日

建设单位		工程名称	教学实验主楼
检查情况记录： 经检查： 1. 总配电箱到搅拌站电缆线路埋地深0.6m。 2. 搅拌机配电箱内配置安全，达到安全要求。 3. 总配电箱到钢筋加工厂线路埋地深0.6m。 4. 钢筋加工厂各配电箱符合要求，安全有效使用。 5. 食堂配电箱配置安全，安全有效。 6. 在现场发现2名工人未戴安全帽。			

接受单位负责人：　　　　　　　　　　　　　　　　　　检查人：

表5－4　事故隐患整改通知单

工程名称：　　　　　　　　　　　　　　　　　　　　　编号：

检查日期		年　月　日(星期　)		检查部位、项目内容		
检查人员签名				项场临电、工人佩戴安全帽情况		
检查发现的违章、事故隐患实况记录		施工现场发现2名工人未戴安全帽				
整改通知		整改措施		完成整改的最后日期	整改责任人	复查日期
	对重大事故隐患列项实行“三定”的整改方案	1. 加强职工安全教育，制定相应的奖罚措施； 2. 要求并检查全体人员进入施工现场必须正确佩戴安全帽				
		项目负责人签名：　安全员签名：　整改负责人签名：				
	整改复查记录	整改记录	遗留问题的处理	整改责任人： 复查责任人： 安全生产责任人： 年　月　日		
		已按整改措施落实	无			

表 5-5 项目周六安全检查记录

施工单位：　　　　　　　　　　　　　　　　　　　　　　　　日期：　　年　月　日

建设单位		工程名称	教学实验主楼
检查情况记录： 经检查： 1. 施工现场的冬季安全防护及防火措施按冬季方案要求已落实。 2. 脚手架拆除的准备工作按安全技术要求进行。 3. 主楼地下室抹灰按安全技术规范要求使用36V安全电压，通风良好，未发现违章。 4. 经抽检施工现场人员佩戴的安全帽、安全带均符合规范要求，未发现违章使用。			

接受单位负责人：　　　　　　　　　　　　　　　　　　　　　　　　检查人：

5.2.3 安全检查表评分方法

建筑施工安全生产检查应按建设部颁发的JGJ 59—2011执行。其评分方法如下。

汇总表及10个分项检查评分表满分数值均为100分，分值的计算方法如下。

1. 汇总表中的各项实得分数的计算方法

检查评分的10个分项检查分表在汇总表中所占的分数值(或者说比例)不同，共分三大类。一是在汇总表中分数值为20分的有文明施工；二是在汇总表中分数值为10分的有安全管理、脚手架、基坑支护与模板工程、“三宝”、“四口”防护、施工用电、物料提升机与外用电梯、塔吊；三是在汇总表中分数值为5分的有起重吊装、施工机具。因此，各分项检查评分表所得的分数应经换算后记入汇总表内。汇总表中各项实得分数的计算方法如下：

$$\text{分项检查表实得分数换算在汇总表中的实得分}=\frac{\text{该分项在汇总表中应得分数}\times\text{该分项在检查评分表中实得分数}}{100} \quad (5-1)$$

【例5-1】 某工程项目在“安全管理检查评分表”中实得76分，换算入汇总表中“安全管理”分项实得分应是多少？

【解】 汇总表中，安全管理分项实得分$=\frac{10\text{分}\times 76\text{分}}{100}=7.6$分。

【例5-2】 某工程“文明施工检查评分表”实得82分，在汇总表中，文明施工分项实得分数应是多少？

【解】 汇总表中，文明施工分项实得分数$=\frac{20\text{分}\times 82\text{分}}{100}=16.4$分。

2. 汇总表中遇有缺项时，汇总表实得总分的计算方法

$$\text{有缺项汇总表实得总分}=\frac{\text{实查的各表得分换算成汇总表中得分的分数之和}}{\text{实查的各分表在汇总表应得分的分数之和}}\times 100 \quad (5-2)$$

【例5-3】 某工地没有塔吊，则塔吊分表全作缺项处理；其他各分项检查在汇总表中实得分数为84分，计算该工地在汇总表实得总分是多少？

【解】 有缺项的汇总表实得总分$=\frac{\text{实查项目实得分数之和}}{\text{实查项目应得分数之和}}\times 100$

$$=\frac{84\text{ 分}}{90\text{ 分}}\times 100=93.34\text{ 分}。$$

3. 各分项检查评分表的计算方法

评分规定：

①“保证项目”中有一项不得分，该分项检查评分表即为0分。

②“保证项目”小计不满40分，该分项检查评分表也为0分。

缺项时的计算方法如下。

1）分表中缺项

合计分数换算成得分值与“汇总表”缺项的计算方法相同。公式如下：

$$\text{缺项时的分表实得分数}=\frac{\text{分表实查项目实得分数之和}}{\text{分表实查项目应得分数之和}}\times 100 \tag{5-3}$$

【例5-4】 某工程，“施工用电检查分表”中，“外电防护”缺项(该项应得满分值为20分)，其他各项目检查共得分为64分，计算该分表实得分是多少？换算到汇总表中应为多少分？

【解】 该缺项的分表实得分数$=\frac{64\text{ 分}}{100\text{ 分}-20\text{ 分}}\times 100=80$ 分；该分表换算到汇总表中“施工用电”分项实得分$=\frac{10\text{ 分}\times 80\text{ 分}}{100}=8$ 分。

2）分表中遇到“保证项目”缺项计算

如分表中“保证项目”有缺项，关键是要验算“保证项目”的实得分数小计与应得分数(除缺项)满分值之比是否大于(或等于)66.7%$\left(\text{即}\frac{40}{60}\approx 66.7\%\right)$。如得分率不足66.7%，该分表计“0”分；达66.7%时，则计分方法同1)。

【例5-5】 假如某工程在《施工用电检查表》分表中，“外电防护”这一保证项目缺项(该项为20分)，另有其他“保证项目”检查实得分合计共为22分(应得分数为40分)，该分项检查表是否能得分？

【解】 实得分数与应得分数之比$=\frac{22\text{ 分}}{40\text{ 分}}=0.55<66.7\%$，则该分项检查表应该记为0分。

从上述实例评分分析，可以看出“保证项目”达标的重要性。

4. 在各汇总表的各分项中，遇有多个分项检查评分表时的计算方法

在各汇总表的各分项中，遇到有多个分项检查评分表分值时，则该分项得分应为各单项实得分数的算术平均值后，再换算到汇总表中该分项的实得分数。

【例5-6】 某建筑工地有多种脚手架和多台塔吊，检查时落地式脚手架实得分数为86分，悬挑式脚手架实得分为80分；甲塔吊实得分为90分，乙塔吊实得分为85分。计算汇总表中脚手架、塔吊实得分数为多少？

【解】 (1) 脚手架实得分数计算。

$$脚手架实得分数=\frac{86\text{ 分}+80\text{ 分}}{2}=83\text{ 分};$$

换算到汇总表中，则得

$$汇总表中“脚手架”分项实得分数=\frac{10\text{ 分}\times 83\text{ 分}}{100}=8.3\text{ 分。}$$

(2) 塔吊实得分数计算。

$$塔吊实得分数=\frac{90\text{ 分}+85\text{ 分}}{2}=87.5\text{ 分};$$

换算到汇总表中，则得

$$汇总表中“塔吊”分项实得分数=\frac{10\text{ 分}\times 87.5\text{ 分}}{100}=8.75\text{ 分。}$$

5.2.4 施工现场安全检查的评价

一个施工现场的安全生产情况是以建筑施工安全检查在汇总表的总得分及保证项目的达标情况来评价的，评价结果分为优良、合格、不合格三个等级。

(1) 优良。在施工现场内无重大事故隐患，各项工作达到行业平均先进水平，汇总表得分分值在 80 分(含 80 分)以上。

(2) 合格。施工现场达到保证安全生产的基本要求，汇总表得分值在 70 分(含 70 分)以上的；或有一个分项检查表未得分，但汇总表得分分值在 75 分(含 75 分)以上的。后者是考虑虽有一项工作存在隐患较大，而其他工作都比较好的情况下，本着帮助和督促企业做好安全工作的精神，也定为合格。

(3) 不合格。施工现场隐患多，出现重大伤亡事故的概率比较大，汇总表得分分值不足 70 分，随时可能导致伤亡事故的发生。

另外，考虑到“起重吊装”与“施工机具”分值所占比例较少，因此确定对这两项检查表未得分时，汇总表分值必须在 80 分(含 80 分)以上时，才定为合格。

5.3 施工现场安全资料管理

安全资料是施工现场安全管理的真实记录，是对企业安全管理检查和评价的重要依据。有利于企业安全生产制度的落实和强化施工全过程、全方位、动态的安全管理，对加强施工现场管理，提高安全生产、文明施工管理水平起到积极的推动作用。有利于总结经验、吸取教训，为更好地贯彻执行“安全第一、预防为主、综合治理”的安全生产方针，保护职工在生产过程中的安全和健康，预防事故发生创造理论依据。

根据 JGJ 59—2011 和《建筑施工安全工会检查标准》中检查评分表的要求，把建筑施工安全资料分为第Ⅰ、Ⅱ、Ⅲ三篇。第Ⅰ篇侧重于安全管理及文明施工管理的主要内容；第Ⅱ篇侧重于脚手架工程、基坑支护、模板工程、“三宝”、“四口”防护、施工用电、物料提升机(龙门架、井字架)、外用电梯(人货两用电梯)、塔吊、起重吊装、施工机具等安全技术管理的主要内容；第Ⅲ篇侧重于工会劳动保护资料。而在实际安全管理工作中，各地各单位的安全资料管理还没有做到标准化、规范化。因此，住房和城乡建设部于 2011

年出台了新的国家标准《施工企业安全生产管理规范》GB 50656—2011，并于 2012 年 4 月 1 日起实施。

5.3.1 安全资料的整理与归集

1. 安全资料管理

(1) 项目设专职或兼职安全资料员；安全资料员持证上岗，以保证资料管理责任的落实；安全资料员应及时收集、整理安全资料、督促建档工作，促进企业安全管理上台阶。

(2) 资料的整理应做到现场实物与记录相符，行为与记录相吻合，以更好地反映安全管理的全貌及全过程。

(3) 建立定期及不定期的安全资料的检查与审核制度，及时查找问题，及时整改。

(4) 安全资料实行按岗位职责分工编写，及时归档，定期装订成册的管理办法。

(5) 建立借阅台账，及时登记，及时追回，收回时做好检查工作，检查是否有损坏丢失现象。

2. 安全资料归集

(1) 安全资料按篇及编号分别装订成册，装入档案盒。

(2) 安全资料集中存放于资料柜内，加锁，专人负责管理，以防丢失或损坏。

(3) 工程竣工后，安全资料上交公司档案室贮存保管，备查。

5.3.2 安全生产资料管理目录

施工单位安全资料管理，目前还没有统一规范化，各地各单位也不一样。而安全资料管理应包括如下内容，但不局限于下列内容(仅列出目录)。

第一部分 安全管理

(一) 施工许可、企业和人员资质、施工组织设计

(1) 施工许可证(复印件)。

(2) 安全监督登记书(复印件)。

(3) 施工企业资质等级证书(复印件)。

(4) 施工企业安全生产许可证及年审记录(复印件)。

(5) 工程项目部安全管理组织机构框架图或一览表(复印件)。

(6) 项目经理执业资格证书(复印件)、安全生产考核合格证书(复印件)及年度继续教育记录(复印件)。

(7) 专职安全员安全生产考核合格证书(复印件)及年度继续教育记录(复印件)。

(8) 经监理单位批准的(无监理单位介入的项目由施工单位技术负责人批准)施工组织设计(复印件)。

(9) 为作业人员购买意外伤害保险的交费凭据(复印件)。

(二) 安全生产责任制

(1) 安全生产责任制(复印件)。

(2) 安全生产责任制考核办法(复印件)。

(3) 安全生产责任制考核表。

(三) 目标管理

(1) 企业内部、总分包方安全生产工作目标分解的协议条款(复印件)。

(2) 安全责任目标考核办法(复印件，封面应注明批准单位及生效日期)。

(3) 安全责任目标分解表及考核表。

(四) 安全技术操作规程

(1) 各工种安全操作规程(复印件)。

(2) 各种机械设备安全操作规程(复印件)。

(五) 分部(分项)工程安全技术交底

(1) 分部(分项)工程安全技术交底汇总表。

(2) 各分部(分项)工程安全技术交底表。

(六) 安全检查

(1) 安全检查制度(复印件)。

(2) 专职安全员填写的施工安全日记。

(3) 项目安全检查资料(按 JGJ 59—2011 评分)、隐患整改通知书及复查意见。

(4) 公司或分公司对项目安全检查的资料(按 JGJ 59—2011 评分)、隐患整改通知书及复查意见。

(5) 建设行政主管部门或安全监督机构对项目发出的改进、整改或停工整改通知书，以及整改完毕后填写的复查申请批复书。

(七) 安全教育

(1) 安全教育制度(复印件)。

(2) 三级安全教育具体内容。

(3) 新入场工人三级安全教育登记汇总表。

(4) 新入场工人三级安全教育登记表。

(5) 变换工种安全教育登记汇总表。

(6) 变换工种安全教育登记表。

(八) 班前安全活动

(1) 班前安全活动制度(复印件)。

(2) 班前安全活动记录。

(九) 特种作业人员持证上岗

(1) 特种作业人员登记表。

(2) 特种作业人员操作证(复印件)，包括电工、焊工、架子工、卷扬机操作工、施工电梯司机、塔式起重机操作人员(司机、指挥员、信号员、司索员)、垂直运输机械安装拆卸工、运输车辆驾驶员等。

(十) 工伤事故档案、安全标志

(1) 施工现场重大安全事故应急救援预案及演练记录。

(2) 工伤事故登记汇总表。

(3) 事故调查处理资料。

(4) 安全标志布置总平面图。

第二部分 文明施工

(1) 施工现场总平面布置图。

(2) 经项目技术负责人审查的围挡施工方案。方案应有围挡基础做法说明，砌体围挡应有围挡剖面图、构造柱做法说明。

(3) 门卫管理制度、门卫值班表。

(4) 工地生活区管理制度。

(5) 消防制度、消防设施平面布置图。

(6) 消防设施定期检查记录。

(7) 动火作业审批表。

(8) 治安保卫制度。

(9) 厨房、食堂卫生管理制度。

(10) 厨房工作人员健康证(复印件)。

(11) 急救人员登记表。

(12) 施工现场防尘、防噪声措施。

(13) 施工不扰民措施。

第三部分 土方开挖与基坑支护

(1) 施工方案。

土方开挖深度超过 5m(含 5m)需编制专项施工方案，并经施工单位技术负责人审查、项目总监理工程师批准。同时应有专家审查论证书面意见。

土方开挖深度小于 5m 需编制施工方案，并经项目技术负责人审查、总监理工程师批准。

人工挖孔桩需编制施工方案，并经施工单位技术负责人审查、项目总监理工程师批准。

(2) 基坑支护变形监测记录表。

(3) 人工挖孔桩每日开工前检测井下有毒有害气体的记录资料。

第四部分 模板工程

(1) 专项施工方案，有验算结果，经施工单位技术负责人审查、项目总监理工程师批准。高大模板应有专家论证书面意见。

(2) 拆模申请、拆模混凝土试块试压报告。

第五部分 高处作业

(1) 预防高处坠落事故的专项施工方案，经项目技术负责人审查、项目总监理工程师批准。

(2) 安全帽、安全带、安全网的产品合格证(原件)、厂家生产许可证(复印件)。

(3) 安全帽、安全带、安全网进场记录。

(4) 安全帽、安全带、安全网发放记录。

第六部分 脚手架

(1) 施工方案。

搭设高度大于 24m 的落地式扣件钢管脚手架，应有专项施工方案，有验算结果，经施工单位技术负责人审查、项目总监理工程师批准。

搭设高度小于或等于 24m 的落地式扣件钢管脚手架，应有施工方案，经项目技术负责人审查、项目总监理工程师批准。

悬挑式扣件钢管脚手架，应有专项施工方案，有验算结果，经施工单位技术负责人审查、项目总监理工程师批准。

塔式起重机用卸料平台应有专项施工方案，有验算结果，经施工单位技术负责人审查、项目总监理工程师批准。

竹脚手架应有专项施工方案，经施工单位技术负责人审查、项目总监理工程师批准。

(2) 验收单。

(3) 架子工名册。

(4) 架子工操作证(复印件)。

第七部分 施工临时用电

(1) 施工现场临时用电方案(含计算书、平面布置图)，经施工单位技术负责人审查、项目总监理工程师批准。

(2) 验收单。

(3) 电工维修记录。

(4) 接地电阻测试记录。

(5) 电工操作证(复印件)。

(6) 电线、电缆、漏电保护器等产品合格证(原件)、厂家生产许可证(复印件)。

第八部分 物料提升机

(1) 物料提升机专项拆装方案，方案由安装单位编制，经安装单位技术负责人审查、项目总监理工程师批准。

(2) 验收单。

(3) 基础混凝土试块试压报告。

(4) 安装单位资质证书(复印件)。

(5) 物料提升机产品合格证(原件)、厂家生产许可证(复印件)。

(6) 安装人员名册。

(7) 安装人员操作证(复印件)。

(8) 卷扬机司机操作证(复印件)。

第九部分 塔式起重机

(1) 塔式起重机专项拆装方案，方案由安装单位编制，经安装单位技术负责人审查、项目总监理工程师批准。

(2) 验收单。

(3) 基础混凝土试块试压报告。

(4) 安装单位资质证书(复印件)。

(5) 塔式起重机产品合格证(原件)、厂家生产许可证(复印件)。

(6) 安装人员名册。

(7) 安装人员操作证(复印件)。

(8) 司机、司索、信号指挥人员名册。

(9) 司机、司索、信号指挥人员操作证(复印件)。

第十部分 施工机具

(1) 施工机具明细表。

(2) 验收单。

(3) 施工机具及配件维修保养记录。

(4) 产品合格证(原件)、厂家生产许可证(复印件)。

5.4 施工企业安全生产评价

为了加强施工企业安全生产的监督管理，科学地评价施工企业安全生产条件、安全生产业绩及相应的安全生产能力，实现施工企业安全生产评价工作的规范化和制度化，促进施工企业安全生产管理水平的提高，2010 年 5 月 18 日，住房和城乡建设部以第 575 号公告批准、发布了《施工企业安全生产评价标准》JGJ/T 77—2010，以下简称《评价标准》。

《评价标准》是依据《安全生产法》、《建筑法》等有关法律法规，结合现行《职业健康安全管理体系规范》要求而制定的，适用于对施工企业进行安全生产条件和能力的评价。《评价标准》首次提出了评价企业安全生产的量化体系，对指导施工企业改善安全生产条件，提高施工企业安全生产管理水平，促进施工企业安全生产工作标准化、规范化具有重要意义。

5.4.1 施工企业安全评价内容

施工企业安全评价内容包括：安全生产管理、安全技术管理、设备和设施管理、企业市场行为和施工现场安全管理等 5 项。并应按 JGJ/T 77—2010 的内容具体实施考核评价。

(1) 安全生产管理评价。应为对企业安全管理制度建立和落实情况的考核，其内容应包括安全生产责任制度、安全文明资金保障制度、安全教育培训制度、安全检查及隐患排查制度、生产安全事故报告处理制度、安全生产应急救援制度等六个评定项目，如表 5-6 所示

表 5-6　安全生产管理评分表

序号	评定项目	评分标准	评分方法	应得分数	扣减分数	实得分数
1	安全生产责任制度	· 企业未建立安全生产责任制度，扣 20 分，各部门、各级(岗位)安全生产责任制度不健全，扣 10～15 分 · 企业未建立安全生产责任制考核制度，扣 10 分，各部门、各级对各自安全生产责任制未执行，每起扣 2 分 · 企业未按考核制度组织检查并考核的，扣 10 分，考核不全面扣 5～10 分 · 企业未建立、完善安全生产管理目标，扣 10 分，未对管理目标实施考核的，扣 5～10 分 · 企业未建立安全生产考核、奖惩制度扣 10 分，未实施考核和奖惩的，扣 5～10 分	查企业有关制度文本；抽查企业各部门、所属单位有关责任人对安全生产责任制的知晓情况，查确认记录，查企业考核记录 查企业文件，查企业对下属单位各级管理目标设置及考核情况记录，查企业安全生产奖惩制度文本和考核、奖惩记录	20		

（续）

序号	评定项目	评分标准	评分方法	应得分数	扣减分数	实得分数
2	安全文明资金保障制度	· 企业未建立安全生产、文明施工资金保障制度扣20分 · 制度无针对性和具体措施的，扣10～15分 · 未按规定对安全生产、文明施工措施费的落实情况进行考核，扣10～15分	查企业制度文本、财务资金预算及使用记录	20		
3	安全教育培训制度	· 企业未按规定建立安全培训教育制度，扣15分 · 制度未明确企业主要负责人，项目经理，安全专职人员及其他管理人员，特种作业人员，待岗、转岗、换岗职工，新进单位从业人员安全培训教育要求的，扣5～10分 · 企业未编制年度安全培训教育计划，扣5～10分，企业未按年度计划实施的，扣5～10分	查企业制度文本、企业培训计划文本和教育的实施记录、企业年度培训教育记录和管理人员的相关证书	15		
4	安全检查及隐患排查制度	· 企业未建立安全检查及隐患排查制度，扣15分，制度不全面、不完善的，扣5～10分 · 未按规定组织检查的，扣15分，检查不全面、不及时的，扣5～10分 · 对检查出的隐患未采取定人、定时、定措施进行整改的，每起扣3分，无整改复查记录记录的，每起扣3分 · 对多发或重大隐患未排查或未采取有效治理措施的，扣3～15分	查企业制度文本、企业检查记录、企业对隐患整改销项、处置情况记录、隐患排查统计表	15		
5	生产安全事故报告处理制度	· 企业未建立生产安全事故报告处理制度，扣15分 · 未按规定及时上报事故的，每起扣15分 · 未建立事故档案扣5分 · 未按规定实施对事故的处理及落实“四不放过”原则的，扣10～15分	查企业制度文本；查企业事故上报及结案情况记录	15		
6	安全生产应急救援制度	· 未制定事故应急救援预案制度的，扣15分，事故应急救援预案无针对性的，扣5～10分 · 未按规定制定演练制度并实施的，扣5分 · 未按预案建立应急救援组织或落实救援人员和救援物资的，扣5分	查企业应急预案的编制、应急队伍建立情况以及相关演练记录、物资配备情况	15		
分项评分				100		

评分员： 年 月 日

(2) 安全技术管理评价。应为对企业安全技术管理工作的考核，其内容应包括法规标准和操作规程配置，施工组织设计，专项施工方案(措施)，安全技术交底，危险源控制等5个评定项目，如表5-7所示。

表5-7 安全技术管理评分表

序号	评定项目	评分标准	评分方法	应得分数	扣减分数	实得分数
1	法规标准和操作规程配置	·企业未配备与生产经营内容相适应的现行有关安全生产方面的法律、法规、标准、规范和规程的，扣10分，配备不齐全的，扣3～10分 ·企业未配备各工种安全技术操作规程，扣10分，配备不齐全的，缺一个工种扣1分 ·企业未组织学习和贯彻实施安全生产方面的法律、法规、标准、规范和规程，扣3～5分	查企业现有的法律、法规、标准、操作规程的文本及贯彻实施记录	10		
2	施工组织设计	·企业无施工组织设计编制、审核、批准制度的，扣15分 ·施工组织设计中未明确安全技术措施的，扣10分 ·未按程序进行审核、批准的，每起扣3分	查企业技术管理制度，抽查企业备份的施工组织设计	15		
3	专项施工方案(措施)	·未建立对危险性较大的分部、分项工程编写、审核、批准专项施工方案制度的，扣25分 ·未实施或按程序审核、批准的，每起扣3分 ·未按规定明确本单位须进行专家论证的危险性较大的分部、分项工程名录(清单)的，每起扣3分	查企业相关规定、实施记录和专项施工方案备份资料	25		
4	安全技术交底	·企业未制定安全技术交底规定的，扣25分 ·未有效落实各级安全技术交底，扣5～10分 ·交底无书面记录，未履行签字手续，每起扣1～3分	查企业相关规定、企业实施记录	25		
5	危险源控制	·企业未建立危险源监管制度，扣25分 ·制度不齐全、不完善的，扣5～10分 ·未根据生产经营特点明确危险源的，扣5～10分 ·未针对识别评价出的重大危险源制定管理方案或相应措施，扣5～10分 ·企业未建立危险源公示、告知制度的，扣8～10分	查企业规定及相关记录	25		
		分项评分		100		

评分员： 年 月 日

(3) 设备和设施管理评价。应为对企业设备和设施安全管理工作的考核，其内容应包括设备安全管理、设施和防护用品、安全标志、安全检查测试工具等四个评定项目，如表 5-8 所示。

表 5-8 设备和设施管理评分表

序号	评定项目	评分标准	评分方法	应得分数	扣减分数	实得分数
1	设备安全管理	• 未制定设备(包括应急救援器材)采购、租赁、安装(拆除)、验收、检测、使用、检查、保养、维修、改造和报废制度的，扣30分 • 制度不齐全、不完善的，扣10～15分 • 设备的相关证书不齐全或未建立台账的，扣3～5分 • 未按规定建立技术档案或档案资料不齐全的，每起扣2分 • 未配备设备管理的专(兼)职人员的，扣10分	查企业设备安全管理制度，查企业设备清单和管理档案	30		
2	设施和防护用品	• 未制定安全物资供应单位及施工人员个人安全防护用品管理制度的，扣30分 • 未按制度执行的，每起扣2分 • 未建立施工现场临时设施(包括临时建、构筑物、活动板房)的采购、租赁、搭设与拆除、验收、检查、使用的相关管理规定的、扣30分 • 未按管理规定实施或实施有缺陷的，每项扣2分	查企业相关规定及实施记录	30		
3	安全标志	• 未制定施工现场安全警示、警告标识、标志使用管理规定的、扣20分 • 未定期检查实施情况的，每项扣5分	查企业相关规定及实施记录	20		
4	安全检查测试工具	• 企业未制定施工场所安全检查、检验仪器、工具配备制成的、扣20分 • 企业未建立安全检查、检验仪器、工具配备清单的，扣5～15分	查企业相关记录	20		
		分项评分		100		

评分员： 年 月 日

(4) 企业市场行为评价。应为对企业安全管理市场行为的考核，其内容包括安全生产许可证，安全生产文明施工，安全质量标准化达标，资质、机构与人员管理制度等四个评定项目，如表 5-9 所示。

表 5-9 企业市场行为评分表

序号	评定项目	评分标准	评分方法	应得分数	扣减分数	实得分数
1	安全生产许可证	·企业未取得安全生产许可证而承接施工任务的，扣20分 ·企业在安全生产许可证暂扣期间继续承接施工任务的，扣20分 ·企业资质与承发包生产经营行为不相符，扣20分 ·企业主要负责人、项目负责人、专职安全管理人员持有的安全生产合格证书不符合规定要求的，每起扣10分	查安全生产许可证及各类人员相关证书	20		
2	安全生产文明施工	·企业资质受到降级处罚，扣30分 ·企业受到暂扣安全生产许可证的处罚，每起扣5～30分 ·企业受当地建设行政主管部门通报处分，每起扣5分 ·企业受当地建设行政主管部门经济处罚，每起扣5～10分 ·企业受到省级及以上通报批评每次扣10分，受到地市级通报批评每次扣5分	查各级行政主管部门管理信息资料，各类有效证明材料	30		
3	安全质量标准化达标	·安全质量标准化达标优良率低于规定的，每5%扣10分 ·安全质量标准化年度达标合格率低于规定要求的，扣20分	查企业相应管理资料	20		
4	资质、机构与人员管理	·企业未建立安全生产管理组织体系(包括机构和人员等)、人员资格管理制度的，扣30分 ·企业未按规定设置专职安全管理机构的，扣30分，未按规定配足安全生产专管人员的，扣30分 ·实行总、分包的企业未制定对分包单位资质和人员资格管理制度的，扣30分，未按制度执行的，扣30分	查企业制度文本和机构、人员配备证明文件，查人员资格管理记录及相关证件，查总、分包单位的管理资料	30		
	分项评分			100		

评分员：　　　　　　　　　　　　　　　　　　　　　　　　年　月　日

(5) 施工现场安全管理评价。应为对企业所属施工现场安全状况的考核，其内容应包括施工现场安全达标，安全文明资金保障，资质和资格管理，生产安全事故控制，设备、设施、工艺选用、保险等六个评定项目，如表5-10所示。

表 5-10 施工现场安全管理评分表

序号	评定项目	评分标准	评分方法	应得分数	扣减分数	实得分数
1	施工现场安全达标	· 按 JGJ 59—2011 及相关现行标准规范进行检查，不合格的，每 1 个工地扣 30 分	查现场及相关记录	30		
2	安全文明资金保障	· 未按规定落实安全防护、文明施工措施费，发现一个工地扣 15 分	查现场及相关记录	15		
3	资质和资格管理	· 未制定对分包单位安全生产许可证、资质、资格管理及施工现场控制的要求和规定，扣 15 分，管理记录不全扣 5～15 分 · 合同未明确参见各方安全责任，扣 15 分 · 分包单位承接的项目不符合相应的安全资质管理要求，或作业人员不符合相应的安全资格管理要求扣 15 分 · 未按规定配备项目经理、专职或兼职安全生产管理人员(包括分包单位)，扣 15 分	查对管理记录、证书，抽查合同及相应管理资料	15		
4	生产安全事故控制	· 对多发或重大隐患未排查或未采取有效措施的，扣 3～15 分 · 未制定事故应急救援预案的，扣 15 分，事故应急救援预案无针对性的，扣 5～10 分 · 未按规定实施演练的，扣 5 分 · 未按预案建立应急救援组织或落实救援人员和救援物资的，扣 5～15 分	查检查记录及隐患排查统计表，应急预案的编制及应急队伍建立情况以及相关演练记录、物资配备情况	15		
5	设备、设施、工艺选用	· 现场使用国家明令淘汰的设备或工艺的，扣 15 分 · 现场使用不符合标准的，且存在严重安全隐患的设施，扣 15 分 · 现场使用的机械、设备、设施、工艺超过使用年限或存在严重隐患的，扣 15 分 · 现场使用不合格的钢管、扣件的，每起扣 1～2 分 · 现场安全警示、警告标志使用不符合标准的，扣 5～10 分 · 现场职业危害防治措施没有针对性扣 1～5 分	查现场及相关记录	15		
6	保险	· 未按规定办理意外伤害保险的，扣 10 分 · 意外伤害保险办理率不足 100%，每低 2%扣 1 分	查现场及相关记录	10		
分项评分				100		

评分员： 年 月 日

5.4.2 施工企业安全评价方法

(1) 施工企业每年度应至少进行一次自我考核评价。发生下列情况之一时，企业应再进行复核评价。

① 适用法律、法规发生变化时。

② 企业组织机构和体制发生重大变化后。

③ 发生生产安全事故后。

④ 其他影响安全生产管理的重大变化。

(2) 施工企业考核自评应由企业负责人组织，各相关管理部门均应参与。

(3) 评价人员应具备企业安全管理及相关专业能力，每次评价不应少于三人。

(4) 对施工企业安全生产条件的量化评价应符合下列要求。

① 当施工企业无施工现场时，应采用表 5-6～表 5-9 进行评价。

② 当施工企业有施工现场时，应采用表 5-6～表 5-9 进行评价。

③ 施工企业的安全生产情况应依据自评价之月起前 12 个月以来的情况，施工现场应依据自开工日起至评价时的安全管理情况。

④ 施工现场评价结论，应取抽查及核验的施工现场评价结果的平均值，且其中不得有一个施工现场评价结果为不合格。

(5) 抽查及核验企业在建施工现场，应符合下列要求。

① 抽查在建工程实体数量，对特级资质企业不应少于 8 个施工现场；对一级资质企业不应少于 5 个施工现场；对一级资质以下企业不应少于 3 个施工现场；企业在建工程实体少于上述规定数量的，则应全数检查。

② 核验企业所属其他在建施工现场安全管理状况，核验总数不应少于企业在建工程项目总数的 50%。

(6) 抽查发生因工死亡事故的企业在建施工现场，应按事故等级或情节轻重程度，在上述第 5 条规定的基础上分别增加 2～4 个在建工程项目；应增加核验企业在建工程项目总数的 10%～30%。

(7) 对评价时无在建工程项目的企业，应在企业有在建工程项目时，再次进行跟踪评价。

(8) 安全生产条件和能力评分应符合下列要求。

① 施工企业安全生产评价应按评定项目、评分标准和评分方法进行，并应符合表 5-6～表 5-10 的规定，满分分值均应为 100 分。

② 在评价施工企业安全生产条件能力时，应采用加权法计算，权重系数应符合表 5-11 的规定，并应按表 5-10 进行评价。

表 5-11　权重系数

评价内容			权重系数
无施工项目	①	安全生产管理	0.3
	②	安全技术管理	0.2
	③	设备和设施管理	0.2
	④	企业市场行为	0.3
有施工项目	①②③④加权值		0.6
	⑤	施工现场安全管理	0.4

表 5－12 施工企业安全生产评价汇总表

评价类型：□市场准入□发生事故□不良业绩□资质评价□日常管理□年终评价□其他

企业名称：________________经济类型：________________

资质等级：________上年度施工产值：______在册人数：______

<table>
<tr><th colspan="3" rowspan="2">评价内容</th><th colspan="5">评价结果</th></tr>
<tr><th>零分项（个）</th><th>应得分数（分）</th><th>实得分数（分）</th><th>权重系数</th><th>加权分数</th></tr>
<tr><td rowspan="5">无施工项目</td><td>表 5－6</td><td>安全生产管理</td><td></td><td></td><td></td><td>0.3</td><td></td></tr>
<tr><td>表 5－7</td><td>安全技术管理</td><td></td><td></td><td></td><td>0.2</td><td></td></tr>
<tr><td>表 5－8</td><td>设备和设施管理</td><td></td><td></td><td></td><td>0.2</td><td></td></tr>
<tr><td>表 5－9</td><td>企业市场行为</td><td></td><td></td><td></td><td>0.3</td><td></td></tr>
<tr><td colspan="2">汇总分数①＝表 5－6～表 5－9 的加权值</td><td></td><td></td><td></td><td>0.6</td><td></td></tr>
<tr><td rowspan="2">有施工项目</td><td>表 5－10</td><td>施工现场安全管理</td><td></td><td></td><td></td><td>0.4</td><td></td></tr>
<tr><td colspan="2">汇总分数②＝汇总分数①×0.6＋施工现场安全管理评分×0.4</td><td></td><td></td><td></td><td></td><td></td></tr>
<tr><td colspan="8">评价意见：</td></tr>
<tr><td colspan="3">评价负责人(签名)</td><td colspan="2"></td><td colspan="2">评价人员(签名)</td><td></td></tr>
<tr><td colspan="3">企业负责人(签名)</td><td colspan="2"></td><td colspan="2">企业签章</td><td></td></tr>
</table>

年 月 日

(9) 各评分表的评分应符合下列要求。

① 评分表的实得分数应为各评定项目实得分数之和。

② 评分表中的各个评定项目应采用扣减分数的方法，扣减分数总和不得超过该项目的应得分数。

③ 项目遇有缺项的，其评分的实得分应为可评分项目的实得分之和与可评分项目的应得分之和比值的百分数。

5.4.3 施工企业安全评价等级

(1) 施工企业安全生产考核评定应分为合格、基本合格、不合格三个等级，并宜符合下列要求。

① 对有在建工程的企业，安全生产考核评定宜分为合格、不合格 2 个等级。

② 对无在建工程的企业，安全生产考核评定宜分为基本合格、不合格 2 个等级。

(2) 考核评价等级划分应按表 5－13 核定。

表 5－13　施工企业安全生产考核评价等级划分

考核评价等级	考核内容		
	各项评分表中的实得分数为零的项目数(个)	各评分表实得分数(分)	汇总表分数(分)
合格	0	≥70，且其中不得有一个施工现场评定结果为不合格	≥75
基本合格	0	≥70	≥75
不合格	出现不满足基本合格条件的任意一项时		

【例 5－7】 某建筑施工企业，有在建项目，经评价，其安全生产管理、安全技术管理、设备与设施管理、企业市场行为各分项的实得分数分别为 90 分、82 分、92 分、66 分；施工现场安全管理实得分数为 85 分，各项评分表中的实得分数为零的项目数为 0 个。如何评价该施工企业安全生产的等级？

【解】 各项评分表中的实得分数为零的项目数为 0 个。

该施工企业安全生产条件评分实得分为 90 分×0.3＋82 分×0.2＋92 分×0.2＋66 分×0.3＝81.6 分。

该施工企业施工现场安全管理实得分为 85 分。

该施工企业安全生产评价汇总表分数＝81.6 分×0.6＋85 分×0.4＝82.96 分。

但是，各评分表实得分数中，出现“企业市场行为”评分表一项实得分为 66 分，不满足基本合格条件中(≥70 分)的任意一项。因此，该施工企业安全生产评价等级仍应评为“不合格”。

5.5 安全事故处理程序

5.5.1 安全事故的定义

所谓事故，就是人们(个人或集体)在为实现某一目的而采取的活动过程中，发生了违背人们意愿的不幸事件，使其有目的的行动暂时或永久地停止。建筑安全事故是指建筑生产过程中发生的事故。例如，在建筑施工过程中，由于危险因素的影响而造成的工伤、中毒、爆炸、触电；建筑施工过程中，由于危险因素的影响而造成的各类伤害。

建筑施工现场的安全事故主要有高处坠落、机械伤害、物体打击、触电、坍塌事故等。

5.5.2 安全事故的特点

事故如同其他事物一样，是具有自己的特性的。只有了解事故的特性，才能预防事故，减少事故损失。事故主要具有五个特性，即因果性、偶然性和必然性、潜伏性、规律性、复杂性。同一般事故一样，建筑事故也具有这样的基本特性。

(1) 事故的因果性。事故的发生是有原因的，事故和导致事故发生的各种原因之间存在有一定的因果关系。导致事故发生的各种原因称为危险因素。危险因素是原因，事故是结果。事故的发生往往是由多种因素综合作用的结果。因此，分析、研究各种危险因素的特征、形成过程、影响事故的发生和结果的规律与途径，对预防和控制事故的发生、发展具有重要意义。

(2) 事故的偶然性和必然性。事故是一种随机现象，其发生后果往往是具有一定的偶然性和随机性。同样的危险因素，在某一条件下不会引发事故，而在另一条件下则会引发事故；同样类型的事故，在不同的场合会导致完全不同的后果，这是事故的偶然性的一面。事故的随机性是由于我们对事故的发生、发展规律还没有完全认识，同时事故又表现出其必然性的一面，即从概率角度讲，危险因素的不断重复出现，必然会导致事故的发生，任何侥幸心理都可能导致严重的后果。

(3) 事故的潜伏性。事故尚未发生和造成损失之前，似乎一切处于“正常”和“平静”状态，但是并不是不会发生事故。相反，此时事故正处于孕育状态和生长状态，这就是事故的潜伏性。

(4) 事故的规律性。事故虽然具有随机性，但事故的发生也具有一定的规律性，表现在事故的发生具有一定的统计规律以及事故的发生受客观自然规律的制约。承认事故的规律性是我们研究事故规律的前提；事故的规律性也使我们预测事故发生并通过采取措施预防和控制同类事故成为可能。

(5) 事故的复杂性。事故的复杂性表现在导致事故的原因往往是错综复杂的；各种原因对事故发生的影响及在事故形成中的地位是复杂的；事故的形成过程及规律也是复杂的。事实上，现有的研究成果已表明事故本身就是一种复杂现象。

2. 事故的产生原因

建筑伤害事故的发生不是一个孤立的事件，尽管伤害可能发生在某个瞬间，却是一系列互为因果的原因事件相继发生的结果，这是事故发生的因果连锁论。

20 世纪 20 年代，美国的海因里希（H. W. Heinrich）阐述了事故发生的因果连锁论，他把伤害事故的发生、发展过程描述为具有一定因果关系的事件的连锁。

(1) 人员伤亡的发生是事故的结果。

(2) 事故的发生是由于人的不安全行为或物的不安全状态。

(3) 人的不安全行为或物的不安全状态是由于人的缺点造成的。

(4) 人的缺点是由于不良环境诱发的，或者是由先天的遗传因素造成的。

按照事故因果连锁论，事故的发生、发展过程可以描述为：

基本原因→间接原因→直接原因→事故→伤害。

其中，直接原因是人的不安全行为或物的不安全状态；间接原因是人的缺点；基本原因是不良环境或先天的遗传因素。

事故因果连锁链包括事故的基本原因、事故的间接原因、事故的直接原因、事故以及事故后果五个互为因果的事件。常用多米诺骨牌来形象地描述这种事故因果连锁，见图 5.1所示。在多米诺骨牌系列中一块骨牌被碰倒，则将发生连锁反应，其余的骨牌将相继被碰倒。如果移去其中一块骨牌，则连锁被破坏，事故过程将被终止。

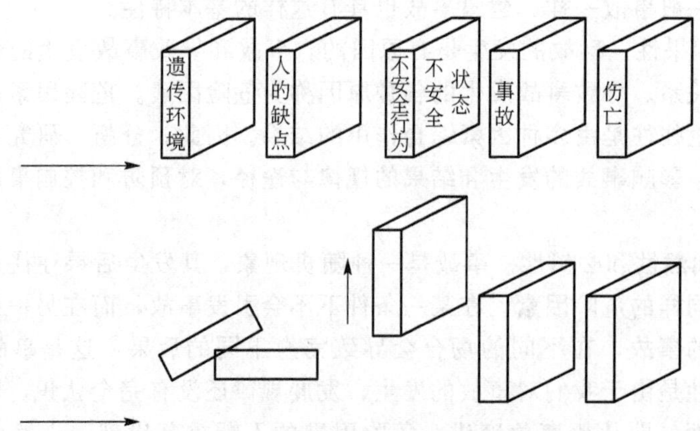

图 5.1 海因里希的事故因果连锁论示意图

因此，事故的产生的原因是由于人的不安全行为和物的不安全状态两大因素作用的结果。即“人”与“物”两大系列运动轨迹的交叉接触而引起的伤害。当前国内外进行事故原因调查与分析时，广泛采用如图 5.2 所示的事故连锁模型。该模型着眼于事故的直接原因，人的不安全行为和物的不安全状态，以及原因，管理失误。值得注意的是，该模型进一步把物的原因划分为起因物和加害物。前者为导致事故发生的物（机械、物体、物质）；后者为直接对人造成伤害的物。在人的问题方面，区分行为人和被害者。前者为引起事故发生的人；后者为事故发生时受到伤害的人。针对不同的物和人，需要采取不同的控制措施。

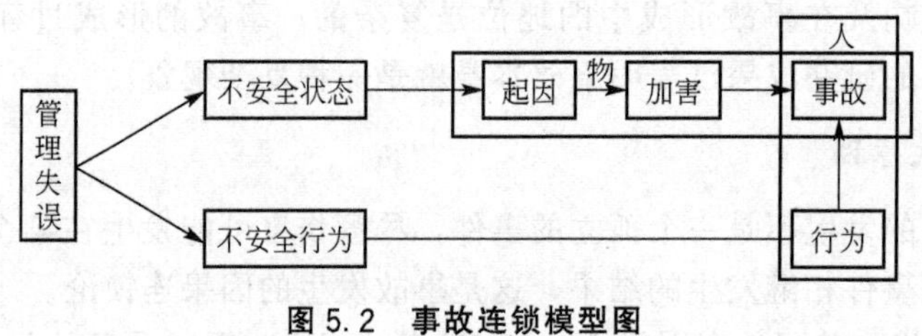

图 5.2 事故连锁模型图

5.5.3 安全事故的统计与报告

1. 安全事故统计的目的

(1) 及时反映企业安全生产状态，掌握事故情况，查明事故原因，分清责任，吸取教训，拟定改进措施，防止事故重复发生。

(2) 分析比较各单位、各地区之间的安全工作情况，分析安全工作形势，为制定安全管理法规提供依据。

(3) 事故资料是进行安全教育的宝贵资料，对生产、设计、科研工作也都有指导作用，为研究事故规律，消除隐患，保障安全，提供基础资料。

2. 安全事故的报告

事故发生后，事故现场有关人员应当立即向本单位负责人报告；单位负责人接到报告后，应当于1h内向事故发生地县级以上人民政府安全生产监督管理部门和负有安全生产监督管理职责的有关部门报告。

情况紧急时，事故现场有关人员可以直接向事故发生地县级以上人民政府安全生产监督管理部门和负有安全生产监督管理职责的有关部门报告。

安全生产监督管理部门和负有安全生产监督管理职责的有关部门接到事故报告后，应当依照下列规定上报事故情况，并通知公安机关、劳动保障行政部门、工会和人民检察院。

(1) 特别重大事故、重大事故逐级上报至国务院安全生产监督管理部门和负有安全生产监督管理职责的有关部门。

(2) 较大事故逐级上报至省、自治区、直辖市人民政府安全生产监督管理部门和负有安全生产监督管理职责的有关部门。

(3) 一般事故上报至设区的市级人民政府安全生产监督管理部门和负有安全生产监督管理职责的有关部门。

安全生产监督管理部门和负有安全生产监督管理职责的有关部门依照规定，上报事故情况，应当同时报告给本级人民政府。国务院安全生产监督管理部门和负有安全生产监督管理职责的有关部门以及省级人民政府接到发生特别重大事故、重大事故的报告后，应当立即报告国务院。

必要时，安全生产监督管理部门和负有安全生产监督管理职责的有关部门可以越级上报事故情况。

安全生产监督管理部门和负有安全生产监督管理职责的有关部门逐级上报事故情况，每级上报的时间不得超过2h。

报告事故应当包括下列内容。

(1) 事故发生单位概况。

(2) 事故发生的时间、地点以及事故现场情况。

(3) 事故的简要经过。

(4) 事故已经造成或者可能造成的伤亡人数(包括下落不明的人数)和初步估计的直接经济损失。

(5) 已经采取的措施。

(6) 其他应当报告的情况。

5.5.4 安全事故的调查与处理

《生产安全事故报告和调查处理条例》已于2007年3月28日国务院第172次常务会议通过公布，自2007年6月1日起施行。该条例第四条规定："事故报告应当及时、准确、完整，任何单位和个人对事故不得迟报、漏报、谎报或者瞒报。事故调查处理应当坚持实事求是、尊重科学的原则，及时、准确地查清事故经过、事故原因和事故损失，查明事故性质，认定事故责任，总结事故教训，提出整改措施，并对事故责任者依法追究责任。"

1. 安全事故的调查

特别重大事故由国务院或者国务院授权有关部门组织事故调查组进行调查。重大事故、较大事故、一般事故分别由事故发生地省级人民政府、设区的市级人民政府、县级人民政府负责调查。省级人民政府、设区的市级人民政府、县级人民政府可以直接组织事故调查组进行调查，也可以授权或者委托有关部门组织事故调查组进行调查。未造成人员伤亡的一般事故，县级人民政府也可以委托事故发生单位组织事故调查组进行调查。

事故调查组的组成应当遵循精简、效能的原则。根据事故的具体情况，事故调查组由有关人民政府、安全生产监督管理部门、负有安全生产监督管理职责的有关部门、监察机关、公安机关以及工会派人组成，并应当邀请人民检察院派人参加。事故调查组可以聘请有关专家参与调查。

事故调查组应当自事故发生之日起 60 日内提交事故调查报告；特殊情况下，经负责事故调查的人民政府批准，提交事故调查报告的期限可以适当延长，但延长的期限最长不超过 60 日。

事故调查报告应当包括下列内容。

(1) 事故发生单位概况。

(2) 事故发生经过和事故救援情况。

(3) 事故造成的人员伤亡和直接经济损失。

(4) 事故发生的原因和事故性质。

(5) 事故责任的认定以及对事故责任者的处理建议。

(6) 事故防范和整改措施。

事故调查报告应当附具有关证据材料。事故调查组成员应当在事故调查报告上签名。

2. 安全事故的处理

重大事故、较大事故、一般事故，负责事故调查的人民政府应当自收到事故调查报告之日起 15 日内做出批复；特别重大事故，30 日内做出批复，特殊情况下，批复时间可以适当延长，但延长的时间最长不超过 30 日。

有关机关应当按照人民政府的批复，依照法律、行政法规规定的权限和程序，对事故发生单位和有关人员进行行政处罚，对负有事故责任的国家工作人员进行处分。事故发生单位应当按照负责事故调查的人民政府的批复，对本单位负有事故责任的人员进行处理。负有事故责任的人员涉嫌犯罪的，依法追究刑事责任。

事故发生单位应当认真吸取事故教训，落实防范和整改措施，防止事故再次发生。防范和整改措施的落实情况应当接受工会和职工的监督。

安全生产监督管理部门和负有安全生产监督管理职责的有关部门应当对事故发生单位落实防范和整改措施的情况进行监督检查。

安全事故调查处理，要坚持“四不放过”的原则。

事故处理程序如下。

(1) 由事故调查组根据调查结果确定事故原因。

(2) 由事故调查组在查明事故原因的基础上，根据有关法规和事故后果，对事故单位及事故责任者提出处理意见。事故调查组提出的事故处理意见，由发生事故的企业及其主管部门负责处理。

(3) 事故调查组根据发生事故的原因，提出防范措施建议，由企业生产、设备、动力等有关职能科室共同研究制定措施，落实负责人和完成时限。

(4) 做好事故的善后处理。

(5) 企业及其主管部门执行了对事故有关责任人员的行政处分。

(6) 填报《职工伤亡、事故调查报告书》。按照国家规定的统一格式填报事故调查报告书，根据事故类别按规定程序报送企业主管部门、当地安全生产、检察部门及其他有关部门审批结案。

5.6 安全施工应急救援预案

5.6.1 应急救援与应急救援预案概念

应急救援是指危险源、环境因素控制措施失效情况下，为预防和减少可能随之引发的伤害和其他影响，所采取的补救措施和抢救行动。应急救援预案是指事先制定的关于重大生产安全事故发生时进行紧急救援的组织、程序、措施、责任以及协调等方面的方案和计划，是制定事故应急救援工作的全过程。

《安全生产法》明确规定生产经营单位要制定并实施本单位的生产安全事故应急救援预案；建筑施工单位应当建立应急救援组织，生产经营规模较小的也应当组织指挥兼职的应急救援人员等。当发生事故后，为及时组织抢救，防止事故扩大，减少人员伤亡和财产损失，建筑施工企业应按照《安全生产法》的要求编制应急救援预案。由于以往建筑施工企业一般都没有编制事故应急预案，因此现在很多施工企业对预案的编制还不熟悉，从而无从着手。

5.6.2 应急救援预案的主要规定

(1) 县级以上地方人民政府建设行政主管部门应当根据本级人民政府的要求，制定本行政区域内建设工程特大生产安全事故应急救援预案。

(2) 施工单位应当制定本单位生产安全事故应急救援预案；建立应急救援组织或者配备应急救援人员，配备必要的应急救援器材、设备物资等，并定期组织演练。

(3) 施工单位应当根据建设施工的特点、范围，对施工现场易发生重大事故的部位、环节进行监控，制定施工现场安全生产事故应急救援预案。实行施工总承包的，由总承包单位统一组织编制建设工程安全生产事故应急救援预案，工程总承包单位和分包单位按照应急救援预案，各自建立应急救援组织或者配备应急救援人员，配备救援器材、设备物资等，并定期组织演练。

(4) 工程项目经理部应针对可能发生的事故制定相应的应急救援预案、准备应急救援的物资，并在事故发生时组织实施，防止事故扩大，以减少与之有关的伤害和不利环境影响。

5.6.3 现场应急预案的编制和管理

应急预案的编制应与安保计划同步编写。根据对危险源与不利环境因素的识别结果，确定可能发生的事故或紧急情况的控制措施失效时所采取的补救措施和抢救行动，以及针对可能随之引发的伤害和其他影响所采取的相应措施。

应急预案是规定事故应急救援工作的全过程。应急预案适用于项目部施工现场范围内可能出现的事故或紧急情况的救援和处理。

(1) 应急预案中应明确应急救援组织、职责和人员的安排，应急救援器材、设备的准备和平时的维护保养。

(2) 在作业场所发生事故时，如何组织抢救、保护事故现场的安排，其中应明白如何抢救，使用什么器材、设备。

(3) 应明确内部和外部联系的方法、渠道，根据事故性质，制定在多长时间内由谁，如何向企业上级、政府主管部门和其他有关部门报告，需要通知有关的近邻及消防、救险、医疗等单位的联系方式。

(4) 工作场所内全体人员如何疏散的要求。

(5) 应急救援的方案(在上级批准以后)，项目部还应根据实际情况定期和不定期举行应急救援的演练，检验应急准备工作的能力。

5.6.4 应急预案的内容

1. 基本的原则方针

应急预案基本的原则方针是安全第一，安全责任重于泰山；预防为主、自救为主、统一指挥、分工负责；优先保护人和优先保护大多数人，优先保护贵重财产等原则和方针。

2. 企业与项目的基本情况

(1) 企业及工程项目基本情况简介。介绍项目的工程概况和施工特点和内容；项目所在的地理位置，地形特点，工地外围的环境、居民、交通、安全注意事项和气象状况等。

(2) 施工现场的临时医务室或保健医药设施及场外医疗机构。要明确医务人员名单、联系电话、常用医药名单和抢救设施，附近医疗机构的情况介绍、位置、距离、联系电话等。

(3) 工地现场内外的消防、救助设施及人员状况。介绍工地消防机构和成员，成立义务消防队，标明有哪些消防、救助设施及其分布，消防通道等情况。

(4) 附施工消防平面布置图(如各楼层不一样，还应分层绘制)，并画出消防栓、灭火器的设置位置，易燃易爆的位置，消防紧急通道，疏散路线等。

3. 可能发生事故的确定及其影响

根据施工特点和任务，分析本工程是否可能发生较大的事故和发生位置、影响范围等。如列出工程中常见的事故：建筑质量安全事故、施工毗邻建筑坍塌事故、土方坍塌事故、气体中毒事故、架体倒塌事故、高空坠落事故、掉物伤害事故、触电事故等。对于土方坍塌、气体中毒事故等应分析和预知其可能对周围的不利影响和严重程度。

4. 应急机构组成后，应明确责任和分工

1) 组织机构

组织机构包括指挥机构和救援队伍的组成，具体指挥机构组成可列附表说明。企业或工程项目部应成立重大事故应急救援“指挥领导小组”，由企业经理或项目经理，有关副经理及生产、安全、设备、保卫等负责人组成，下设应急救援办公室或小组(可设在施工治安部)，日常工作由质量安全部兼管负责。发生重大事故时，领导小组成员迅速到达指定岗位，因特殊情况不能到岗的，所在单位按职务排序递补。以指挥领导小组为基础，成立重大事故应急救援指挥部，由单位经理为总指挥，有关副经理为副总指挥，负责事故的应急救援工作的组织和指挥。提醒注意：救援队伍必须是由经培训，合格的人员组成。

2）职责

如明确指挥领导小组(部)的职责，包括负责本单位或项目“预案”的指定和修订，组建应急救援队伍并组织实施和演练、检查督促做好重大事故的预防措施和应急救援的各项准备工作，组织和实施求援行动，组织事故调查和总结应急救援工作的经验教训等。

3）分工

明确各机构组成的分工情况。例如，总指挥应负责组织指挥整个应急救援工作，安全负责人负责事故的具体处置情况。后勤负责人应负责应急人员、受伤人员的生活必需品以及救援物资的供应工作。

5. 报警与通讯方式

明确各救援电话及有关部门、人员的联络电话或方式。例如，消防报警公安 110、医疗 120、交通、省市县建设局及安监局电话、工地应急机构办公室、可提供救援协助的临近单位电话等。

6. 事故应急救援步骤

1）明确应急程序

如发生重大事故，发现者应先紧急大声呼救，条件许可紧急施救，报告联络有关人员(紧急时立刻报警、打救助电话)成立指挥部(组)，必要时向社会发出救援请求，以及实施应急救援、上报有关部门、保护事故现场等善后处理。如发生一般伤害事故，发现者应先紧急大声呼救，条件许可紧急施救，报告联络有关人员，实施应急救援、保护事故现场等事故调查处理。

2）事故的应急救援措施

可根据工程项目可能发生的事故列表写出事故类别，事故原因，现场救援措施等。

7. 相关规定与要求

要明确有关的纪律及救援训练、学习等各种制度和要求。建筑施工属于高危工作，事故的发生无法完全避免。因此必须重视和认真编制好安全事故应急救援预案，加强突发事故处理，提高应急救援快速反应能力，减少施工企业不必要的经济损失。

5.6.5 应急预案的演练、评价及修改

工程项目部还应规定平时定期演练的要求和具体项目。演练后或事故发生后，对应急救援预案的实际效果进行评价和修改，逐步完善预案、措施与实际救援效果。

案例

工程模板支架坍塌事故

9月5日，某工程当楼盖浇筑快接近完成时，从楼盖中部偏西南部位突然发生凹陷式坍塌，造成死亡8人、重伤21人的重大事故。现场人员当时看到楼板形成V形下折情况和支架立杆发生多波弯曲并迅速扭转后，随即整个楼盖连同布料机一起垮塌下来，落砸在地下一层顶板（首层底板）上，坍落的混凝土、钢筋、模板和支架绞缠在一起，形成0.5～2.0m高的堆集，使找人和清理异常困难，至10日凌晨才挖出最后一名遇难者。中庭楼盖的坍塌也招致邻跨的钢筋和模板向中庭下陷，粗大的梁筋被从柱子中拉出达1m多；在冲砸之下，首层底板局部严重损坏、相应框架梁下沉、破损、开裂，支架严重变形。地下二层顶板和支架的相应部位也有明显的损伤和变形。图5.3分别示出了坍塌现场全貌、局部和支架变形情况。事故的5名责任人分别被判3～4年，责任企业不得不进行重组改貌。

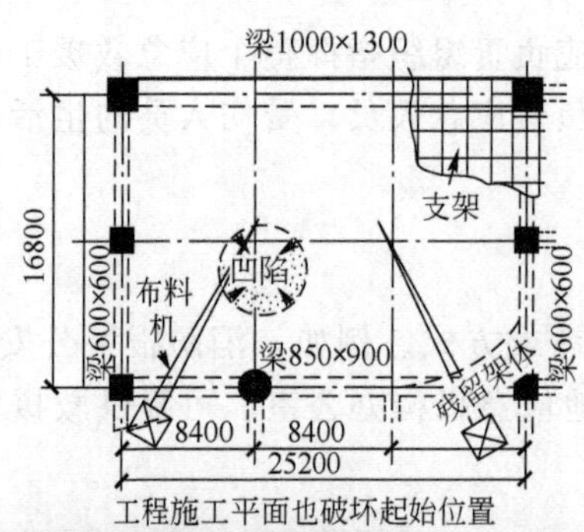

工程施工平面也破坏起始位置

工程坍塌现场全貌(一)

工程坍塌现场全貌(二)

工程坍塌现场局部

工程临边部位支架变形情况

工程相应地下结构的支架受损与变形情况

图5.3 工程模板支架坍塌事故

(1) 模板支架发生坍塌的技术原因或内在机理，不外出现了以下两种情况，或者两者兼而有之。

① 架体或其杆件、节点实际受到的荷载作用超过了其实际具有的承载能力，特别是稳定承载能力。

② 架体由于受到了不应有的荷载作用（侧力、扯拉、扭转、冲砸等），或者架体发生了不应有的设置与工作状态变化（倾斜、滑移和不均衡沉降等），招致发生非原设计受力状态的破坏。

(2) 引发模板支架坍塌的直接起因，大致来自以下3个方面。

① 支架因设计和施工缺陷，不具有确保安全的承载能力。在正常浇筑和荷载增加的过程中，随时都会在任何首先达到临界/极限应力或变形（位移）的部位发生失稳和破坏，从而引起支架瞬间坍塌。这类支架一旦开始进行混凝土浇筑作业，就面临坍塌破坏的危险境地，且难以监控。除非因已发现显著变形、晃动或异常声响（连接件、节点开裂、破坏）而立即停止作业、撤离人员，则事故将不可避免。没有进行方案设计或设计安全度不够的，按脚手架构造搭设的、任由工人单凭经验搭设的和在搭设之中任意扩大尺寸与随意减少杆件的支架，就属于这一方面。

② 支架因设计或施工原因。使其承载能力没有多大富裕。在遇到显著超过设计的荷载作用时，由局部失稳开始，迅即引起模板支架整体坍塌。这种情况多出现在自一侧起向另一侧整体推进浇筑工艺、并浇筑至高重大梁时和在浇筑的最后阶段、过多集中浇捣设备与人员作业时。所谓“被最后一根稻草压跨”的临界加载作用，是其主要特征。

③ 支架因采用的构架尺寸较大、未设水平剪刀撑加强层及竖向斜杆（剪刀撑）设置不够等，造成构架的整体刚度不足。当因局部的模板、木格栅和直接承载横杆发生折断或节点破坏垮塌时，架体承受不了局部垮塌的冲击和扯拉作用，而酿成整体坍塌。

(3) 模板支架坍塌事故还有多个方面的管理原因，其中应特别注意以下两个方面的问题。

① 不顾安全的违规行为和工作决策与安排问题。

② 对大量存在的“习惯性安全隐患”熟识无睹的问题。当以管理问题为主引发事故时，就是管理责任事故。

本章小结

通过本章学习，可以加深对建筑施工安全控制过程的理解，熟悉建筑施工安全管理的法律法规以及技术标准，重点掌握JGJ 59—2011的安全检查方法，熟悉JGJ 77—2010，熟悉安全事故调查处理程序，做到企业的工程项目部应建立应急救援组织机构，应急物资保障体系；根据企业安全管理制度，实施施工现场安全生产管理。

习　　题

(1) 我国安全管理中的“三大规程”、“五项规定”是指什么？

(2) JGJ 59—2011中的10个分项内容是什么？

(3) 施工现场安全检查是怎样评价的？

(4) 什么是安全资料？为什么要加强施工现场安全资料管理？

(5) 施工企业安全评价内容主要包括什么？

(6) 施工企业安全评价中，抽查及核验企业在建施工现场应符合什么要求？

(7) 建筑施工现场的安全事故主要有哪些？

(8) 安全事故的报告应当包括哪些内容？

(9) 安全事故调查报告应当包括哪些内容？

(10) 安全事故调查处理，要坚持的“四不放过”原则是指什么？

(11) 安全事故处理程序是怎样的？

(12) 什么是应急救援？什么是应急救援预案？

(13) 应急救援预案的内容主要包括什么？

(14) 某工程的建筑安装工程检查评分汇总表如下表所示，表中已填有部分数据。

检查评分汇总表

企业名称：××建筑公司　　　　　　　　经济类型：　　　　　　　　资质等级：

单位工程(施工现场)名称	建筑面积(m^2)	结构类型	总计得分(满分分值100分)	项目名称及分值									
				安全管理(满分分值为10分)	文明施工(满分分值为20分)	脚手架(满分分值为10分)	基坑支护与模板工程(满分分值为10分)	“三宝”、“四口”防护(满分分值为10分)	施工用电(满分分值为10分)	物料提升机(满分分值为5分)	外用电梯(满分分值为5分)	塔吊(满分分值为10分)	起重吊装(满分分值为5分)	施工机具(满分分值为5分)
××住宅	8950.5	内浇外砌					8.0			3.5	4.0	8.4		
评语：														
检查单位		负责人		受检项目		项目经理								

2009年9月16日

问题：

① 该工程《安全管理检查评分表》、《文明施工检查评分表》、《“三宝”、“四口”防护检查评分表》、《施工机具检查评分表》、《起重吊装安全检查评分表》等分表的实得分数分别为82分、84分、85分、78分和80分。换算成汇总表中相应分项后的实得分数各为多少？

② 该工程使用了多种脚手架，落地式脚手架实得分为86分，悬挑式脚手架实得分为80分，计算汇总表中“脚手架”分项实得分值是多少？

③《施工用电检查评分表》中“外电防护”这一保证项目缺项(该项应得分值为20分，保证项目总分为60分)，其他各项检查实得分为66分。计算该分表实得多少分？换算到汇总表中应为多少分？另外，在“外电防护”缺项的情况下，如果其他“保证项目”检查实得分合计为20分(应得分数为40分)，该分项检查表是否能得分？

④ 本工程总计得分为多少？安全检查应定为何种等级？

第6章

建筑施工现场文明施工与建筑职业病防治

教学目标

主要讲述安全生产的概念与定义，介绍目前我国安全生产的研究现状。通过本章学习，应达到以下目标。

(1) 掌握安全生产的概念，建筑业事故种类。

(2) 熟悉事故发生的原因、规律、安全生产投入与效益的关系。

(3) 理解安全生产的意义，建筑业的安全管理现状。

教学要求

知识要点	能力要求	相关知识
安全生产	(1) 掌握安全生产的概念 (2) 理解安全生产的意义	建筑安全生产
安全生产现状	(1) 建筑业安全生产基本情况 (2) 建筑施工伤亡事故种类及部位 (3) 建筑施工伤亡事故产生的原因 (4) 建筑安全事故发生的规律 (5) 建筑安全的投入与收益	(1) 安全管理制度 (2) 建筑业事故种类 (3) 五大伤害 (4) 事故发生的心理规律 (5) 事故发生的时间规律 (6) 安全投入的定义 (7) 安全投入与效益的关系图

基本概念

安全生产、安全事故、伤亡事故、安全投入、安全效益

引例

每年国际劳工组织(International Labor Organization，ILO)大会上都有批评中国职业健康安全问题的言论，世界人权大会等组织也以此为借口攻击中国“忽视人权”。

2002年，在我国的大陆、台湾、香港、澳门两岸四方共同举办的职业安全卫生研讨会上，记者向台湾负责职业卫生的官员提问：“珠三角有大量台资企业，有的台资企业设备陈旧，每年都有相当数量工人的手臂和手指被机器轧断。在台湾，这些企业也是如此吗?”这名官员回答：“这主要是大陆在这方面管理不严，惩罚不重。在台湾，如果发生了这种事故，老板要付极高的赔偿，这种事故多发生几起，老板就要倾家荡产。”

国外一些友好人士对中国的职业健康安全状况表示关心与忧虑。一位劳工组织官员曾讲过：“中国已成为政治、经济大国，但不应成为工业事故的大国。”

6.1 文明施工管理

建筑施工现场是指新建、扩建、改建的土木工程、建筑工程、线路管道工程、设备安装工程、装修装饰工程及拆除工程所需的施工场地。建筑施工现场包括施工区、办公区和生活区。

建筑施工现场安全生产管理是企业安全生产管理的重要内容。

《建设工程安全生产管理条例》对施工现场安全生产作出如下规定。

(1) 施工单位应当在施工现场入口处、施工起重机械、临时用电设施、脚手架、出入通道口、楼梯口、电梯井口、孔洞口、桥梁口、隧道口、基坑边沿、爆破物及有害危险气体和液体存放处等危险部位，设置明显的安全警示标志。安全警示标志必须符合国家标准。

(2) 施工单位应当根据不同施工阶段和周围环境及季节、气候的变化，在施工现场采取相应的安全施工措施。施工现场暂时停止施工的，施工单位应当做好现场防护，所需费用由责任方承担，或者按照合同约定执行。

(3) 施工单位应当将施工现场的办公、生活区与作业区分开设置，并保持安全距离；办公、生活区的选址应当符合安全性要求。职工的膳食、饮水、休息场所等应当符合卫生标准。施工单位不得在尚未竣工的建筑物内设置员工集体宿舍。

(4) 施工现场临时搭建的建筑物应当符合安全使用要求。施工现场使用的装配式活动房屋应当具有产品合格证。

(5) 施工单位对因建设工程施工可能造成损害的毗邻建筑物、构筑物和地下管线等，应当采取专项防护措施。

(6) 施工单位应当遵守有关环境保护法律、法规的规定，在施工现场采取措施，防止或者减少粉尘、废气、废水、固体废物、噪声、振动和施工照明对人和环境的危害和污染。

(7) 在城市市区内的建设工程，施工单位应当对施工现场实行封闭围挡。

(8) 施工单位应当在施工现场建立消防安全责任制度，确定消防安全责任人，制定用火、用电、使用易燃易爆材料等各项消防安全管理制度和操作规程，设置消防通道、消防水源，配备消防设施和灭火器材，并在施工现场入口处设置明显标志。

国家标准《建筑施工现场环境与卫生标准》JGJ 146—2004 对建筑施工现场环境与卫生做出了相应的规定，其中一般规定如下。

(1) 施工现场的施工区域应与办公、生活区划分清晰，并应采取相应的隔离措施。

(2) 施工现场必须采用封闭围挡，高度不得小于1.8m。

(3) 施工现场出入口应标有企业名称或企业标识。主要出入口明显处应设置工程概况牌，大门内应有施工现场总平面图和安全生产、消防保卫、环境保护、文明施工等制度牌。

(4) 施工现场临时用房应选址合理，并应符合安全、消防要求和国家有关规定。

(5) 在工程的施工组织设计中应有防治大气、水土、噪声污染和改善环境卫生的有效措施。

(6) 施工企业应采取有效的职业病防护措施，为作业人员提供必备的防护用品，对从事有职业病危害作业的人员应定期进行体检和培训。

(7) 施工企业应结合季节特点，做好作业人员的饮食卫生和防暑降温、防寒保暖、防煤气中毒、防疫等工作。

(8) 施工现场必须建立环境保护、环境卫生管理和检查制度，并应做好检查记录。

(9) 对施工现场作业人员的教育培训、考核应包括环境保护、环境卫生等有关法律、法规的内容。

(10) 施工企业应根据法律、法规的规定，制定施工现场的公共卫生突发事件应急预案。

6.1.1 施工现场安全文明施工管理

文明施工管理是建筑施工安全生产管理的重要内容，企业应对文明施工管理提出要求，并监督实施。具体要求如下。

(1) 企业应对安全文明施工提出管理要求。

(2) 安全文明施工管理要求比较全面，且应符合有关规定。

(3) 企业有相关的安全文明施工管理目标与考核规定。

(4) 企业应建立安全文明施工监督机制，落实检查与考核的具体实施办法。

(5) 企业应建立安全文明施工的管理档案。

(6) 其他管理要求。

6.1.2 安全警示标志管理

安全警示标志是施工现场安全生产管理的重要措施，企业必须对所属施工现场的这一管理措施提出要求，并监督实施。具体要求如下。

(1) 企业应对设置安全警示标志提出管理要求。

(2) 安全警示标志管理要求比较全面，且应符合有关规定。

(3) 企业能够对施工现场安全警示标志进行监督管理。

(4) 其他管理要求。

6.1.3 安全防护措施管理

企业应依据有关安全生产规范对施工现场的安全生产防护管理措施提出要求，并督促检查。具体要求如下。

(1) 企业应对安全防护措施提出管理要求。

(2) 安全防护措施管理要求比较全面，且应符合有关规定。

(3) 企业能够对施工现场安全防护措施进行监督管理。

(4) 其他管理要求。

6.1.4 安全防护用具、机械设备、施工机具及配件管理

企业应提出安全防护用具、机械设备、施工机具及配件管理要求，安全防护用具、机

械设备、施工机具及配件管理要求应全面并符合有关规定，并对施工现场提出配备相应的机械设备完好技术标准的管理要求。具体要求如下。

(1) 企业应对安全防护用具、机械设备、施工机具及配件提出管理要求。

(2) 企业对施工现场提出配备相应的机械设备完好技术标准的管理要求。

(3) 安全防护用具、机械设备、施工机具及配件管理要求比较全面，且应符合有关规定。

(4) 企业能够对施工现场安全防护用具、机械设备、施工机具及配件进行监督管理。

(5) 其他管理要求。

6.1.5 安全检查测试工具管理

安全生产检查测试工具是确保安全检查质量的关键，企业必须对安全检查测试工具管理提出要求，并监督检查。具体要求如下。

(1) 企业应对安全检查测试工具提出管理要求。

(2) 安全检查测试工具管理要求比较全面，且应符合有关规定。

(3) 企业有相应检测工具的监督管理部门和管理机制。

(4) 企业能够对施工现场安全检查测试工具进行监督管理。

(5) 其他管理要求。

6.2 绿色施工

6.2.1 基本概念

1. 绿色建筑的概念

绿色建筑是指在建筑的全寿命周期内，最大限度地节约资源(节能、节地、节水、节材)，保护环境和减少污染，为人们提供健康、适用和高效的使用空间，与自然和谐共生的建筑。这个概念是国家标准《绿色建筑评价标准》GB/T 50378—2006 的表述。

所谓“绿色建筑”的“绿色”，并不是指一般意义的立体绿化、屋顶花园，而是代表一种概念或象征，指建筑对环境无害，能充分利用环境的自然资源，并且在不破坏环境基本生态平衡条件下建造的一种建筑，又可称为可持续发展建筑、生态建筑、回归大自然建筑、节能环保建筑等。

绿色建筑的室内布局应当十分合理，尽量减少使用合成材料，充分利用阳光，节省能源，为居住者创造一种接近自然的感觉。

以人、建筑和自然环境的协调发展为目标，在利用天然条件和人工手段创造良好、健康的居住环境的同时，尽可能地控制和减少对自然环境的使用和破坏，充分体现向大自然的索取和回报之间的平衡。

绿色建筑的基本内涵可归纳为：减轻建筑对环境的负荷，即节约能源及资源；提供安全、健康、舒适性良好的生活空间；与自然环境亲和，做到人及建筑与环境的和谐共处、永续发展。

2. 绿色施工的概念

绿色施工是指工程建设中，在保证质量、安全等基本要求的前提下，通过科学管理和技术进步，最大限度地节约资源与减少对环境的负面影响，实现四节一环保(节能、节地、节水、节材和环境保护)的施工活动。

2007 年 9 月 10 日，中华人民共和国建设部印发《绿色施工导则》，要求各省、自治区建设厅，直辖市建委，国务院有关部门结合本地区、本部门实际情况认真贯彻执行。《导则》认为，我国尚处于经济快速发展阶段，作为大量消耗资源、影响环境的建筑业，应全面实施绿色施工，承担起可持续发展的社会责任。《导则》要求，绿色施工应当符合国家的法律、法规及相关的标准规范，实现经济效益、社会效益和环境效益的统一。实施绿色施工，应当依据因地制宜的原则，贯彻执行国家、行业和地方相关的技术经济政策。应当运用 ISO 14000 和 ISO 18000 管理体系，将绿色施工有关内容分解到管理体系目标中去，使绿色施工规范化、标准化。鼓励开展绿色施工的政策与技术研究，发展绿色施工的新技术、新设备、新材料与新工艺，推行应用示范工程。

6.2.2 绿色施工的原则与总体框架

绿色施工是建筑全寿命周期中的一个重要阶段。实施绿色施工，一是应当进行总体方案优化。在规划、设计阶段，应当充分考虑绿色施工的总体要求，为绿色施工提供基础条件。二是应当对施工策划、材料采购、现场施工、工程验收等各阶段进行控制，加强对整个施工过程的管理和监督。

绿色施工总体框架由绿色施工管理、环境保护、节材与材料资源利用、节水与水资源利用、节能与能源利用、节地与施工用地保护六个方面组成。这六个方面涵盖了绿色施工的基本指标，同时包含了施工策划、材料采购、现场施工、工程验收等各阶段的指标的子集。

6.2.3 绿色施工要点

1. 绿色施工管理

绿色施工管理主要包括组织管理、规划管理、实施管理、评价管理和人员安全与健康管理五个方面。

1) 组织管理

(1) 建立绿色施工管理体系，并制定相应的管理制度与目标。

(2) 项目经理为绿色施工第一责任人，负责绿色施工的组织实施及目标实现，并指定绿色施工管理人员和监督人员。

2) 规划管理

编制绿色施工方案。该方案应在施工组织设计中独立成章，并按有关规定进行审批。绿色施工方案应包括以下内容。

(1) 环境保护措施。制定环境管理计划及应急救援预案，采取有效措施，降低环境负荷，保护地下设施和文物等资源。

(2) 节材措施。在保证工程安全与质量的前提下，制定节材措施。例如，进行施工方案的节材优化，建筑垃圾减量化，尽量利用可循环材料等。

(3) 节水措施。根据工程所在地的水资源状况，制定节水措施。

(4) 节能措施。进行施工节能策划，确定目标，制定节能措施。

(5) 节地与施工用地保护措施。制定临时用地指标、施工总平面布置规划及临时用地、节地措施等。

3) 实施管理

(1) 绿色施工应对整个施工过程实施动态管理，加强对施工策划、施工准备、材料采购、现场施工、工程验收等各阶段的管理和监督。

(2) 应结合工程项目的特点，有针对性地对绿色施工工作作进行相应的宣传，通过宣传营造绿色施工的氛围。

(3) 定期对职工进行绿色施工知识培训，增强职工绿色施工意识。

4) 评价管理

(1) 企业对照住房和城乡建设部颁布的GB/T 50640—2010的指标体系，结合工程特点，对绿色施工的效果及采用的新技术、新设备、新材料与新工艺，进行自评估。

(2) 成立专家评估小组，对绿色施工方案、实施过程至项目竣工，进行综合评估。

5) 人员安全与健康管理

(1) 制定施工防尘、防毒、防辐射等职业危害的措施，保障施工人员的长期职业健康。

(2) 合理布置施工场地，保护生活及办公区不受施工活动的有害影响。施工现场建立卫生急救、保健防疫制度，在安全事故和疾病疫情出现时提供及时救助。

(3) 提供卫生、健康的工作与生活环境，加强对施工人员的住宿、膳食、饮用水等生活与环境卫生等管理，明显改善施工人员的生活条件。

2. 环境保护技术要点

1) 扬尘控制

(1) 运送土方、垃圾、设备及建筑材料等，不污损场外道路。运输容易散落、飞扬、流漏物料的车辆，必须采取措施封闭严密，保证车辆清洁。施工现场出口应设置洗车槽。

(2) 土方作业阶段，采取洒水、覆盖等措施，达到作业区目测扬尘高度小于1.5m，不扩散到场区外。

(3)结构施工、安装及装饰装修阶段，作业区目测扬尘高度小于0.5m。对易产生扬尘的堆放材料应采取覆盖措施；对粉末状材料应封闭存放；场区内可能引起扬尘的材料及建筑垃圾搬运应有降尘措施，如覆盖、洒水等；浇筑混凝土前，清理灰尘和垃圾时，尽量使用吸尘器，避免使用吹风器等易产生扬尘的设备；机械剔凿作业时，可用局部遮挡、掩盖、水淋等防护措施；高层或多层建筑清理垃圾应搭设封闭性临时专用道或者采用容器吊运。

(4) 施工现场非作业区达到目测无扬尘的要求。对现场易飞扬物质采取有效措施，如洒水、地面硬化、围挡、密网覆盖、封闭等，防止扬尘产生。

(5) 构筑物机械拆除前，做好扬尘控制计划。可采取清理积尘、拆除体洒水、设置隔挡等措施。

(6) 构筑物爆破拆除前，做好扬尘控制计划。可采用清理积尘、淋湿地面、预湿墙体、屋面敷水袋、楼面蓄水、建筑外设高压喷雾状水系统、搭设防尘排栅和直升机投水弹等综合方法降尘。选择风力小的天气进行爆破作业。

(7) 在场界四周隔挡高度位置测得的大气总悬浮颗粒物(Total Suspended Particulate，TSP)月平均浓度与城市背景值的差值不大于 $0.08mg/m^3$。

2) 噪声与振动控制

(1) 现场噪声排放不得超过国家标准《建筑施工场界噪声限值》GB 12523—1990 的规定。

(2) 在施工场界对噪声进行实时监测与控制。监测方法执行国家标准《建筑施工场界噪声测量方法》GB 12524—1990。

(3) 使用低噪声、低振动的机具，采取隔音与隔振措施，避免或减少施工噪声和振动。

3) 光污染控制

(1) 尽量避免或减少施工过程中的光污染。夜间室外照明灯加设灯罩，透光方向集中在施工范围。

(2) 电焊作业采取遮挡措施，避免电焊弧光外泄。

4) 水污染控制

(1) 施工现场污水排放应达到国家标准《皂素工业水污染物排放标准》GB 20425—2006 的要求。

(2) 在施工现场应针对不同的污水，设置相应的处理设施，如沉淀池、隔油池、化粪池等。

(3) 污水排放应委托有资质的单位进行废水水质检测，提供相应的污水检测报告；

(4) 保护地下水环境。采用隔水性能好的边坡支护技术。在缺水地区或地下水位持续下降的地区，基坑降水尽可能少地抽取地下水；当基坑开挖抽水量大于 50 万立方米时，应进行地下水回灌，并避免地下水被污染。

(5) 对于化学品等有毒材料、油料的储存地，应有严格的隔水层设计，做好渗漏液收集和处理。

5) 土壤保护

(1) 保护地表环境，防止土壤侵蚀、流失。因施工造成的裸土，及时覆盖砂石或种植速生草种，以减少土壤侵蚀；因施工造成容易发生地表径流土壤流失的情况，应采取设置地表排水系统、稳定斜坡、植被覆盖等措施，减少土壤流失。

(2) 沉淀池、隔油池、化粪池等不发生堵塞、渗漏、溢出等现象。及时清掏各类池内沉淀物，并委托有资质的单位清运。

(3) 对于有毒有害废弃物，如电池、墨盒、油漆、涂料等，应回收后交有资质的单位处理，不能作为建筑垃圾外运，避免污染土壤和地下水。

(4) 施工后应恢复施工活动破坏的植被(一般指临时占地内)。与当地园林、环保部门或者当地植物研究机构进行合作，在先前开发地区种植当地或者其他合适的植物，以恢复剩余空地地貌或科学绿化，补救施工活动中，人为破坏植被和地貌造成的土壤侵蚀。

6）建筑垃圾控制

(1) 制订建筑垃圾减量化计划，如住宅建筑，每万平方米的建筑垃圾不宜超过 400t。

(2) 加强建筑垃圾的回收再利用，力争建筑垃圾的再利用和回收率达到 30%，建筑物拆除产生的废弃物的再利用和回收率大于 40%。对于碎石类、土石方类建筑垃圾，可采用地基填埋、铺路等方式提高再利用率，力争再利用率大于 50%。

(3) 施工现场生活区设置封闭式垃圾容器，施工场地生活垃圾实行袋装化，及时清运。对建筑垃圾进行分类，并收集到现场封闭式垃圾站，集中运出。

7）地下设施、文物和资源保护

(1) 施工前应当调查清楚地下各种设施，做好保护计划，保证施工场地周边的各类管道、管线、建筑物、构筑物的安全运行。

(2) 施工过程中一旦发现文物，立即停止施工，保护现场并通报文物部门并协助做好工作。

(3) 避让、保护施工场区及周边的古树名木。

(4) 逐步开展统计分析施工项目的二氧化碳排放量，以及各种不同植被和树种的 CO_2 固定量的工作。

3. 节材与材料资源利用技术要点

1）节材措施

(1) 图纸会审时，应审核节材与材料资源利用的相关内容，达到材料损耗率比定额损耗率降低 30%。

(2) 根据施工进度、库存情况等合理安排材料的采购、进场时间和批次，减少库存。

(3) 现场材料堆放有序。储存环境适宜，措施得当。保管制度健全，责任落实。

(4) 材料运输工具适宜，装卸方法得当，防止损坏和遗洒。根据现场平面布置情况就近卸载，避免和减少二次搬运。

(5) 采取技术和管理措施，提高模板、脚手架等的周转次数。

(6) 优化安装工程的预留、预埋、管线路径等方案。

(7) 应就地取材，施工现场 500km 以内生产的建筑材料用量占建筑材料总重量的 70%以上。

2）结构材料

(1) 推广使用预拌混凝土和商品砂浆。准确计算采购数量、供应频率、施工速度等，在施工过程中动态控制。结构工程使用散装水泥。

(2) 推广使用高强钢筋和高性能混凝土，减少资源消耗。

(3) 推广钢筋专业化加工和配送。

(4) 优化钢筋配料和钢构件下料方案。钢筋及钢结构制作前应对下料单及样品进行复核，无误后方可批量下料。

(5) 优化钢结构制作和安装方法。大型钢结构宜采用工厂制作，现场拼装；宜采用分段吊装、整体提升、滑移、顶升等安装方法，减少方案的措施用材量。

(6) 采取数字化技术，对大体积混凝土、大跨度结构等专项施工方案进行优化。

3）围护材料

(1) 门窗、屋面、外墙等围护结构选用耐候性及耐久性良好的材料，施工确保密封性、防水性和保温隔热性。

(2) 门窗采用密封性、保温隔热性能、隔音性能良好的型材和玻璃等材料。

(3) 屋面材料、外墙材料具有良好的防水性能和保温隔热性能。

(4) 当屋面或墙体等部位采用基层加设保温隔热系统的方式施工时，应选择高效节能、耐久性好的保温隔热材料，以减小保温隔热层的厚度及材料用量。

(5) 屋面或墙体等部位的保温隔热系统采用专用的配套材料，以加强各层次之间的黏结或连接强度，确保系统的安全性和耐久性。

(6) 根据建筑物的实际特点，优选屋面或者外墙的保温隔热材料系统和施工方式，如保温板粘贴、保温板干挂、聚氨酯硬泡喷涂、保温浆料涂抹等，以保证保温隔热效果，并减少材料浪费。

(7) 加强保温隔热系统与围护结构的节点处理，尽量降低热桥效应。针对建筑物的不同部位保温隔热特点，选用不同的保温隔热材料及系统，以做到经济适用。

4) 装饰装修材料

(1) 贴面类材料在施工前，应进行总体排版策划，减少非整块材的数量。

(2) 采用非木质的新材料或人造板材代替木质板材。

(3) 防水卷材、壁纸、油漆及各类涂料基层必须符合要求，避免起皮、脱落。各类油漆及黏结剂应随用随开，不用时及时封闭。

(4) 幕墙及各类预留预埋应与结构施工同步。

(5) 木制品及木装饰用料、玻璃等各类板材等宜在工厂采购或定制。

(6) 采用自粘类片材，减少现场液态黏结剂的使用量。

5) 周转材料

(1) 应选用耐用、维护与拆卸方便的周转材料和机具。

(2) 优先选用制作、安装、拆除一体化的专业队伍进行模板工程施工。

(3) 模板应以节约自然资源为原则，推广使用定型钢模、钢框竹模、竹胶板。

(4) 施工前应对模板工程的方案进行优化。多层、高层建筑使用可重复利用的模板体系，模板支撑宜采用工具式支撑。

(5) 优化高层建筑的外脚手架方案，采用整体提升、分段悬挑等方案。

(6) 推广采用外墙保温板替代混凝土施工模板的技术。

(7) 现场办公和生活用房采用周转式活动房。现场围挡应最大限度地利用已有围墙，或采用装配式可重复使用围挡封闭。力争工地临时用房、临时围挡材料的可重复使用率达到70%。

4. 节水与水资源利用的技术要点

1) 提高用水效率

(1) 施工中采用先进的节水施工工艺。

(2) 施工现场喷洒路面、绿化浇灌不宜使用市政自来水。现场搅拌用水、养护用水应采取有效的节水措施，严禁无措施浇水养护混凝土。

(3) 施工现场供水管网应根据用水量设计布置，管径合理、管路简捷，采取有效措施减少管网和用水器具的漏损。

(4) 现场机具、设备、车辆冲洗用水必须设立循环用水装置。施工现场办公区、生活区的生活用水采用节水系统和节水器具，提高节水器具配置比率。项目临时用水应使用节水型产品，安装计量装置，采取针对性的节水措施。

(5) 施工现场建立可再利用水的收集处理系统，使水资源得到梯级循环利用。

(6) 施工现场分别对生活用水与工程用水确定用水定额指标，并分别计量管理。

(7) 大型工程的不同单项工程、不同标段、不同分包生活区，凡具备条件的应分别计量用水量。在签订不同标段分包或劳务合同时，将节水定额指标纳入合同条款，进行计量考核。

(8) 对混凝土搅拌站点等用水集中的区域和工艺点进行专项计量考核。施工现场建立雨水、中水或可再利用水的搜集利用系统。

2) 非传统水源利用

(1) 优先采用中水搅拌、中水养护，有条件的地区和工程应收集雨水养护。

(2) 处于基坑降水阶段的工地，宜优先采用地下水作为混凝土搅拌用水、养护用水、冲洗用水和部分生活用水。

(3) 现场机具、设备、车辆冲洗、喷洒路面、绿化浇灌等用水，优先采用非传统水源，尽量不使用市政自来水。

(4) 大型施工现场，尤其是雨量充沛地区的大型施工现场建立雨水收集利用系统，充分收集自然降水用于施工和生活中适宜的部位。

(5) 力争施工中非传统水源和循环水的再利用量大于30%。

3) 用水安全

在非传统水源和现场循环再利用水的使用过程中，应制定有效的水质检测与卫生保障措施，确保避免对人体健康、工程质量以及周围环境产生不良影响。

5. 节能与能源利用的技术要点

1) 节能措施

(1) 制定合理施工能耗指标，提高施工能源利用率。

(2) 优先使用国家、行业推荐的节能、高效、环保的施工设备和机具，如选用变频技术的节能施工设备等。

(3) 施工现场分别设定生产、生活、办公和施工设备的用电控制指标，定期进行计量、核算、对比分析，并有预防与纠正措施。

(4) 在施工组织设计中，合理安排施工顺序、工作面，以减少作业区域的机具数量，相邻作业区充分利用共有的机具资源。安排施工工艺时，应优先考虑耗用电能的或者其他能耗较少的施工工艺。避免设备额定功率远大于使用功率或者超负荷使用设备的现象。

(5) 根据当地气候和自然资源条件，充分利用太阳能、地热等可再生能源。

2) 机械设备与机具

(1) 建立施工机械设备管理制度，开展用电、用油计量，完善设备档案，及时做好维修保养工作，使机械设备保持低耗、高效的状态。

(2) 选择功率与负载相匹配的施工机械设备，避免大功率施工机械设备低负载长时间运行。机电安装可采用节电型机械设备，如逆变式电焊机和能耗低、效率高的手持电动工具等，以利节电。机械设备宜使用节能型油料添加剂，在可能的情况下，考虑回收利用，节约油量。

(3) 合理安排工序，提高各种机械的使用率和满载率，降低各种设备的单位耗能。

3）生产、生活及办公临时设施

(1) 利用场地自然条件，合理设计生产、生活及办公临时设施的体形、朝向、间距和窗墙面积比，使其获得良好的日照、通风和采光。淮河以南地区可根据需要在其外墙窗设遮阳设施。

(2) 临时设施宜采用节能材料，墙体、屋面使用隔热性能好的材料，减少夏天空调、冬天取暖设备的使用时间及耗能量。

(3) 合理配置采暖、空调、风扇数量，规定使用时间，实行分段分时使用，节约用电。

4）施工用电及照明

(1) 临时用电优先选用节能电线和节能灯具，临时用电线路合理设计、布置，临时用电设备宜采用自动控制装置。采用声控、光控等节能照明灯具。

(2) 照明设计以满足最低照度为原则，照度不应超过最低照度的20%。

6. 节地与施工用地保护的技术要点

1）临时用地指标

(1) 根据施工规模及现场条件等因素合理确定临时设施，如临时加工厂、现场作业棚及材料堆场、办公生活设施等的占地指标。临时设施的占地面积应按用地指标所需的最低面积设计。

(2) 要求平面布置合理、紧凑，在满足环境、职业健康与安全及文明施工要求的前提下尽可能减少废弃地和死角，临时设施占地面积有效利用率大于90%。

2）临时用地保护

(1) 应对深基坑施工方案进行优化，减少土方开挖和回填量，最大限度地减少对土地的扰动，保护周边自然生态环境。

(2) 红线外临时占地应尽量使用荒地、废地，少占用农田和耕地。工程完工后，及时对红线外占地恢复原地形、地貌，使施工活动对周边环境的影响降至最低。

(3) 利用和保护施工用地范围内原有绿色植被。对于施工周期较长的现场，可按建筑永久绿化的要求，安排场地新建绿化。

3）施工总平面布置

(1) 施工总平面布置应做到科学、合理，充分利用原有建筑物、构筑物、道路、管线为施工服务。

(2) 施工现场搅拌站、仓库、加工厂、作业棚、材料堆场等布置应尽量靠近已有交通线路或即将修建的正式或者临时交通线路，缩短运输距离。

(3) 临时办公和生活用房应采用经济、美观、占地面积小、对周边地貌环境影响较小，且适合于施工平面布置动态调整的多层轻钢活动板房、钢骨架水泥活动板房等标准化装配式结构。生活区与生产区应分开布置，并设置标准的分隔设施。

(4) 施工现场围墙可采用连续封闭的轻钢结构预制装配式活动围挡，减少建筑垃圾，保护土地。

(5) 施工现场道路按照永久道路和临时道路相结合的原则布置。施工现场内形成环形通路，减少道路占用土地。

(6) 临时设施布置应注意远近结合(本期工程与下期工程)，努力减少和避免大量临时建筑拆迁和场地搬迁。

6.2.4 发展绿色施工的新技术、新设备、新材料与新工艺

(1) 施工方案应建立推广、限制、淘汰公布制度和管理办法。发展适合绿色施工的资源利用与环境保护技术，对落后的施工方案进行限制或者淘汰，鼓励绿色施工技术的发展，推动绿色施工技术的创新。

(2) 大力发展现场监测技术、低噪声的施工技术、现场环境参数检测技术、自密实混凝土施工技术、清水混凝土施工技术、建筑固体废弃物再生产品在墙体材料中的应用技术、新型模板及脚手架技术的研究与应用。

(3) 加强信息技术应用，如绿色施工的虚拟现实技术，三维建筑模型的工程量自动统计，绿色施工组织设计数据库建立与应用系统，数字化工地，基于电子商务的建筑工程材料、设备与物流管理系统等。通过应用信息技术，进行精密规划、设计、精心建造和优化集成，实现与提高绿色施工的各项指标。

6.2.5 绿色施工的应用示范工程

我国绿色施工尚处于起步阶段，应通过试点和示范工程，总结经验，引导绿色施工的健康发展。国家建设部要求各地应根据具体情况，制定有针对性的考核指标和统计制度，制定引导施工企业实施绿色施工的激励政策，促进绿色施工的发展。

企业应按照 GB/T 50640—2010 的要求，结合本单位的实际，明确主管机构、制定管理措施，进行试点推进。

6.3 职业健康安全管理体系

6.3.1 职业健康安全管理体系概述

职业健康安全管理体系(Occupation Health Safety ManagementSystem，OHSMS)是 20 世纪 80 年代后期在国际上兴起的现代安全生产管理模式，与 ISO 9000 和 ISO 14000 等标准体系一并被称为“后工业化时代的管理方法”。我国现有的职业健康安全、职业安全健康、职业安全卫生、劳动安全卫生等不同的提法，其内容都与安全生产或者劳动保护的含义基本相同，均以法律法规、管理机制、组织制度、技术措施、宣传教育等手段，来确保人身健康与生命安全以及财产安全。职业健康安全是 2001 年 11 月 12 日国家质量监督检验检疫总局颁发的国家标准《职业健康安全管理体系要求》GB/T 28001—2011 的提法，目前我国大陆最新的职业健康安全管理体系为 OHSAS 18001：2007 职业健康安全管理体系。下面简单介绍该体系的主要内容。

OHSAS 18001 标准由：范围、规范性引用文件、术语和定义、职业健康安全管理体系要素等四系构成。标准规定了 17 个名词术语定义，其中“危险源”、“风险”、“事故”是具有 18001 特色的四个术语。第 4 章是标准的主要内容，规定了职业健康安全管理体系

的要求。标准结构与 ISO 14001 完全相同，也由五个一级要素组成，下分 17 个二级要素，体现了 PDCA 循环和管理模式。

6.3.2 职业健康安全管理体系认证程序

1. 企业建立 OHSMS 的步骤

企业(组织)建立 OHSMS，要依据 OHSAS18001 要求，结合组织(企业)实际，按照以下六个步骤建立。

(1) 领导决策与准备：领导决策、提供资源、任命管代、宣贯培训。

(2) 初始安全评审：识别并判定危险源、识别并获取安全法规、分析现状、找出薄弱环节。

(3) 体系策划与设计：制定职业健康安全方针、目标、管理方案；确定体系结构、职责及文件框架。

(4) 编制体系文件：编制职业健康安全管理手册、有关程序文件及作业文件。

(5) 体系试运行：各部门、全体员工严格按体系要求规范自己的活动和操作。

(6) 内审和管理评审：体系运行两个多月后，进行内审和管评，自我完善改进。

2. 企业获得 OHSAS 18001 认证证书的条件

(1) 按 OHSAS 18001 标准要求建立文件化的职业健康安全管理体系。

(2) 体系运行 3 个月以上，覆盖标准的全部 17 个要素。

(3) 遵守适用的安全法规，事故率低于同行业平均水平。

(4) 接受国家认可，可委认授权的认证机构第三方审核并获通过。

6.4 职业卫生与保健急救

6.4.1 职业病防治基本知识

职业病是指企业、事业单位和个体经济组织(以下统称用人单位)的劳动者在职业活动中，因接触粉尘、放射性物质和其他有毒、有害物质等因素而引起的疾病。

我国的职业病防治工作坚持预防为主、防治结合的方针，实行分类管理、综合治理。劳动者保护与职业病防治体系的完善程度是体现一个国家与社会发展水平的重要因素之一。早在 2001 年 10 月 27 日，我国就颁布了旨在预防、控制和消除职业病危害，防治职业病，保护劳动者健康的《中华人民共和国职业病防治法》。法案中明确提出了为了预防、控制和消除职业病危害，防治职业病，保护劳动者健康及其相关权益，促进经济发展，根据宪法，制定该法。该法第四条和第六条特别指出用人单位应当为劳动者创造符合国家职业卫生标准和卫生要求的工作环境和条件，并采取措施保障劳动者获得职业卫生保护，与此同时，用人单位还应依法参加工伤社会保险。

1. 用人单位在职业病防治方面的职责

企业应根据有关职业危害防治法规和标准规范的规定，作好职业危害的前期预防、劳动过程的防护与管理，同时做好职业病病人的保障工作。具体要求如下。

(1) 企业应制定职业危害防治措施的管理规定。

(2) 企业应有防范粉尘、生产性毒物、噪声、振动及地下环境危害等职业危害相适应的设施并符合国家的有关规定。

(3) 企业应有相应的部门负责职业危害防治措施管理。

(4) 职业危害防治措施管理责任能够落实到人。

(5) 其他管理要求。

2. 劳动者依法享有的职业卫生保护的权利

(1) 获得职业卫生教育、培训。

(2) 获得职业健康检查、职业病诊疗、康复等职业病防治服务。

(3) 了解工作场所产生或者可能产生的职业病危害因素、危害后果和应当采取的防护措施。

(4) 要求用人单位提供符合防护防治职业病要求的防护设施，个人正确使用职业病防护用品，改善工作环境。

(5) 对于违反职业病防治管理办法的行为提出批评、检举和控告。

(6) 拒绝违章指挥和强令冒险作业的行为。

(7) 参与企业职业卫生工作的民主管理、对职业病防治工作提出意见和建议。

3. 职业病危害建设项目分类管理及验收规定

《建设项目职业病危害分类管理办法》于 2006 年 6 月 15 日经卫生部部务会议讨论通过并实施。

管理办法规定：可能产生职业病危害项目是指存在或产生《职业病危害因素分类目录》所列职业病危害因素的项目。

可能产生严重职业病危害的因素包括下列内容。

(1)《高毒物品目录》所列化学因素。

(2) 石棉纤维粉尘、含游离二氧化硅 10%以上粉尘。

(3) 放射性因素：核设施、辐照加工设备、加速器、放射治疗装置、工业探伤机、油田测井装置、甲级开放型放射性同位素工作场所和放射性物质贮存库等装置或场所。

(4) 卫生部规定的其他应列入严重职业病危害因素范围的。

国家对职业病危害建设项目实行分类管理。对可能产生职业病危害的建设项目分为职业病危害轻微、职业病危害一般和职业病危害严重三类。

(1) 职业病危害轻微的建设项目，其职业病危害预评价报告、控制效果评价报告应当向卫生行政部门备案。

(2) 职业病危害一般的建设项目，其职业病危害预评价、控制效果评价应当进行审核、竣工验收。

(3) 职业病危害严重的建设项目，除进行前项规定的卫生审核和竣工验收外，还应当进行设计阶段的职业病防护设施设计的卫生审查。

建设单位应当在建设项目可行性论证阶段，根据《职业病危害因素分类目录》和《建设项目职业卫生专篇编制规范》编写职业卫生专篇，并委托具有相应资质的职业卫生技术服务机构进行职业病危害预评价。

建设单位在可行性论证阶段完成建设项目职业病危害预评价报告后，应当按规定填写《建设项目职业病危害预评价报告审核(备案)申请书》，向有管辖权的卫生行政部门提出申请并提交申报材料。

按照国家有关规定，不需要进行可行性论证的建设项目，建设单位应当在建设项目开工前提出职业病危害预评价报告的卫生审核或备案。

4. 职业病诊断

我国的职业病诊断由省级以上人民政府卫生行政部门批准的医疗卫生机构承担。职业病诊断标准和职业病诊断、鉴定办法由国务院卫生行政部门制定。职业病诊断，应该综合分析病人的职业经历、职业病危害接触史、现场危害调查与评价、临床表现以及辅助检查结果等因素。

5. 职业病病人保障

职业病病人依法享受国家规定的职业病待遇。医疗卫生机构发现疑似职业病病人时，应当告知劳动者本人并及时通知用人单位。用人单位应当及时安排对疑似职业病病人进行诊断；在疑似职业病病人诊断或者医学观察期间，不得解除或者终止与其订立的劳动合同。疑似职业病病人在诊断、医学观察期间的费用，由用人单位承担。用人单位应当按照国家有关规定，安排职业病病人进行治疗、康复和定期检查。用人单位对不适宜继续从事原工作的职业病病人，应当调离原岗位，并妥善安置。用人单位对从事接触职业病危害作业的劳动者，应当给予适当的岗位津贴。职业病病人的诊疗、康复费用，伤残以及丧失劳动能力的职业病病人的社会保障，按照国家有关工伤社会保险的规定执行。职业病病人除依法享有工伤社会保险外，依照有关民事法律，尚有获得赔偿的权利的，有权向用人单位提出赔偿要求。劳动者被诊断患有职业病，但用人单位没有依法参加工伤社会保险的，其医疗和生活保障由最后的用人单位承担；最后的用人单位有证据证明该职业病是先前用人单位的职业病危害造成的，由先前的用人单位承担。职业病病人变动工作单位，其依法享有的待遇不变。用人单位发生分立、合并、解散、破产等情形的，应当对从事接触职业病危害的作业的劳动者进行健康检查，并按照国家有关规定妥善安置职业病病人。

6.4.2 职业危害因素

建筑业手工劳动强度大，工作环境恶劣，职业病高发。目前，建筑企业中存在的职业性危害因素主要有生产性粉尘、生产性毒物、物理性职业危害、职业性致癌、与职业相关疾病等。

1. 生产性粉尘

生产性粉尘，是指在生产过程中产生并能够长时间悬浮在空气中的固体微粒。根据生产性粉尘的成分，可以将其分为无机性粉尘(如硅石、石棉)、有机性粉尘(如植物性粉尘、动物性粉、炸药)和混合性粉尘等。

固体物质的机械加工、粉碎和研磨，粉体物料的运输、筛分、混合，金属熔炼及焊接，有机物质的不完全燃烧等过程可能产生生产性粉尘。

粉尘主要经呼吸道进入人体，沉降过程中可与人体眼睛、皮肤等接触。

施工现场主要是含游离的二氧化硅粉尘、水泥尘(硅酸盐)、石棉尘、木屑尘、电焊烟尘、金属粉尘、砂石、灰土等；主要受危害的工种有石工、掘进工、风钻工、炮工、出渣工、喷砂工、浇注工、玻璃打磨工、混凝土(砂浆)搅拌司机、水泥上料工、材料试验工、刨机工、电(气)焊工、金属打磨工、除锈工、砂轮磨锯工等工种。

1) 对人体的危害

工人长期在含尘浓度高的作业场所工作，肺部吸入大量的有害粉尘，当尘粒达到一定数量时，会引起肺组织发生纤化性病变，肺组织逐渐硬化，失去正常的呼吸功能，即尘肺病(肺尘埃沉着病)。一些非金属粉尘如硅、石棉、炭黑等，经人体吸入后不能被排除，将变成硅肺(硅沉着病)、石棉肺或炭黑肺。其中硅肺属于进行性疾病，一经发生，即使调离硅尘作业，仍可持续发展。该病发病率高，发病工龄短，进展快，病死率高，是危害最严重的尘肺病。按尘肺发病原因，通常分为矽肺(硅沉着病)、硅酸盐尘肺(石棉肺、滑石尘肺、水泥尘肺)、碳素尘肺(煤尘肺、炭黑尘肺、石墨尘肺)、金属尘肺(铝尘肺、电焊工尘肺)、混合性尘肺。尘肺病的发病年限、病情轻重主要与粉尘成分、浓度、粒度、工人接尘时间及个人体质有关。作业场所中粉尘含游离二氧化硅成分越高，尘粒的浓度越高，发病年限越短，病情发展越快；5μm 以下的粉尘可经人体支气管进入肺泡，沉积在肺部，称为呼吸性粉尘。呼吸性粉尘含量越高，对人体危害越严重；工人接触粉尘工龄越长，患尘肺病的可能性越大；此外，体质较差的工人抵抗粉尘侵袭的能力相对较弱。

一些生产性粉尘除可引起呼吸系统病变外，还可引起全身性中毒、眼睛及皮肤病变、癌变等。例如，铅粉尘及其化合物进入血液循环，可引起贫血，严重时引起中毒性脑病；在阳光下接触煤焦油、沥青粉尘时可引起眼睑水肿和结膜炎；粉尘落在皮肤上可堵塞皮脂腺而引起皮肤干燥；石棉、铅、铬、镍、滑石、联苯胺粉尘是致癌粉尘。

2) 造成大气污染

建筑施工现场砂石、灰土、粉煤灰等粉体材料的装卸及使用，工程渣土的运输，油毡棉、沥青、塑料等建筑垃圾的燃烧，脚手架的拆除等作业过程中会产生大量的粉尘，如果粉尘作业场所没有采取有效的防尘措施，粉尘在空气中大量弥漫或飞扬，会造成大气污染，并对周围居民的身体健康产生不利影响。

2. 生产性毒物

生产性毒物是指生产过程中存在的可能造成生物体功能性或器质性损坏的化学物质。生产性毒物以固体、液体、气体或气溶胶的形态存在于生产环境中。按毒物的作用性质可分为窒息性毒物、刺激性毒物、麻醉性毒物和全身性毒物四类。毒物主要经呼吸道、皮肤进入人体，少数情况下也可经消化道进入。由于毒物本身特性、侵入途径、人体接触毒物的剂量、浓度及作用时间等不同，对机体的致害后果也不同。生产性毒物可能导致神经系统、呼吸系统、血液系统、消化系统、泌尿系统发生病变，同时还可引起皮肤和眼损害、骨骼病变及烟尘热等。一些毒物对生殖功能有影响，如苯、铅等。多种毒物联合作用于人体，高温、劳动强度过大会加重毒物对人体的危害。

建筑业可能接触到的生产性毒物主要有铅尘(烟或雾)、苯及其同系物蒸汽、锰烟尘、乙炔、一氧化碳、二氧化碳、硫化氢、二硫化碳、沼气、氮氧化物气体、氡、聚氯乙烯、水泥、砂土的扬尘等。主要受危害的工种有电(气)焊工、喷漆工、涂刷工、放炮工以及深基坑施工、隧道凿岩工、水下施工、冬期暖棚施工等。

劳动者在职业活动中，组织器官受到工作场所的毒物作用而引起的功能性和器质性疾病称为职业性中毒。职业性中毒按临床发病过程可分为急性中毒、慢性中毒和亚急性中毒。毒物一次或短时间内大量进入人体后可引起急性中毒；少量毒物长期逐渐进入人体，在体内蓄积到一定程度才出现中毒症状时，称为慢性中毒。介于两者之间，在较短时间内有较大剂量毒物反复进入人体而引起的中毒，称为亚急性中毒。建筑行业常见职业中毒有以下几种。

1）锰中毒

采用锰焊条进行焊接、分割锰合金时会产生锰烟尘。锰及其化合物的烟尘和粉尘经呼吸道进入人体，在通风不良的工作环境中，吸入大量氧化锰烟雾后，会引起锰中毒。慢性锰中毒一般在接触锰的烟尘 3～5 年或更长时间后发病，早期症状有失眠、头痛、肢体酸痛、下肢无力和沉重、多汗、心悸和情绪改变不稳定。后期出现典型的震颤麻痹综合征，有四肢肌张状。急性锰中毒可引起急性腐蚀性胃肠炎或刺激性支气管炎、肺炎。

2）铅中毒

采用铅焊条进行焊接，使用含铅油漆，通风不良，未采取有效防护措施，都可能发生铅中毒。铅以无机物或粉尘形式进入人体或通过水、食物经消化道侵入人体。铅粉尘对全身都有毒性作用，可损害人体造血、神经、消化系统及肾脏。职业性铅中毒多为慢性中毒，是由于接触铅烟或铅尘所致的以神经、消化、造血系统障碍为主的全身性疾病。

铅中毒的神经系统表现主要为神经衰弱综合征、周围神经病(以运动功能受累较明显)，重者出现铅中毒性脑病。消化系统表现有齿龈铅线、食欲不振、恶心、腹胀、腹泻或便秘，腹绞痛见于中等及较重病例。造血系统损害出现卟啉代谢障碍、贫血等。短时大剂量接触可发生急性或亚急性铅中毒，表现类似于重症慢性铅中毒。急性中毒时可引起兴奋、肌肉震颤、痉挛及四肢麻痹。

3）苯中毒

油漆、防水涂料、稀释剂、机件清洗剂中含有苯及其同系物的溶剂，若苯及其同系物含量超标、防护设施不当、通风不良等，可引起苯中毒。苯在常温下易挥发，在气温高时挥发得更快，可经呼吸系统、消化系统或皮肤进入人体。苯中毒有急、慢性之分。职业病急性苯中毒是劳动者在职业活动中，短期内吸入大剂量苯蒸气所引起的以中枢神经系统抑制为主要表现的全身性疾病；职业性慢性苯中毒是指劳动者在职业活动中较长时间接触苯蒸气引起的以造血系统损害为主要表现的全身性疾病。

高浓度苯对中枢神经系统有麻痹作用，引起急性中毒。轻者有头痛、头晕、恶心、呕吐、轻度兴奋、步态蹒跚等酒醉状态；严重者发生昏迷、抽搐、血压下降，以致呼吸和循环衰竭。长期接触苯对造血系统有损害，患者出现神经衰弱综合征，造血系统改变，白细胞、血小板减少，重者出现再生障碍性贫血，少数病例在慢性中毒后可发生白血病(以急性粒细胞为多见)。皮肤损害有脱脂、干燥、皲裂、皮炎。可致月经量增多与经期延长。

4）一氧化碳中毒

爆破、地下深基坑作业、隧道施工、冬季暖棚施工、建筑垃圾等含碳物质的不完全燃烧等过程，可能产生大量的一氧化碳气体。机体处于紧张、疲劳、贫血、饥饿和营养不良状态时易引发一氧化碳中毒。作业环境同时存在高温、氮氧化物、二氧化碳、氰化物、苯和汽油等职业危害因素时也易引发一氧化碳中毒，一氧化碳经呼吸系统进入人体后，造成组织缺氧。急性中毒：轻度中毒者出现头痛、头晕、耳鸣、心悸、恶心、呕吐、无力等症状；中度中毒者除上述症状外，还有面色潮红、口唇樱红、脉快、烦躁、步态不稳、意识模糊，可致昏迷；重度中毒者昏迷不醒、瞳孔缩小、肌张力增加、频繁抽搐、大小便失禁等；深度中毒可致死。慢性中毒：长期反复吸入一定量的一氧化碳可致神经和心血管系统受到损害。

5）硫化氢中毒

沟渠、隧道开挖，孔、孔桩开挖，井下作业等可能接触到硫化氢气体，有硫化氢中毒的危险。在某些作业环境下，可发生硫化氢、二硫化碳混合中毒或沼气中毒。硫化氢属于强烈的神经毒物，对黏膜有强烈刺激作用；硫化氢是高度危害的窒息性气体，可经呼吸道进入人体。

轻度中毒有眼刺痛、畏光、流泪、眼睑浮肿、眼结膜充血、水肿、角膜上皮浑浊等急性角膜炎和结膜炎表现；呼吸道症状表现有咳嗽、胸闷，肺部可闻及干、湿罗音，X线胸片显示肺纹理增强等急性支气管周围炎；可伴有头痛、头晕、恶心、呕吐等中枢神经系统症状。

中度中毒有明显的头痛、头晕病，出现轻度意识障碍；咳嗽、胸闷，肺部闻及干、湿罗音，X线胸片显示两肺纹理模糊，有广泛的网状阴影或散在细粒状的阴影，肺叶透亮度降低或出现片状密度增高阴影，显示间质性肺水肿或支气管肺炎。

重度中毒者表现为昏迷、肺泡性质水肿、心肌炎、呼吸循环衰竭或猝死。当浓度在 $1000mg/m^3$ 以上时，人犹如被电击一样，数秒内突然倒下，瞬间停止呼吸。若救护不及时，可致麻痹死亡。

6）二氧化氮中毒

凿岩放炮、焊接、爆破过程中可能产生二氧化氮。人体吸入过量二氧化氮，可发生二氧化氮中毒。二氧化氮具有强烈刺激性，可经呼吸道进入人体，吸入高浓度可发生肺水肿，能致死，可对皮肤产生刺激，皮肤接触可引起强烈刺激和腐蚀，长期接触可导致慢性支气管炎。

7）氡体引起的放射性病变

氡是一种无色、无味、无法察觉的惰性气体。水泥、砂石、大理石、瓷砖等建筑材料是氡的主要来源，地质断裂带处也会有大量的氡析出。氡及其子体随空气进入人体，或附着于气管黏膜及肺部表面，或溶入体液进入细胞组织，形成体内辐射，诱发癌变、白血病和呼吸道病变。世界卫生组织研究表明，氡是仅次于烟引起肺癌的第二大致癌物质。

3. 物理性职业危害因素

1）噪声

声源无规律地振动而产生的声音称为噪声。固体振动、金属摩擦、构件碰撞、不平衡旋转零件撞击、气体压力变化引起的气体扰动，磁场脉冲、磁致收缩引起的电气部件振动，交通运输等过程均可能产生噪声。影响噪声对机体作用的因素有噪声强度、频谱类型、接触时间和敏感性等。噪声的强度越大，对人体的危害越大。噪声在 80dB(A)以下，对听力的损害较小；强度和频率经常变化的噪声比稳定噪声的危害大；工龄越长，职业性耳聋发生的概率越大；噪声强度越大，出现听力损失的时间越短。佩戴个人防声用具可以减缓噪声对听力的损害。脉冲噪声、噪声与振动同时存在等情况，对听力损害更大。

建筑业的噪声源主要有推土机、挖掘机、装卸机、压路机、打桩机、打夯机、钻孔机、凿岩机、混凝土搅拌机、振捣棒、电锯、吊车、升降机、空压机、电动机、碎石机、砂轮机、钢筋加工机械、木工加工机械、风铲、运送材料的卡车等。

由于建筑施工工种多、施工工期长，建筑业的噪声危害比较严重。长期接触强噪声会导致听阈升高，听力下降，严重者导致噪声性耳聋。人耳突然暴露于极其强烈的噪声环境下可能导致耳部外伤，甚至发生全聋。噪声对人的神经系统、心血管系统、消化系统、内分泌系统等会产生不良的影响，人体长期接触噪声可能出现神经衰弱、心电图异常、消化不良等临床表现。此外，噪声容易使人产生厌倦、疲劳、心绪不宁等情绪，从而导致工作效率的下降。噪声干扰影响信息交流，可能造成工人听不清指令、看不清信号、误操作增多，造成重大工伤事故，后果不堪设想。噪声可对女性生理机能造成损害，可造成女工月经失调、流产率增高等。

2）生产性振动

生产过程中，由于设备运转、撞击或运输工具行驶等产生的振动称为生产性振动。

影响振动致病作用的因素主要有振动频率和振幅、振动加速度和速度、接振时间等。低频大振幅振动，引起内脏位置改变、血管痉挛、血压下降，人体感觉振动和摇晃；高频小振幅振动主要作用于组织内的神经末梢，人体感觉疼痛；小振幅而频率较大时，速度越大，振动危害越严重；大振幅而频率较小时，加速度越大，振动危害越严重；人体站立时对垂直振动较敏感，卧位时对水平振动较敏感；人体接振时间越长，对人体的不良影响越大。此外，寒冷季节或寒冷的作业场所可增加局部振动病的发病率，噪声的同时存在可增加振动对听觉的有害影响。

振动对人体危害的主要表现：振动的机械设备会产生强烈的噪声，同时影响操作者的视觉，工人精力难以集中，操作不准确、误操作频频发生，工作效率下降。按振动对人体作业方式可分为全身振动和局部振动两种。全身振动能造成骨骼、肌肉、关节及韧带的严重损伤，当振动频率和人体内脏某个器官的固有频率接近时会引起共振，造成内脏器官的损害。全身振动对消化系统、神经系统、内分泌系统会产生不良影响，临床表现为消化能力下降、交感神经兴奋、女工月经周期紊乱等症状。局部振动对人体的影响主要为可引起末梢循环障碍、上肢骨与关节病变。长期在振动环境中作业可造成手指麻木、胀痛、无力、双手震颤、手腕关节骨质变形、指端白指和坏死等。局部振动病为法定职业病。此外，局部振动还能引起头痛、头晕、耳鸣、失眠、记忆力减退等神经衰弱综合征。

3）辐射

(1) 非电离辐射。

① 射频辐射。例如，高频感应加热、金属的热处理、金属熔炼、热轧等，高频设备的辐射源，微波作业（由于电气密闭结构不严微波能量外泄和辐射向空间辐射的微波能量）。对健康的影响可出现以中枢神经系统和植物神经系统功能紊乱，心血管系统的变化。

② 红外线。炼钢工、铸造工、轧钢工、锻钢工、焊接工等可受到红外线辐射。红外线引起的职业性白内障已被列入职业病名单。

③ 紫外线。常见的辐射源有冶炼炉、电焊等。作业场所比较多见的是紫外线对眼睛的损伤，即所引起的职业病——电光性眼炎。

④ 激光。用于焊接、打孔、切割、热处理等。激光对健康的影响主要是对眼部影响和对皮肤造成损伤。

(2) 电离辐射。

α、β等带电粒子，γ光子、中子等非带电粒子的辐射。放射性核素和射线装置被广泛应用，接触电离辐射的人员也日益增多，如辐射育种，射线照射杀菌、保鲜，管道焊缝、铸件砂眼的探伤等。

辐射引起的职业病包括：全身性放射性疾病，如急慢性放射病；局部放射性疾病，如急、慢性放射性皮炎、放射性白内障；放射所致远期损伤，如放射所致白血病。国家法定职业病：急性、亚急性、慢性外照射放射病，放射性皮肤疾病和内照射放射病、放射性肿瘤、放射性骨损伤、放射性甲状腺疾病、放射性性腺疾病、放射复合伤和其他放射性损伤共11种。

4) 异常气象条件

(1) 高温作业。生产场所的热源来自如各种熔炉、锅炉、化学反应釜，以及机械摩擦和转动的产热以及人体散热。空气湿度的影响主要来自各种敞开液面的水分蒸发或蒸汽放散，如造纸、印染、缫丝、电镀、潮湿的矿井、隧道以及潜涵等相对湿度大于80%的高气湿的作业环境。风速、气压和辐射热都会对生产作业场所的环境产生影响。

① 高温强热辐射作业：工作地点气温30℃以上或工作地点气温高于夏季室外气温2℃以上，并有较强的辐射热作业。例如，冶金工业的炼钢、炼铁车间，机械制造工业的铸造、锻造，建材工业的陶瓷、玻璃、搪瓷、砖瓦等窑炉车间，火力电厂的锅炉间等。

② 高温高湿作业：如印染、缫丝、造纸等工业中，液体加热或蒸煮，车间气温可达35℃以上，相对湿度达90%以上。煤矿深井井下气温可达30℃，相对湿度95%以上。

(2) 其他异常气象条件作业，如冬天在寒冷地区或极地从事野外作业、冷库或地窖工作的低温作业；潜水作业和潜涵作业，属高气压作业；高空、高原低气压环境中进行运输、勘探、筑路、采矿等作业，属低气压作业。

异常气象条件引起的职业病列入国家职业病目录的有以下三种：中暑；减压病(急性减压病主要发生在潜水作业后)；高原病(发生于高原低氧环境下的一种特发性疾病)。

4. 职业性致癌因素

与职业有关的能引起肿瘤的因素称为职业性致癌因素。

职业性致癌物可分为三类。

(1) 确认致癌物，如炼焦油、芳香胺、石棉、铬、芥子气、氯甲甲醚、氯乙烯和放射性物质等。

(2) 可疑致癌物，如镉、铜、铁和亚硝胺等，但尚未经流行病学调查证实。

(3) 潜在致癌物，这类物质在动物实验中已获阳性结果，有致癌性，如钴、锌、铅。

5. 与职业相关的疾病

与职业有关的疾病病因往往是多因素的，不像职业病那样病因明确。不良的劳动组织、工作条件，社会、心理、个人行为和生活方式都是引发与职业有关的疾病的原因。职业因素影响人的健康，可以促使潜在疾病暴露或病情加重、加速或恶化。

建筑工人由于长期弯腰、负重劳动引起的背痛或其他肌骨骼损伤均属于与职业有关的疾病；长期接触噪声、振动和高温会导致高血压的发生；高度精神紧张的作业、噪声、寒冷均可诱发冠心病。工作环境的职业卫生状况，直接影响着从业人员的健康；我们可以通过控制货改善作业环境，合理安排劳动组织，减少与职业有关的疾病的发病率。

6.4.3 职业危害控制措施

1. 生产性粉尘控制措施

1）改革工艺过程

通过改革工艺流程使生产过程机械化、密闭化、自动化，从而消除和降低粉尘危害。

2）湿式作业

湿式作业防尘的特点是防尘效果可靠，易于管理，投资较低。该方法已被厂矿广泛应用，如石粉厂的水磨石英和陶瓷厂、玻璃厂的原料水碾、湿法拌料、水力清砂、水爆清砂等。

3）密闭—抽风—除尘

对不能采取湿式作业的场所应采用该方法。干法生产(粉碎、拌料等)容易造成粉尘飞扬，可采取密闭—抽风—除尘的办法，但其基础是首先必须对生产过程进行改革，理顺生产流程，实现机械化生产。在手工生产流程紊乱的情况下，该方法是无法奏效的。密闭—抽风—除尘系统可分为密闭设备、吸尘罩、通风管、除尘器等四个部分。

4）个体防护和个人卫生

当防、降尘措施难以使粉尘浓度降至国家标准水平以下时，应佩戴防尘护具并加强个人卫生，注意清洗。

另外，应加强对员工的教育培训、现场的安全检查以及对防尘的综合管理等。综合防尘措施可概括为“革、水、密、风、护、管、教、查”八字方针。

5）作业环境粉尘监测、职工健康监护与现场安全检查

存在粉尘危害的企业应建立粉尘监测制度，定期测定作业场所的粉尘浓度，切实落实综合防尘措施，减少人员吸入粉尘的机会。测尘结果必须向主管部门、当地卫生行政部门、劳动部门和工会组织报告，定期向职工公布，并建立测尘资料档案。

对粉尘作业工人进行定期体检，做到早期检查、早期诊断，对已确诊为尘肺的患者应及早调离粉尘作业，并进行必要的治疗或疗养，平时可服用排毒洗肺的中药防治，清除肺部污物，控制和减少尘肺的发病率。不满十八周岁的未成年人，禁止从事粉尘作业。

在检查项目工程安全的同时，检查个人扬尘防护措施的落实，每月不少于一次，并指导施工作业人员减少扬尘的操作方法和技巧。年度检查为全面性的检查，每年至少一次。

6）防尘综合管理

裸露的场地和集中堆放的土方应采取覆盖、固化或绿化等措施。施工现场的材料和大模板等存放场地必须平整坚实，堆放水泥、灰土、砂石等易产生扬尘污染物料的场所，应当在其周围设置不低于堆放物高度的封闭性围栏，并采取遮盖措施。使用风钻挖掘地面或者清扫施工现场时，应当向地面洒水，拆除建筑物、构筑物时，应采用隔离、洒水等措施，并应在规定期限内将废弃物清理完毕。工程脚手架外侧必须使用密目式安全网进行封闭。工程项目竣工后，施工单位应当平整施工工地，并清除积土、堆物。运送散装物料、建筑垃圾和渣土的，应当采用密闭方式清运，禁止高空抛掷、扬撒，运输途中不得沿途泄

露、散落或者飞扬。不得使用空气压缩机来清理车辆、设备和物料的尘埃，施工工地内应设置车辆清洗设施以及配套的排水、泥浆沉淀设施，运输车辆在除泥、冲洗干净后，方可驶出工地。施工现场的混凝土搅拌场所应采取封闭、降尘措施，建筑物、构筑物闲置时间过长，建设单位应当对其裸露泥地进行临时绿化或者铺装，施工现场不许焚烧垃圾，施工现场土方作业应采取防止扬尘措施。

7）粉尘卫生标准及相关法规

《工业企业设计卫生标准》GBZ 1—2010，《建筑施工现场环境与卫生标准》JGJ 146—2004、《粉尘作业场所危害程度分级》GB 5817—2009、《尘肺病诊断标准》GBZ 70—2009、《中华人民共和国大气污染防治法》（2000 年 4 月 29 日）、《关于有效控制城市扬尘污染的通知》（环发［2001］56 号）、《城市烟尘控制区管理办法》（1987 年 7 月 21 日）、《中华人民共和国尘肺病防治条例》（1987 年 12 月 3 日）等。

2. 生产性毒物控制措施

1）防毒对策

（1）尽量采用无毒物料和工艺，或以低毒物料及工艺代高毒物料及工艺。例如，合理设计焊接容器的结构，采用单面焊、双面成型新工艺，避免焊工在通风极差的容器内进行焊接，从而大大地改善焊工的作业条件；再如，选用具有电焊烟尘离子荷电就地抑制技术的二氧化碳保护电焊工艺，可使 80%～90%的电焊烟尘被抑制在工作表面，实现就地净化烟尘，减少电焊烟尘污染；采用无毒油漆、低毒焊条。

（2）采用密闭的工艺设备装置，避免毒物的跑、冒、滴、漏，在毒物危害比较严重的场所，根据国家相关标准规定设置有毒气体浓度报警仪或有毒气体检测仪，实时检测气体浓度，以便及时发现危险状况，迅速处理。应加强对生产性毒物场所的作业监护。

（3）通风净化。作业场所应有良好的通风，当空气中毒物浓度超过国家规定的卫生标准时，应采用机械通风装置进行通风，降低毒物浓度，如凿岩时采用通风系统稀释有害气体浓度等。

（4）个体防护。正确穿戴防护服装、佩戴防护器具，如防毒面罩、呼吸器等，合理安排工人作业，杜绝超时工作。

（5）个人卫生。例如，饭前要洗脸洗手，车间内禁止吃饭、饮水和吸烟，班后要沐浴，工作服与便服隔开存放并定期清洗等。这对防止有害物质污染人体，防止有毒物质从口腔、消化道、皮肤特别是皮肤伤口处侵入人体至关重要。

（6）其他规定。禁止使用童工，不得安排未成年人和孕期、哺乳期的女职工从事使用有毒物品的作业；使用有毒物品作业场所应当设置黄色区域警示线、警示标志和中文警示说明；警示说明应当载明产生职业中毒危害的种类、后果、预防以及应急及救治措施等内容；高毒作业场所应当设置红色区域警示线、警示标志和中文警示说明，并设置通讯报警设备。

2）防缺氧、窒息措施

密闭设备、地下有限空间(地下管道、地下库室、隧道、地窖、沼气池、垃圾站)、高原施工等场所进行作业，有发生缺氧窒息的危险，属于缺氧、窒息危险工作环境。在上述缺氧、窒息环境进行施工，应采取有效措施，保障作业人员生命安全。

在缺氧窒息危险环境内作业，应坚持先监测、通风，后作业的原则。作业环境气体检测的内容包括有毒气体浓度检测和氧气含量检测，当作业环境内可能存在可燃气体时，还应进行可燃气体浓度检测。作业环境空气中，有毒气体的含量符合国家最大容许浓度等有关规定，空气中浓度大于18%时，在有专人监护的情况下，方可作业。对作业环境气体浓度可能发生变化的场所，应定时或连续监测。作业人员应根据具体情况佩戴隔离式呼吸保护器具(空气呼吸器、氧气呼吸器等)，工作环境内有毒气体、氧气浓度不能达到国家卫生标准时，作业前应先通风置换有毒、有害气体，直到达到卫生标准。

3）防止锰中毒的技术措施

(1) 焊接作业尽量采用无锰焊条。

(2) 手工电焊时使用局部机械抽风装置。

(3) 接触锰作业应采取防尘措施和防毒口罩。

(4) 工作场所禁止吸烟、进食，凡锰中毒者包括已治愈的患者，不得继续从事锰作业，轻度中毒者治愈后可安排其他工作，重度中毒者应长期休息。

4）防止铅中毒的技术措施

用无毒或低毒物质代替铅，控制熔铅温度，加强局部通风、排毒装置，加强个人防护措施，定期监测工作场所铅浓度，定期健康监护，包括就业前体检及每半年或一年定期体检，血铅和ZPP(血锌原卟啉)可作为筛选指标，及时发现就业禁忌症和早期发现铅中毒病人及时处理。

5）预防苯中毒的技术措施

用无毒或低毒的化学物质如甲苯代替苯作溶剂，改革生产工艺，做好通风排毒工作，防止跑、冒、滴、漏，使空气中苯浓度低于最高允许浓度，采取卫生保健措施，严禁用苯洗手，接触高浓度苯蒸气应戴防毒面具。发生急性中毒，应迅速将患者转移至空气新鲜处。苯中毒一经确诊，则应调离接触苯的作业，除积极治疗外，还应适当安排休息。常接触苯的人要定期进行体格检查，患有中枢神经系统疾病、精神病、血液系统疾病和肝肾损害者不宜从事接触苯的工作。

6）防止一氧化碳中毒的技术措施

从事可能存在一氧化碳中毒危险的作业，作业前应对作业场内一氧化碳及氧气的浓度进行检测，符合国家规定的作业条件方可进入上述场所。作业时要加强通风，使用一氧化碳的锅炉、输送管道和阀门要经常维修，防止漏气。设立一氧化碳报警器，普及自救、互救常识，一旦发现急性中毒患者，应立即使其脱离中毒场所，移至空气新鲜处，解开领口，重度中毒者应及时抢救，若呼吸停止应做人工呼吸，直到医务人员到达。

机体处于紧张、疲劳、贫血、饥饿和营养不良状态时，易引发一氧化碳中毒，因此，从事一氧化碳作业的劳动者应避免在上述不良状态时工作。作业环境同时存在高温、氮氧化物、二氧化碳、氰化物、苯和汽油等职业危害因素时，也易引发一氧化碳中毒，因此，一氧化碳作业应安排在无上述职业危害因素的场所进行。

7）防止硫化氢中毒的技术措施

进入可以作业场所前，应用硫化氢检气管监测硫化氢浓度，或用浸有2%乙酸铅的湿试纸暴露于作业场所30s，如试纸变为棕色至黑色，则严禁入场作业。进入高浓度的硫化氢场所，应有人在危险区外监护，作业工人要戴供氧式防毒面具，身上缚以救护带，并准备其他的救生设备；生产过程密闭化，加强通风排毒；工作场所应安装自动报警器，对接触硫化氢的工人进行中毒预防及急救知识教育。发现有人晕倒在现场，切忌无防护入场救护，应佩戴防毒面具，迅速将患者移至新鲜空气处，严密观察呼吸功能，窒息者立即施行人工呼吸(禁止口对口呼吸)及吸氧，在病情未改善前不可轻易放弃，眼、心脏、肺和中枢神经系统疾病为职业禁忌症。

8）生产性毒物职业卫生标准及相关法规

《工业企业设计卫生标准》GBZ 1—2010、《工作场所有害因素职业接触限制第 1 部分：化学因素》GBZ 2.1—2007、《工作场所有害因素职业接触限值第 2 部分：物理因素》GBZ 2.2—2007、《有毒作业分级》GB 12331—1990、《使用有毒物品作业场所劳动保护条列》(2005 年 5 月 1 日)、《高毒物品名录》(卫生部卫法监发［2003］第 142 号)、《职业性急性化学物中毒诊断标准(总则)》GBZ 71—2002、《职业性慢性铅中毒诊断标准》GBZ 37—2002、《职业性苯中毒诊断标准》GBZ 68—2008 等。

3. 物理性职业危害控制

1）噪声控制措施

(1) 消除或降低噪声、振动源，如铆接改为焊接、锤击成型改为液压成型等。为防止振动使用隔绝物质，如用橡皮、软木和砂石等隔绝噪声。

(2) 消除或减少噪声、振动的传播，如吸声、隔声、隔振、阻尼。例如，在风机上设置消声器，在产生噪声的设备上设置声罩，振动设备与周围设备之间设隔振垫。

(3) 加强个人防护和健康监护。由于受技术条件等原因限制，某些作业场所的噪声级不能达到国家卫生控制标准，因此作业工人应正确佩戴听力防护用品，如耳塞、耳罩、防声帽等，合理安排轮班制度，杜绝超时、超强度工作。

(3) 加强施工现场安全管理定期检查、落实作业场所的降噪措施及工人佩戴防护用品情况，工作时间不得超时。加强对高噪声设备的日常保养和维护，减少噪声污染。

施工现场的强噪声设备宜设置在远离居民区的一侧，并应采取降低噪声措施；施工现场应按照 GB 12523—1990 和 GB 12524—1990 制定降噪措施，并可由施工企业自行对施工现场的噪声值进行监测和记录；对因生产工艺要求或其他特殊需要，确需在夜间进行超过噪声标准施工的，施工前建设单位应向有关部门提出申请，经批准后方可进行夜间施工；运输材料的车辆进入施工现场，严禁鸣笛，装卸材料应做到轻拿轻放。不同施工阶段作业噪声限值列于表 6-1。

表 6-1 建筑施工场界噪声限值

施工阶段	主要噪声源	噪声限值/dB(A)	
		昼间	夜间
土石方	推土机、挖掘机、装卸机等	75	55
打桩	各种打桩机等	85	禁止施工
结构	混凝土搅拌机、振捣棒、电锯等	70	55
装修	吊车、升降机等	65	55

(5) 工作场所操作人员每天连续接触噪声 8h，噪声声级卫生限值为 85dB(A)。对于操作人员每天接触噪声不足 8h 的场合，可根据实际接触噪声的时间，按接触时间减半，噪声声级卫生限值增加 3dB(A)的原则，确定其噪声声级限值，但最高限值不得超过 115dB(A)。

(6) 在城市市区范围内，建筑施工过程中使用机械设备，可能产生环境噪声污染的，施工单位必须在工程开工15日以前向工程所在地县级以上地方人民政府环境保护行政主管部门申报该工程的项目名称、施工场所和期限、可能产生的环境噪声值以及所采取的保护措施。

在城市市区噪声敏感建筑物集中区域内，禁止夜间进行产生环境噪声污染的建筑施工作业，但抢修、抢险作业和因生产工艺要求或者特殊需要必须连续作业的除外。因特殊需要必须连续作业的，必须有县级以上人民政府或者其他有关主管部门的证明，经政府相关部门批准的夜间作业，必须公告附近居民。

(7) 噪声卫生标准及相关法规包括《中华人民共和国环境污染防治法》(1996年10月29日)、《工业企业噪声控制设计规范》GBJ 87—1985、《工业企业设计卫生标准》GBZ 1—2010、《建筑施工现场环境与卫生标准》JGJ 146—2004、《建筑施工场界噪声限值》GB 12523—1990、《建筑施工场界噪声测量方法》GB 12524—1990、《工业企业职工听力保护规范》(卫生部1999年12月24日)等。

2) 振动危害的控制措施

(1) 控制振动源。应在设计、制造生产工具和机械时采用减振措施，使振动降低到对人体无害水平。

(2) 改革工艺，采用减震和隔振等措施。如采用焊接等新工艺代替铆接工艺；采用水力清砂代替风铲清砂；工具的金属部件采用塑料或橡胶材料，减少撞击振动。

(3) 限制作业时间和振动强度。

(4) 改善作业环境，加强个体防护及健康监护。

(5) 振动卫生标准使用振动工具或工件的作业，工具手柄或工件的4h等能量频率计权振动加速度不得超过5m/s²。局部振动作业，其接振强度4h等能量频率计权振动加速度不得超过5m/s²，日接振时间少于4h可按表6-2适当放宽。

表6-2 局部振动强度卫生限值

日接触时间/h	卫生限值/(m/s²)
2～4	6
1～2	8
<1	12

超过上述卫生限值应采取减振措施，若采取现有的减振技术后仍不能满足卫生限值的，应对操作者配备有效的个人防护用具。

全身振动作业，其接振作业垂直、水平振动强度不应超过表6-3中的规定。

表6-3 全身振动强度卫生限值

工作日接触时间/h	卫生限值		工作日接触时间/h	卫生限值	
	dB(A)	m/s²		dB(A)	m/s²
8	1.16	0.62	1.0	127.6	2.4
4	120.8	1.1	0.5	131.1	3.6
2.5	123	1.4			

3）紫外线辐射控制措施

对紫外线辐射的防护是屏蔽与增大与辐射源的距离，佩戴专用的防护用品（滤紫外线面罩、眼镜、手套、工作服等）。

电焊工人必须使用相应的防护眼镜、面罩、口罩、手套，穿白色防护服、绝缘鞋，决不能穿短袖或卷起袖子。

4）红外线辐射控制措施

尽量采用机械化遥控作业，避开热源；对高温管道、设备敷设隔热保护层；穿戴隔热服，佩戴防护眼镜、面具等个人防护用品。其中，对红外线辐射的防护重点是对眼睛的防护，减少红外线暴露，严禁裸眼直视强光源，带红外线过滤防护镜。

5）激光辐射控制措施

（1）选用高质量的激光仪器，安全防护措施可靠有效，在光束可能泄露处设置封闭罩。

（2）工作室围护结构使用吸光材料，色调要暗不能裸眼看光。

（3）个体防护。在工作室穿工作服，带防护手套，使用遮光眼镜等防护用品。

（4）严格执行作业场所激光辐射卫生标准。

6）放射性危害控制措施

（1）可控制辐射源的质和量。在不影响工作效果的前提下，尽量减少辐射的强度、能量和毒性，以减少受照剂量。

（2）外照射防护。外照射防护的基本方法有时间防护、距离防护和屏蔽防护三种。

（3）内照射防护基本方法有围封隔离防扩散、除污保洁、个人防护等。

（4）放射卫生防护标准。放射工作人员的剂量限值（不得超过此值）如下。组织器官剂量当量：眼晶体150mSv(15rem)，其他组织器官500mSv(50rem)。全身均匀照射年剂量当量50mSv(5rem)，特殊情况下少数工作人员一次事件中不大于100mSv(10rem)，一生中不大于250mSv(25rem)。公众中个人年剂量当量：全身5mSv(0.5rem)，任何组织器官50mSv(5rem)。放射性事故和应急照射，一次事件中控制在250mSv(25rem)。此外，标准中还规定了放射性污染物表面的导出限值。

7）异常气象条件防护措施

（1）高温作业防护。夏季建筑施工应尽量避开中午时间，加强作业场所的通风效果，如在驾驶室内设置局部通风设备，为工人提供含盐的清凉饮料，有条件的企业可为工人提供淋浴设施。在高温设备上覆盖隔热材料，减少设备辐射热。接触高温设备的工人应佩戴鞋、帽、手套、防护服等防护用品。高温作业场所综合温度上限值如表6-4所示。

表6-4　高温作业场所综合温度

体力劳动强度指数	夏季通风室外计算温度分区	
	<30℃地区	≥30℃地区
≤15	31	32
15～20	30	31
20～25	29	30
≥25	28	29

(2) 低温作业防护。实现自动化、机械化作业，避免或减少低温作业；为工人提供防寒服(手套、鞋)等个人防护用品，增加低温工人营养供给；设置采暖操作室、休息室、待工室等。应注意，职业禁忌症者不能从事此类工作。

(3) 高、低气压防护。改进施工工艺，避免异常气压作业，如采用管柱钻孔法代替沉箱，工人不必在水下高压作业；遵守安全操作规章；采取保健措施，给予保健措施，给予高热量、高蛋白饮食等。应注意，职业禁忌症者不能从事此类工作。

8) 职业性肿瘤的预防

(1) 加强对职业性致癌因素的控制和管理。对于已经明确的职业性致癌因素应加以严格控制，改革工艺，使致癌物浓度降低到最低水平；提高生产过程中的机械化、密闭化和自动化程度，以减少与致癌物的接触；对环境中致癌物的浓度，要进行经常性定期监测，以便能较准确地估计人体的接触水平。

(2) 健全医学监护制度。对于接触职业性致癌因素的人群进行定期体格检查，这是早期发现、及时处理癌前病变患者的重要措施。应根据不同工作性质、致癌物可能损害的部位进行专科检查。

(3) 加强工作人员的自身防护，增强个人体质。

案例

建筑业绿色施工示范工程

绿色施工示范工程是根据建筑业发展“十二五”规划提出的“建筑业要推广绿色建筑、绿色施工”的任务而开展的全国建筑业新技术应用示范工程。由江苏某建筑安装工程有限公司承建的项目，积极围绕建筑节能、节地、节水、节材和保护环境的目标，坚持“开拓创新塑文化、绿色施工铸精品”的施工理念，以流程为中心、以信息化为助力、以绩效为约束，着力打造舒心、安心、放心的花园式绿色施工环境。

该项目秉承高起点规划、高水平设计、高质量建设理念，坚持绿色节能，低碳环保的原则。自2010年9月底开工建设以来，该项目就将绿色施工环境保护、安全文明、职业健康等关键理念融入总平面布置中，彰显“低碳”元素，实现“四节一环保”。不仅满足国家、地方、行业环境法律法规的要求和企业规定，更在项目总体规划布局中最大限度地节能、节地、节水、节材和对环境的污染，保证环境设施与场布设计同时进行。在绿色施工过程中，加强对施工策划、施工准备、材料采购、现场施工、工程验收等各阶段的管理和监督。“绿色”概念贯穿始终。绿色施工的“四节一环保”原则得以细化，并取得了良好效果。

本章小结

通过本章学习，可以加深对工程项目施工现场文明施工和建筑职业病防治的理解和掌握，在施工现场文明施工的管理过程中，强调绿色施工、环境保护等理念，在环境保护相关小节中，重点介绍了对扬尘、污水、建筑垃圾、噪声等方面的控制措施；在职业病防治相关小节中，先介绍了企业职业健康体系建立的概念和程序，重点介绍了职业病的类型和防治措施。

做好安全管理不仅是对于现场看得见摸得着的实物进行监督和检查，更应注重对工程实施主体——全体劳动者的安全防护，职业健康安全管理体系应该纳入企业日常的安全管理工作中。

习　题

1. 选择题

(1) 施工单位(施工项目部)必须保证工程项目的(　　)所需资金的投入，做到专款专用。

A. 劳动保护用品　　B. 安全防护措施
C. 安全文明施工管理　　D. 安全工器具

(2) 施工单位(施工项目部)应定期开展安全文明施工(　　)工作，对存在问题实现闭环管理，持续改进。

A. 应急演练　　B. 教育培训　　C. 监督考核　　D. 检查评价

(3) 施工单位(施工项目部)应倡导绿色施工，减少施工对(　　)的危害和污染。

A. 临近建筑物　　B. 施工人员　　C. 环境　　D. 建筑材料

(4) 职业病指(　　)。

A. 劳动者在工作中所患的疾病
B. 用人单位的劳动者在职业活动中，因接触粉尘、放射性物质和其他有毒、有害物质等因素而引起的疾病
C. 工人在劳动过程中因接触粉尘、有毒、有害物质而引起的疾病
D. 工人在职业活动中引起的疾病

(5) (　　)必须依法参加工伤社会保险。

A. 劳动者　　B. 县级政府
C. 用人单位　　D. 省级人民政府主管部门

2. 思考题

(1) 如何才能做好文明施工？
(2) 绿色施工有哪些实施要点？
(3) 用人单位负责人在职业病防治方面的责任是什么？
(4) 是否可以转移或接受产生职业病危害的作业？

第7章 建筑施工现场高处作业安全技术与管理

教学目标

本章主要讲述建筑施工高处作业有关安全基本方法和要求，以及基本的防护措施；并对相关的脚手架工程、模板工程和拆除工程，介绍了基本安全管理及技术要求。通过本章学习，应达到以下目标。

(1) 掌握高处作业防护措施和设施。

(2) 熟悉各种脚手架搭拆的安全技术要求和规定，会进行基本的脚手架设计计算。

(3) 熟悉各种模板安装和使用的安全技术要求和规定，会进行基本的模板设计计算。

(4) 了解拆除工程各种作业的安全措施、方法。

教学要求

知识要点	能力要求	相关知识
高处作业防护措施	(1) 高处作业的概念、防护用具正确使用 (2)“四口”、“五临边”的防护措施 (3) 各种高处作业面安全防护要求	(1)“安全三宝”的技术指标 (2) 高处作业的类型 (3) 安全防护的不同形式
脚手架安全技术	(1) 脚手架组成、搭建方法 (2) 扣件式钢管脚手架设计步骤、计算要点	(1) 脚手架种类、材质、使用条件 (2) 荷载种类、传递和组合方法
模板安全技术	(1) 模板组成、安装方法 (2) 模板设计步骤、计算要点	(1) 模板种类、材质、使用条件 (2) 模板使用要求
拆除作业	(1) 拆除作业的特点和准备工作 (2) 各种作业的方法和要求	(1) 拆除施工资质管理 (2) 文明施工作业

基本概念

高处作业、“三宝”、“四口”、“五临边”、脚手架、脚手板、水平杆、立杆、连墙件、剪刀撑、扫地杆、模板、拆除作业

引例

1990年1月～2001年10月这12年间，OSHA共调查了7543起建筑工地事故。统计数据显示：高

处坠落占37%，电击占13%，物体打击占24%，坍塌(挤压)占12%，其他14%。

几乎一半的高处坠落事故发生在商业建筑和单身或两人家庭住宅如表7-1所示。无论是单层还是多层建筑物，都存在高处坠落的潜在危险。

表7-1 建筑项目设施类型与高处坠落分布图

建筑项目类型	高处坠落		所有伤亡数	
	数量	比例	数量	比例
商业建筑	404	33.4%	715	22.9%
其他建筑	212	17.5%	412	13.2%
单身或两人家庭住宅	211	17.4%	503	16.1%
多人家庭住宅	113	9.3%	183	5.9%
制造厂	79	6.5%	168	5.4%
水塔、油罐、储藏库、电梯等构筑物	71	5.9%	103	3.3%
桥梁	28	2.3%	94	3.0%
其他	92	7.6%	941	30.2%
小计	1210	100.0%	3119	100.0%
未知项目	5		23	
总计	1215		3142	

3～6m(10～20ft)是最易发生高处坠落的高度，见图7.1，70%的高处坠落事故发生在高度不到9m的地方。大部分高处坠落发生在并不十分高的地方。也许正是人们忽视了这一高度，认为无需做太多的安全防护，才导致事故频频发生。

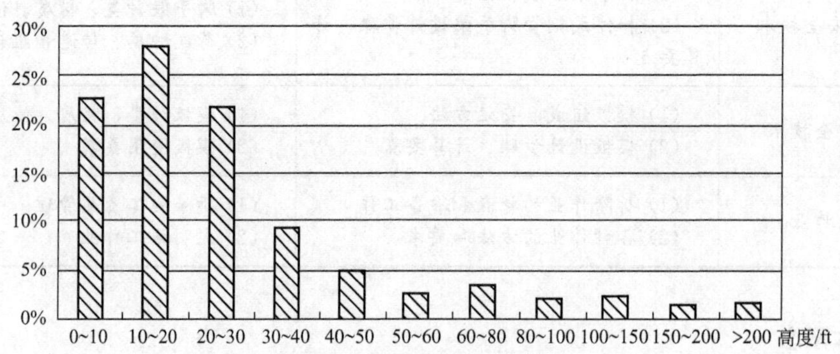

图7.1 建筑物高度与高处坠落事故比例

受伤工人的主要职业：建筑工人、屋顶工、木工、架子工、油漆工、砖石砌筑工、电工、工地管理人员、干墙安装工、上下水管道工等。有三分之二高处坠落者死亡。年龄在31～40岁的工人，最易发生高处坠落死亡，平均年龄是38.3岁。这也说明年轻工人腿脚相对灵活，在发生高处坠落险情时能够迅速逃脱。

7.1 高处作业防护措施

7.1.1 防护用具

高处作业一般常用的防护用具有三种，俗称“三宝”，指安全帽、安全网、安全带。

1. 安全帽

当物体打击、高处坠落、机械损伤、污染等伤害因素发生时，安全帽的各个部件通过变形和合理的破坏，将冲击力分解、吸收，从而保护佩戴人员免受或减轻伤害。要求进入施工现场的任何人员必须按标准佩戴好安全帽。

1) 安全帽的种类

《安全帽》GB 2811—2007 中将安全帽分为多种类别。

(1) 按材料分类：工程塑料(主要分热塑性材料和热固性材料两大类。应用在煤矿瓦斯矿井使用的塑料帽，应加防静电剂)、玻璃钢、橡胶(胶料有天然橡胶和合成橡胶，不能用废胶和再生胶)、植物编织(植物料有藤子、柳枝、竹子)、铝合金和纸胶(纸胶料用木浆等原料调制)。

(2) 按帽檐分类：50～70mm、30～50mm、0～30mm。

(3) 按作业场所分类：一般作业类和特殊作业类(低温、火源、带电等)。

2) 安全帽的构造

安全帽由帽壳(帽舌、帽檐、顶筋、透气孔、插座等)、帽衬(帽壳内部部件，包括帽箍、顶带、护带、吸汗带、衬垫、下颏带及拴绳等)组成。

(1) 帽壳顶部应加强，可以制成光顶或有筋结构；帽壳采用半球形，表面光滑易于滑走落物，制成无沿、有沿或卷边。

(2) 帽衬和帽壳不得紧贴，应有一定间隙(帽衬顶部至帽壳顶内面的垂直间隙为 20～50mm，四周水平间隙为 5～20mm)，见图 7.2；当有物料落到安全帽壳上时，帽衬可起到缓冲作用，不使颈椎受到伤害。塑料帽衬应制成有后箍的结构，能自由调节帽箍大小，无后箍帽衬的下须带制成“Y”型，有后箍的允许制成单根。接触头前额部的帽箍，要透气、吸汗，帽箍周围衬垫，可以制成吊形或块状，并留有空间使空气流通。

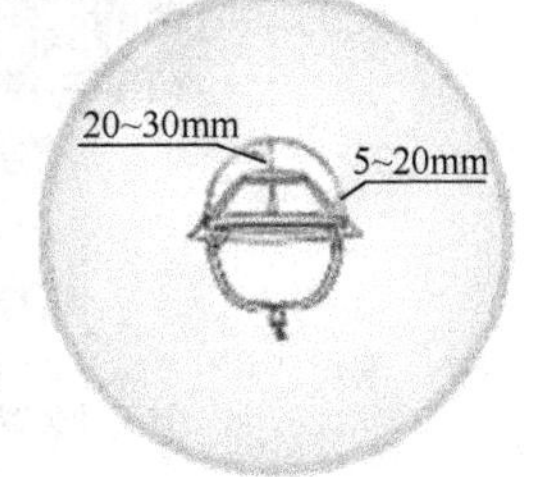

图 7.2 安全帽帽衬与帽壳间隙

(3) 每顶安全帽应有以下四项永久性标志：制造厂名称、商标、型号，制造年、月，生产合格证和检验证，生产许可证编号。

(4) 安全帽一般分为红、白、黄、蓝四色。通常红色用于上级领导、来访嘉宾及项目安全员，白色用于项目管理人员，蓝色用于特种作业操作人员，黄色用于施工人员。

3) 安全帽的管理和使用

(1) 安全帽必须购买有产品检验合格证的产品，购入的安全帽必须经过验收后方准使用。

(2) 安全帽不应贮存在酸、碱、高温、日晒、潮湿、有化学试剂的场所，以免老化或变质，更不可和硬物放在一起。

(3) 应注意使用在有效期内的安全帽。安全帽的使用期从产品制造完成之日开始计算。植物枝条编织帽不超过两年；塑料帽、纸胶帽不超过两年半；玻璃钢(维纶钢)橡胶帽不超过三年半。

(4) 企业安技部门根据规定对到期的安全帽进行抽查测试，合格后方可继续使用，以后每年抽验一次，抽验不合格则该批安全帽即报废。

(5) 经有关部门按国家标准检验合格后使用，不使用缺衬、缺带及破损的安全帽。在使用前一定要检查安全帽是否有裂纹、碰伤痕迹、凹凸不平、磨损(包括对帽衬的检查)，安全帽如存在影响其性能的明显缺陷就应及时报废，以免影响防护作用。

(6) 正确使用，扣好帽带。必须系紧下颚系带，防止安全帽坠落失去防护作用。不同头型或冬季佩戴在防寒帽外时，应随头型大小调节紧牢帽箍，保留帽衬与帽壳之间缓冲作用的空间。

(7) 不能随意在安全帽上拆卸或添加附件，以免影响其原有的防护性能。

(8) 不能随意调节帽衬的尺寸。安全帽的内部尺寸，如垂直间距、佩戴高度、水平间距，标准中是有严格规定的，这些尺寸会直接影响安全帽的防护性能，使用者一定不能随意调节，否则，落物冲击一旦发生，安全帽会因佩戴不牢脱出或因冲击触顶而起不到防护作用，直接伤害佩戴者。

(9) 不能私自在安全帽上打孔，不要随意碰撞安全帽，不要将安全帽当板凳坐，以免影响其强度。

(10) 受过一次强冲击或做过试验的安全帽不能继续使用，应予以报废。

2. 安全带

安全带是高处作业工人预防坠落伤亡的防护用品。由带子、绳子和金属配件组成，见图 7.3。凡在高处作业或悬空作业，必须系挂好符合标准和作业要求的安全带。

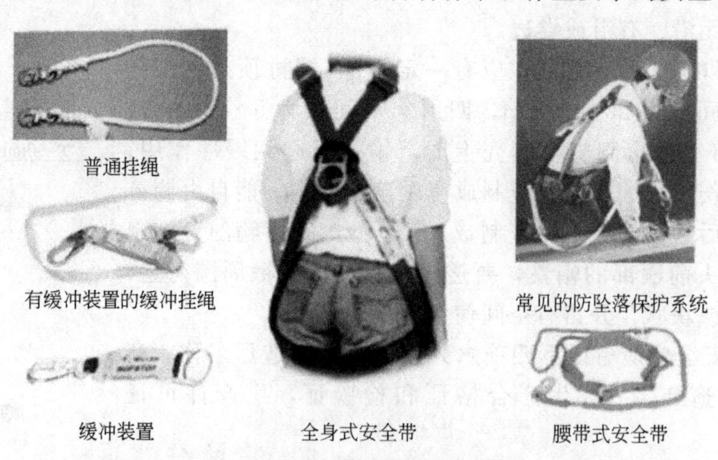

图 7.3 安全带的类型和佩戴

(1) 安全带做垂直悬挂，高挂低用见图 7.4。人的重心低于悬挂点，一旦下坠时，人的自由落坠行程较短，从而减少对挂绳及悬挂点的冲击；当水平位置悬挂使用时，注意防止摆动碰撞。不宜低挂高用。

(2) 不准将绳打结使用，以免绳结受力后断开；不准将钩直接挂在安全绳上使用，应接在连接环上用；不应将钩直接挂在不牢固物和直接挂在非金属绳上，防止绳被割断。

(3) 安全带上的各种部件不得任意拆除，更换新绳时要注意加绳套。

(4) 安全带绳长限定在 1.5～2mm，使用 3m 以上长绳时应加缓冲器。使用频繁的绳，要经常做外观检查，发现异常时应立即更换新绳。带子使用期为 3～5 年，发现异常应提前报废。

图 7.4 高处作业必须使用安全带

(5) 运输过程中要防止日晒、雨淋，搬运时不准使用有钩刺的工具。

(6) 安全带应储藏在干燥、通风的仓库内。不准接触高湿、明火、强酸和尖锐的坚硬物体，不准长期暴晒。

(7) 安全带使用两年后，按批量购入情况，抽验一次(80kg 重量自由落体试验，不破为合格)。一般使用 5 年应报废。

(8) 可卷式安全带的速差式自控器在 1.5m 距离以内，为自控合格。自控器固定悬挂在作业点上方。

3. 安全网

安全网用来防止人、物坠落，或用来避免、减轻坠物及物击伤害的网具。施工现场支搭的安全网按照支搭方式的不同，主要分立挂安全网(立网)和平挂安全网(平网)，立网作用是防止人或物坠落，平网作用是挡住坠落的人和物，避免或减轻坠落及物击伤害。高处作业点的下方必须设挂安全网，凡无外脚手架作为防护的施工，必须在第一层或离地高度 4m 处设一道固定安全网。

1) 安全网的结构

安全网一般由网体、边绳、系绳等构件组成。密目式安全网由网体、环扣、边绳及附加系绳构成。安全网的物理力学性能是判别安全网质量优劣的主要指标。密目式安全网主要有断裂强度、断裂伸长、接缝抗拉强度、撕裂强度、耐贯穿性、老化后断裂强度保留率、开眼环扣强度和阻燃性能。平网和立网都应具有耐冲击性。平网负载强度要求大于立网，所用材料较多，重量大于立网。

(1) 平网。网安装平面不垂直于水平面，一般挂在正在施工的建筑物周围和脚手架的最上面一层，脚手板的下面或楼面开口较大的洞口下面。用来防止施工人员从上面坠落以后直接掉到地面，防止从上面坠落的物体砸到下面的施工人员。

平网尺寸一般为 3m×6m、网目边长不大于 100mm(防止人体落入网内时，脚部穿过网孔)。每张网重量一般不超过 15kg，见图 7.5。

平网必须用大眼网而不能用密目网代替。因为密目网的强度比大眼网差，密目网只能当立网使用。

(2) 立网。立网安装平面垂直于水平面，和脚手架立面或各种临边防护的护身栏(或安全防护门)一起使用。一般用来做高处临边部位的安全防护，防止施工人员或物料在此坠落。立网一般使用密目网，但也可以用大眼网。

(3) 密目式安全立网，见图 7.6。网目密度不低于 2000 目/100cm^2，一般由网体、开眼环扣、边绳和附加系绳组成，垂直于水平面安装。主要使用于在建施工工程的外围，将工程封闭，一是防止人员坠落、物料或钢管等贯穿立网发生物体打击事故，二是减少施工过程中的灰尘对环境的污染。

图 7.5　平网　　　　图 7.6　密目式安全网

2）安全网的要求

(1) 安全网可采用锦纶、维纶、涤纶或其他的耐候性不低于上述品种的材料制成。

(2) 同一张安全网上对同种构件的材料、规格和制作方法必须一致，外观应平整。

(3) 宽度不得小于：平网 3m、立网 1.2m、密目式立网 2m；网目边长不大于 80mm，密目式网目密度 800 目/100cm^2 或 2000 目/100cm^2。每张安全网重量一般不宜超过 15kg。

(4) 阻燃安全网必须具有阻燃性，其续燃、阻燃时间均不得大于 4s。

(5) 安全网在贮存、运输中，必须通风、避光、隔热。同时避免化学物品的侵袭，袋装安全网在搬运时禁止使用钩子。

(6) 脚手架与墙体空隙大于 150mm 时，应采用平网封闭，沿高度不大于 10m 挂一道平网。

(7) 最后一层脚手板下部无防护层时，应紧贴脚手板下架设一道平网做防护层。

(8) 用于洞口防护时，较大的洞口可采用双层网(一层平网、一层密目网)防护；电梯井道内每隔 2 层楼(不超过 10m)架设一道平网。

(9) 结构吊装工程中，为防止坠落事故，除要求高处作业人员佩戴安全带外，还应该采用防护栏杆及架设平网等措施。

(10) 支搭平网要满足以下要求。

① 平整。

② 首层网距地面的支搭高度不超过 5m，而且网下净高 3m。

③ 建筑物周围支搭的平网，网的外侧比内侧高 50cm 左右。首层网是双层网，首层宽度 6m，往上各层宽度 3m(净宽度大于 2.5m)。

④ 网与网之间、网与建筑物墙体之间的间隙不大于 10cm。

⑤ 网与支架绑紧，不悬垂、随风飘摆。

注意：必须经常检查安全网绳扣等，及时清理散落在安全网上的杂物。

(11) 外脚手架施工时，将密目网沿脚手架外排立杆的里侧封挂。里脚手施工时，外面专门搭设单排防护架封挂密目网，防护架随建筑升高而升高，高出作业面 1.5m。

(12) 立网随施工层提升，网高出施工层 1m 以上，生根牢固。

7.1.2 安全作业基本要求

(1) 在实际施工中针对本项目的实际情况，高处作业的安全技术措施及其所需料具，必须列入工程的施工组织设计。

(2) 单位工程施工负责人应对工程的高处作业安全技术负责，并建立相应的分级责任制。

(3) 施工前，应逐级进行安全技术教育及交底，落实所有安全技术措施和人身防护用品，未经落实时不得进行施工。

(4) 高处作业中的安全标志、工具、仪表、电气设施和各种设备，必须在施工前加以检查，确认其完好，方能投入使用。

(5) 攀登和悬空高处作业人员以及搭设高处作业安全设施的人员(如架子工、塔式起重机安装拆除工等)，必须经过专业技术培训及专业考试合格，持证上岗。凡参加高处作业的人员必须定期经医生体检合格，方可进行高处作业。对患有精神病、癫痫病、高血压、视力和听力严重障碍的人员，一律不准从事高处作业。

(6) 参加高处作业人员应按规定要求戴好安全帽、扎好安全带，衣着符合高处作业要求，穿软底鞋，不穿带钉易滑鞋，并要认真做到“十不准”：一不准违章作业，二不准工作前和工作时间内喝酒，三不准在不安全的位置上休息，四不准随意往下扔东西，五严重睡眠不足不准进行高处作业，六不准打赌斗气，七不准乱动机械和消防及危险用品用具，八不准违反规定要求使用安全用品和用具，九不准在高处作业区域追逐打闹，十不准随意拆卸和损坏安全用品和用具及设施。

(7) 吊装施工危险区域，应设围栏和警告标志，禁止行人通过和在起吊物件下逗留。

(8) 高处作业必须有可靠的防护措施。悬空高处作业所用的索具、吊笼、吊篮、平台等设备设施均需经过技术鉴定或检验后方可使用。无可靠的防护措施绝不能施工。特别在特定的、较难采取防护措施的施工项目中，更要创造条件，保证安全防护措施的可靠性。在特殊施工环境，安全带没有地方挂，这时更需要想办法使防护用品有处挂，并要安全可靠。

(9) 施工中对高处作业的安全技术设施，发现有缺陷和隐患时必须及时解决，危及人身安全时，必须停止作业。实现现场交接班制度，前班工作人员要向后班工作人员交代清楚有关事项，防止盲目作业发生事故。

(10) 施工现场高处作业中所用的物料，均应堆放平稳，不妨碍通行和装卸，必要时要捆好，不可置放在临边或洞口附近。工具应随手放入工具袋，较大的工具应放好、放牢；作业中的走道、通道板和登高用具，应随时清扫干净；拆卸下的物件及余料和废料均应及时清理运走，不得任意乱置或向下丢弃，传递物件禁止抛掷。各施工作业场所内凡有可能坠落的任何物料，都要一律先行撤除或者加以固定，以防跌落伤人。

(11) 在高处作业范围以及高处落物的伤害范围内，须设置安全警示标志，并设专人进行安全监护，防止无关人员进入作业范围和落物伤人。

(12) 雨天和雪天进行高处作业时，必须采取可靠的防滑、防寒和防冻措施，凡水、冰、霜、雪均应及时清除。对进行高处作业的高耸建筑物，应事先设置避雪设施。暴风雪及台风暴雨后，应对高处作业安全设施逐一加以检查，发现有松动、变形、损坏或脱落等现象，应立即修理完善。夜间高处作业必须配备充足的照明。

(13) 遇有6级以上强风、浓雾等恶劣气候，停止进行露天攀登与悬空高处作业，并做好吊装构件、机械等稳固工作。

7.1.3 临边作业的安全防护

施工现场任何处所，当工作面的边沿并无围护设施或围护设施高度低于80cm时，使人与物有各种坠落可能的高处作业，属于临边作业。包括基坑周边、尚未安装栏杆或拦板的阳台、料台与挑平台周边、雨篷与挑檐边、无外脚手的屋面与楼层周边、水箱与水塔周边等处。

图7.7 深基础防护栏

1. 防护措施

(1) 临边作业应设置防护栏杆，见图7.7，并有其他防护措施。

(2) 首层墙高度超过3.2m的二层楼面周边，以及无外脚手的高度超过3.2m的楼层周边，必须在外围架设安全平网一道。

(3) 分层施工的楼梯口和梯段边，必须安装临时护栏。顶层楼梯口应随工程结构进度安装正式防护栏杆。

(4) 井架与施工用电梯和脚手架等与建筑物通道的两侧边，必须设防护栏杆。地面通道上部应装设安全防护棚。双笼井架通道中间，应予以分隔封闭。

(5) 各种垂直运输接料平台，除两侧设防护栏杆外，平台口还应设置安全门或活动防护栏杆。

(6) 里脚手架施工时，应在建筑物墙的外侧搭设防护架和封挂密目式安全网。防护架距外墙100mm，随墙体而升高，高出作业面1.5m。在建工程的外侧周边，如无外脚手架应用密目式安全网全封闭。

2. 防护设施

1) 防护栏杆

在实际施工中一般使用钢筋或钢管作为临边防护栏杆杆件，必须符合下列各项要求。

(1) 构造要求。

① 栏杆应由上、下两道横杆及栏杆柱构成，见图7.8。横杆离地高度，规定上杆为1.0～1.2m，下杆为0.5～0.6m，即位于中间。

钢筋横杆上杆直径应不小于16mm，下杆直径应不小于14mm，栏杆柱直径应不小于18mm，采用电焊或镀锌钢丝绑扎固定。

钢管横杆及栏杆柱均采用$\phi48\times2.75\sim\phi48\times3.5$的管材，以扣件或电焊固定。

以其他钢材，如角钢等作防护栏杆杆件时，应选用强度相当的规格，以电焊固定。

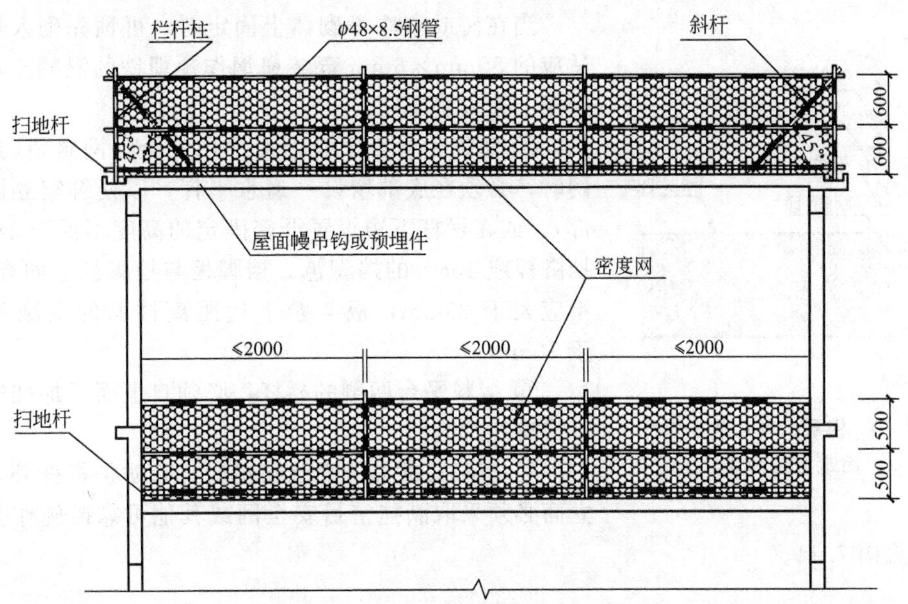

图 7.8 屋面和楼层临边防护栏杆

注：楼层临边防护栏杆除用密度网挡外，也可以用 26mm 厚、180mm 宽的期幔做踢脚板

② 坡度大于 1∶2.2 的层面，防护栏杆应高 1.5m，并加挂安全立网。

③ 除经设计计算外，横杆长度大于 2m 时，必须加设栏杆柱，见图 7.9。栏杆柱的固定及其与横杆的连接，其整体构造应使防护栏杆在上杆任何处，能经受任何方向的 1000N 外力。当栏杆所处位置有发生人群拥挤、车辆冲击或物件碰撞等可能时，应加大横杆截面或加密柱距。

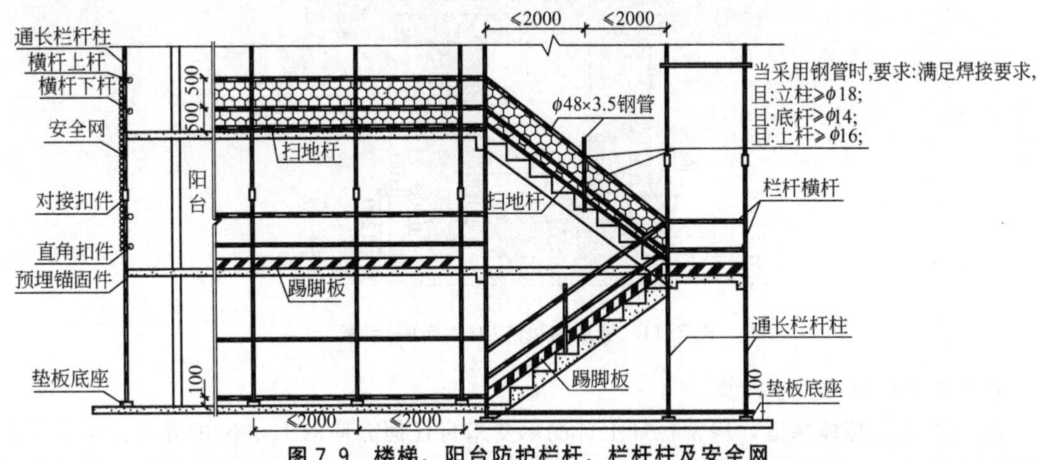

图 7.9 楼梯、阳台防护栏杆、栏杆柱及安全网

注：阳台边、楼层边、楼梯边加设安全立网或设宽度不小于 200mm，厚度不小于 25mm 的踢脚板，阳台边可设置单独防护栏杆，做法同楼层边栏杆，并在拐角处下平杆设置斜拉杆加强。阳台防护栏杆也可用钢筋，做法同楼梯钢筋做法要求。

当在基坑四周固定时，可采用钢管并打入地面 50～70cm 深。钢管离边口的距离，应不小于 50cm。当基坑周边采用板桩时，钢管可打在板桩外侧。

当在混凝土楼面、屋面或墙面固定时，可用预埋件与钢管或钢筋焊牢，见图 7.10。

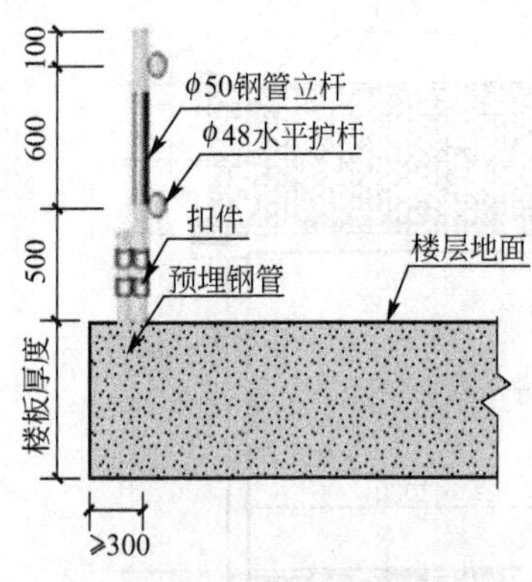

图 7.10 楼层、临边防护栏杆固定方法示意

当在砖或砌块等砌体上固定时，可预先砌入规格相适应的 80mm×6mm 弯转扁钢作预埋铁的混凝土块，然后用上述方法固定。

④ 防护栏杆必须自上而下用安全立网封闭(封挂立网时，必须在底部增设一道水平杆，以便绑牢立网的底部)，或在栏杆下边设置严密固定的高度不低于 18cm 的挡脚板或 40cm 的挡脚笆。挡脚板与挡脚笆上如有孔眼，不应大于 25mm，板与笆下边距离楼面的空隙不应大于 10mm。

⑤ 接料平台两侧的栏杆，必须自上而下加挂安全立网或满扎竹笆。

⑥ 当临边的外侧面临街道时，除防护栏杆外，敞口立面必须采取满挂密目安全网或其他可靠措施作全封闭处理，见图 7.11。

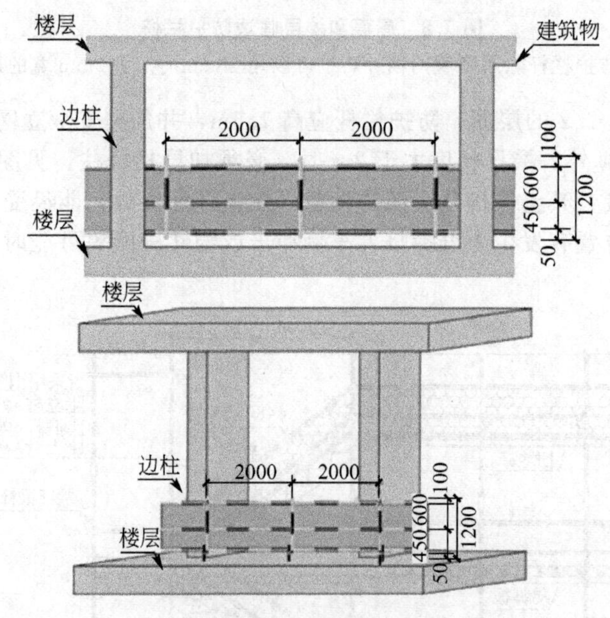

图 7.11 楼层临边防护(临街面)示意

(2) 受力性能和力学计算。

防护栏杆的整体构造，应使栏杆上杆能承受来自任何方向的 1000N 的外力。通常可从简按容许应力法计算其弯矩、受弯正应力；需要控制变形时，计算挠度。强度及挠度计算、构造处理按现行的有关规范进行。

防护栏杆横杆上杆的计算，以外力为可变荷载(活载)，取集中荷载作用于杆件中点，按式(7-1)计算弯矩，并按式(7-2)计算弯曲强度。需要控制变形时，尚应按式(7-3)计算挠度。荷载设计值、强度设计值的取用，应符合相应的结构设计规范的有关规定。

① 弯矩：

$$M=\frac{Fl}{4} \tag{7-1}$$

式中，M——上杆承受的弯矩最大值(N·m)；

F——上杆承受的集中荷载设计值(N)，应按可变荷载的标准值 $Q_k=1000\text{N}$ 乘以可变荷载的分项系 $\gamma_Q=1.4$ 取用；

l——上杆长度(m)。

② 弯曲强度：

$$M\leqslant W_n f \tag{7-2}$$

式中，M——上杆的弯矩(N·m)；

W_n——上杆净截面抵抗矩(cm^3)；

f——上杆抗弯强度设计值(N/mm^2)，采用钢材时可按 $f=215\text{N/mm}^2$ 取用。

③ 挠度：

$$\frac{Fl^3}{48EI}\leqslant \text{容许挠度} \tag{7-3}$$

式中，F——上杆承受的集中荷载标准值(N)；

l——上杆长度(m)，计算中采用 1×10^3mm；

E——杆件的弹性模量(N/mm^2)，钢材可取 (206×10^3) N/mm^2；

I——杆件截面惯性矩(mm^4)。

2) 安全防护门

施工电梯平台脚手架两侧设置斜撑及临边防护栏杆，平台边至梯笼(或吊篮)之间净距(10±5)cm。出入口处安装1.85m高平开工具式金属防护门，构造要求见图7.12和图7.13。

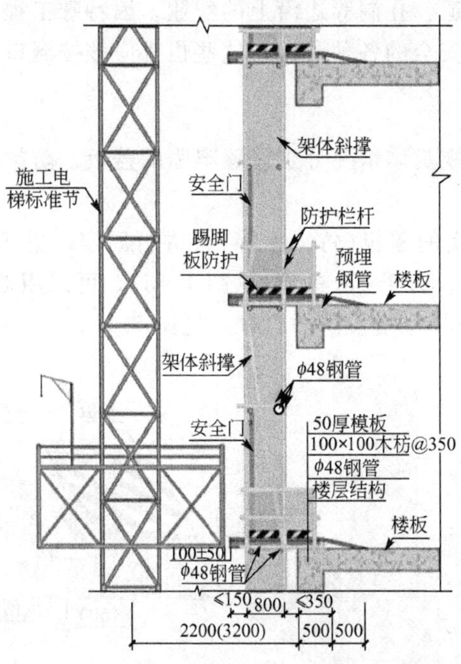

图7.12 施工电梯平台侧立面及安全门

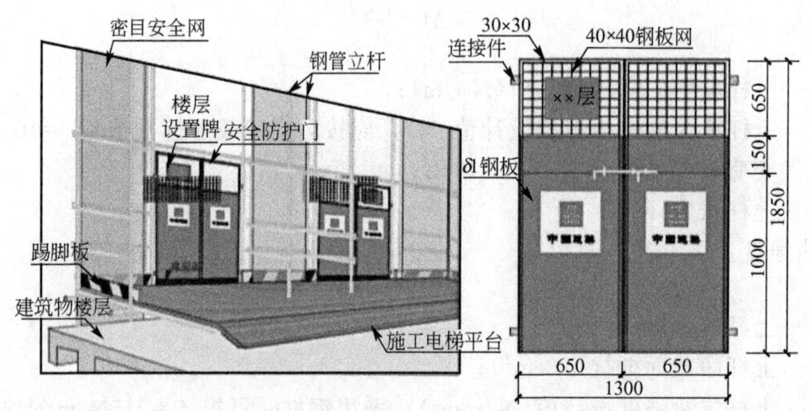

图 7.13 施工电梯平台临边防护门示意

7.1.4 洞口作业的安全防护

孔是指楼板、屋面、平台等面上短边尺寸＜25cm 的孔洞，或墙上高度＜75cm 的孔洞。

洞是指楼板、屋面、平台等面上短边尺寸≥25cm 的孔洞，或墙上高度≥75cm，宽度＞45cm 的孔洞。

洞口作业指孔与洞、边口旁的高处作业。包括建筑物或构筑物在施工过程中，出现的各种预留洞口、通道口、上料口、楼梯口、电梯井口附近作业；及深度在 2m 及 2m 以上的桩孔、人孔、沟槽与管道、孔洞等边沿上的作业。因特殊工程和工序需要而产生使人与物有坠落危险或危及人身安全的各种洞口，这些也都应该按洞口作业加以防护。

1. 防护措施

各种孔口和洞口必须视具体情况分别设置牢固的盖板、防护栏杆、密目式安全网或其他防坠落的设施。

(1) 平面孔应采用坚实的盖板(竹、木等)且进行固定，盖板应能保持四周搁置均衡，防止砸坏挪动，见图 7.14。大于 1m 的洞口(图 7.15)，可采用双层安全网(一层平网、一层密目网)挂牢，并沿洞口周围搭设防护栏杆，见图 7.16。

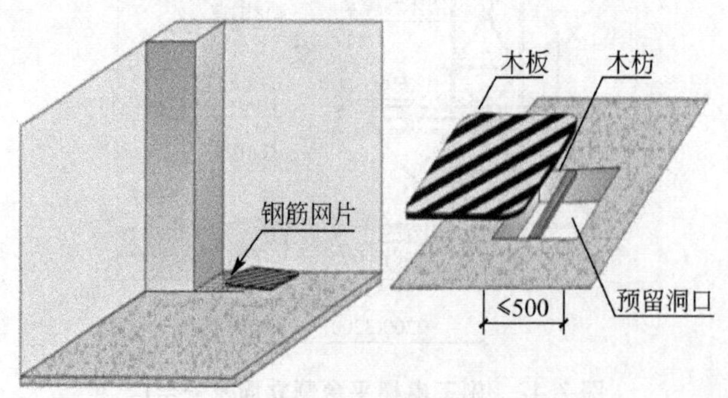

图 7.14 平面孔洞防护示意

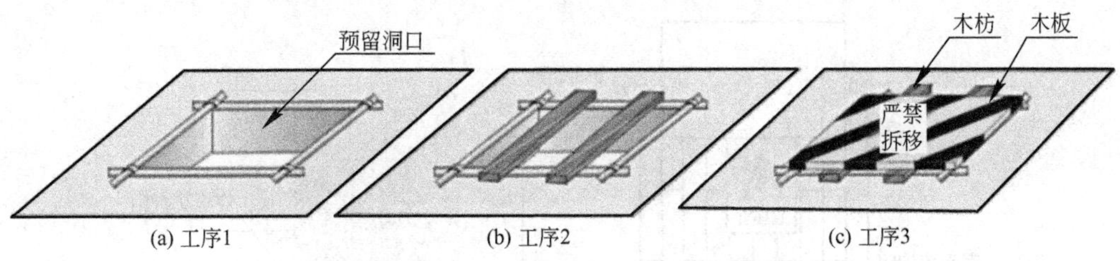

图 7.15 预留洞口(500～1500)防护示意

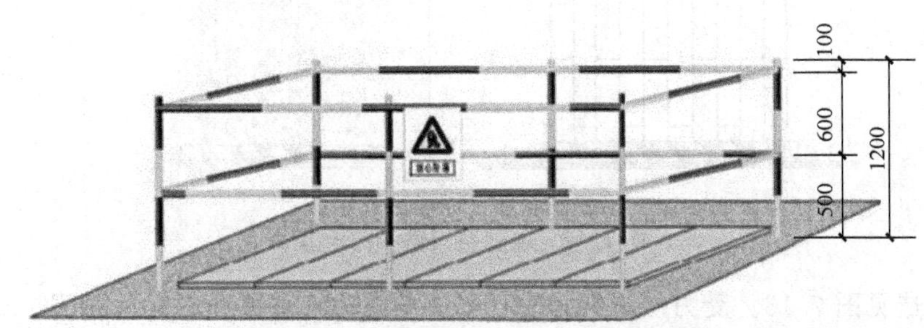

预留洞口防护应用示意(主体结构施工阶段)

图 7.16 预留洞口(≥1500)防护示意

(2) 钢管桩、钻孔桩等桩孔上口，杯形、条形基础上口、未填土的坑槽，以及人孔、天窗、地板门等处，均应按设置稳固的盖件。

(3) 施工现场通道附近的各类洞口与坑槽等处，除设置防护设施与安全标志外，夜间还应设置红灯示警。

(4) 垃圾井道和烟道，应随楼层的砌筑或安装而封闭洞口，或参照预留洞口作防护；管道井施工时，还应加设明显的标志；如有临时性拆移，需经施工负责人核准，工作完毕后必须恢复防护设施。

(5) 电梯井口、管道井口，在井口处设置高度 1.5m 以上的固定栅门，见图 7.17，电梯(管道)井内每隔两层(不大于 10m)设置一道水平安全网。水平网距井壁不大于 100mm 缝隙，网内无杂物，不允许采用脚手板替代水平网防护。应加设明显的标志。如有临时性拆移，需经施工负责人核准，工作完毕后必须恢复防护设施。

(6) 位于车辆行驶道旁的洞口、深沟与管道坑槽，其盖板应能承受不小于当地额定卡车后轮有效承载力 2 倍的荷载。

(7) 墙面等处的竖向洞口，凡落地的洞口应装开关式、工具式或固定式的防护门，防止因工序需要被移动或拆除，门栅网格的间距不应大于 150mm；也可采用防护栏杆，下设挡脚板(笆)。非落地孔洞但下边缘至楼板或地面低于 800mm 高度时，仍应加设 1.2m 高的防护栏杆。

(8)下边沿至楼板或地面低于 80cm 的窗台等竖向洞口，如侧边落差大于 2m 时，应加设 1.2m 高的临时护栏。

2. 防护设施

1) 防护栏杆

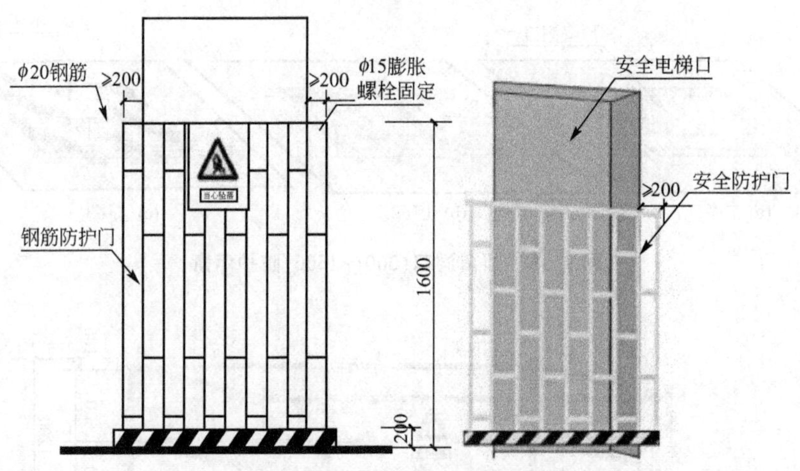

图 7.17　电梯井口防护门示意

常见构造见图 7.18。受力性能和力学计算，与临边作业的防护栏杆相同。

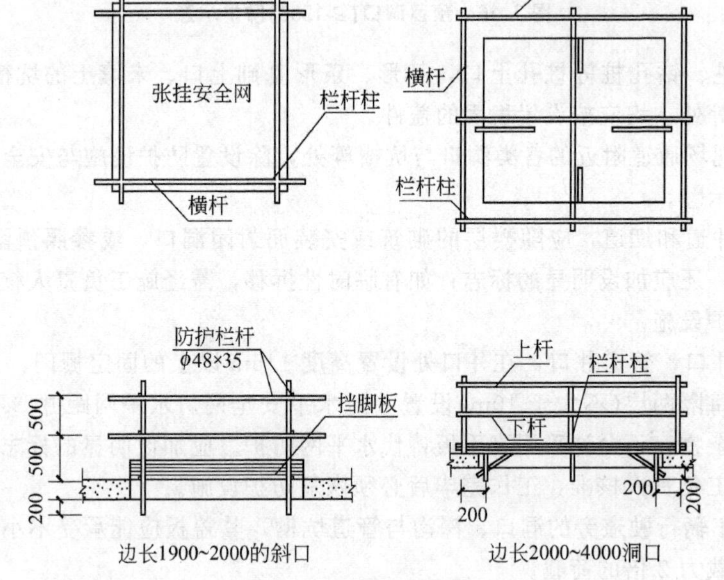

图 7.18　洞口防护栏杆

2）防护门

电梯井口防护门的基本做法见图 7.19。

7.1.5　攀登作业的安全防护

攀登作业指借助登高用具或登高设施，在攀登条件下进行的高处作业。

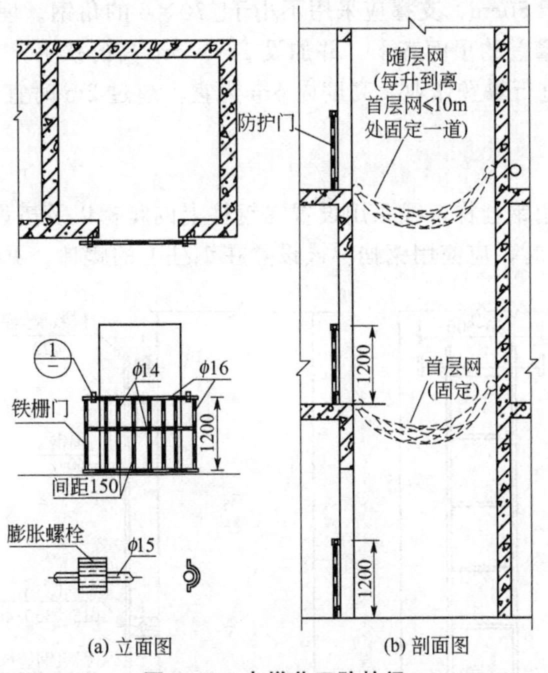

图 7.19 电梯井口防护门

1. 攀登设施

1）移动式梯子

（1）梯脚底部应坚实防滑，不得垫高使用，见图 7.20。梯子的上端应有固定措施梯子应高出柱脚点 1m 以上，若架梯不坚固，应求助于工友协助抓牢，见图 7.21，立梯的工作角度以 75°±5°为宜，踏板上下间距以 30cm 为宜，不得有缺档。

图 7.20 不得使用垫高的梯子

图 7.21 梯子辅助固定

（2）梯子如需接长使用，必须有可靠的连接措施，且接头不得超过 1 处。连接后，梯梁的强度不应低于单梯梯梁的强度。

（3）折梯使用时，上部夹角以 35°～45°为宜，铰链必须牢固，并应有可靠的拉撑措施。使用时下方有人监护。

2）固定式直爬梯

（1）应用金属材料制成。

(2) 梯宽不应大于 50cm，支撑应采用不小于∟70×6 的角钢。埋设与焊接均必须牢固，梯子顶端的踏棍应与攀登的顶面齐平，并加设 1～1.5m 高的扶手。

(3) 使用直爬梯进行攀登作业，高度以 5m 为宜。超过 2m 时宜加设护笼，超过 8m 时须设置梯间平台。

3）钢挂梯

钢结构吊装可采用钢挂梯，或采用设置在钢柱上的爬梯以及搭设脚手架。

(1)钢柱安装登高时，应使用钢挂梯或设置在钢柱上的爬梯，见图 7.22。

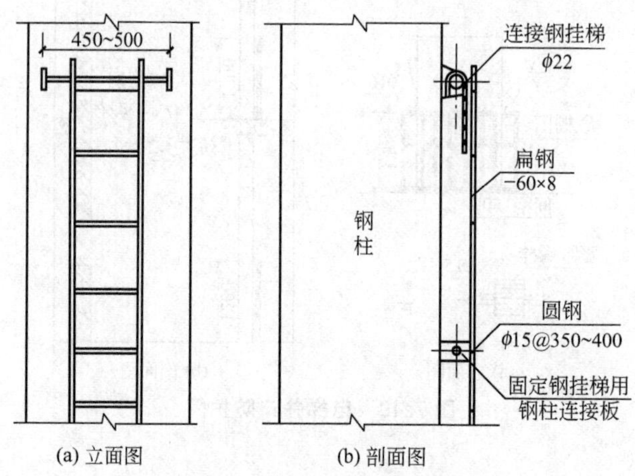

图 7.22　钢柱登高挂梯

(2) 钢柱的接柱应使用梯子或操作台，见图 7.23。操作台横杆高度要求：当无电焊防风要求时，其高度不宜小于 1m，有电焊防风要求时高度不宜小于 1.8m。

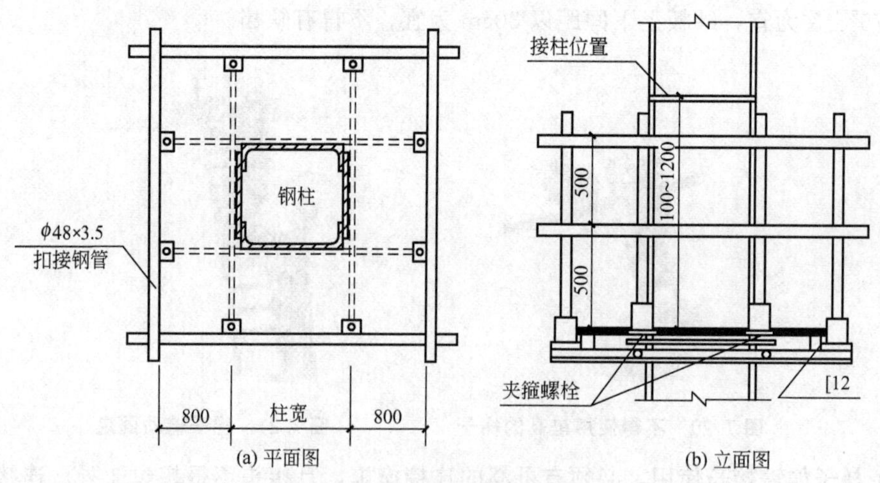

图 7.23　钢柱接柱用操作台

(3) 高大钢梁攀登及操作，应使用专用爬梯或脚手架，见图 7.24。

2. 安全要求

(1) 梯子供人上下的踏板，其使用荷载应不大于 1.1kN；当梯面上有特殊作业，重量

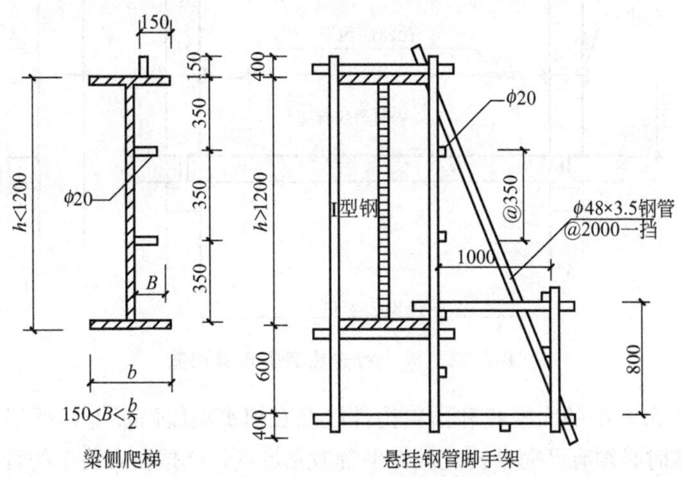

图 7.24 钢梁登高设施构造

超过上述荷载时，应按实际情况验算。

(2) 吊装工程时，柱、梁、屋架等构件吊装作业时，人员上下应设置专用梯子。供作业人员上下的踏板，实际使用荷载不应大于 1kN，当超过时，重新设计。

(3) 工程施工时，作业人员应从规定的通道或专门搭设的斜道上下，不准在建筑阳台之间进行攀登、不准攀登起重机架体及脚手架。

7.1.6 悬空作业的安全防护

悬空高处作业指在周边临空(在无立足点或无牢靠立足点)的状态下，高度在 2m 及 2m 以上的作业。

(1) 施工现场必须适当地建立牢靠的立足点，如搭设操作平台、脚手架或吊篮等，方可进行施工。

(2) 必须视具体情况配置防护栏网、栏杆或其他安全设施。

(3) 所用的索具、脚手板、吊篮、吊笼、平台等设备，均需经过技术鉴定或验证方可使用。

1. 构件吊装和管道安装

(1) 钢结构的吊装，构件应尽可能在地面组装，并应搭设用于临时固定、电焊、高强螺栓连接等工序的高空安全设施，随构件同时上吊就位。拆卸时的安全措施，亦应一并考虑和落实；高空吊装预应力钢筋混凝土屋架、桁架等大型构件前，也应搭设悬空作业中所需的安全设施。

(2) 在行车梁就位安装时，为方便作业人员在梁上行走，可在行车梁一侧设置安全绳(钢丝绳)与柱连接，人员行走时可将安全带扣挂在绳上滑行起防护作用，见图 7.25。

(3) 屋架吊装之前，用木杆绑扎加固，同时供作业人员作业时立足和安全带拴挂。吊装时，应在两榀屋架之间的下弦处张挂平网，平网可按节间宽度架设，随下一榀屋架的吊装再将安全网滑移到下一节间。

(4) 悬空安装大模板、吊装第一块预制构件、吊装单独的大中型预制构件时，必须站在

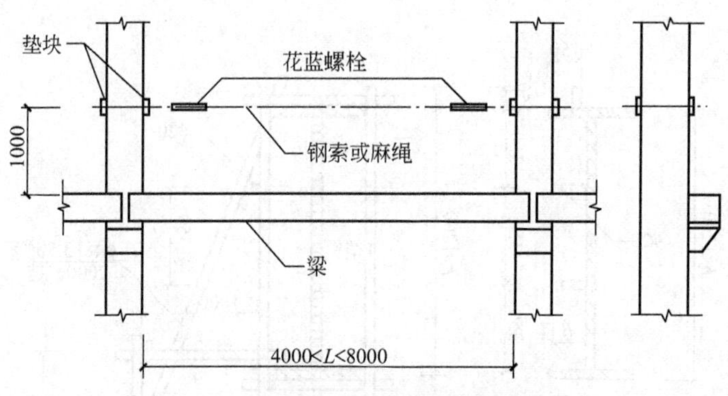

图 7.25　梁上行走临时安全绳构造

操作平台上操作，吊装中的大模板和预制构件以及石棉水泥屋面板上，严禁站人和行走。

(5) 安装管道时必须有已完结构或操作平台为立足点，严禁在安装中的管道上站立和行走。

2. 预应力张拉

(1) 进行预应力张拉时，应搭设站立操作人员和设置张拉设备用的牢固可靠的脚手架或操作平台。雨天张拉时，还应架设防雨棚。

(2) 预应力张拉区域应标示明显的安全标志，禁止非操作人员进入。张拉钢筋的两端必须设置挡板。挡板应距所拉钢筋的端部 1.5～2m，且应高出最上一组张拉钢筋 0.5m，宽度应距张拉钢筋两外侧各不小于 1m。

3. 安装门窗

(1) 安装门窗、刷油漆及安装玻璃时，严禁操作人员站在樘子、阳台栏板上操作。门窗临时固定、封填材料未达到强度以及电焊时，严禁手拉门窗进行攀登。

(2) 在高处外墙安装门窗，无外脚手架时，应张挂安全网。无安全网时，操作人员应系好安全带，其保险钩应挂在操作人员上方的可靠物件上。

(3) 进行各项窗口作业时，操作人员的重心应位于室内，不得在窗台上站立，必要时应系好安全带进行操作。

7.1.7　操作平台的安全防护

操作平台指现场施工中用以站人、载料并可进行操作的平台。当平台可以搬移，用于结构施工、室内装饰盒水电安装等，称为移动式操作平台，见图 7.26。当用钢构件制作，可以吊运和搁置于楼层边的，用于接送物料和转运模板等的悬挑式的操作平台，称悬挑式钢平台，见图 7.27。

(1) 钢平台设计应按现行的相应规范进行，计算书及图纸应编入施工组织设计。

(2) 悬挑式钢平台采用钢丝绳吊拉或采用下撑方式，其受力应自成系统，不得与脚手架连接，应直接与建筑结构连接(搁支点与上部拉结点，必须位于建筑物上，不得设置在脚手架等设施上)。

(3) 斜拉杆或钢丝绳，宜两边各设前后两道，每道均应做受力计算。

(4) 悬挑式钢平台的吊环，应经过验算，采用甲类三号沸腾钢制作。吊运平台时应使用卡环，不得使用吊钩直接钩挂吊环。

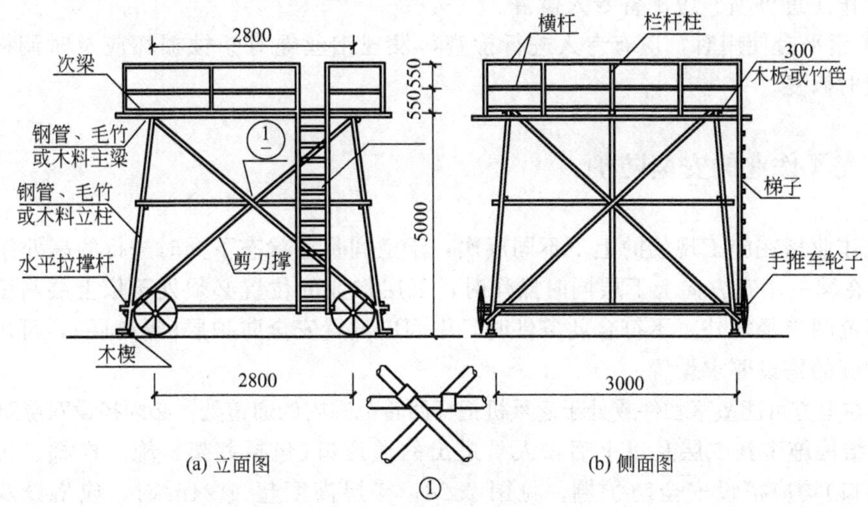

图 7.26 移动式操作平台示意

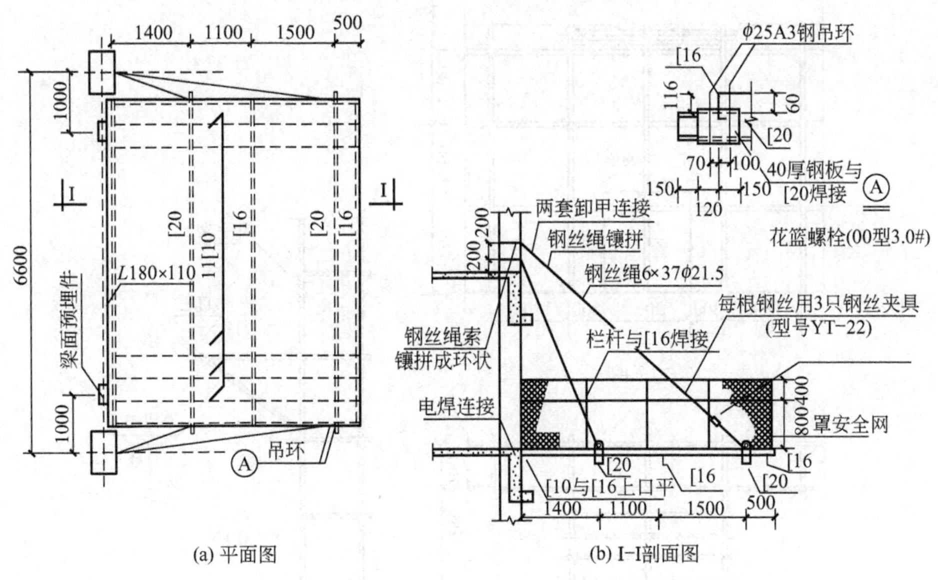

图 7.27 悬挑式钢平台示意

(5) 移动式钢平台立柱底端距地面不超过 80mm，行走轮的连接保证牢靠。

(6) 移动式钢平台高度一般不应超过 5m。四周有防护栏杆，人员上下有扶梯。平台移动时，人员禁止在平台上。

(7) 钢平台左右两侧必须装固定的防护栏杆。

(8) 钢平台安装时，钢丝绳应采用专用挂钩挂牢，采取其他方式时，卡头的卡子不得大于三个，建筑物锐角利口围系钢丝绳处应加衬软垫物，钢平台外应略高于内口。

(9) 钢平台吊装，需待横梁支撑点电焊固定、接好钢丝绳、调整完毕、经过检查验收，方可松卸起重吊钩，上下操作。

(10) 操作平台上应显著地标明容许荷载值、人员与物料的总重量。严禁超出此值，并写明操作注意事项。应配备专人监督。

(11) 钢平台使用时，应有专人进行检查，发现钢丝绳有锈蚀损坏应及时调换，焊缝脱焊应及时修复。

7.1.8 交叉作业的安全防护

交叉作业指在施工现场的上下不同层次，于空间贯通状态下同时进行的高处作业。

(1) 在同一垂直方向上下层同时操作时，下层作业的位置必须处于依上层高度确定的可能坠落范围半径之外。不符合此条件时，中间应设置安全防护层(隔离层)，可用木脚手板按防护棚的搭设要求设置。

(2) 在上方可能坠落物件或处于起重机把杆回转范围内的通道处，必须搭设双层防护棚。

(3) 结构施工到二层及以上后，人员进出的通道口(包括井架、施工电梯、进出建筑物的通道口)均应搭设安全防护棚，见图 7.28；楼层高度超过 24m 时，应搭设双层防护棚，见图 7.29。

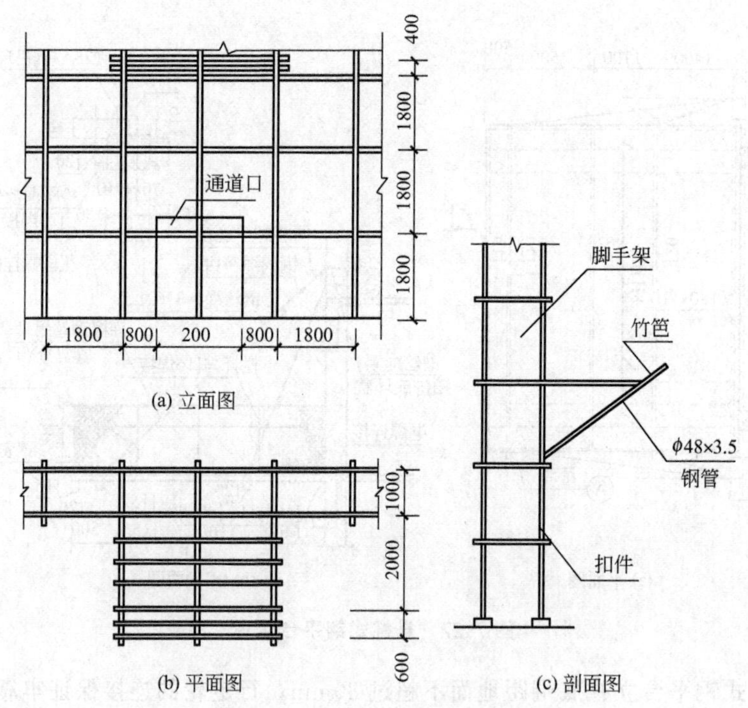

图 7.28 交叉作业通道防护

(4) 通道的宽度×高度(图 7.30)，用于走人时应大于 2500mm×3000mm，用于汽车通过时应大于 4000mm×4000mm。进入建筑物的通道最小宽度应为建筑物洞口宽两边各加 500mm。

支模、粉刷、砌墙等各工种进行立体交叉作业时，不得在同一垂直方向上操作。可采取时间交叉或位置交叉，如施工要求仍不能满足，必须采取隔离封闭措施并设置监护人员后，方可施工。

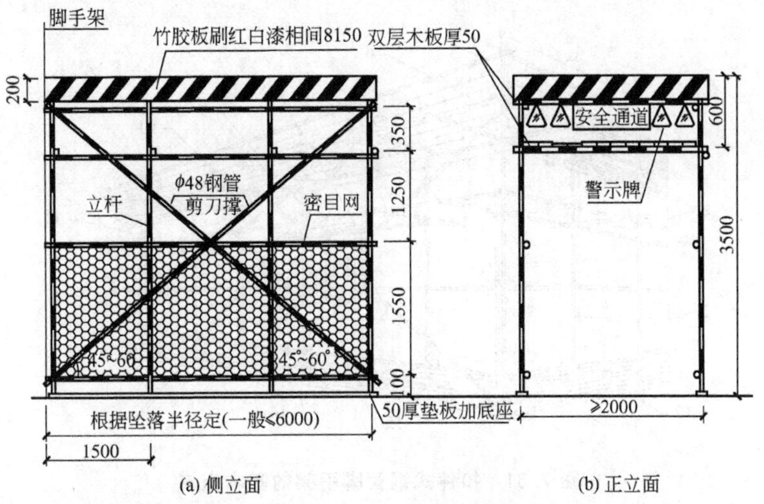

图 7.29 双层防护棚搭设示意

注：所有防护棚的钢管刷红白漆相间 8300

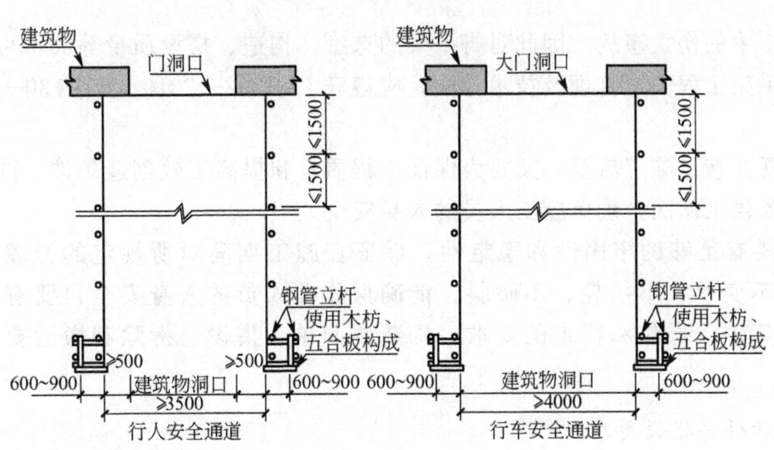

图 7.30 通道宽度与高度平面示意

7.2 脚手架安全技术

7.2.1 脚手架

脚手架是建筑施工中必不可少的临时设施，见图 7.31。例如，砌筑砖墙、浇注混凝土、墙面的抹灰、装饰和粉刷、结构构件的安装等，都需要在其近旁搭设脚手架，以便在其上进行施工操作、堆放施工用料和必要的短距离水平运输。

脚手架虽然是随着工程进度而搭设，工程完毕就拆除，但它对建筑施工速度、工作效率、工程质量以及工人的人身安全有着直接的影响，如果脚手架搭设不牢固、不稳定，就

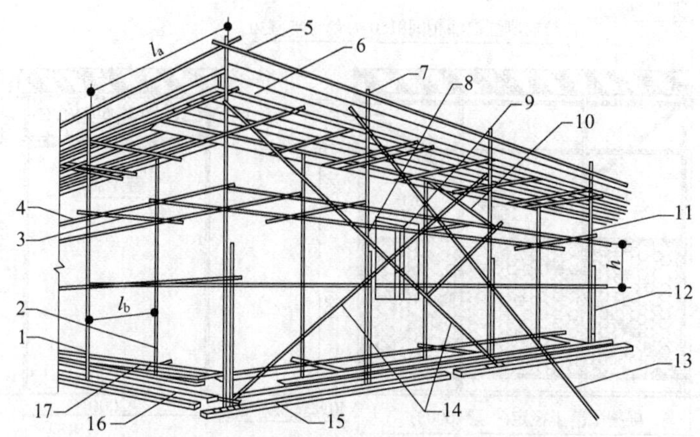

图 7.31　扣件式钢管脚手架的基本组成

1. 外立杆；2. 内立杆；3. 横向水平杆；4. 纵向水平杆；5. 栏杆；6. 挡脚板；7. 直角扣件；8. 旋转扣件；9. 连墙件；10. 横向斜撑；11. 主立杆；12. 副立杆；13. 抛撑；14. 剪刀撑；15. 垫板；16. 纵向扫地杆；17. 横向扫地杆；h. 步距；l_a. 纵距；l_b. 横距

容易造成施工中的伤亡事故。因此对脚手架的选型、构造、搭设质量等决不可疏忽大意轻率处理。脚手架工程安全管理及技术方法，应遵守 JGJ 202—2010、JGJ 130—2011 等规范的要求。

脚手架既要满足施工需要，又要为保证工程质量和提高工效创造条件，同时还应为组织快速施工提供工作面，确保施工人员的人身安全。

脚手架要有足够的牢固性和稳定性，保证在施工期间对所规定的荷载或在气候条件的影响下不变形、不摇晃、不倾斜，能确保作业人员的人身安全；要有足够的面积满足堆料、运输、操作和行走的要求；构造要简单，搭设、拆除和搬运要方便，使用要安全。

1. 主要构件与搭设要求

1）水平杆

脚手架中的水平杆件。包括纵向水平杆(大横杆)、横向水平杆(小横杆)，布置方式有两种，见图 7.32。

(1) 纵向水平杆(大横杆)。

① 宜设置在立杆内侧(脚手架受力时，使里外排立杆的偏心距产生的变形对称，通过小横杆使得此变形相互抵消)，其长度不宜小于 3 跨且大于等于 6m。

② 接长宜采用对接扣件连接，也可采用搭接。

大横杆的对接扣件应交错布置：两根相邻大横杆的接头不宜设置在同步或同跨内；不同步不同跨两相邻接头在水平方向错开的距离不应小于 500mm；各接头中心至最近主节点的距离不宜大于纵距的 1/3。

搭接长度不应小于 1m，应等间距设置 3 个旋转扣件固定，端部扣件盖板边缘至大横杆端部的距离不应小于 100mm。

③ 大横杆步距，在结构架中层高不同可取 1.2～1.4m，装修架中不大于 1.8m。

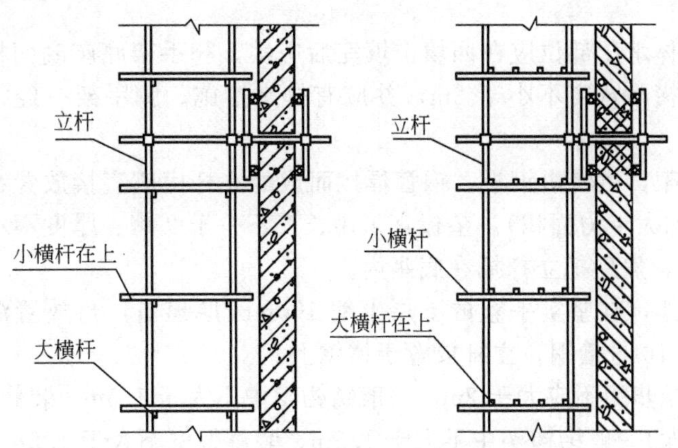

图 7.32 大小横杆的两种布置方式

④ 在封闭型脚手架的同一步中，纵向水平杆应四周交圈，用直角扣件与内外角部立杆固定。

⑤ 当使用冲压钢脚手板、木脚手板、竹串片脚手板时，大横杆应作为小横杆的支座，用直角扣件固定在立杆上；当使用竹笆脚手板时，大横杆应采用直角扣件固定在小横杆上，并应等间距设置，间距不应大于 400mm，见图 7.33。

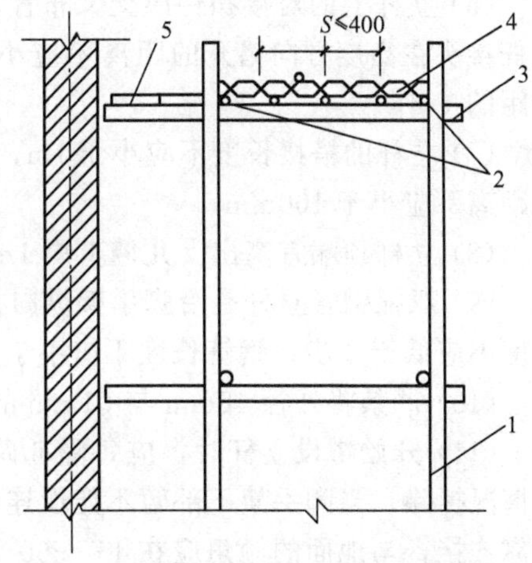

图 7.33 铺竹笆脚手板时大横杆的构造

1. 立杆；2. 大横杆；3. 小横杆；
4. 竹笆脚手板；5. 其他脚手板

(2) 横向水平杆(小横杆)。

① 应设在脚手架每个主节点上(大横杆与立杆的交点)。主节点处必须设置一根横向水平杆，用直角扣件扣接且严禁拆除(拆除后的双排脚手架改变为两片脚手架，承载和抗变形能力明显下降)。主节点处两个直角扣件的中心距不应大于 150mm；在双排脚手架中，靠墙一端的外伸长度不应大于 500mm。

② 作业层上非主节点处的横向水平杆，宜根据支承脚手板的需要等间距设置，最大间距不应大于纵距的 1/2。

③ 当使用冲压钢脚手板、木脚手板、竹串片脚手板时，双排脚手架的小横杆两端均应采用直角扣件固定在大横杆上。单排脚手架的小横杆的一端，应用直角扣件固定在大横杆上，另一端应插入墙内，插入长度不应小于 180mm。

④ 使用竹笆脚手板时，双排脚手架的横向水平杆两端，应用直角扣件固定在立杆上。单排脚手架的小横杆一端，应用直角扣件固定在立杆上，另一端插入墙内，插入长度不应小于 180mm。

⑤ 双排脚手架横向水平杆的靠墙一端至墙装饰面的距离不宜大于 100mm。

2) 立杆

脚手架中垂直于水平面的竖向杆件。包括外立杆、内立杆、角杆、双管立杆(主立杆和副立杆）。

（1）脚手架整体承压部位应在回填土填完后夯实，脚手架底座底面标高宜高于自然地坪50mm。基础的横距宽度不小于2m，并应有排水措施。脚手架一经搭设，其地基或附近不得随意开挖。

（2）一般脚手架，可将由钢板、钢管焊接而成的立杆底座直接放置在夯实的原土上或在底座下加垫板(加大传力面积)。垫板宜采用长度不少于2跨、厚度不小于50mm的木垫板，也可采用槽钢，然后把立杆插在底座内。

（3）高层脚手架，在坚实平整的土层上铺100mm厚道渣，再放置混凝土垫块，上面纵向仰铺统长12～16号槽钢，立杆放置于槽钢上。

（4）脚手架底层步距不应大于2m，一般结构架中不大于1.5m、装修架中不大于1.8～2m。立杆横距(架宽)一般结构架中不大于1.5m、装修架中不大于1.3m。

（5）立杆接头除在顶层可采用搭接外，其余各接头必须采用对接扣件连接。

（6）立杆上的对接扣件应交叉布置，两个相邻立杆接头不应设在同步同跨内，两相邻立杆接头在高度方向错开的距离不应小于500mm，各接头中心距主节点的距离不应大于步距的1/3。

（7）立杆的搭接长度不应小于1m，用不少于2个扣件固定。端部扣件盖板的边缘至杆端距离不应小于100mm。

（8）立杆顶端宜高出女儿墙上皮1m，高出檐口上皮1.5m。

（9）双根钢管立杆是沿脚手架纵向并列将主立杆和副立杆用扣件紧固组成，副立杆的高度不应低于3步，钢管长度不应小于6m。扣件数量不应小于2个。

（10）严禁将外径48mm与51mm的钢管混合使用。

（11）开始搭设立杆时，应每隔6跨设置一根抛撑，直至连墙件安装稳定后，方可根据情况拆除。当脚手架下部暂不能设连墙件时可搭设抛撑；抛撑应采用通长杆件与脚手架可靠连接，与地面的倾角应在45°～60°，连接点中心至主节点的距离不应大于300mm，抛撑应在连墙件搭设后方可拆除。

（12）脚手架必须设置纵、横向扫地杆，用来固定立杆的位置和调节相邻跨的不均匀沉降。纵向扫地杆应采用直角扣件固定在距离底座上皮不大于200mm处的立杆上；横向扫地杆亦应采用直角扣件固定在紧靠纵向扫地杆上。当立杆基础不在同一高度上时，必须将高处的纵向扫地杆向低处延长两跨与立杆固定，高低差不应大于1 m。靠边坡上方的立杆轴线到边坡的距离不应小于500mm。

（13）立杆必须用连墙件与建筑物可靠连接。当搭至有连墙件的构造点时，在搭设完该处的立杆、纵向水平杆、横向水平杆后应立即设置连墙件。

3）连墙件

连墙件的形式有柔性墙杆(也称软墙杆)和刚性墙杆(也称硬墙杆)两种。连墙杆指连接脚手架与建筑物的构件，包括刚性连墙件、柔性连墙件。

（1）连墙件必须采用可承受拉力和压力的构造。连墙件中的连墙杆或拉筋宜呈水平并垂直于墙面设置，与脚手架连接的一端可稍下斜；当不能水平设置时，与脚手架连接的一端应下斜连接，不应采用上斜连接。

（2）对高度在24m以下的双排脚手架，宜采用刚性连墙件，也可采用拉筋和顶撑配合使用的附墙连接方式，严禁使用仅有拉筋的柔性连墙件，见图7.34。

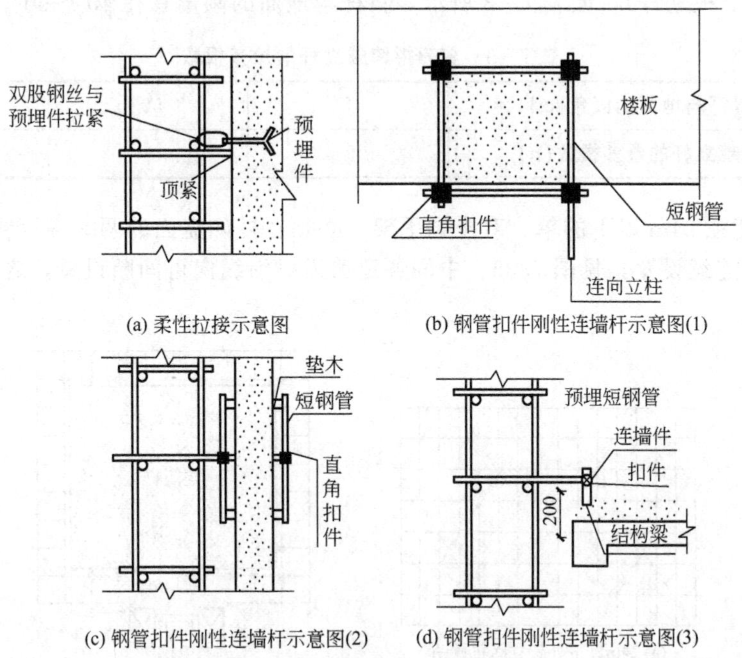

(a) 柔性拉接示意图　(b) 钢管扣件刚性连墙杆示意图(1)

(c) 钢管扣件刚性连墙杆示意图(2)　(d) 钢管扣件刚性连墙杆示意图(3)

图 7.34　外脚手架连墙件构造

(3) 对高度在 24m 以上的双排脚手架，必须采用刚性连墙件与建筑物可靠连接。

(4) 连墙件的间距可按三步三跨布置(最大不超过层高)，每根连墙件控制的脚手架面积不超过 $40m^2$。连墙件的竖向间距缩小，不但可减少脚手架的计算高度，同时还可以加强脚手架的整体稳定性，数量的设置除应满足设计计算要求外，还应符合表 7-2 的规定。

表 7-2　连墙件布置最大间距

脚手架高度/m		竖向间距	水平间距	每根连墙件覆盖面积/m^2
双排	≤50	$3h$	$3l_a$	≤40
	>50	$2h$	$3l_a$	≤27
单排	≤24	$3h$	$3l_a$	≤40

注：h——步距；l_a——纵距。

(5) 连墙件宜靠近主节点设置，偏离主节点的距离不应大于 300mm，以便控制被连杆件的弯曲变形；应从底层第一步大横杆处开始设置，当该处设置有困难时，应采用其他可靠措施固定。必须在施工方案中设计位置，避免妨碍施工(用在主体施工后，装修施工时碍事)而被拆除形成脚手架倒塌事故。

(6) 架高超过 40m 且有风涡流作用时，应采取抗上升翻流作用的连墙措施。

4) 剪刀撑

脚手架在垂直荷载的作用下，即使没有纵向水平力，也会产生纵向位移倾斜。在脚手架外侧面成对设置的交叉斜杆，形成剪刀撑。设剪刀撑可以加强脚手架的纵向稳定性，剪刀撑随脚手架的搭设同时由底至顶连续设置。

(1) 每道剪刀撑跨立杆的根数宜按有关的规定确定，每道剪刀撑宽度应大于 4 跨，且为 6～9m(5～7 根立杆)，如表 7－3 所示，斜杆与地面的倾角宜在 45°～60°。

表 7－3 剪刀撑跨越立杆的最多根数

剪刀撑斜杆与地面的倾角(α)	45°	50°	60°
剪刀撑跨越立杆的最多根数(n)	7	6	5

(2) 高度在 24m 以下的单、双排脚手架，必须在外侧立面的两端各设置一道剪刀撑，并应由底至顶连续设置，见图 7.35；中间各道剪刀撑沿纵向可间断设置，之间的净距不应大于 15m。

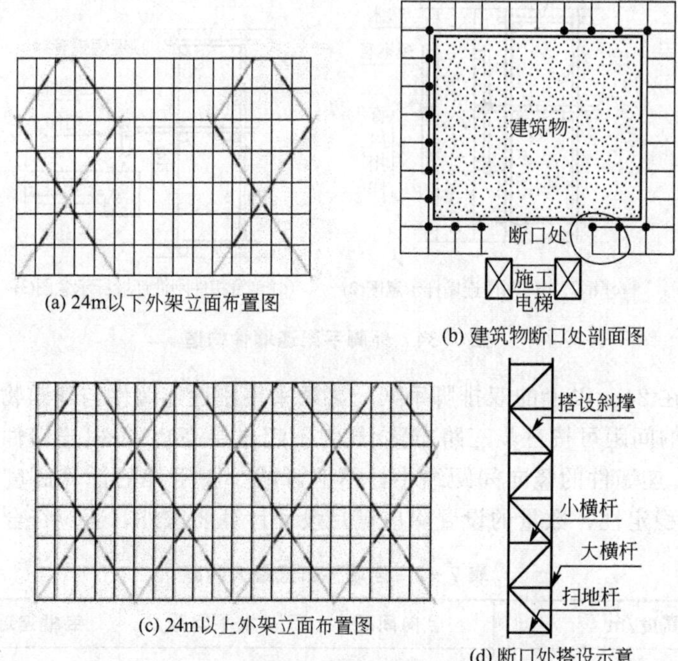

(a) 24m以下外架立面布置图

(b) 建筑物断口处剖面图

(c) 24m以上外架立面布置图

(d) 断口处搭设示意

图 7.35 外脚手架剪刀撑和横向斜撑设置示意

(3) 高度在 24m 以上的双排脚手架应在外立面整个长度和高度上连续设置剪刀撑。

(4) 剪刀撑斜杆的接长宜采用搭接，搭接长度不小于 1m，应采用不少于 2 个旋转扣件固定，见图 7.36。应用旋转扣件固定在与之相交的横向水平杆的伸出端或立杆上，旋转扣件中心线离主节点的距离不宜大于 150mm。剪刀撑杆件在脚手架中承受压力或拉力，主要依靠扣件与杆件的摩擦力传递，所以剪刀撑的设置效果关键是增加扣件的数量。要求采用搭接接长，不用对接(因为杆可能受拉)，斜杆不但与立杆连接，还要与伸出端的小横杆连接，以增加连接强度和减少斜杆的长细比，斜杆底部应落在地面垫板上。

5) 栏杆、挡脚板

(1)栏杆和挡脚板应搭设在外立杆的内侧，见图 7.37。

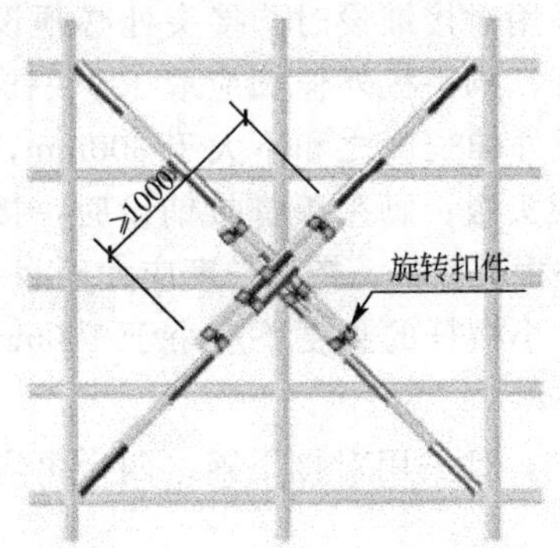

图 7.36 剪刀撑连接方法示意

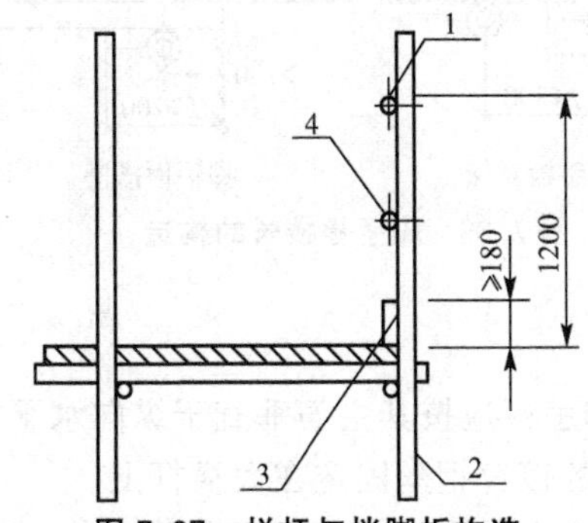

图 7.37 栏杆与挡脚板构造

1. 上栏杆；2. 外立杆；3. 挡脚板；4. 中栏杆

(2) 上栏杆上皮高度应为 1.2m，中栏杆应居中设置。

(3) 挡脚板高度不应小于 180mm。

6) 扫地杆

贴近地面，连接立杆根部的水平杆。包括纵向扫地杆、横向扫地杆。

(1) 脚手架必须设置纵、横向扫地杆，见图 7.38。

(2) 纵向扫地杆应采用直角扣件固定在距底座上皮不大于 200mm 处的立杆上。

(3) 横向扫地杆也应采用直角扣件固定在紧靠纵向扫地杆下方的立杆上。

(4) 当立杆基础不在同一高度上时，必须将高处的纵向扫地杆向低处延长两跨与立杆固定，高低差不应大于 1m。

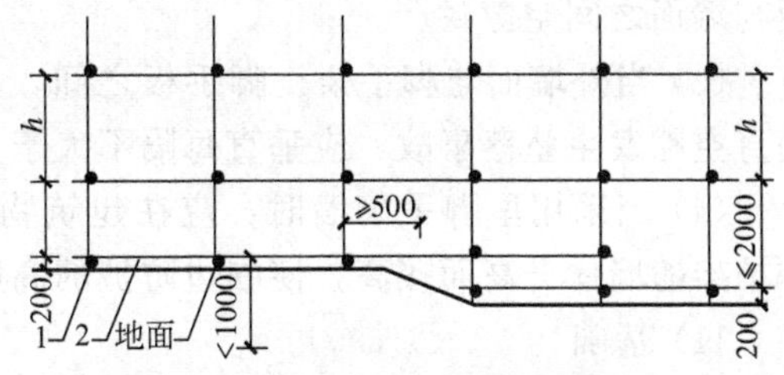

图 7.38 纵、横向扫地杆设置的构造尺寸

1. 横向扫地杆；2. 纵向扫地杆

(5) 靠边坡上方的立杆轴线到边坡的距离不应小于 500mm。

在立杆、大横杆、小横杆三杆的交叉点称为主节点。主节点处，立杆和大横杆的连接扣件与大横杆和小横杆的连接扣件的间距应小于 15 cm。在脚手架使用期间，主节点处的大、小横杆，纵、横向扫地杆及连墙件不能拆除。

7) 横向斜撑

在双排脚手架中，与内、外立杆或水平杆斜交呈之字形的斜杆。

8) 抛撑

与脚手架外侧面斜交的杆件。

9) 脚手板

(1) 作业层脚手板应按脚手架宽度铺满、铺稳，小横杆伸向墙一端处也应满铺脚手板，离开墙面 100～150mm。

作业层端部脚手板探头长度应取 150mm，其板长两端均应与支承杆可靠地固定。

(2) 冲压钢脚手板、木脚手板、竹串片脚手板等，一般应将脚手板设置在三根小横杆上，当脚手板长度小于 2m 时，可采用两根小横杆支承，但应将脚手板两瑞绑牢固定，防止移位倾翻。

(3) 冲压钢脚手板、木脚手板、竹串片脚手板铺设接长时，可采用对接平铺或搭接方

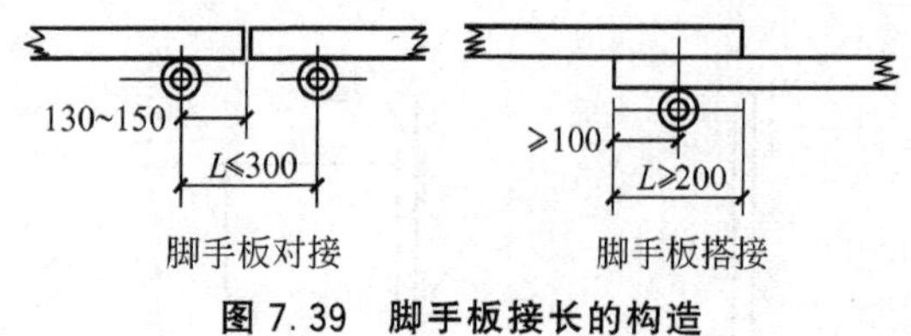

图 7.39　脚手板接长的构造

法。采用对接铺设时，接头处必须设两根小横杆，脚手板外伸长应取 130～150mm，两块板外伸长度之和不大于 300mm，防止出现探头板；脚手板搭接铺设时，接头处可设一根小横杆，搭接长度应大于 200mm，其伸出小横杆的长度不应小于 100mm，见图 7.39。

竹笆脚手板应按其主筋垂直于纵向水平杆方向铺设，且采用对接平铺，四个角应用直径 1.2mm 的镀锌钢丝固定在大横杆上。

(4) 脚手板一般应上下连续铺设两步，上层为作业层，下层为防护层，作业层发生落人落物等意外情况时，防护层可起防护作用，同时也为作业层脚手板提供周转使用。

10）安全网

(1) 在双排脚手架的外排立杆立面封挂密目式安全网。为使脚手架有较好的外观效果，宜将安全网挂在立杆的里侧，使脚手架的立杆、大横杆露于密目网外。

(2) 最底层脚手板的下面没有防护层时，应紧贴脚手板底面设一道平网，将脚手板及板与墙面之间空隙封严。

(3) 当外墙面与脚手架、脚手板之间，有大于 200mm 以上的垂直空隙时，为防止沿垂直空隙发生坠落事故，应垂直每隔不大于 10m 处封挂一层平网。

(4) 当采用里脚手砌墙时，应在建筑物外距墙 100mm 搭设单排防护架封挂密目网，防护架随墙体升高而接高，使临边防护的高度在作业面 1.5m 以上。

11）基础

搭设高度 24m 以下的脚手架，应将原地坪夯实找平后，铺厚 5cm 的木板。板长 2m 时，可按立杆横距垂直建筑物铺设；板长 3m 以上时，可平行建筑物方向里外，按立杆纵距铺设两行作为脚手架立杆的垫板。垫板上应设置钢管底座，然后安装立杆。

2. 基本安全要求

(1) 脚手架搭设人员必须是按《特种作业人员安全技术考核管理规则》GB 5306—85、《特种作业人员安全技术培训考核管理规定》(安监局令第 30 号)中有关要求，经过登高架设作业考核合格的专业架子工。上岗人员应定期体检，合格者方可持证上岗。

(2) 搭设脚手架人员必须戴安全帽、系安全带、穿防滑鞋。

(3) 设置供操作人员上下使用的安全扶梯、爬梯或斜道。

(4) 搭脚手架时，地面应设围栏和警戒标志，并派专人看守，严禁非操作人员入内。

(5) 脚手架的构配件质量与搭设质量，应按规定进行检查验收，合格后方准使用。

(6) 搭设完毕后应进行检查验收，经检查合格后才准使用。特别是高层脚手架和满堂脚手架更应进行检查验收后才能使用。

(7) 作业层上的施工荷载应符合设计要求，不得超载。不得将模板支架、缆风绳、泵送混凝土和砂浆的输送管等固定在脚手架上；严禁悬挂起重设备。

(8) 当有六级及六级以上大风和雾、雨、雪天气时，应停止脚手架搭设与拆除作业。雨、雪后，上架作业应有防滑措施，并应扫除积雪。

(9) 脚手架的安全检查与维护应按规定进行，安全网应按有关规定搭设或拆除。

(10) 在脚手架使用期间，严禁拆除下列杆件：主节点处的纵、横向水平杆，纵、横向扫地杆，连墙件。

(11) 在脚手架上同时进行多层作业的情况下，各作业层之间应设置可靠的防护棚，以防止上层坠物伤及下层作业人员。

(12) 不得在脚手架基础及其邻近处进行挖掘作业，否则应采取安全措施，并报主管部门批准。

(13) 临街搭设脚手架时，外侧应有防止坠物伤人的防护措施。在脚手架上进行电、气焊作业时，必须有防火措施和专人看守。

(14) 脚手架接地、避雷措施等，应按现行行业标准 JGJ 46—2005 的有关规定执行。

(15) 脚手架的拆除：脚手架专项施工方案中，应包括脚手架拆除的方案和措施，拆除时应严格遵守。

7.2.2 扣件式钢管脚手架设计

扣件式钢管脚手架的设计即根据脚手架的用途(承重、装修)，在建工程的高度、外型及尺寸等的要求，而设计立杆的间距、大横杆的间距、连墙件的位置等，再计算各杆件的应力在这种设计情况下能否满足要求。如不满足，可再调整立杆间距、大横杆间距和连墙件的位置设置等。设计的主要依据是 JGJ 130—2011。

1. 荷载分类

对脚手架的计算基本依据是《冷弯薄壁型钢结构技术规范》GB 50018—2002 和《建筑结构荷载规范》GB 50009—2012，即对脚手架构件的计算采用了与规范相同的计算表达式、相同的荷载分项系数和有关设计指标。

根据上述规范要求，对作用于脚手架上的荷载分为永久荷载(恒荷)和可变荷载，计算构件的内力(轴力)、弯矩、剪力等时要区别这两种荷载，要采用不同的荷载分项系数，永久荷载分项系数取 1.2，可变荷载分项系数取 1.4。脚手架属于临时性结构，考虑到一方面确保其安全性能，另一方面尽量发挥材料作用，所以取结构重要性系数为 0.9。

1) 永久荷载

主要指脚手架结构自重，包括立杆、大小横杆、斜撑(或剪刀撑)、扣件、脚手板、安全网和防护栏杆等各构件的自重。脚手架上吊挂的安全设施(安全网、竹笆等)的荷载应按实际情况采用。

2) 施工荷载

施工荷载主要指脚手板上的堆砖(或混凝土、模板和安装件等)、运输车辆(包括所装物件)和作业人员等荷载。根据脚手架的不同用途，确定装修、结构两种施工均布荷载(kN/m^2)。装修脚手架的施工荷载为 $2kN/m^2$，结构施工脚手架(包括砌筑、浇混凝土和安装用架)的为 $3kN/m^2$。

3) 风荷载

风荷载按水平荷载计算，是均布作用在脚手架立面上的。风荷载的大小与不同地区的基本风压、脚手架的高度、封挂何种安全网以及施工建筑的形状有关，风荷载的计算按 GB 50009—2012 有关公式进行。

2. 荷载传递与杆件受力

1）荷载传递路线

作用于脚手架上，荷载有竖向荷载和水平荷载，其传递路线如下：脚手架上的施工荷载一般情况下是通过脚手板传递给小横杆，由小横杆传递给大横杆，再由大横杆通过绑扎(或扣结)点传递给立杆，最后通过立杆底部传递到地基上。但是，使用竹笆板脚手板，则是将施工荷载通过竹笆板传递给大横杆(或搁栅)，由大横杆传递给靠近立杆的小横杆，再由小横杆通过绑扎点传给立杆，最后由立杆传递到地基上。

由上面的荷载传递路线可知，作用于脚手架上的全部竖向荷载和水平荷载最终都是通过立杆传递的；由竖向和水平荷载产生的竖向力由立杆传给基础；水平力则由立杆通过连墙件传给建筑物。分清组成脚手架的各构件各自传递的荷载，从而明确哪些构件是主要传力构件，各属于何种受力构件，以便按力学、结构知识对其进行计算。

2）杆件受力分析

钢管脚手架的荷载由小横杆、大横杆和立杆组成的承载力构架承受，并通过立杆传给基础。剪刀撑、斜撑和连墙件主要是保证脚手架的整体刚度和稳定性，增加抵抗垂直和水平力作用的能力；连墙杆承受全部的风荷载；扣件则是架子组成整体的联结件和传力件。

(1) 立杆：传递全部竖向和水平荷载的最重要构件，它主要承受压力计算，忽略扣件连接偏心以及施工荷载作用产生的弯矩。当不组合风荷载时，简化为轴压杆以便于计算；当组合风荷载时则为压弯构件。

立杆基础将脚手架的荷载传递到地面，要求基础底面的地基反力应大于立杆传下来的轴向力。

(2) 大、小横杆：受弯构件。

(3) 连墙件：最终将脚手架水平力传给建筑物的最重要构件。主要承受风荷载和脚手架平面外变形产生的轴向力，防止发生向内或向外的倾翻事故；还作为脚手架的中间约束，减小脚手架的计算高度，对提高脚手架的整体稳定和承载力起着重要的作用。一般为偏心受压(刚性连墙件)构件，因偏心不大可简化为轴心受压构件计算。

连墙件的强度、稳定性和连接强度应按《冷弯薄壁型钢结构技术规范》GB 50018—2002、《钢结构设计规范》GB 50017—2011、《混凝土结构设计规范》GB 50010—2010 等的规定计算。

(4) 扣件：纵向或横向水平杆是靠扣件连接将施工荷载、脚手板自重传给立杆的，当连墙件采用扣件连接时，要靠扣件连接将脚手架的水平力由立杆传递到建筑物上。扣件连接是以扣件与钢管之间的摩擦力传递竖向力或水平力的，因此规范规定要对扣件进行抗滑计算。

3. 荷载组合

设计脚手架时，应根据整个使用过程中(包括工作状态及非工作状态)可能产生的各种荷载，按最不利的荷载进行组合计算，将荷载效应叠加后脚手架应满足其稳定性要求。

设计脚手架的承重构件时，应根据使用过程中可能出现的荷载取其最不利组合进行计算，如表 7－4 所示。

表 7-4 荷载组合情况

<table>
<tr><th>计算项目</th><th>荷载组合</th></tr>
<tr><td>纵、横向水平杆强度与变形</td><td>永久荷载＋施工均布可变荷载</td></tr>
<tr><td rowspan="2">脚手架立杆稳定</td><td>永久荷载＋施工均布可变荷载</td></tr>
<tr><td>永久荷载＋0.85(施工均布活荷载＋风荷载)</td></tr>
<tr><td>连墙件承载力</td><td>单排架：风荷载＋3.0kN
双排架：风荷载＋5.0kN</td></tr>
</table>

注：0.85 为荷载组合系数，是考虑脚手架在既有施工荷载，又有风荷载的情况下，不会同时出现最大值，所以在取二者最大值后乘以 0.85 系数进行折减。当计算脚手架的连墙杆时的荷载效应组合，应按单排架取风荷载＋3kN、双排架取风荷载＋5kN。

在计算连墙件的承载能力时，除去考虑各连墙件负责面积内能承受的风荷载外，还应再加上由于风荷载的影响，使脚手架侧移变形产生的水平力对连墙件的作用，按每一连墙点计算。对于单排脚手架取 3kN、双排脚手架取 5kN 的水平力，并与风荷载叠加。

计算强度和稳定性时，要考虑荷载效应组合，永久荷载分项系数 1.2，可变荷载分项系数 1.4。受弯构件要根据正常使用极限状态验算变形，采用荷载短期效应组合。

4. 计算步骤、公式

扣件钢管脚手架计算要根据规范 JGJ 130—2011，在规范中有明确的计算要求，应该包括的内容如下。

1) 受弯构件的强度和挠度计算

其中大横杆规范要求按照三跨连续梁计算，小横杆规范要求按照简支梁计算。

(1) 大、小横杆的强度计算要满足

$$\sigma=\frac{M}{W}\leqslant[f] \tag{7-4}$$

式中，M——弯矩设计值，包括脚手板自重荷载产生的弯矩和施工活荷载的弯矩；

W——钢管的截面模量；

$[f]$——钢管抗弯强度设计值。

(2) 大、小横杆的挠度计算要满足

$$v\leqslant[v] \tag{7-5}$$

式中，$[v]$——容许挠度，按照规范要求为 $l/150$，即 10mm。

以大横杆在小横杆的上面计算模型为例，大横杆按照三跨连续梁进行强度和挠度计算，按照大横杆上面的脚手板和活荷载作为均布荷载计算大横杆的最大弯矩和变形。大横杆荷载包括自重标准值，脚手板的荷载标准值，活荷载标准值，分布见图 7.40、图 7.41。

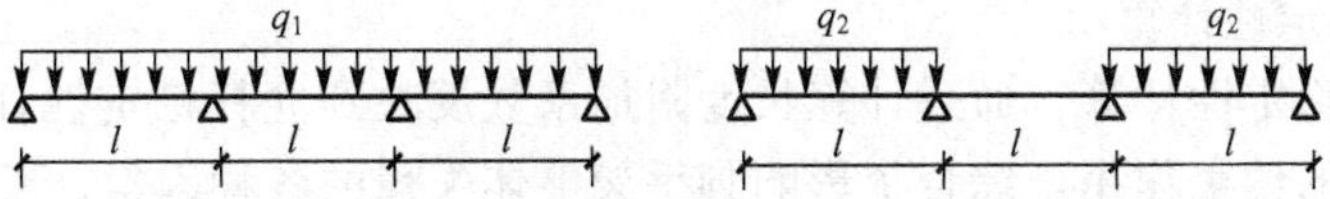

图 7.40 大横杆计算荷载组合简图(跨中最大弯矩和跨中最大挠度)

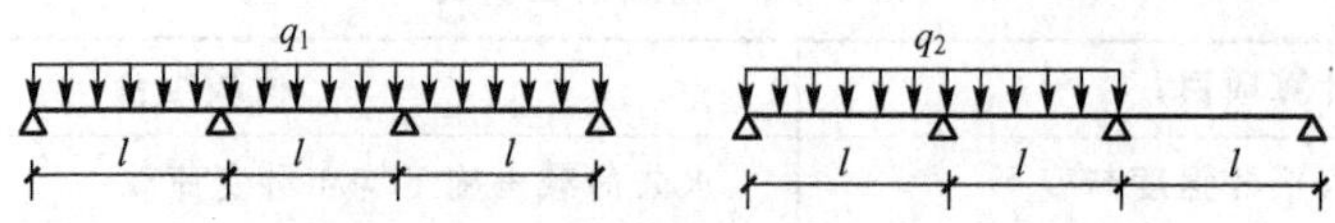

图 7.41　大横杆计算荷载组合简图(支座最大弯矩)

跨中最大弯矩计算公式如下

$$M_{1\max}=0.08q_1l^2+0.10q_2l^2 \tag{7-6}$$

支座最大弯矩计算公式如下

$$M_{2\max}=-0.10q_1l^2-0.117q_2l^2 \tag{7-7}$$

最大挠度计算公式如下

$$V_{\max}=0.677\frac{q_1l^4}{100EI}+0.990\frac{q_2l^4}{100EI} \tag{7-8}$$

小横杆按照简支梁进行强度和挠度计算，用大横杆支座的最大反力计算值，在最不利荷载布置下计算小横杆的最大弯矩和变形。小横杆的荷载包括大、小横杆的自重标准值，脚手板的荷载标准值，可变荷载标准值。主结点间增加两根小横杆(图 7.42)的计算公式如下：

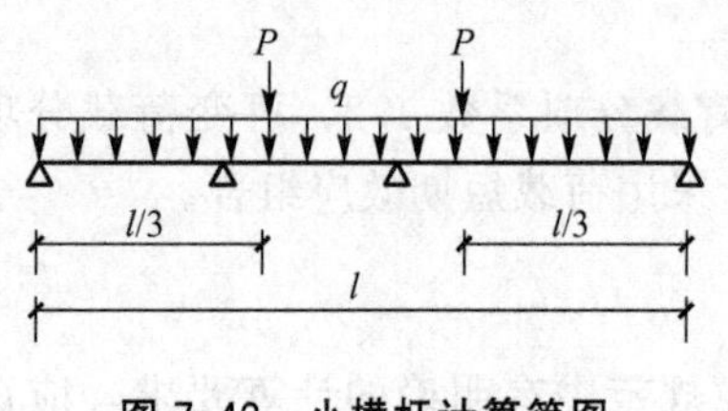

图 7.42　小横杆计算简图

均布荷载最大弯矩计算公式：

$$M_q\max=ql^2/8 \tag{7-9}$$

集中荷载最大弯矩计算公式：

$$M_{P\max}=\frac{Pl}{3} \tag{7-10}$$

均布荷载最大挠度计算公式：

$$V_{q\max}=\frac{5ql^4}{384EI} \tag{7-11}$$

集中荷载最大挠度计算公式：

$$V_{P\max}=\frac{Pl(3l^2-4l^2/9)}{72EI} \tag{7-12}$$

2）扣件的抗滑承载力计算

按照 JGJ 130—2011，5.2.5 要求，纵、横向水平杆与立杆连接时，扣件的抗滑承载力按照式(7-13)计算：

$$R\leqslant R_C \tag{7-13}$$

式中，R_C——扣件抗滑承载力设计值，取 8.0kN；

R——纵向或横向水平杆传给立杆的竖向作用力设计值。

竖向作用力设计值 R 可以通过上面计算纵向(小横杆在上)或横向水平杆(大横杆在上)的最大支座力得到；也可以将一个立杆纵距计算单元内的所有荷载按照 1/2 分配得到。当直角扣件的拧紧力矩达 40～65N·m 时，试验表明：单扣件在 12kN 的荷载下会滑动，其抗滑承载力可取 8kN；双扣件在 20kN 的荷载下会滑动，其抗滑承载力可取 12kN。

3）立杆的稳定性计算

脚手架整体稳定性计算，通过计算长度附加系数反映到立杆稳定性计算中，反映脚手架各杆件对立杆的约束作用，综合了影响脚手架整体失稳的各种因素。

每米立杆承受的结构自重标准值，可查询 JGJ 130—2011 附录中的表 A-1，根据纵距、步距及脚手架类型查询出的数据乘以脚手架搭设的总高度得出。

JGJ 130—2011 给出冲压钢脚手板、竹串片脚手板和木脚手板的自重标准值。有些施工单位在方案中强调满铺脚手板，或者每隔几层就铺一层脚手板，过于浪费材料，实在没有必要，造成脚手架水平荷载过大，一般来讲铺 4 层脚手板足够使用了。对于双排脚手架内的人行马道，会造成施工荷载过大，应尽量不采用。

JGJ 130—2011 给出了栏杆冲压钢脚手板、栏杆竹串片脚手挡板和栏杆木脚手挡板的自重标准值。

吊挂的安全设施荷载(包括安全网)，自重标准值乘以脚手架的总搭设高度和立杆纵距即得到。

可变荷载为施工荷载标准值产生的轴向力总和，双排脚手架的内、外立杆按一纵距内施工荷载总和的 1/2 取值。

考虑风荷载时，立杆的轴向压力设计值计算公式：

$$N=1.2\sum(N_{G1k}+N_{G2k})+0.85\times1.4\sum N_{Qk} \tag{7-14}$$

不考虑风荷载时，立杆的轴向压力设计值计算公式：

$$N=1.2\sum(N_{G1k}+N_{G2k})+1.4\sum N_{Qk} \tag{7-15}$$

式中，N_{G1k}——脚手架结构自重标准值产生的轴向力；

N_{G2k}——脚手架配件自重标准值产生的轴向力；

$\sum N_{Qk}$——施工荷载标准值产生的轴向力(各层施工荷载总和)。

(1) 不考虑风荷载时，立杆的稳定性计算公式：

$$\sigma=\frac{N}{\phi A}\leqslant[f] \tag{7-16}$$

(2) 考虑风荷载时，立杆的稳定性计算公式：

$$\sigma=\frac{N}{\phi A}+\frac{N_N}{W}\leqslant[f] \tag{7-17}$$

式中，N——立杆的轴心压力设计值；

A——立杆净截面面积；

ϕ——轴心受压立杆的稳定系数，由长细比 $\lambda=l_0/i$ 的结果查有关表得到；

i——计算立杆的截面回转半径；

l_0——计算长度，由公式 $l_0=k\mu h$ 确定；

k——计算长度附加系数；

h——立杆的步距；

μ——考虑脚手架整体稳定因素的单杆计算长度系数，按表 7-5 取用；

表 7-5 脚手架立杆的计算长度系数 μ

类别	立杆横距/m	连墙件布置	
		二步三跨/m	三步三跨/m
双排架	1.05	1.50	1.70
	1.30	1.55	1.75
	1.55	1.60	1.80
单排架	≤1.50	1.80	2.00

W——立杆净截面模量(抵抗矩)；

λ——长细比；

σ——钢管立杆受压强度计算值；

$[f]$——钢管立杆抗压强度设计值；

M_W——计算立杆段由风荷载设计值产生的弯矩。

风荷载设计值产生的立杆段弯矩 M_W 计算公式：

$$M_W = 0.85\times 1.4 w_k l_a h^2/10 \tag{7-18}$$

施工荷载一般偏心作用于脚手架上，但由于一般情况，脚手架结构自重产生的最大轴向力和不均匀分配施工荷载产生的最大轴向力不会同时相遇，可以忽略施工荷载的偏心作用，内外立杆按照施工荷载平均分配计算。

规范要求双排脚手架搭设高度不超过 50m，否则就需要采取其他措施并进行相应的计算。对于比较高的双排脚手架，采用双立杆是比较好的处理方法，但需要注意计算立杆的稳定性时，也分考虑风荷载和不考虑风荷载的两组内力组合；计算立杆的稳定性时，应既考虑双立杆底部又需要考虑单、双立杆交接位置(双立杆以上第一步)稳定性计算结果。

双立杆实验结果表明，主立杆承担上部传下的荷载65%以上，所以计算中取两倍立杆截面积和惯性矩计算立杆稳定性是不准确的，建议采用 0.7 倍双立杆截面积和惯性矩计算，即$\dfrac{N}{0.7\times 2A}\approx\dfrac{0.7N}{A}$。

对于比较高的落地双排脚手架，多层钢丝绳卸荷也是经常采用的方法，但应把脚手架的卸荷措施作为安全储备，不参与计算，钢丝绳卸荷也没有必要过多，40～50m 架体有一道就可以了。有些施工单位对于双排脚手架的考虑非常保守，40～50m 的双排脚手架，即采用双立杆，又每几层加钢丝绳卸荷，非常浪费材料。

JGJ 130—2011 中规定高度超过 50m 的脚手架，可采用双管立杆、分段悬挑或分段卸荷等有效措施，必须另行专门设计。

需要注意在脚手架的计算中，将脚手架钢管按照 ϕ48mm×3.5mm 的外径、壁厚进行计算是不安全的，因为目前施工现场的脚手架钢管很难达到 3.5mm 的壁厚，多是 3.0mm 的壁厚，因此应将脚手架钢管按照 ϕ48mm×3.0mm 的外径、壁厚进行计算。

4) 连墙件的连接强度计算

连墙件的轴向力设计值应满足

$$N_l = N_{lw} + N_0 \leqslant \phi A f \tag{7-19}$$

式中，N_l——连墙件的轴向力设计值；

N_{lw}——风荷载产生的连墙件的轴向力设计值，$N_{lw}=1.4w_kA_w$；

A_w——每个连墙件的覆盖面积内，脚手架外侧面的迎风面积；

N_0——连墙件约束脚手架平面外变形，所产生轴向力，单排架取 3kN，双排架取 5kN。

连墙件与脚手架、建筑物的连接见图 7.43 和图 7.44，承载能力要求

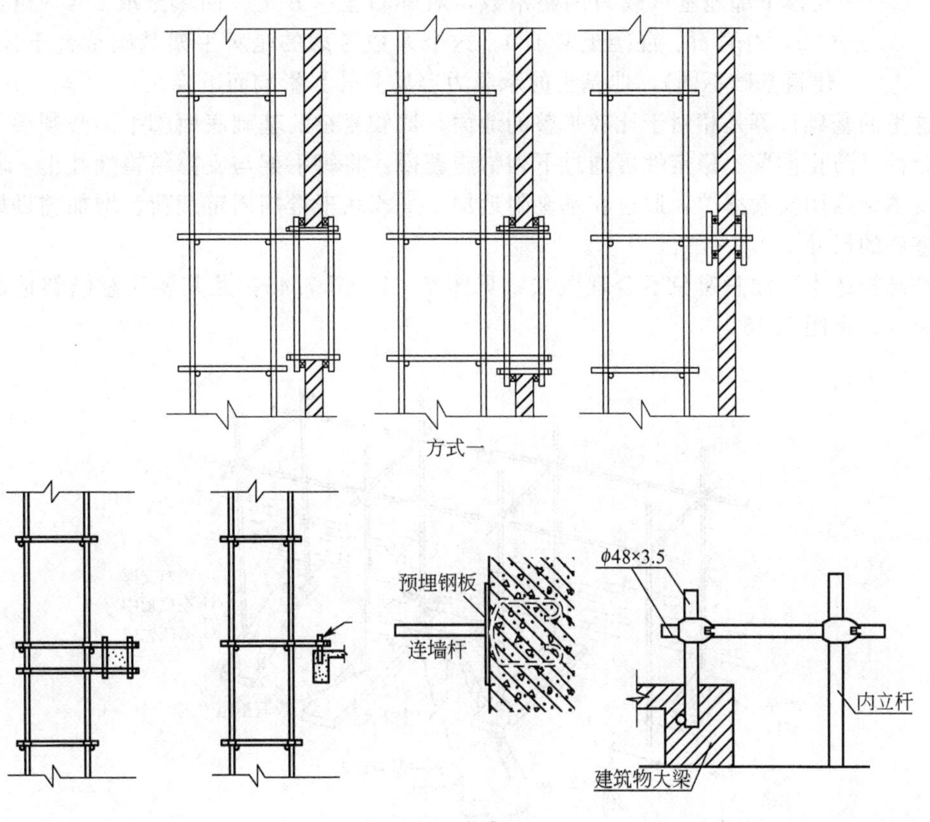

图 7.43　连墙件连接方式

$$N_l \leqslant N_w \tag{7-20}$$

式中，N_w——连接的抗剪承载力设计值，按不同连接方式分别考虑扣件、焊缝、螺栓。

按照规范要求计算连墙件横向连接采用扣件时，扣件抗滑力通常不能满足要求，这是由于规范的缺陷造成的，规范将每个连墙件的覆盖面积按照密不透风的钢板考虑是不妥的，安全网无论如何不能达到这种密度。

5）立杆的地基承载力计算

落地双排脚手架的基础一般落在者普通地面上，需要按照《建筑地基基础设计规范》GB 50007—2011 验算基础承载力，按式(7-21)计算

$$P \leqslant f_g,\quad P=\frac{N}{A},\quad f_g=K_c f_{gk} \tag{7-21}$$

式中，P——支撑立杆基础底面的平均压力；

N——上部结构传至基础的竖向力设计值；

A——基础底面面积；

f_g——地基承载力设计值；

f_{gk}——地基承载力标准值，按 GB 50007—2011 取值；

K_c——支撑下部地基承载力调整系数，对碎石土、砂土、回填土取0.4，对黏土取0.5，对岩石、混凝土取1.0。这个系数考虑的是脚手架基础是置于地面(与建筑基础不同)，地基土的承载力容易受外界影响而下降。

这里的基础计算是相对于比较平整的地面，比较复杂的基础底面脚手架必须要有相当的稳定性以防止倾覆。稳定性可通过下列措施获得：将脚手架与支撑结构捆扎上，将脚手架与支撑结构用支索撑拉，通过在基座附近加上平衡块来增加固定载荷、增加辅助跨度以增加基座的尺寸。

基础构造中要注意避免不合理做法，见图7.44、图7.45；尤其要注意倾斜地面上基础的设置，见图7.46。

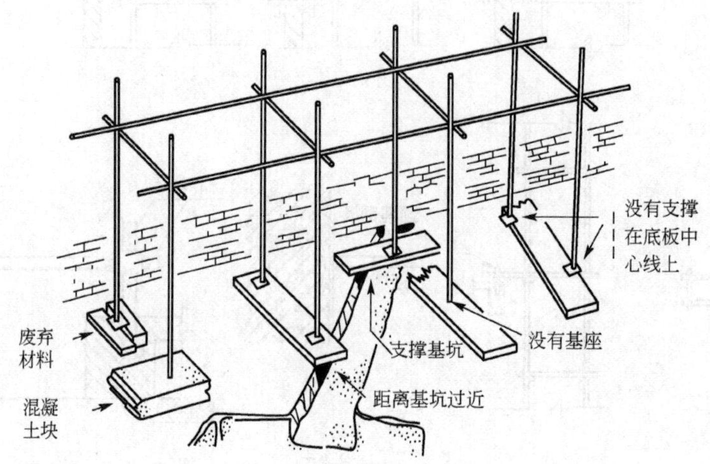

图7.44　基础构造不合理做法

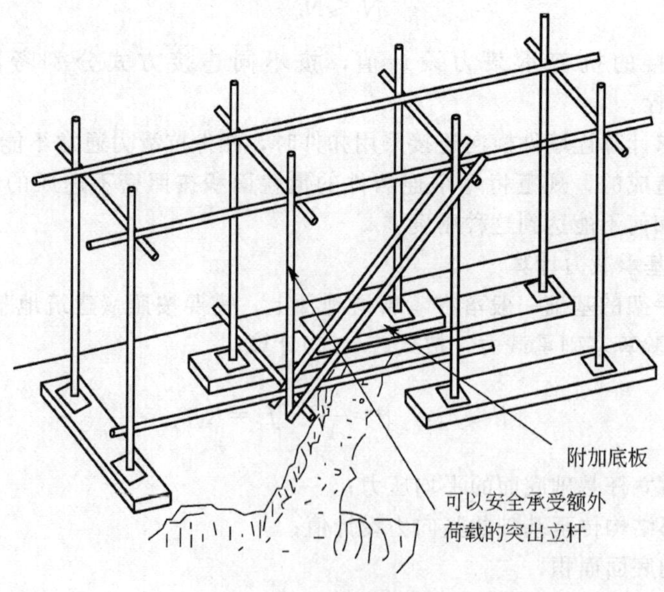

图7.45　满足要求的基础

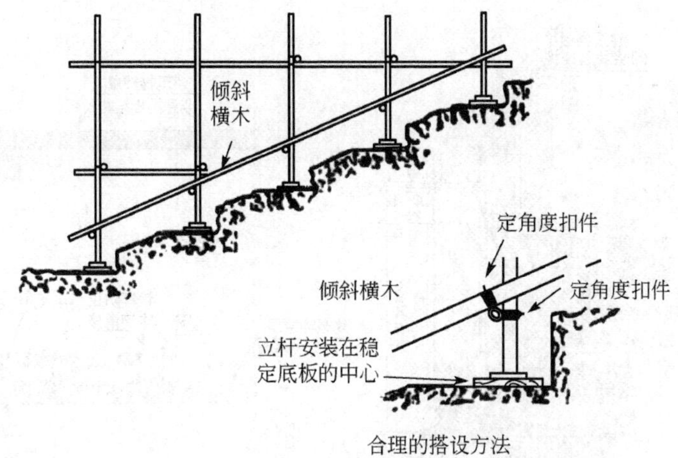

合理的搭设方法

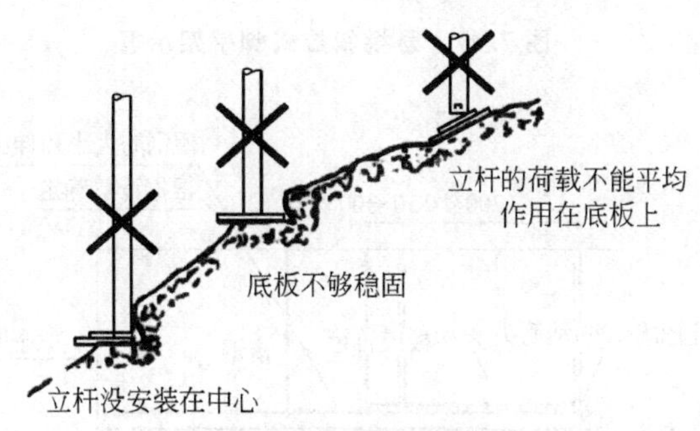

不安全的搭设方法

图 7.46 倾斜地面上基础的设置

7.2.3 悬挑式外脚手架

悬挑式外脚手架(挑架)，是利用建筑结构外边缘向外伸出的悬挑结构来支承外脚手架。它必须有足够的强度、稳定性和刚度，并能将脚手架的荷载全部或部分传递给建筑结构。

1. 构造

悬挑支承结构的形式一般均为三角形桁架，根据所用杆件的种类不同可分成钢管支承结构和型钢支承结构两类。

1) 型钢支承结构

结构形式主要分为斜拉式和下撑式两种。

(1) 斜拉式：用型钢作为悬挑梁外挑，再在悬挑端用钢丝绳或钢筋拉杆与建筑物斜拉，形成悬挑支承结构，见图 7.47。

(2) 下撑式：用型钢焊接成三角形桁架，其三角斜撑为压杆，桁架的上下支点与建筑物相连，形成悬挑支承结构，见图 7.48。

2) 钢管支承结构

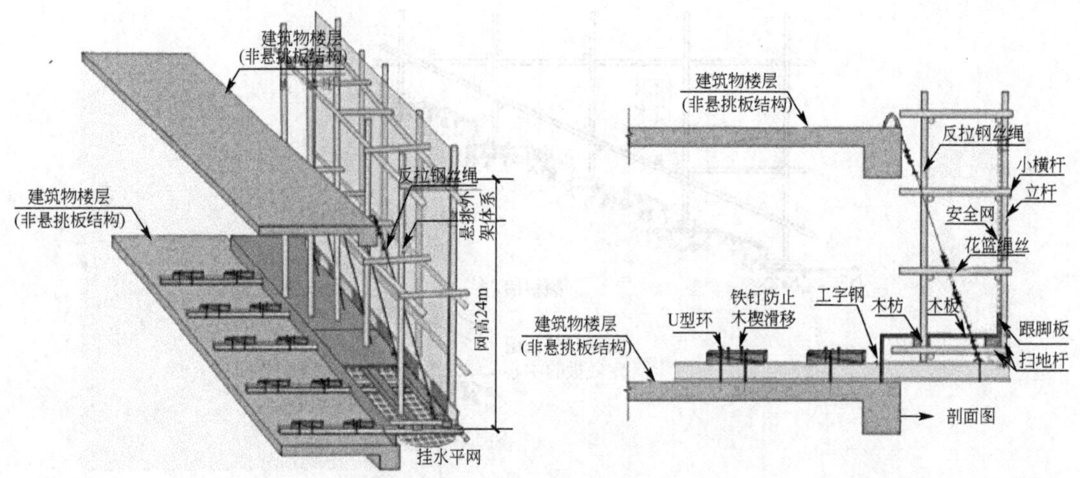

图 7.47　悬挑斜拉式脚手架示意

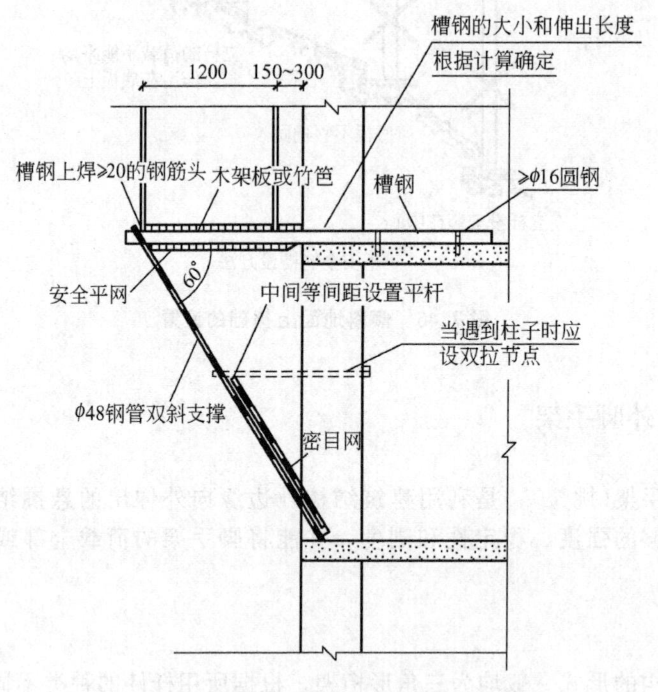

图 7.48　型钢悬挑双斜支撑系统示意

由普通脚手钢管组成的三角形桁架。斜撑杆下端支在下层的边梁或其他可靠的支托物上，且有相应的固定措施。当斜撑杆较长时，可采用双杆或在中间设置连接点。

2. 防护及管理

挑脚手架在施工作业前除需有设计计算书外，还应有含具体搭设方法的施工方案。当设计施工荷载小于常规取值，即按三层作业、每层 $2kN/m^2$，或按两层作业、每层 $3kN/m^2$ 时，除应在安全技术交底中明确外，还必须在架体上挂上限载牌。

挑脚手架应实施分段验收，对支承结构必须实行专项验收。

架体除在施工层上下三步的外侧设置 1.2m 高的扶手栏杆和 18cm 高的挡脚板外，外侧还应用密目式安全网封闭。在架体进行高空组装作业时，除要求操作人员使用安全带外，还应有必要的防止人、物坠落的措施。

7.3 模板安全技术

7.3.1 模板安装和拆除

随着高层、超高层建筑的发展，现浇结构数量越来越大，相应模板工程发生的事故也在增加，主要原因多发生在模板的支撑和立柱的强度及稳定性不够。模板工程的安全管理及安全有关技术方法，应遵守 JGJ 162—2008 的要求。

1. 安装和使用

1）安装

(1) 安装模板时人员必须站在操作平台或脚手架上作业，禁止站在模板、支撑、脚手杆、钢筋骨架上作业和在梁底模上行走。

(2) 安装模板必须按照施工设计要求进行，模板设计时应考虑安装、拆除、安放钢筋及浇捣混凝土的作业方便与安全。

(3) 整体式钢筋混凝土梁，当跨度大于等于 4m 时，安装模板应起拱。当无设计要求时，可按照跨度的 3/1000～1/1000 起拱。

(4) 单片柱模吊装时，应采用卡环和柱模连接，严禁用钢筋钩代替，防止脱钩。待模板立稳并支撑后，方可摘钩。

(5) 安装墙模扳时，应从内、外角开始，向相互垂直的两个方向拼装。同一道墙(梁)的两侧模板采用分层支模时，必须待下层模板采取可靠措施固定后，方可进行上一层模板安装。

(6) 大模板组装或拆除时，指挥及操作人员必须站在可靠作业处，任何人不得随大模板起吊，安装外模板时作业人员应挂牢安全带。

(7) 混凝土施工时，应按施工荷载规定，严格控制模板上的堆料及设备，当采用人工小推车运输时，不准直接在模板或钢筋上行驶，要用脚手架钢管等材料搭设小车运输道，将荷载传递给建筑结构。

(8) 当采用钢管、扣件等材料搭设模板支架时，实际上相当于搭设一钢管扣件脚手架，应由经培训的架子工指导搭设，并应满足钢管扣件脚手架规范的相关规定。

2）使用

(1) 在模板上运输混凝土，必须铺设垫板，设置运输专用通道。走道垫板应牢固稳定。

(2) 走道悬空部分必须在两侧设置 1.2m 高防护栏及 300mm 高挡脚板。

(3) 浇筑混凝土的运输通道及走道垫板，必须按施工组织设计的构造要求搭设。

(4) 作业面孔洞防护，在墙体、平板上有预留洞时，应在模板拆除后，随时在洞口上做好安全防护栏，或将洞口盖严。

(5) 临边防护，模板施工应有安全可靠的工作面和防护栏杆。圈梁、过梁施工应设马凳或简易脚手架；垂直交叉作业上下应有安全可靠的隔离措施。

(6) 在钢模板上架设的电线和使用的电动工具，应采用 36V 的低压电源或采取其他的有效安全措施。

(7) 登高作业时，连接件必须放在箱内或工具袋中，严禁放在模板或脚手板上，扳手和各类工具必须系持在身上或置放于工具袋内以防掉落。

(8) 钢模板用于高层建筑施工时，应有防雷措施。

2. 拆除

(1) 模板拆除必须经工程负责人批准和签字及对混凝土的强度报告试验单确认。

(2) 非承重侧模的拆除，应在混凝土强度达到 $2.5N/m^2$，并保证混凝土表面和楞角不受损坏的情况下进行。

(3)承重模板的拆除时间，应按施工方案的规定。当设计无具体要求时，《混凝土结构工程施工质量验收规范 2011 版》GB 50204—2002 中要求混凝土强度应符合表 7-6 的规定。

表 7-6 底模拆除时的混凝土强度要求

构件类型	构件跨度/m	达到设计的混凝土立方体抗压强度标准值的百分率
板	≤2	≥50%
	>2，≤8	≥75%
	>8	≥100
梁、拱、壳	≤8	≥75%
	>8	≥100%
悬臂构件	—	≥100%

(4) 模板拆除顺序应按方案的规定，当混凝土强度达到拆模强度后，顺序进行。当无规定时，应按照先支的后拆、先拆非承模板后拆承重模板的顺序。应对已拆除侧模板的结构及其支承结构进行检查，确定结构有足够的承载能力后，方可拆除承重模板和支架。

(5) 拆除较大跨度梁下支柱时，应先从跨中开始，分别向两端拆除。拆除多层楼板支柱时，应确认上部施工荷载不需要传递的情况下方可拆除下部支柱。

(6) 当立柱大横杆超过两道以上时，应先拆除上两道大横杆，最下一道大横杆与立柱同时拆除，以保持立柱的稳定。

(7) 钢模拆除应逐块进行，不得采用成片撬落方法，防止砸坏脚手架和将操作者摔伤。

(8) 拆除模板作业必须认真进行，不得留有零星和悬空模板，防止模板突然坠落伤人。

(9) 模板拆除作业严禁在上下同一垂直面上进行；大面积拆除作业或高处拆除作业时，应在作业范围设置围栏，并有专人监护。

(10) 拆除模板、支撑、连接件严禁抛掷，应采取措施用槽滑下或用绳系下。

(11) 拆除的模板、支撑等应分规格码放整齐，定型钢模板应清理后分类码放，严禁用钢模板垫道或临时作脚手板用。

(12) 大模板存放应设专用的堆放架，保证其自稳角度，应面对面成对存放，防止碰撞或被大风刮倒。

7.3.2 设计

1. 基本要求

1) 原则要求

(1) 模板及支架必须符合的规定：保证工程结构和构件各部分形状尺寸和相互位置的正确；具有足够承载力、刚度和稳定性，能可靠地承受新浇混凝土的自重和侧压力及在施工过程中所增加的可变荷载；构选简单、使用方便，并便于钢筋的绑扎和混凝土浇筑、养护等要求；模板接缝严密不应漏浆。

(2) 模板及支架设计应考虑的荷载：模板及支架自重、新浇筑混凝土自重、钢筋自重、施工人员及施工设备荷载、振捣混凝土时产生的荷载、新浇筑混凝土对模板侧面的压力、倾倒混凝土时产生的荷载、风荷载。

(3) 模板设计应符合下列标准。

① 钢模板及其支架设计应符合 GB 50017—2003 的规定。其截面塑性发展系数取 1.0，其荷载设计值可乘以 0.85 系数予以折减。

② 木模板设及其支架设计，应符合《木结构设计规范》GB 50005—2003 的规定，当木材含水率小于 25%时，其荷载设计值可乘以 0.85 折减系数。

③ 大模板设计应符合《建筑工程大模板技术规程(附条文说明)》JGJ 74—2003 的规定。

④ 滑升模板设计应符合 JGJ 65—1989 的规定。

2) 模板荷载计算

(1) 荷载标准值。

永久荷载，即普通混凝土取 24kN/m^3，钢筋按图纸确定(一般可按楼板取 1.1kN/m^3、梁取 1.5kN/m^3)，模板及支架按表 7-7 确定。

表 7-7 模板及支架荷载 (单位：kN/m^2)

项次	模板构件名称	木模板	定型组合钢模板
1	平板的模板及小楞的重量	0.3	0.5
2	楼板模板的重量(包括梁板的模板)	0.5	0.75
3	楼板模板及支架的重量(楼层高度为 4m 以下)	0.75	1.1

施工荷载：面板及小楞按 2.5kN/m^2 均布荷载及 2.5kN 集中荷载计算最大值，支架立柱按 1.0kN/m^2 计算。

振捣荷载：侧立模取 4kN/m^2，平模取 2kN/m^2。

倾倒混凝土产生的水平荷载：料斗容量小于等于 0.2m^3 的按 2kN/m^2，料斗容量小于 0.2m^3 且大于等于 0.8m^3 的按 4kN/m^2，料斗容量大于 0.8m^3 的按 6kN/m^2。

(2) 荷载组合。计算不同项目时考虑不同荷载组合，如表 7-8 所示。

表 7-8　荷载组合种类

模板类别	参与组合的荷载项	
	承载能力	验算刚度
平板、薄壳的模板及支架	①+②+③+④	①+②+③
梁、板模板的底板及支架	①+②+③+⑤	①+②+③
梁、拱、柱(边长≤300mm)、墙(厚≤100mm)的侧面模板	⑤+⑥	⑥
大体积结构、柱(边长>300mm)、墙(厚>100mm)的侧面模板	⑥+⑦	⑥
①模板及支架自重，②新浇混凝土自重，③钢筋自重，④施工人员及设备自重，⑤振捣混凝土荷载，⑥混凝土对模板侧压力，⑦倾倒荷载		

2. 模板(扣件钢管架)设计计算

1) 支架立杆的计算

当支模立杆采用钢管扣件材料时，立杆的轴向压力设计值、稳定性计算，照相同材料的脚手架立杆的计算公式计算。

模板支架立杆的计算长度 l_0，应按式(7-22)计算：

$$l_0=h+2a \tag{7-22}$$

式中，h——支架立杆的步距；

a——支架立杆伸出顶层大横杆至模板支撑点的长度。

2) 立杆的压缩变形值与在自重和风荷载作用下的抗倾覆计算

应符合现行国家标准 GB 50204—2002 的有关规定。

3) 构造要求

(1) 立柱底部应垫实木板，并在纵横方向设置扫地杆。

(2) 立柱底部支承结构必须能够承受上层荷载。当楼板强度不足时，下层的立柱不得提前拆除，同时应保持上层立柱与下层立柱在一条垂直线上。

(3) 立柱高在 2m 以下的，必须设置一道大横杆，保持立柱的整体稳定性；当立柱高度大于 2m 时，应设置多道大横杆，步距为 1.8m。

(4) 满堂红模板支柱的大横杆应纵、横两个方向设置，同时每隔 4 根立杆设置一组剪刀撑，由底部至顶部连续设置。

(5) 立柱的间距由计算确定。当使用钢管扣件材料的，间距一般不大于 1m，立柱的接头应错开，不在同一步距内和竖向接头间中大于 50cm。

(6) 为保持支模系统的稳定，应在支架的两端和中间部分与建筑结构进行连接。

案例

施工安全防护不当案例

施工安全防护不当的一些情况见图7.49

序号	现场图片及简要分析	序号	现场图片及简要分析
1	隐患：外架基础积水 正确做法：在架子外侧设置排水沟	4	隐患：水平网内有横钢管 正确做法：水平网内、下方严禁有横杆等物
2	隐患：横支撑伸到架子操作层内，通道受堵 正确做法：横向支撑不得伸进架内	5	隐患：缺小横杆、有探头板 正确做法：加设小横杆、拆除探头板
3	隐患：梁两侧无护栏、跳板 正确做法：梁两侧铺两块跳板；搭两道护栏	6	隐患：临边防护不严 正确做法：安全网应支挂在结构上

（续）

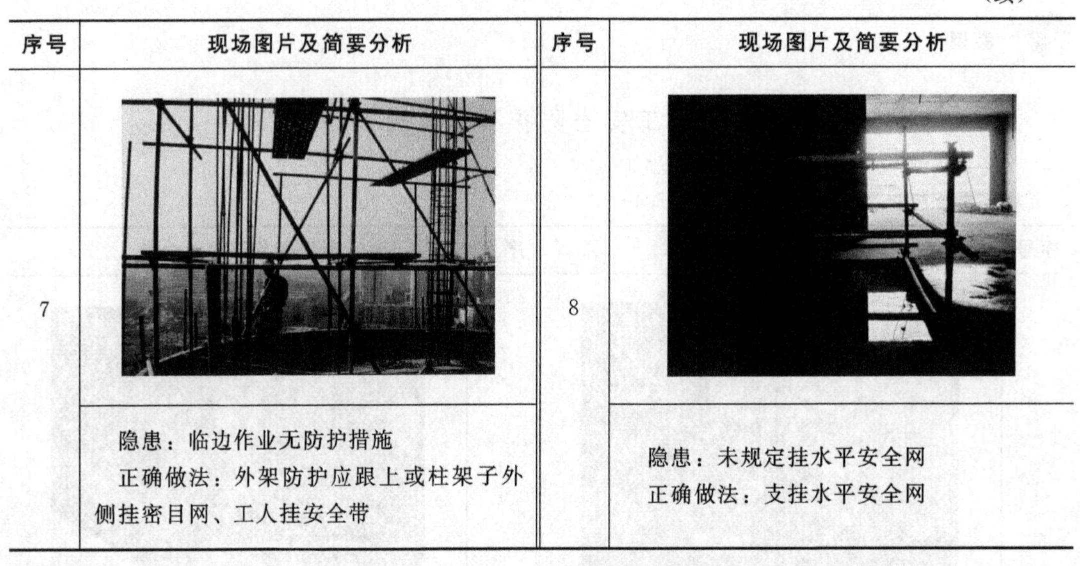

序号	现场图片及简要分析	序号	现场图片及简要分析
7	隐患：临边作业无防护措施 正确做法：外架防护应跟上或柱架子外侧挂密目网、工人挂安全带	8	隐患：未规定挂水平安全网 正确做法：支挂水平安全网

图 7.49　施工安全防护不当案例

本章小结

高处作业是建筑施工安全管理中的重点之一。作业面众多，在临边、洞口、攀登、悬挂、高台、垂直交叉作业安全中有共性也有特点，要根据施工条件灵活采用适当的防护措施；和高处作业密切相关的工程内容也大多是施工主要环节，脚手架搭拆、模板安拆等都是危险源较多的关键控制点，其中还涉及施工设计计算的重点内容，也是施工现场管理的薄弱环节，需要着重掌握。

拆除工程与工程建造过程相反，并常常包括有不同特点的高处作业过程，除了了解各种拆除工艺安全要点外，尚需强调施工准备、现场文明等环节。

习　题

(1) 安全带使用时应注意哪些事项？

(2) 登高作业时，使用工具要注意什么？

(3) 拆除模板有什么要求？

(4) 拆除建筑物有哪些要求？

(5) 施工现场模板支撑或拆卸应注意哪些问题？

(6) 拆除脚手架前应做哪些准备工作？

第8章
建筑施工现场开挖作业安全技术与管理

教学目标

本章主要讲述建筑施工土方作业有关安全生产的基本方法和要求，以及基本的防护措施；并针对相关的基坑挖方、放坡、支护工程，介绍了基本安全管理及技术要求；简述了桩基础、地下连续墙施工中的安全作业措施。通过本章学习，应达到以下目标。

(1) 掌握土方作业防护措施和设施。

(2) 熟悉基坑工程施工的安全技术要求和规定，会进行基本的放坡、支护的设计计算。

(3) 了解常见深基础工程各种作业的安全措施、方法。

教学要求

知识要点	能力要求	相关知识
土方施工	(1) 挖方、回填作业的概念 (2) 基本防护措施	(1) 机械作业 (2) 斜坡、滑坡地段特点
基坑工程	(1) 浅基坑、深基坑的概念及特点 (2) 基坑临边防护类型及其特点 (3) 基坑支护种类、要求、设计	(1) 放坡的要求和简单土力学计算 (2) 支护荷载种类、传递和组合方法 (3) 常用支护的基本结构设计方法
深基础施工安全	(1) 常用深基础类型、特点 (2) 各种安全作业的要求	挖孔桩、挤土桩和地下连续墙的工艺方法

基本概念

土方、挖土、回填、深基坑、放坡、支护

引例

土方工程及基坑支护工程的典型事故是土方坍塌、基坑支护边坡失稳坍塌、以及深基坑周边防护不严而发生高处坠落事故。

某省安监局称，2009年8月31日12时10分左右，由省地矿建设工程集团公司承揽施工的省人民医院体检中心换热站基础土方与护坡工程发生土方坍塌事故，造成4人被埋。

据施工现场一程姓工友介绍，事故发生在31日中午12时10分左右，包括他自己在内，当时共有8名工人在南侧护坡上打卯眼，上方大块土方突然坍塌，整个过程仅仅两三秒的时间，他跟另外3名工友幸运脱逃，另有4名工友被埋。该程姓工友说，他们到这个工地仅半个月时间。南侧地基上部有一下水管道不停往外漏水，或导致地基松软，土方坍塌疑与此有关。另有工友说，护坡挖得太直了，几乎与地面成直角，这或是造成此次恶性事故的又一诱因。“如果有坡度还好，土方坍塌时还能起到缓冲作用。”工友们说。

省人民医院院方透露，因被埋时间较长，经过3个多小时的抢救，被埋的4名施工人员没有实现复苏，全部遇难。

土方坍塌事故的预防常识如下。

(1) 施工人员必须按安全技术交底要求进行挖掘作业。

(2) 土方开挖前必须做好降(排)水，防止地表水、施工用水和生活废水侵入施工场地或冲刷边坡。

(3) 挖土应从上而下逐层挖掘，土方开挖应遵循“开槽支撑，先撑后挖，层层分挖，严禁掏(超)挖”的原则。

(4) 坑(槽)沟必须设置人员上下通道或爬梯。严禁在坑壁上掏坑攀登上下。

(5) 开挖坑(槽)沟深度超1.5m时，必须根据土质和深度放坡或加可靠支撑。

(6) 土方深度超过2m时，周边必须设两道护身栏杆，危险处，夜间设红色警示灯。

(7) 配合机械挖土、清底、平地修坡等作业时，不得在机械回转半径以内作业。

(8) 作业时要随时注意检查土壁变化，发现有裂纹或部分塌方，必须采取果断措施，将人员撤离，排除隐患，确保安全。

(9) 坑(槽)沟边1m以内不准堆土、堆料、不准停放机械。

8.1 土方施工

8.1.1 土方施工安全技术

1. 一般规定

1) 挖方一般规定

(1) 挖土中发现管道、电缆及其他埋设物应及时报告，不得擅自处理。

(2) 挖土时要注意土壁的稳定性，发现有裂缝及倾坍可能时，人员应立即离开并及时处理。

(3) 人工挖土，前后操作人员间距离不应小于2m，禁止面对面进行挖掘作业。堆土要在1m以外，并且高度不得超过1.5m。用十字镐挖土时，禁止戴手套，以免工具脱手伤人。

(4) 每日或雨后必须检查土壁及支撑稳定情况，在确保安全的情况下继续工作，并且不得将土和其他对象堆在支撑上，不得在支撑下行走或站立。

(5) 机械挖土，启动前应检查离合器、钢丝绳等，经空车试运转正常后再开始作业。机械操作中进铲不应过深，提升不应过猛。挖土机械不得在施工中碰撞支撑，以免引起支撑破坏或拉损。

(6) 机械不得在输电线路下工作，应在输电线路一侧工作，不论在任何情况下，机械的任何部位与架空输电线路的最近距离应符合安全操作规程要求。

(7) 机械应停在坚实的地基上，如基础过差，应采取走道板等加固措施，不得将挖掘机履带与挖空的基坑平行2m停、驶。运土汽车不宜靠近基坑平行行驶，防止坍方翻车。

(8) 电缆两侧1m范围内应采用人工挖掘。

(9) 配合拉铲的清坡、清底工人，不准在机械回转半径下工作。

(10) 向汽车上卸土应在汽车停稳定后进行，禁止铲斗从汽车驾驶室上空越过。

(11) 场内道路应及时整修，确保车辆安全畅通，各种车辆应有专人负责指挥引导。车辆进出门口的人行道下，如有地下管线(道)，必须铺设厚钢板，或浇捣混凝土加固。

(12) 基坑开挖前，必须摸清基坑下的管线排列和地质开采资料，以利考虑开挖过程中的意外应急措施(流沙等特殊情况)。

(13) 在开挖杯基坑时，必须设有切实可行的排水措施，以免基坑积水，影响基坑土壤结构。基坑四周必须设置1.5m高的护栏，要设置一定数量的临时上下施工楼梯。

(14) 清坡清底人员必须根据设计标高作好清底工作，不得超挖。如果超挖，不得将松土回填，以免影响基础的质量。

(15) 开挖出的土方，要严格按照组织设计堆放，不得堆于基坑外侧，以免引起地面堆载超荷引起土体位移、板桩位移或支撑破坏。

(16) 开挖土方必须有挖土令。

(17) 在电杆附近挖土时，对于不能取消的拉线地垄及杆身，应留出土台。土台半径为电杆1.0～1.5m，拉线1.5～2.5m，并视土质决定边坡坡度。土台周围应插标杆示警。

(18) 在公共场所，如道路、城区、广场等处进行开挖土方作业时，应在作业区四周设置围栏和护板，设立警告标志牌，夜间设红灯示警。

2) 回填土一般规定

(1) 装载机作业范围内不得有人平土。

(2) 打夯机工作前，应检查电源线是否有缺陷和漏电，机械运转是否正常，机械是否装置电开关保护，按“一机一开关”安装，机械不准带病运转，手持电动工具操作人员应穿绝缘鞋、戴绝缘手套，并有专人负责电源线的移动。

(3) 基坑(槽)的支撑，应按回填的速度、施工组织设计及要求依次拆除，即填土时应从深到浅分层进行，填好一层拆除一层，不能事先将支撑拆掉。

(4) 施工作业时，应正确佩戴安全帽，杜绝违章作业。

2. 挖方安全措施

1) 斜坡挖方

(1) 使用时间较长的临时性挖方，土坡坡度要根据工程地质和土坡高度，结合当地同类土体的稳定坡度值确定。

(2) 土方开挖宜从上到下分层分段依次进行，并随时作成一定的坡势以利泄水，且不应在影响边坡稳定的范围内积水。

(3) 在斜坡上方弃土时，应保证挖方边坡的稳定。弃土堆应连续设置，其顶面应向外倾斜，以防山坡水流入挖方场地。但坡度陡于1/5或在软土地区，禁止在挖方上侧弃土。在挖方下方弃土时，要将弃土堆表面整平，并向外倾斜，弃土表面要低于挖方场地的设计标高，或在弃土堆与挖方场地间设置排水沟，防止地面水流入挖方场地。

(4) 履带挖掘机在很陡的斜坡上工作相当危险，尤其要避免在10°以上的斜坡上工作(一般的履带式挖掘机的发动机的极限爬坡角度是35°)。所以，要先构造出一个水平面再继续作业，见图8.1。

(5) 在斜坡上不要做挖臂回转的动作，防止重心改变导致机身失稳倾翻。尤其是在铲斗满载的时候，切忌挖斗离开斜坡表面。如果有条件，可以先在斜坡上做好机身的固定工作，见图8.2。

图8.1 构造水平面开挖

图8.2 挖掘机坡面固定

(6) 作业人员应系好安全带，斜面挖掘夹有石块的土方时，必须先清除较大石块。在清除危石前应先设置拦截危石的措施，作业时坡下严禁车辆行人通行。

2) 滑坡地段挖方

(1) 施工前先了解工程地质勘察资料、地形、地貌及滑坡迹象等情况。

(2) 不宜在雨季施工，不应破坏挖方上坡的自然植被，并要事先做好地面和地下排水设施。

(3) 遵循先整治后开挖的施工顺序，在开挖时须遵循由上到下的开挖顺序，严禁先切除坡脚。

(4) 爆破施工时，严防因爆破震动产生滑坡。

(5) 抗滑挡土墙要尽量在旱季施工，开挖挡墙基槽应从滑坡体两侧向中部分段跳槽进行，并加强支撑、及时砌筑和回填墙背，在作业时应设专人观察，严防塌方。

(6) 开挖过程中发现滑坡迹象(如裂缝、滑动等)时，应暂停施工，必要时，所有人员和机械都要撤至安全地点。

(7) 在滑坡地段开挖时，应从滑坡体两侧向中部自上而下进行，严禁全面拉槽开挖，弃土不得堆在主滑区内。

8.1.2 基坑施工与支护

1. 浅基坑(槽)和管沟挖方与放坡

1) 安全措施要求

(1) 施工中应防止地面水流入坑、沟内，以免边坡塌方。

(2) 挖掘基坑时，当坑底无地下水，坑深在5m以内，且边坡坡度符合表8-1规定时，可不加支撑。

(3) 土壁天然冻结，对施工挖方的工作安全有利。在深度4m以内的基坑(槽)开挖时，允许采用天然冻结法垂直开挖而不加设支撑。但在干燥的砂土中应严禁采用冻结法施工。

表 8－1 边坡坡度最大限值 单位(mm)

土性质	砂土、回填土	粉土、砾石土	粉质黏土	黏土	干黄土
在坑沟底挖方	1000 / 750	1000 / 500	1000 / 330	1000 / 250	1000 / 100
在坑沟上边挖方	1000 / 1000	1000 / 750	1000 / 750	1000 / 750	1000 / 330

2）土方直立壁开挖深度计算

【例 8－1】 某工程基坑土质为粉土，且地下水位低于基坑底面标高，挖方边坡可以做成直立壁不加支撑。求最大允许直壁高度，按以下方法计算。

1. 参数信息

坑壁土类型：粉土

坑壁土的重度 γ(kN/m³)：18.00

坑壁土的内摩擦角 ϕ(°)：15.0

坑壁土粘聚力 c(kN/m²)：8.0

坑顶护道上均布荷载 q(kN/m²)：10.0

2. 土方直立壁开挖高度计算

土方最大直壁开挖高度按以下公式计算：

$$h_{\max}=\frac{2c}{\gamma k\tan\left(45°-\dfrac{\varphi}{2}\right)}-\frac{q}{\gamma} \tag{8-1}$$

式中，$h_{\max}$——土方最大直壁开挖高度；

γ——坑壁土的重度(kN/m³)；

ϕ——坑壁土的内摩擦角(°)；

c——坑壁土粘聚力(kN/m²)；

k——安全系数(一般用 1.25)；

q——坑顶沿的均布荷载(kN/m²)。

则 $h_{\max}=\dfrac{2\times 8.0\text{kN/m}^2}{18.0\text{kN/m}^3\times 1.25\tan\left(45°-\dfrac{15.0°}{2}\right)}-\dfrac{10.0\text{kN/m}^2}{18.0\text{kN/m}^3}=0.37\text{m}$

所以，本工程的基坑土方立直壁最大开挖高度为 0.37m。

2. 深基坑挖方与放坡

1）安全措施要求

(1) 深基坑施工前，作业人员必须按照施工组织设计及施工方案组织施工。深基坑挖土时，应按设计要求放坡或采取固壁支撑防护。

(2) 深基坑施工前，必须掌握场地的工程环境，如了解建筑地块及其附近的地下管线，地下埋设物的位置、深度等。

(3) 雨期深基坑施工中，必须注意排除地面雨水，防止倒流入基坑，同时应防止雨水的渗入使土体强度降低、土压力加大，造成基坑边坡坍塌事故。

(4) 基坑内必须设置明沟和集水井，以排除暴雨形成的积水。

(5) 严禁在边坡或基坑四周超载堆积材料、设备，以及在高边坡危险地带搭建工棚。

(6) 施工道路与基坑边的距离应满足要求，以免对坑壁产生扰动。

(7) 深基坑四周必须设置1.2m高、牢固可靠的防护围栏，底部应设置踢脚板，以防落物伤人。

(8) 深基坑作业时，必须合理设置上下行人扶梯或搭设斜道等其他形式通道，扶梯结构牢固，确保人员上下方便。禁止蹬踏固壁支撑或在土壁上挖洞蹬踏上下。

(9) 基坑内照明必须使用36V以下安全电压，线路架设符合施工用电规范要求。

(10) 土质较差且施工工期较长的基坑，边坡宜采用钢丝网、水泥或其他材料进行护坡。

(11) 当挖土深度超过5m或发现有地下水以及土质发生特殊变化等情况时，应根据土的实际性能计算其稳定性，再确定边坡坡度。

2) 基坑安全边坡计算

【例8-2】 某工程基坑壁需进行放坡，以保证边坡稳定和施工操作安全。求基坑挖方安全边坡，按以下方法计算。

(1) 参数信息。

坑壁土类型：粉土；

坑壁土的重度 $\gamma(\mathrm{kN/m^3})$：18.00；

坑壁土的内摩擦角 $\phi(°)$：15.0；

坑壁土粘聚力 $c(\mathrm{kN/m^2})$：8.0；

基坑开挖深度 $h(\mathrm{m})$：5.0。

(2) 挖方安全边坡计算。

挖方安全边坡按以下公式计算：

$$h=\frac{2c\sin\theta\cos\varphi}{\gamma\sin^2\dfrac{\theta-\varphi}{2}} \tag{8-2}$$

式中，θ——土方边坡角度(°)。

则 $5.0\mathrm{m}=\dfrac{2\times 8.0\mathrm{kN/m^2}\times\sin\theta\cos 15°}{18\mathrm{kN/m^3}\times\sin^2\left(\dfrac{\theta-15°}{2}\right)}$

解得，$\sin\theta=0.870$。

则 $\theta=60.482°>\phi=15.00°$，为陡坡。

坡度：$1/\tan\theta=0.6$。

所以，本工程的基坑壁最大土方坡度为1∶0.6(垂直∶水平)。

3. 坑边防护

(1) 深度大于2m的基坑施工，其临边应设置防止人及物体滚落基坑的安全防护措施，必要时应设置警告标志，配备监护人员，夜间施工在作业区应设置信号灯。

(2) 基坑临边防护的一般做法，见图8.3：毛竹横杆小头直径应不小于70mm，栏杆柱小头直径应不小于80mm，并需用不小于16号的镀锌钢丝绑扎，应不少于3圈并无泻滑，其立柱间距应小于或等于 2m；钢管横杆及栏杆柱均采用 $\phi48\times3.5$ 的钢管，以扣件或电焊固定。

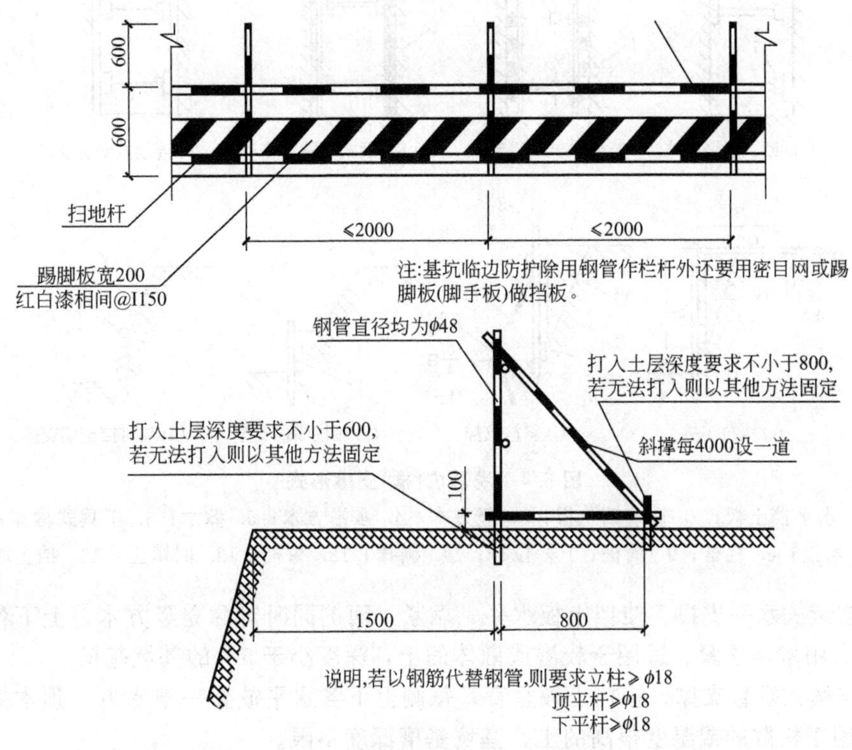

图 8.3 基坑周边防护栏杆示意

(3) 基坑临边防护栏杆应由上、下两道横杆及栏杆柱组成。上杆离地高度为 1～1.2m，下杆离地高度为 0.5～0.6m。

(4) 在基坑四周的钢管防护栏杆固定时，可采用钢管打入地面 50～70cm 深，钢管离坑边的距离最小 50cm。当基坑周边采用板桩时，钢管可打在板桩外侧。

(5) 防护栏杆必须用密目网自上而下全封闭挂设或设 300mm 高的挡脚板。

4. 基坑支护类型

基坑支护指在基础施工过程中，常因受场地的限制不能放坡而对基坑土壁采取的护壁桩、地下连续墙、土层锚杆、大型工字钢支撑等边坡支护方法，及在土方开挖和降水方面采取的措施。支护不但必须保障基础工程的顺利进行，还应做到周围的建筑、道路、管线等不受土方工程施工的影响。

1) 浅基坑(槽)支撑

一般把深度在 5m 以内的基坑(槽)，称为浅基坑(槽)。采用的支撑形式见图 8.4。

(1) 间断式水平支撑。两侧挡土板水平，用撑木加木楔顶紧，挖一层支顶一层的支撑方法，适用于干土、天然湿度的黏土类，深度 2m 以内的基坑基槽。

(2) 断续式水平支撑。采用水平挡土板，中间有间隔，两侧同时对称立竖方木，用工具式槽撑上下顶紧。适用于湿度较小的黏性土，深度小于 3m 的基坑基槽。

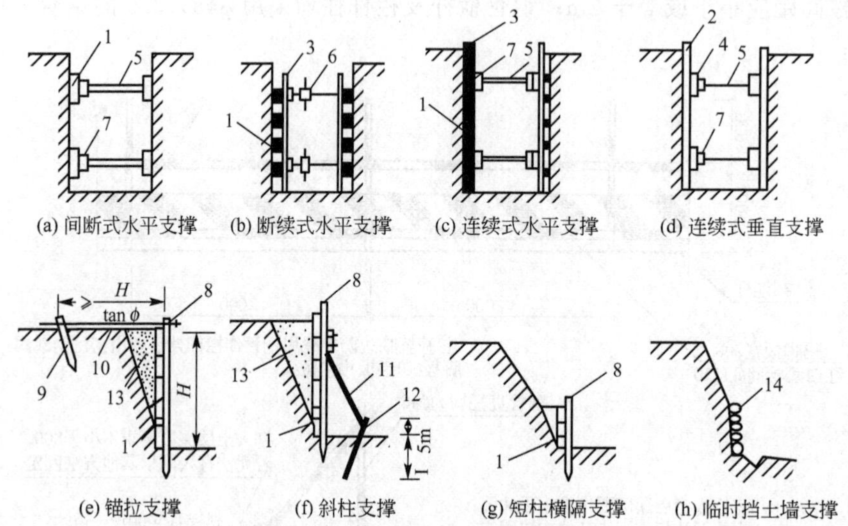

图 8.4　浅基坑(槽)支撑形式

1. 水平挡土板；2. 垂直挡土板；3. 竖方木；4. 水平方木；5. 撑木；6. 工具式槽撑；7. 木楔；8. 柱桩；9. 锚桩；10. 拉杆；11. 斜撑；12. 撑桩；13. 回填土；14. 挡土墙

(3) 连续式水平支撑。使挡土板水平、靠紧，两侧同时对称立竖方木，上下各顶一根撑木，端头用木楔顶紧。适用于较湿或散体的土，深度小于 5m 的基坑基槽。

(4) 连续式垂直支撑。将挡土板垂直，每侧上下各水平放置一根木方，顶木撑，木楔顶紧。适用于松散的或湿度很高的土，基坑基槽深度不限。

(5) 锚拉支撑。把挡土板水平顶在柱桩内侧，柱桩下端打入土中，上端用拉杆与远处锚桩拉紧，挡土板内侧回填土。适用于较大基坑、使用较大机械挖土，而不能安装横撑时。

(6) 斜柱支撑。把挡土板水平钉在柱桩内侧，柱桩外侧用斜撑支牢，斜撑底端顶在撑桩上，挡土板内侧回填土。适用于较大基坑、使用较大机械挖土，而不能用锚拉支撑时。

(7) 短柱横隔支撑。将短木桩一半打入土中，地上部分内侧钉水平挡土板，挡土板内侧回填土。适用于较大宽度基坑，当部分地段下部放坡不足时。

(8) 临时挡土墙支撑。通常将坡脚用砖、石叠砌，草袋装土叠砌而形成。适用于较大宽度基坑，当部分地段下部放坡不足时。

2) 深基坑(槽)支撑

一般把深度在 5m 以上或其深度虽不足 5m 但地质情况较复杂的基坑(槽)，称为深基坑(槽)。采用的支撑形式见图 8.5。

(1) 钢构架支护。在基坑外围打板桩，在柱位打入临时钢柱，坑内挖土每 3～4m，装一层构架式横撑，在构架网格中挖土。适用于软弱土层中挖较大、较深基坑，而不能用一般支护方法时。

(2) 地下连续墙支护。在基坑外围建地下连续墙，墙内挖土。墙刚度满足要求时，不设内支撑；逆作法时，每下挖一层，浇筑下一层梁板柱作为墙的水平框架支撑。适用于较大较深，周围有建筑物、公路的基坑，墙作为复合结构一部分，高层建筑逆作法作为地下室结构外墙。

(3) 地下连续墙锚杆支护。在基坑外围建地下连续墙，墙内挖土至锚杆处，墙钻孔装

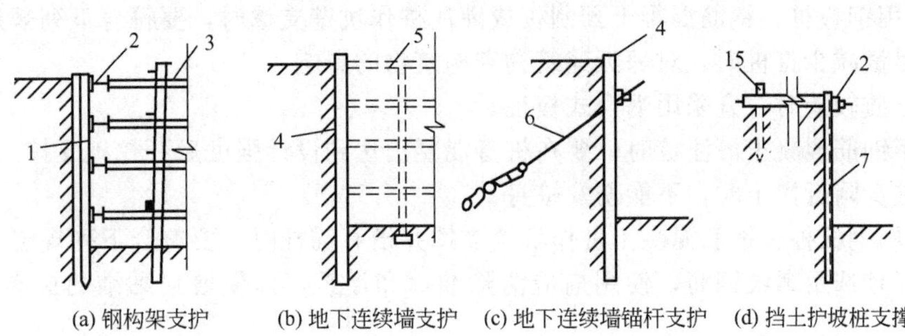

(a) 钢构架支护　(b) 地下连续墙支护　(c) 地下连续墙锚杆支护　(d) 挡土护坡桩支撑

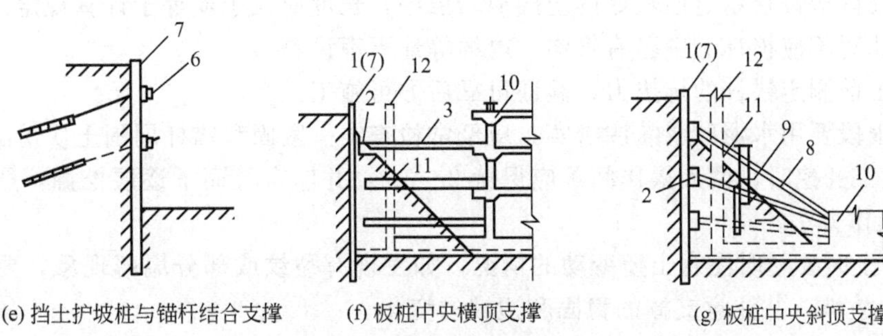

(e) 挡土护坡桩与锚杆结合支撑　(f) 板桩中央横顶支撑　(g) 板桩中央斜顶支撑

图 8.5　深基坑(槽)支撑形式

1. 钢板桩；2. 钢横撑；3. 钢撑；4. 地下连续墙；5. 地下室梁板；
6. 土层锚杆；7. 灌注桩；8. 斜撑；9. 连系板；10. 建筑基础或设备基础；
11. 后挖土坡；12. 后施工结构；13. 锚筋；14. 拉杆；15. 锚桩

锚杆，挖一层土装一层锚杆。适用于较大较深(超过10m)基坑，周围有高层建筑，不允许支护较大变形，机械挖土不允许坑内设支撑时。

(4) 挡土护坡桩支撑。在基坑外围现场灌注桩，桩内侧挖土至1m装横撑、其上拉锚杆，锚杆固定在坑外锚桩上拉紧，不能设锚杆时，则加密桩距或加大桩径。适用于较大较深(超过6m)，邻近建筑不允许支护较大变形时。

(5) 挡土护坡桩与锚杆结合支撑。在基坑外围现场灌注桩，桩内侧挖土，装横撑，沿横撑每隔一定距离装钢筋锚杆，挖一层装一排锚杆。适用于大型较深基坑，周围有高层建筑不允许支护较大变形时。

(6) 板桩中央横顶支撑。在基坑周围打板桩或护坡桩，桩内侧放坡挖土到坑底，施工中央部分建筑框架至地面，以此为支承，向桩支水平横顶梁，挖土坡一层支一层横顶梁。适用于较大较深基坑，板桩刚度不足又不允许设过多支撑时。

(7) 板桩中央斜顶支撑。在基坑周围打板桩或护坡桩，桩内侧放坡挖土到坑底，施工中央部分建筑基础，从基础向板桩上方支斜顶梁，挖土坡一层支一层斜顶梁。适用于较大较深基坑，板桩刚度不足又不允许设过多支撑时。

5. 基坑支护的安全要求

(1)采用钢(木)坑壁支撑时，要随挖随撑、支撑牢固，且在整个施工过程中应经常检查，如有松动、变形等现象，要及时加固或更换。

(2) 钢(木)支撑的拆除，要按回填顺序依次进行。多层支撑应自下而上逐层拆除，随拆随填。

(3) 采用钢板桩、钢筋混凝土预制桩或灌注桩作坑壁支撑时，要符合下列规定。

① 应尽量减少打桩时，对邻近建筑物和构筑物的影响。

② 当土质较差时，宜采用啮合式板桩。

③ 采用钢筋混凝土灌注桩时，要在桩身混凝土达到设计强度后开挖被支撑土体。

④ 在桩身附近挖土时，不能伤及桩身。

(4) 采用钢板桩、钢筋混凝土桩作坑壁支撑并设有锚杆时，要符合下列规定。

① 锚杆宜选用螺纹钢筋，使用前应清除油污和浮锈，以便增强黏结的握裹力和防止发生意外。

② 锚固段应设在稳定性较好的土层或岩层中，长度应大于或等于计算规定。

③ 钻孔时不应损坏土中已有管沟、电缆等地下埋设物。

④ 施工前测定锚杆的抗拔力，验证可靠后方可施工。

⑤ 锚固段要用水泥砂浆灌注密实，应经常检查锚头紧固和锚杆周围土质情况。

(5) 人工开挖时，两人操作间距应保持 2～3m，并应自上而下逐层挖掘，严禁采用掏洞的挖掘操作方法。

(6) 挖土时要随时注意土壁变动的情况，如发现有裂纹或部分塌落现象，要及时进行支撑或改缓放坡，并注意支撑的稳固和边坡的变化。

(7) 上下坑沟应先挖好阶梯或设木梯，不应踩踏土壁及其支撑。

(8) 用挖土机施工时，在挖工机的工作范围内，不进行其他工作。且应至少留 0.3m 深不挖，最后由人工修挖至设计标高。

6. 基坑支护设计计算

基坑支护设计应按国家标准《建筑基坑支护技术规程》JGJ 120—2012 进行有关计算。

1) 设计原则

(1) 基坑支护结构应采用以分项系数表示的极限状态设计表达式进行设计。

(2) 基坑支护结构极限状态可分为下列两类。

承载力极限状态：对应于支护结构达到最大承载力或土体失稳、过大变形导致结构或基坑周边环境破坏。

正常使用极限状态：对应于支护结构的变形已妨碍地下结构施工或影响基坑周边环境的正确使用功能。

(3) 基坑支护结构设计应考虑相应的侧壁安全等级及重要性系数，根据表 8-2 选用。有特殊要求的建筑基坑安全等级可根据具体情况另行确定。

表 8-2 基坑侧壁安全等级及重要性系数 γ_0

安全等级	破坏后果	γ_0
一级	支护结构破坏、土体失稳或过大变形，对基坑周边环境及地下结构施工影响很严重	1.10
二级	支护结构破坏、土体失稳或过大变形，对基坑周边环境及地下结构施工影响一般	1.00
三级	支护结构破坏、土体失稳或过大变形，对基坑周边环境及地下结构施工影响不严重	0.90

(4) 支护结构设计应考虑其结构水平变形、地下水的变化对周边环境的水平与竖向变形的影响，对于安全等级为一级和对周边环境变形有限定要求的二级建筑基坑侧壁，应根据周边环境的重要性，对变形的适应能力及土的性质等因素确定支护结构的水平变形限值。

(5) 当场地内有地下水时，应根据场地及周边区域的工程地质条件、水文地质条件、周边环境情况和支护结构与基础形式等因素，确定地下水控制方法。当场地周边有地表水汇流、排泄或地下水管渗漏时，应对基坑采取保护措施。

(6) 根据承载能力极限状态和正常使用极限状态的设计要求，基坑支护应按下列规定进行计算和验算。

① 基坑支护结构均应进行承载能力极限状态的计算，计算内容应包括：根据基坑支护形式及其受力特点进行土体稳定性计算，基坑支护结构的受压、受弯、受剪承载力计算，当有锚杆或支撑时应对其进行承载力计算和稳定性验算。

② 对于安全等级为一级及对支护结构变形有限定的二级建筑基坑侧壁，尚应对基坑周边环境及支护结构变形进行验算。

③ 地下水控制计算和验算应包括抗渗透稳定性验算、基坑底突涌稳定性验算、根据支护结构设计要求进行地下水位控制计算。

(7) 基坑支护设计内容应包括对支护结构计算和验算、质量检测及施工监控的要求。

(8) 当有条件时，基坑应采用局部或全部放坡开挖，放坡坡度应满足其稳定性要求。

2) 水平荷载标准值

支护结构水平荷载标准值 e_{ajk} 应按当地可靠经验确定，当无经验时可按下列规定计算，见图 8.6。

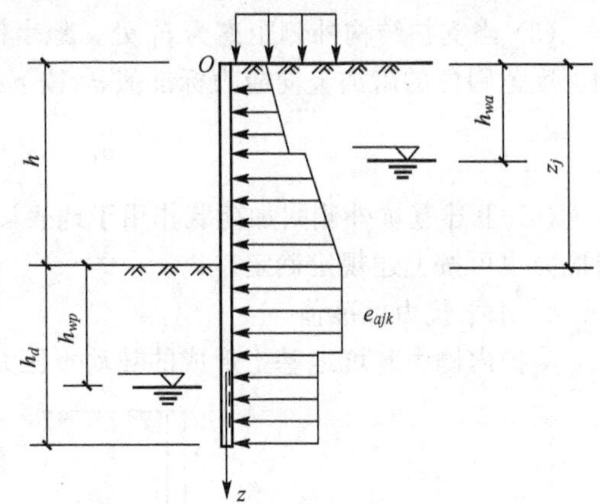

图 8.6 土侧压力(水平荷载)标准值计算简图

(1) 粉土、黏性土、碎石土及砂土。

当计算点在地下水位以上时，

$$e_{ajk}=\sigma_{ajk}K_{ai}-2c_{ik}\sqrt{K_{ai}} \tag{8-3}$$

当计算点位于地下水位以下时，

$$e_{ajk}=\sigma_{ajk}K_{ai}-2c_{ik}\sqrt{K_{ai}}+[(z_j-h_{wa})-(m_j-h_{wa})\mu_{wa}K_{ai}]\gamma_w \tag{8-4}$$

式中，K_{ai}——第 i 层的主动土压力系数；

σ_{ajk}——作用于深度 z_j 处的竖向应力标准值(kPa)；

c_{ik}——三轴试验(当有可靠经验时可采用直接剪切试验)确定的第 i 层土固结不排水剪时内聚力标准值(kPa)；

z_j——计算点深度(m)；

m_j——计算参数，当 $z_j<h$ 时，取 z_j，当 $z_j\geqslant h$ 时，取 h；

h_{wa}——基坑外侧水位深度(m)；

μ_{wa}——计算系数，当 $h_{wa}\leqslant h$ 时，取 1，当 $h_{wa}>h$ 时取 0；

γ_w——水的重度(kN/m³)。

(2) 当按以上规定计算的基坑开挖面以上水平荷载标准值小于零时，应取零。

3) 基坑外侧竖向应力标准值 σ_{ajk} 计算

$$\sigma_{ajk}=\sigma_{ck}+\sigma_{0k}+\sigma_{1k} \tag{8-5}$$

(1) 计算点深度 z_j 处自重应力 σ_{ck}。

计算点位于基坑开挖面以上时，

$$\sigma_{ck}=\gamma_{mj}z_j \tag{8-6}$$

式中，γ_{mj}——深度 z_j 以上土的加权平均天然重度(kN/m³)。

计算点位于基坑开挖面以下时，

$$\sigma_{ck}=\gamma_{mh}h \tag{8-7}$$

式中，γ_{mh}——开挖面以上土的加权平均天然重度(kN/m³)。

(2) 当支护结构外侧地面满布附加荷载 q_0 时，基坑外侧任意深度附加竖向应力标准值 σ_{0k} 可按下式确定：

$$\sigma_{0k}=q_0 \tag{8-8}$$

式中，q_0——地面均布荷载(kN/m²)。

(3) 当支护结构外侧距离为 b_1 处，地表作用有宽度 b_0 的条形附加荷载 q_1 时，基坑外侧深度范围内的附加竖向应力标准值 σ_{1k} 按下列式确定：

$$\sigma_{1k}=q_1\cdot\frac{b_0}{b_0+2b_1} \tag{8-9}$$

(4) 上述基坑外侧附加荷载作用于地表以下一定深度时，将计算点深相应下移，其竖向应力也可按上述规定确定。

4) 水平抗力标准值

支护内侧由基坑地基土形成的被动土压力，成为支护的抗力，见图 8.7。

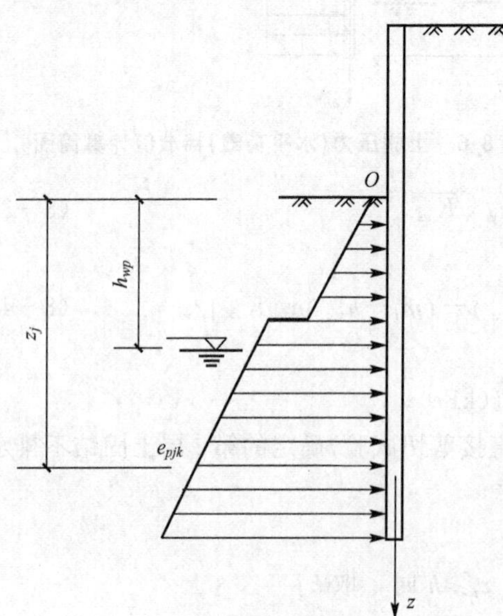

图 8.7 水平抗力分布图

(1) 对砂土及碎石土，基坑内侧抗力标准值的计算：

$$e_{pjk}=\sigma_{pjk}K_{pi}+2c_{ik}\sqrt{K_{pi}}+(z_j-h_{wp})(1-K_{pi})\gamma_w \tag{8-10}$$

式中，σ_{pjk}——作用于基坑底面以下深度 z_j 处的竖向应力标准值(kPa)；

K_{pi}——第 i 层土的被动土压力系数。

(2) 对粉土及黏性土，基坑内侧水平抗力标准值的计算：

$$e_{pjk}=\sigma_{pjk}K_{pi}+2c_{ik}\sqrt{K_{pi}} \tag{8-11}$$

(3) 作用于基坑底面以下深度 z_j 处的竖向应力标准值 σ_{pjk} 可按下式计算

$$\sigma_{pjk}=\gamma_{mj}z_j \tag{8-12}$$

式中，γ_{mj}——深度 z_j 以上土的加权平均天然重度(kN/m³)。

【例 8-3】 悬臂式板桩和板桩稳定性计算。有关计算参数如表 8-3 所示，计算用图见图 8.8。

表 8-3 悬臂式板桩和板桩稳定性计算参数

一、基本参数			
悬臂板桩支护类型	型钢	重要性系数(γ_0)	1.1
基坑边缘外荷载形式	荷载满布	土坡面上均布荷载值(q_0)/(kN/m²)	5
钢梁材料参数	10 号工字钢	钢材的强度设计值 ([f_m])/(N/mm²)	310
钢材的弹性模量(E)/(N/mm²)	206 000	钢材的惯性矩(I_x)/cm⁴	245
截面抵抗矩(W_x)/cm³	49	钢桩的间距(b_s)/m	0.1
开挖深度(h)/m	4	桩嵌入土深度(h_d)/m	5
基坑外侧水位深度(h_{wa})/m	1.2	基坑以下水位深度(h_{wp})/m	5

二、土层参数表				
	基坑外侧土层			基坑以下土层
土层序号	1	2	3	1
土层名称	填土	黏性土	粉砂	红黏土
土层厚度/m	1	7	5	5
土层重度(γ)/(kN/m³)	18	18	20	22
饱和重度(γ_{sat})/(kN/m³)	18	19	22	21
粘聚力(C)/(kPa)	10	28	0	10
土层内摩擦角(ϕ)/(°)	16	19.5	24	16

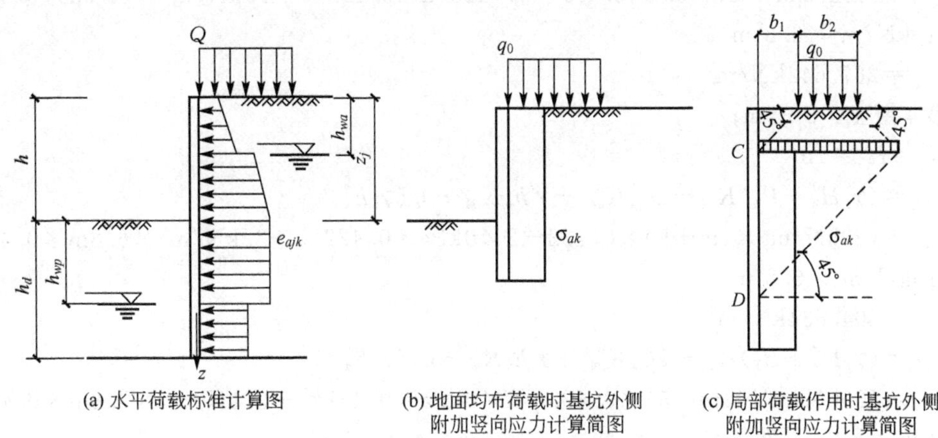

图 8.8 悬臂支护桩有关计算示意

1. 土压力计算

1) 水平荷载

(1) 主动土压力系数。

$K_{a1}=\tan^2(45°-\varphi_1/2)=\tan^2(45-16/2)=0.568$

$K_{a2}=\tan^2(45°-\varphi_2/2)=\tan^2(45-19.5/2)=0.499$

$K_{a3}=\tan^2(45°-\varphi_3/2)=\tan^2(45-19.5/2)=0.499$

$K_{a4}=\tan^2(45°-\varphi_4/2)=\tan^2(45-24/2)=0.422$

(2) 土压力、地下水以及地面附加荷载产生的水平荷载。

第1层土：0～1m；

$\sigma_{a1上}=-2C_1K_{a1}^{0.5}=-2\times10\text{kPa}\times0.568^{0.5}=-15.073\text{kN/m}^2$

$\sigma_{a1下}=\gamma_1h_1K_{a1}-2C_1K_{a1}^{0.5}=18\text{kN/m}^3\times1\text{m}\times0.568-2\times10\text{kPa}\times0.568^{0.5}=-4.849\text{kN/m}^2$

第2层土：1～1.2m；

$H_2'=\sum\gamma_ih_i/\gamma_2=18/18=1$；

$\sigma_{a2上}=[\gamma_2H_2'+P_1+P_2a_2/(a_2+2l_2)]K_{a2}-2C_2K_{a2}^{0.5}$

$=[18\text{kN/m}^3\times1\text{m}+5+0]\times0.499-2\times28\text{kPa}\times0.499^{0.5}$

$=-28.081\text{kN/m}^2$

$\sigma_{a2下}=[\gamma_2(H_2'+h_2)+P_1+P_2a_2/(a_2+2l_2)]K_{a2}-2C_2K_{a2}^{0.5}$

$=[18\text{kN/m}^3\times(1\text{m}+0.2\text{m})+5+0]\times0.499-2\times28\text{kPa}\times0.499^{0.5}$

$=-26.284\text{kN/m}^2$

第3层土：1.2～8m；

$H_3'=H_2'=1\text{m}$

$\sigma_{a3上}=(\gamma_3H_3'+P_1)K_{a3}-2C_3K_{a3}^{0.5}+\gamma'h_3K_{a3}+0.5\gamma_wh_3^2$

$=(18\text{kN/m}^3\times1\text{m}+5)\times0.499-2\times28\text{kPa}\times0.499^{0.5}+19\text{kN/m}^3\times0\text{m}\times0.499+0.5\times10\text{kN/m}^3\times0^2\text{m}$

$=-28.089\text{kN/m}^2$

$\sigma_{a3下}=(\gamma_3H_3'+P_1)K_{a3}-2C_3K_{a3}^{0.5}+\gamma'h_3K_{a3}+0.5\gamma_wh_3^2$

$=(18\text{kN/m}^3\times1\text{m}+5)\times0.499-2\times28\text{kPa}\times0.499^{0.5}+19\text{kN/m}^3\times6.8\text{m}\times0.499+0.5\times10\text{kN/m}^3\times6.8^2\text{m}$

$=267.642\text{kN/m}^2$

第4层土：8～9m；

$H_4'=H_3'=1\text{m}$

$\sigma_{a4上}=(\gamma_4H_4'+P_1)K_{a4}-2C_4K_{a4}^{0.5}+\gamma'h_4K_{a4}+0.5\gamma_wh_4^2$

$=(20\text{kN/m}^3\times1\text{m}+5)\times0.422-2\times0\text{kPa}\times0.422^{0.5}+22\text{kN/m}^3\times6.8\text{m}\times0.422+0.5\times10\text{kN/m}^3\times6.8^2\text{m}$

$=304.834\text{kN/m}^2$

$\sigma_{a4下}=(\gamma_4H_4'+P_1)K_{a4}-2C_4K_{a4}^{0.5}+\gamma'h_4K_{a4}+0.5\gamma_wh_4^2$

$=(20\text{kN/m}^3\times1\text{m}+5)\times0.422-2\times0\text{kPa}\times0.422^{0.5}+22\text{kN/m}^3\times7.8\text{m}\times0.422+0.5\times10\text{kN/m}^3\times7.8^2\text{m}$

$=387.112\text{kN/m}^2$

(3) 水平荷载。

$Z_0=(\sigma_{a3下}\times h_3)/(\sigma_{a3上}+\sigma_{a3下})=(267.642\text{kN/m}^2\times6.8\text{m})/(28.089\text{kN/m}^2+267.642\text{kN/m}^2)=6.154\text{m}$

第1层土：$E_{a1}=0\text{kN/m}$；

第2层土：$E_{a2}=0\text{kN/m}$；

第3层土：$E_{a3}=0.5\times Z_0\times\sigma_{a3下}=0.5\times6.154\text{m}\times267.642\text{kN/m}^2=823.551\text{kN/m}$

作用位置：$h_{a3}=Z_0/3+\sum h_i=6.154\text{m}/3+1\text{m}=3.051\text{m}$

第 4 层土：

$E_{a4}=h_4\times(\sigma_{a4上}+\sigma_{a4下})/2=1\text{m}\times(304.834\text{kN/m}^2+387.112\text{kN/m}^2)/2=345.973\text{kN/m}$

作用位置：

$h_{a4}=h_4(2\sigma_{a4上}+\sigma_{a4下})/(3\sigma_{a4上}+3\sigma_{a4下})+\sum h_i$

$=1\text{m}\times(2\times304.834\text{kN/m}^2+387.112\text{kN/m}^2)/(3\times304.834\text{kN/m}^2+3\times387.112\text{kN/m}^2)+0\text{m}$

$=0.48\text{m}$

土压力合力：$E_a=\sum E_{ai}=823.551\text{kN/m}+345.973\text{kN/m}=1169.524\text{kN/m}$

合力作用点：$h_a=\sum(h_iE_{ai})/E_a=(3.051\text{m}\times823.551\text{kN/m}+0.48\text{m}\times345.973\text{kN/m})/1169.524\text{kN/m}=2.291\text{m}$

2）水平抗力计算

(1) 被动土压力系数。

$K_{p1}=\tan^2(45°+\varphi_1/2)=\tan^2(45+19.5/2)=2.002$

$K_{p2}=\tan^2(45°+\varphi_2/2)=\tan^2(45+19.5/2)=2.002$

$K_{p3}=\tan^2(45°+\varphi_3/2)=\tan^2(45+24/2)=2.371$；

(2) 土压力、地下水产生的水平荷载。

第 1 层土：4～8m；

$\sigma_{p1上}=2C_1K_{p1}^{0.5}=2\times28\text{kPa}\times2.002^{0.5}=79.235\text{kN/m}^2$

$\sigma_{p1下}=\gamma_1h_1K_{p1}+2C_1K_{p1}^{0.5}=18\text{kN/m}^3\times4\text{m}\times2.002+2\times28\text{kPa}\times2.002^{0.5}=223.379\text{kN/m}^2$

第 2 层土：8～11m；

$H_2'=H_1'=1\text{m}$

$\sigma_{p2上}=\gamma_2H_2'K_{p2}+2C_2K_{p2}^{0.5}+\gamma'h_2K_{p2}+0.5\gamma_wh_2^2$

$=18\text{kN/m}^3\times1\text{m}\times2.002+2\times28\text{kPa}\times2.002^{0.5}+19\text{kN/m}^3\times3\text{m}\times2.002+0.5\times10\text{kN/m}^3\times3^2\text{m}$

$=274.385\text{kN/m}^2$

$\sigma_{p2下}=\gamma_2H_2'K_{p2}+2C_2K_{p2}^{0.5}+\gamma'h_2K_{p2}+0.5\gamma_wh_2^2$

$=18\text{kN/m}^3\times1\text{m}\times2.002+2\times28\text{kPa}\times2.002^{0.5}+19\text{kN/m}^3\times6\text{m}\times2.002+0.5\times10\text{kN/m}^3\times6^2\text{m}$

$=523.50\text{kN/m}^2$

第 3 层土：11～12m；

$H_3'=H_2'=1\text{m}$

$\sigma_{p3上}=\gamma_3H_3'K_{p3}+2C_3K_{p3}^{0.5}+\gamma'h_3K_{p3}+0.5\gamma_wh_3^2$

$=20\text{kN/m}^3\times1\text{m}\times2.371+2\times0\text{kPa}\times2.371^{0.5}+22\text{kN/m}^3\times6\text{m}\times2.371+0.5\times10\text{kN/m}^3\times6^2\text{m}$

$=540.39\text{kN/m}^2$

$\sigma_{p3下}=\gamma_3H_3'K_{p3}+2C_3K_{p3}^{0.5}+\gamma'h_3K_{p3}+0.5\gamma_wh_3^2$

$=20\text{kN/m}^3\times1\text{m}\times2.371+2\times0\text{kPa}\times2.371^{0.5}+22\text{kN/m}^3\times7\text{m}\times2.371+0.5\times10\text{kN/m}^3\times7^2\text{m}$

$=657.586\text{kN/m}^2$

(3) 水平荷载。

第 1 层土：

$E_{p1}=h_1\times(\sigma_{p1上}+\sigma_{p1下})/2=4\text{m}\times(79.238\text{kN/m}^3+223.392\text{kN/m}^3)/2=605.26\text{kN/m}$；

作用位置：

$h_{p1}=h_1(2\sigma_{p1上}+\sigma_{p1下})/(3\sigma_{p1上}+3\sigma_{p1下})+\sum h_i$

$=4\text{m}\times(2\times79.238\text{kN/m}^2+223.392\text{kN/m}^2)/(3\times79.238\text{kN/m}^2+3\times223.392\text{kN/m}^2)+4\text{m}$

$=5.682\text{m}$

第 2 层土：

$E_{p2}=h_2\times(\sigma_{p2上}+\sigma_{p2下})/2=3\text{m}\times(274.398\text{kN/m}^2+523.52\text{kN/m}^2)/2=1196.877\text{kN/m}$

作用位置：

$h_{p2}=h_2(2\sigma_{p2上}+\sigma_{p2下})/(3\sigma_{p2上}+3\sigma_{p2下})+\sum h_i$

$=3\text{m}\times(2\times274.398\text{kN/m}^2+523.52\text{kN/m}^2)/(3\times274.398\text{kN/m}^2+3\times523.52\text{kN/m}^2)+1\text{m}$

$=2.344\text{m}$

第 3 层土：

$E_{p3}=h_3\times(\sigma_{p3上}+\sigma_{p3下})/2=1\times(540.42+657.586)/2=599.003\text{kN/m}$

作用位置：

$h_{p3}=h_3(2\sigma_{p3上}+\sigma_{p3下})/(3\sigma_{p3上}+3\sigma_{p3下})+\sum h_i$

$=1\text{m}\times(2\times540.42\text{kN/m}^2+657.586\text{kN/m}^2)/(3\times540.42\text{kN/m}^2+3\times657.586\text{kN/m}^2)+0\text{m}$

$=0.484\text{m}$

土压力合力：$E_p=\sum E_{pi}=605.26\text{kN/m}+1196.877\text{kN/m}+599.003\text{kN/m}=2401.139\text{kN/m}$

合力作用点：

$h_p=\sum h_iE_{pi}/E_p=(5.682\text{m}\times605.26\text{kN/m}+2.344\text{m}\times1196.877\text{kN/m}+0.484\text{m}\times599.003\text{kN/m})/2401.139\text{kN/m}=2.721\text{m}$

2. 验算嵌固深度是否满足要求

根据 JGJ 120—1999 的要求，验证所假设的 h_d 是否满足公式

$h_p\sum E_{pj}-1.2\gamma_0h_aE_{ai}\geqslant0$

$2.72\text{m}\times2401.14\text{kN/m}-1.2\times1.10\text{kN/m}^3\times2.29\text{m}\times1169.52\text{kN/m}=2998.04$

满足公式要求！

3. 抗渗稳定性验算

根据 JGJ 120—1999 要求，此时可不进行抗渗稳定性验算！

4. 结构计算

1) 结构弯矩计算

经计算(过程略)结果见图 8.9。

悬臂式支护结构弯矩：$M_c=4.60\text{kN}\cdot\text{m}$；

最大挠度：0.03m；

2）截面弯矩设计值确定

$$M=1.25\gamma_0 M_c \qquad (8-13)$$

截面弯矩设计值 $M=1.25\times1.10\text{kN/m}^3\times4.60$ kN·m=6.33；

5．截面承载力计算

材料的强度计算：

$$\sigma_{\max}=M/(\gamma_x\times W_x) \qquad (8-14)$$

式中，γ_x——塑性发展系数，对于承受静力荷载和间接承受动力荷载的构件，为考虑安全，可取为1.0；

W_x——材料的截面抵抗矩，49.00cm³。

$\sigma_{\max}=M/(\gamma_x\times W_x)=6.33/(1.0\times49.00\times10^{-3})=129.19\text{MPa}$

$\sigma_{\max}=129.19\text{MPa}<[f_m]=310.00\ \text{MPa}$；

经比较知，材料强度满足要求。

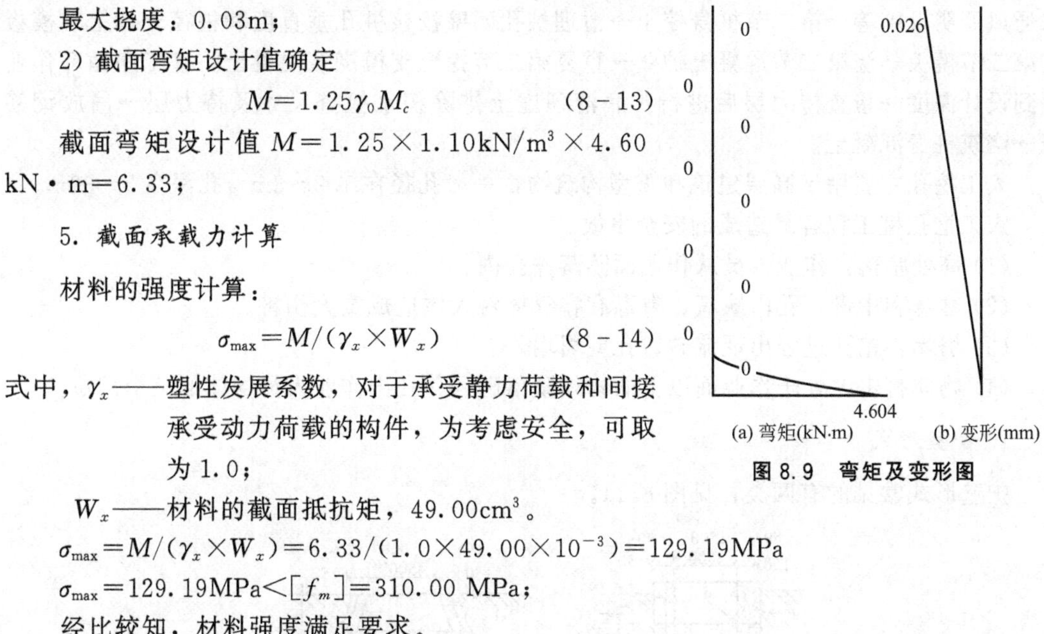

图 8.9 弯矩及变形图

8.2 深基础施工

8.2.1 人工挖孔桩

人工挖孔桩是指采用人工挖成井孔，然后往孔内浇灌混凝土成桩，见图8.10。施工工艺流程：场地平整→放线定桩位→挖第一节桩孔土方→支模浇筑第一节混凝土护壁→在护壁上二次投测标高及轴线→安装活动井盖垂直运输等起重电动筋芦或盖扬机活底吊土桶排

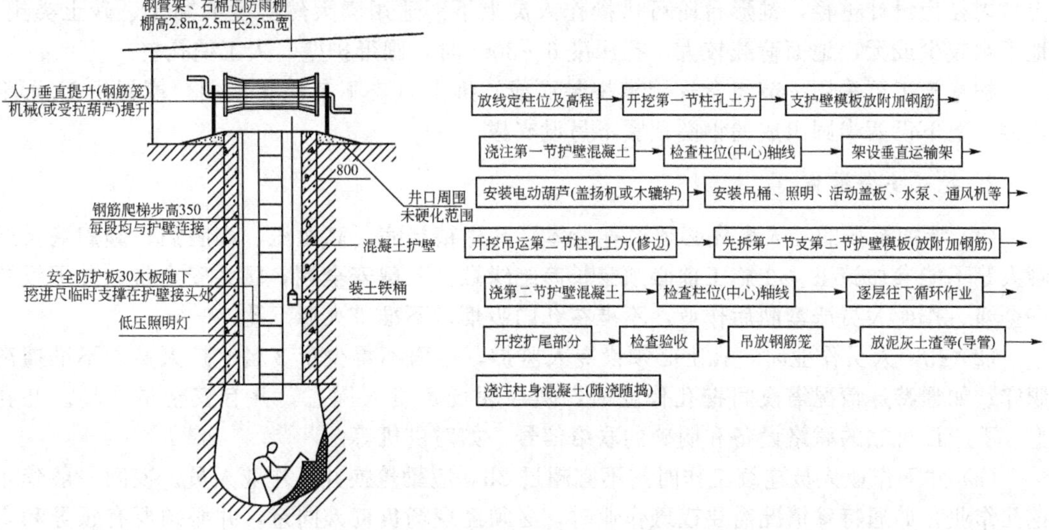

图 8.10 人工挖孔桩开挖示意

水通风照明设施等→第二节桩身挖土→清理桩孔四壁校核桩孔垂直度和桩径→拆上节模板支第二节模板→浇第二节混凝土护壁→重复第二节挖土支模浇筑混凝土护壁工序循环作业直到设计深度→检查持力层后进行扩底清理虚土排除积水检查尺寸及持力层→吊放钢筋笼→浇筑桩身混凝土。

人工挖孔主要用于高层建筑和重型构筑物，一般孔径在1.2～3m，孔深在5～30m。

人工挖孔桩工程容易造成的安全事故。

(1) 高处坠落：作业人员从作业面坠落井孔内。

(2) 窒息和中毒：孔内缺氧、有毒有害气体对人体造成重大伤害。

(3) 坍塌：挖孔过程出现流砂、孔壁坍塌。

(4) 物体打击：处于作业面以上的物体坠落砸到井孔内作业人员身体的某个部位。

1. 护壁形式

护壁形式常见的有两类，见图8.11。

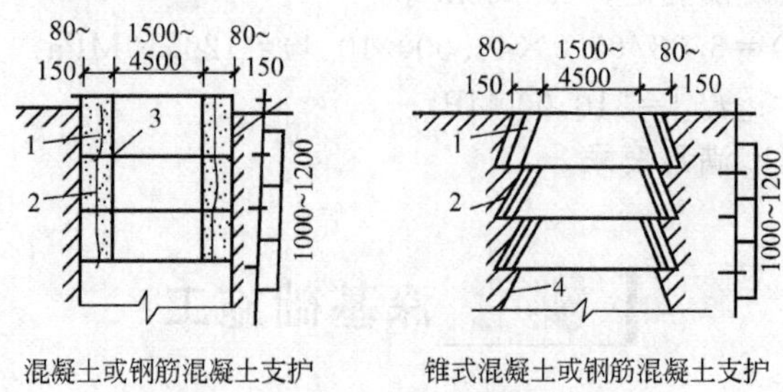

图8.11 人工挖孔桩护壁基本形式

1. 主筋 $\phi6@200$ 或 $\phi8@250$；2. 水平筋 $\phi6@180$ 或 $\phi8@200$；3. 混凝土浇注口；4. 坡度 $i=1\%$

(1) 混凝土或钢筋混凝土支护。采用挖土每1m，浇筑一节混凝土护壁的方法形成护壁。适用于天然湿度的黏土类土、地下水较少、地面荷载较大、孔深度6～30m时，圆形护壁、人工挖孔桩。

(2) 锥式混凝土或钢筋混凝土支护。挖土每1～1.2m深，浇筑一节混凝土护壁，锥形上口内径为设计桩径，锥形台阶可供操作人员上下。适用于天然湿度的黏土、砂土类土，地下水较少或无，地面荷载较大，孔深度6～30m时，圆形护壁、人工挖孔桩。

护壁施工可采用一节组合式钢模拼装而成，拆上节支下节周转使用，模板用U形卡连接，上下设两半圆组成的钢圈顶紧不另设支撑。

2. 挖孔安全措施

(1) 参加挖孔的工人事先必须检查身体，凡患精神病、高血压、心脏病、癫痫病及聋哑人等不能参加施工。在施工前必须穿长筒绝缘鞋，头戴安全帽，腰系安全带，井下设置安全绳。作业人员严禁酒后作业，不准在孔内吸烟，不准带火源下孔。

(2) 孔下人员作业时，孔上必须设专人监护，地面不得少于2名监护人员，不准擅离职守；如遇特殊情况需夜间挖孔作业时，须经现场负责人同意，并有安全员在场。井孔上、下应设可靠的联络设备和明确的联络信号，如对讲机等。

(3) 井下作业人员连续工作时间不宜超过2h，应勤轮换井下作业人员。夜间一般禁止挖孔作业，如遇特殊情况需要夜班作业时，必须经现场负责人同意，并必须要有领导和安全人员在现场指挥和进行安全检查与监督。

(4) 人员上下应使用专用安全爬梯或利用滑车并有断绳保护装置，要另配粗绳或绳梯，以供停电时应急使用，不得乘吊桶上下。见图8.12。当桩孔挖深超过5m以上时，离桩底2m处必须设置半圆钢网挡板，提土上、下时，井下人员应站在挡板下方。每天上岗时，孔口操作人员应检查绞车、缆绳、吊桶，发现有安全隐患的，须随时更换。孔内上下传递材料、工具，严禁抛掷。

(5) 提升吊桶的机构，其传动部分及地面扒杆必须牢靠，制作、安装应符合施工设计要求。挖桩的绞车须有防滑落装置，吊桶应绑扎牢固。

(6) 孔口边1m范围内禁止堆放泥土、杂物，堆土应离孔口边1.5m以外。

(7) 直径1.2m以上的桩孔开挖，应设护壁(图8.13)，挖一节浇一节混凝土护壁，不准漏打，以保证孔壁稳定和操作安全。孔口设置15cm高井圈，防止地表水、构件、弃土掉入孔内。对直径较小不设护壁的桩孔，应采用钢筋笼护壁，随挖随下，并用ϕ6mm钢筋按桩孔直径作成圆形钢筋圈，随挖桩孔随将钢筋圈以间距100mm一道圈定在孔壁上，并用1∶2快硬早强水泥砂浆抹孔壁，厚度约30mm，形成钢筋网护壁，以确保人身安全。

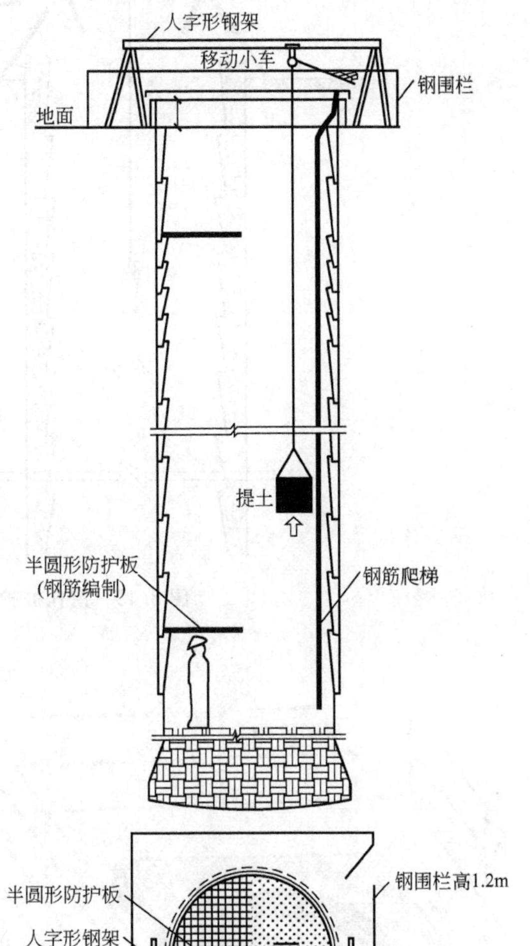

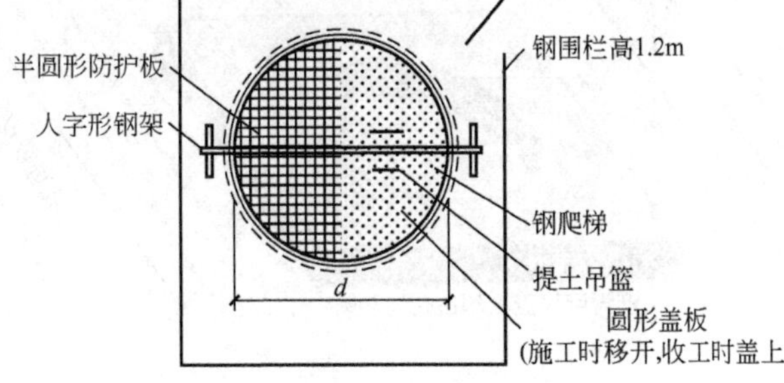

图8.12 人工挖孔桩安全防护示意

(8) 应在孔口设水平移动式活动安全盖板，当土吊桶提出孔升到离地面约1.8m时，推活动盖板关闭孔口再进行卸土，作业人员应在防护板下面工作。严防土块、操作人员掉入孔内伤人。采用电葫芦提升吊桶，桩孔四周应设安全栏杆。挖孔作业进行中，当人员下班休息时，必须盖好孔口且能安全承受2000kN的重力，或距孔口顶周边1m搭设1000mm高以上的护栏，见图8.14。

(9) 正在开挖的井孔，每天上班工作前，应对井壁、混凝土支护、井中孔气等进行检查，发现异常情况，应采取安全措施后，方可继续施工。

(10) 雨季施工，应设砖砌井口保护圈，高出地面150mm，以防地面水流入井孔。最上一节混凝土护壁，在井口处混凝土应出400mm宽的沿，厚度同护壁，以便保护井口。

(11) 遇到起吊大物件、块石时，孔内人员应先撤至地面。

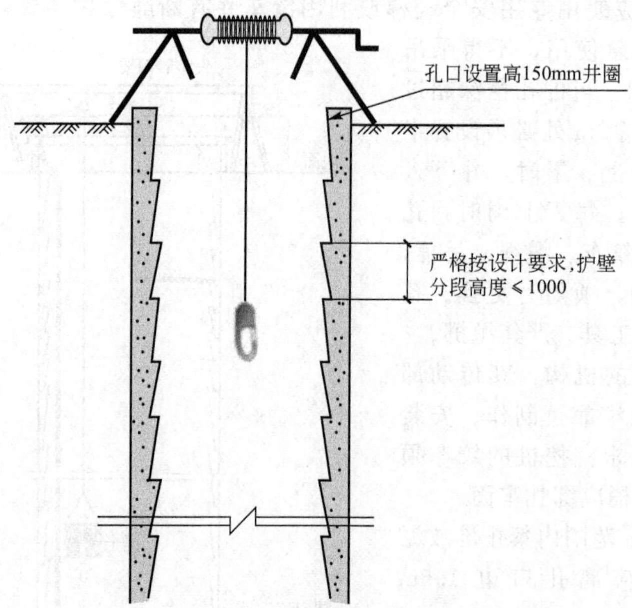

图 8.13　挖孔桩护壁示意

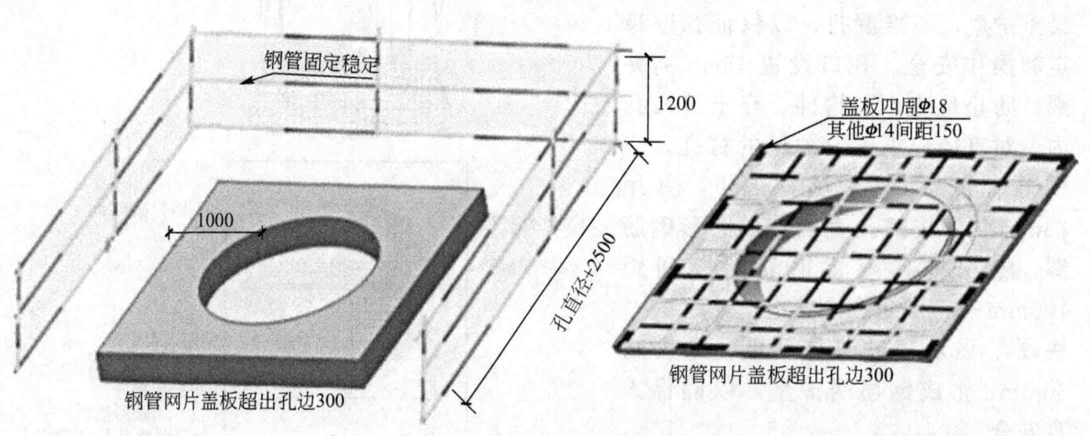

图 8.14　孔口安全防护

(12) 随时加强对土壁涌水情况的观察，发现异常情况应及时采取处理措施，对于地下水要采取随挖随用吊桶将泥水一起吊出。若为大量渗水，可在一侧挖集水坑用高扬程潜水泵排出桩孔外。井底需抽水时，应在挖孔作业人员上地面以后再进行。抽水用的潜水泵，每天均应逐个进行绝缘测试记录，不符合要求的不准使用。每个漏电开关也进行编号，每天作灵敏度检查记录，失效的及时修理更换。潜水泵在桩孔内吊人或提升时，严禁以电缆拉吊传递，防止电缆磨损。

(13) 多桩孔开挖时，应采用间隔挖孔方法，以减少水的渗透和防止土体滑移。

(14) 已扩底的桩，要尽快浇灌桩身混凝土；不能很快浇灌的桩应暂不扩底，以防扩大头塌方。孔内严禁放炮，以防震塌上壁造成事故，或震裂护壁造成事故。

(15) 照明、通风要求，见图 8.15。施工现场必须备有氧气瓶、气体检测仪器，见图 8.16。

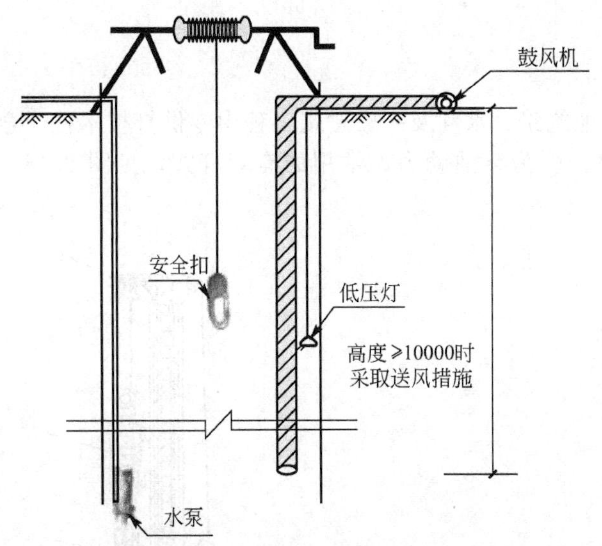

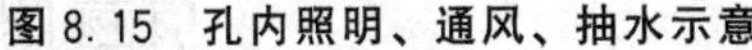

图 8.15　孔内照明、通风、抽水示意

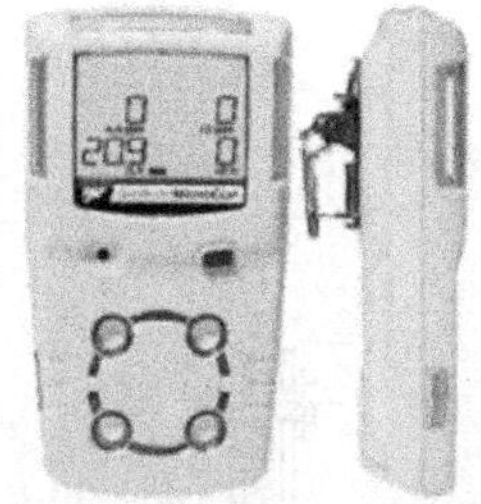

图 8.16　便携式四合一气体检测仪

① 挖井至 4m 以下时，需用可燃气体测定仪，检查孔内作业面是否有沼气，若发现有沼气应妥善处理后方可作业。

② 每次下井前，应对井孔内气体进行抽样检查，发现有毒气体含量超过允许值，应将毒气清除后，并不致再产生毒气时，方可下井工作。并在工作过程中始终控制化学毒物在最低允许浓度的卫生标准内，而且要采用足够的安全卫生防范措施，如对深度超过 10m 的孔进行强制送风，设置专门设备向孔内通风换气(通风量不少于 25L/s)等措施，以防止急性中毒事故的发生。

③ 上班前，先用鼓风机向孔底通风，必要时应送氧气，然后再下井作业。严禁用纯氧进行通风换气。在其他有毒物质存放区施工时，应先检查有毒物质对人体的伤害程度，再确定是否采用人工挖孔方法。

④ 井孔内设 100W 防水带罩灯泡照明，并采用 12V 的低电压用防水绝缘电缆引下，见图 8.17。

(16) 施工所用的电气设备必须加装漏电保护器，井上现场可用 24V 低压照明，并使用防水、防爆灯具。现场用电均应安装漏电保护装置。

(17) 发现情况异常，如地下水、黑土层和有害气味等，必须立即停止作业，撤离危险区，不准冒险作业。

(18) 挖孔完成后，应当天验收，并及时将桩身钢筋笼就位和浇注混凝土。正在浇注混凝土的桩孔周围 10m 半径内，其他桩不得有人作业。

图 8.17　井下照明

8.2.2 机械入土桩

1. 锤击预制桩

打桩锤：为修建桥梁、提堰和其他筑路、水利及一般建筑工程中专供打植木桩、金属桩、混凝土预制桩、锤击夯扩灌注桩。多为柴油动力，常用的有导杆式，见图 8.18。桩架，见图 8.19。

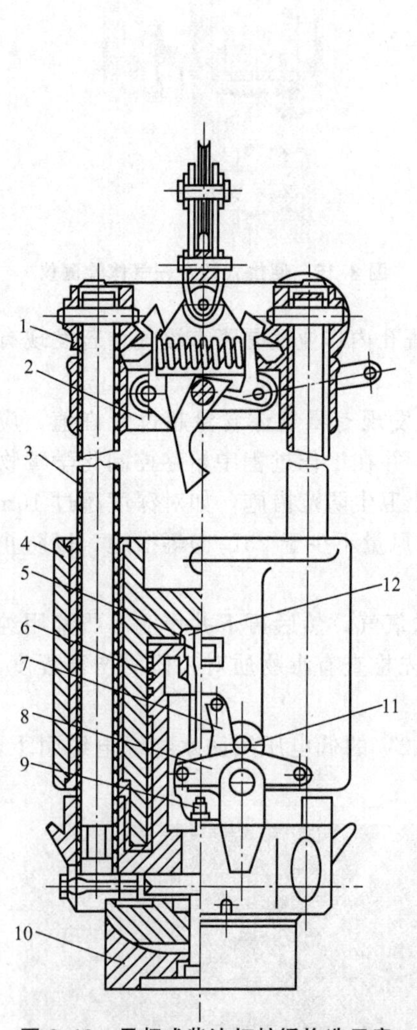

图 8.18 导杆式柴油打桩锤构造示意

1. 顶横梁；2. 起落架；3. 导杆；4. 缸锤；5. 喷油嘴；6. 活塞；7. 曲臂；8. 油门调整杆；9. 液压泵；10. 桩帽；11. 撞击销；12. 燃烧室

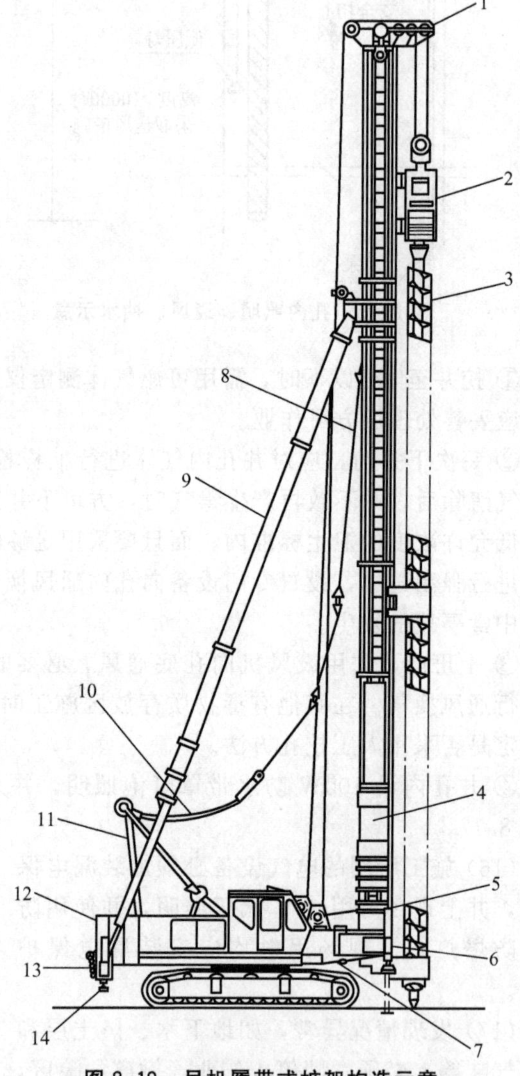

图 8.19 吊机履带式桩架构造示意

1. 导向架顶部滑轮组；2. 钻机动力头；3. 长螺旋钻杆；4. 柴油打桩锤；5. 前导向滑轮；6. 前支腿；7. 前托架；8. 背梢钢丝绳；9. 斜撑；10. 导向架起升钢丝绳；11. 三角架；12. 配重块；13. 后横梁；14. 后支腿

打桩作业区应有明显标志或围栏，作业区上方应无架空线路。

(1) 预制桩施工桩机作业时，严禁吊装、吊锤、回转、行走动作同时进行；桩机移动时，必须将桩锤落至最低位置；施打过程中，操作人员必须距桩锤5m以外监视。

(2) 吊桩前应将桩锤提升到一定位置固定牢靠，防止吊桩时桩锤坠落。起吊时吊点必须正确。速度要均匀，桩身应平稳，必要时桩架应设缆风绳。

(3) 桩身附着物要清除干净，起吊后人员不准在桩下通过。吊桩与运桩发生干扰时，应停止运桩。

(4) 插桩时，手脚严禁伸入桩与龙门之间。用撬棍等工具校正桩时，用力不宜过猛。

(5) 打桩前，桩头的衬垫严禁用手拨正，不得在桩锤未落到桩顶就起锤，或过早制动。

(6) 打桩时应采取与桩型、桩架和桩锤相造应的桩帽及衬垫，发现损坏应及时修整或更换。锤击不宜偏心，开始落距要小。如遇贯入度突然增大，桩身突然倾斜、位移、桩头严重损坏、桩身断裂、桩锤严重回弹等，应停止锤击，经采取措施后方可继续作业。

(7) 套送桩时，应使送桩、桩锤和桩三者中心在同一轴线上。送桩拔出后，地面孔洞必须及时回填或加盖。

(8) 硫磺胶泥的原料及制品在运输、储存和使用过程中应注意防火，熬制胶泥操作人员要穿好防护用品，工作棚应通风良好，容器不准用锡焊，防止熔穿渗泄；胶泥浇注后，上节桩应缓慢放下，防止胶泥飞溅。

2. 灌注桩

1) 泥浆护壁机械成孔灌注桩

灌注桩成孔机械，见图8.20。

(1) 进入施工现场的人员应戴好安全帽，施工操作人员应穿戴好必要的劳动防护用品。

(2) 在施工全过程中，应严格执行有关机械的安全操作规程，由专人操作并加强机械维修保养，经安全部门检验认可，领证后方可投入使用。

(3) 电气设备的电源，应按有关规定架设安装；电气设备均须有良好的接地接零，接地电阻不大于4Ω，并装有可靠的触电保护装置。

(4) 注意现场文明施工，对不用的泥浆地沟应及时填平；对正在使用的泥浆地沟(管)加强管理，不得任泥浆溢流，捞取的沉渣应及时清走。各个排污通道必须有标志，夜间有照明设备，以防踩入泥浆，跌伤行人。

(5) 机底枕木要填实，保证施工时机械不倾斜、不倾倒。

(6) 护筒周围不宜站人，防止不慎跌入孔中。

(7) 起重机作业时，在吊臂转动范围内，不得有人走动或进行其他作业。

(8) 湿钻孔机械钻进岩石时，或钻进地下障碍物时，要注意机械的震动和颠覆，必要时停机查明原因方可继续施工。

(9) 拆卸导管人员必须戴好安全帽，并注意防止扳手、螺钉等往下掉落。拆卸导管时，其上空不得进行其他作业。

(10) 导管提升后，继续浇注混凝土前，必须检查其是否垫稳或挂牢。

(11) 钻孔时，孔口加盖板，以防工具掉入孔内。

2) 干作业螺旋钻孔成孔灌注桩

(1) 现场所有施工人员均必须戴好安全帽，高空作业系好安全带。

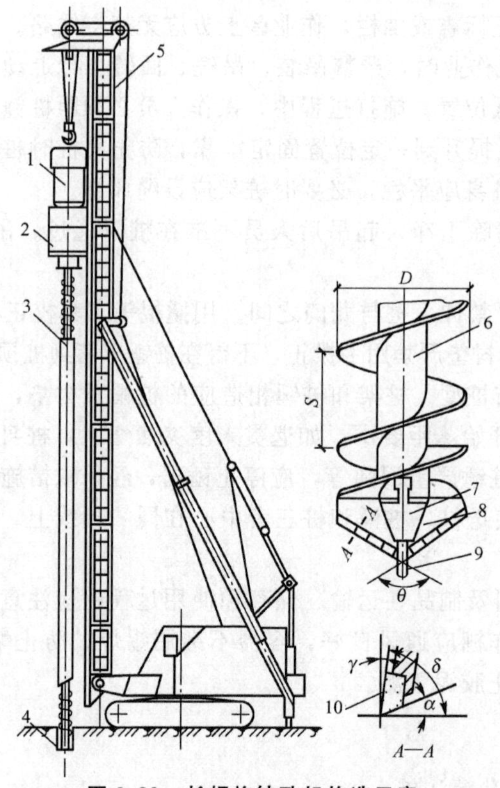

图 8.20　长螺旋钻孔机构造示意

1. 电动机；2. 减速器；3. 钻杆；4. 钻头；5. 钻架；6. 无缝钢管；
7. 钻头接头；8. 刀板；9. 定心尖；10. 切削刃

(2) 各种机电设备的操作人员，都必须经过专业培训，领取驾驶证或操作证后方准开车。禁止其他人员擅自开车或开机。

(3) 所有操作人员应严格执行有关“操作规程”。在桩机安装、移位过程中，注意上部有无高压线路。熟悉周围地下管线情况，防止物体坠落及轨枕沉陷。

(4) 总、分配电箱都应有漏电保护装置，各种配电箱、板均必须防雨，门锁齐全，同时线路要架空，轨道两端应设两组接地。

(5) 桩机所有钢丝绳要检查保养，发现有断股情况，应及时调换，钻机运转时不得进行维修。

(6) 在未灌注混凝土以前，应将预钻的孔口盖严。

8.2.3　地下连续墙

1. 准备

(1) 施工前必须制定严格的安全制度。应做好施工区域的调查，挖槽开始之前，应清除地面和地下一切障碍物，方能进行施工。

(2) 现场施工区域应有安全标志和围护设施。导沟上开挖段应设置防护设施，防止人员和工具杂物等坠落泥浆内。

(3) 操作人员进场，必须经过三级安全教育，施工过程中，定期召开安全工作会议，定期开展现场安全检查工作。

(4) 机电设备必须专人操作，操作时必须遵守安全操作规程，特殊工种(电工、焊工、机操工等)及小型机械工必须持证上岗。成槽机、起重机工作时，吊臂下严禁站人。

(5) 经常检查各种卷扬机、吊车钢丝绳的磨损程度，并按规定及时更新。外露传动系统必须有防护罩，转盘方向轴必须设有安全警示。

(6) 在保护设施不齐全、监护人员不到位的情况下，严禁人员下槽、孔内清理障碍物。

(7) 起重机工作前，必须检查距尾部的回转半径外500mm内无障碍物。

2. 作业

(1) 起重机吊钢筋笼时，应先吊离地面20～50cm，检查起重机的稳定性，制动器的可靠性、吊点和钢筋笼的牢固程度确认可靠后，才能继续起吊。

(2) 两台起重机同时起吊，必须注意负荷的分配，每台起重机分担质量的负荷不得超过该机允许负荷的80%，防止任何一台负荷过大造成事故。钢筋笼起吊时，必须对两台起重机进行统一指挥，使两台起重机动作协调相互配合，在整个起吊过程中，两台起重机的吊钩滑车组必须保持垂直状态。吊车指挥必须持有效指挥证。

(3) 潜水电钻等水下电气设备应有安全保险装置，严防漏电。电缆收放应与钻进同步进行，严防拉断电缆，造成事故。应控制钻进速度和电流大小，遇有地下障碍物要妥善处理，禁止超负荷强行钻进。

(4) 在触变泥浆下工作的动力设备，如无电缆自动收放机构，应设有专人收放电缆，操作人员应戴绝缘手套和穿绝缘鞋。并应经常检查，防止破损漏电。

(5) 挖槽的平面位置、深度、宽度和垂直度，必须符合设计要求。挖槽施工过程中，如需中止时，应将挖槽机械提升到导端的位置。

(6) 成槽施工过程中，确保泥浆液面高度不低于导墙顶下0.3～0.5m，并定时检测泥浆指标，从而保证泥浆对槽壁的保护作用，避免槽壁坍塌。为防万一，准备一定数量的黏土，出现塌孔情况时立即回填黏土，避免槽壁坍塌范围扩大。成槽过程中遇到底下障碍物时，采用自制的钢套箱入槽中打捞；遇到软硬土层突变时及时调整施工参数，确保施工机械安全和成槽正常施工。

(7) 成槽后，接头箱下放过程中如发现因坍方而导致接头箱无法下沉至规定位置时，不得强冲，应先提起修槽后再放，锁口管应插入槽底以下50～80cm。

(8) 导墙模板拆除后，及时在两导墙间每隔1.0m设Φ100圆木横撑3根，防止导墙变形失稳。

(9) 钢筋笼下放前必须对槽壁垂直度、平整度、清孔质量及槽底标高进行严格检查。下放过程中，遇到阻碍，钢筋笼放不下去时，不允许强行下放，如发现槽壁土体局部凸出或坍落至槽底，则必须整修槽壁，并清除槽底坍土后，方可下放钢筋笼，严禁割短或割小钢筋笼。

(10) 吊放钢筋笼的起重机械严禁超载。起吊前先进行试吊，对起重机械的制动器、吊钩、钢丝绳和安全装置进行检查，排除不安全因素后方可起吊。

(11) 为了防止钢筋在吊装过程中产生不可复原的变形，各类钢筋笼均设置纵向抗弯桁架，拐角钢筋笼增设定位斜拉杆。

(12) 为了保证钢筋笼吊装安全，吊点位置的确定与吊环、吊具的安全性应经过设计与验算，用Ⅰ级钢筋和A3钢板做吊装环，吊环必须与钢筋相交的水平钢筋笼每个交点都焊接牢固。

(13) 对于端头井拐角幅钢筋笼除设置纵、横向起吊桁架和吊点外，另需增设“人”字桁架和斜杆进行加强，以防止钢筋笼在空中翻转时发生变形。

案例

土方及支护事故案例

土方及支护一些事故及其原因分析见图8.21。

序号	事故现场图片及简要原因分析	序号	事故现场图片及简要原因分析
1	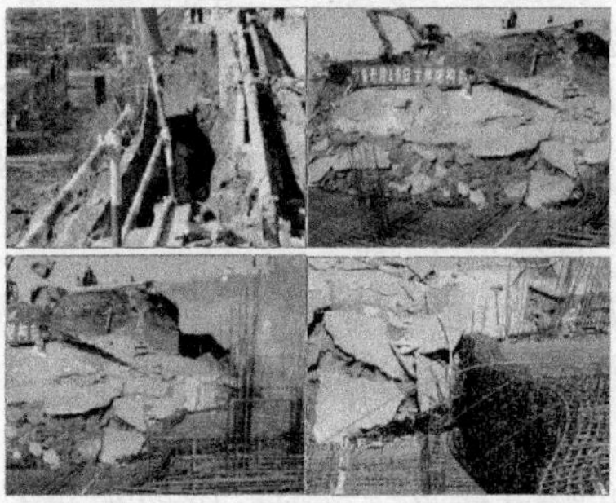	3	
	事故原因 (1) 明沟排水与方案不符，原方案为200mm水管排水 (2) 设计放坡1∶0.5，面层喷5cm厚混凝土内设双向200mm钢丝网。相当于自然放坡，坡度无依据		事故原因 (1) 上层滞水未疏干(两层滞水) (2) 冬季施工混凝土强度不够，反复冻融 (3) 土钉与面板连接点强度不够 (4) 面板钢筋网放置位置不合理
2		4	
	事故原因 (1) 对基坑及护壁的积水未引起重视 (2) 每步超挖 (3) 位移检测只有顶面无其他侧面 (4) 面板钢筋网位置不合理，施工工艺不合理		事故原因 (1) 上层滞水未疏干。(两层滞水) (2) 冬季施工混凝土强度不够，反复冻融

图8.21　土方及支护事故

本章小结

土方作业，尤其在基坑工程中一旦出安全问题总是损失重大。土体失稳的原因复杂，在学习过程中要结合土力学理论，认清各类土方坍塌事故的特点，要根据施工条件灵活采用适当的防护措施，严格按规程和程序作业；放坡要根据不同施工条件慎重选择坡度，支护类型较多，选择适当的结构形式、正确判断受力状态，合理计算荷载及结构分析都是需要着重掌握的。

深基础工程常常包括不同特点的施工作业过程，应了解各种工艺施工准备、安全要点等环节。

习 题

判断题

(1) 土按坚硬程度和开挖方法及使用工具可分为六类。 (　)

(2) 湿土地区开挖时，若为人工降水，降至坑底 0.5～1.0m 以下深度时方可开挖。 (　)

(3) 人工开挖土方，两人横向间距和纵向间距均不得小于 2m。 (　)

(4) 人工挖孔桩施工时，开挖深度超过 15m 时，应有专门向井下送风的设备。 (　)

(5) 雨季开挖基坑(槽、沟)前，应当检查坑(槽、沟)的支撑和边坡情况，防止受水浸松产生边坡坍塌。 (　)

(6) 开挖深度超过 5m(含 5m)的基坑(槽)并采用支护结构施工的工程，必须编制安全专项施工方案，但不须经专家论证审查。 (　)

(7) 土方开挖应在降水达到要求后，采用分层开挖的方法施工，分层厚度不宜超过 2.5m。 (　)

(8) 砂性土地基中，基坑开挖深度超过 5m 时，宜采用明沟排水。 (　)

(9) 土方开挖的顺序、方法，应遵循开槽支撑、先撑后挖、分层开挖、严禁超挖的原则。 (　)

(10) 多台机械同时挖基坑，机械间的间距应为 10m 较为安全。 (　)

(11) 基坑开挖时，坑边 0.5m 范围内不准堆放土方。 (　)

(12) 施工现场开挖非热管道沟槽的边缘与埋地外电缆沟槽边缘之间的距离不得小于 0.5m。 (　)

(13) 坑壁支撑采用钢筋混凝土灌注桩时，开挖标准是桩身混凝土达到混凝土凝固后。 (　)

(14) 驾驶司机离开挖掘机驾驶室，不论时间长短必须将铲斗落地并关闭发动机。 (　)

(15) 在基坑开挖中造成坍塌事故的主要原因：基坑开挖放坡不够、边坡顶部超载、震动、基坑未设置连续挡土墙或未设内支撑、施工机械进入开挖区、开挖程序不对、超标高开挖、支撑设置或拆除不正确、排水措施不力等。 ( )

(16) 影响边坡稳定的因素：土的类别影响、土的湿化程度影响、土内含水多、气候的影响使土质松软、边坡上面附加荷载外力的影响。 ( )

第9章 建筑机械使用安全技术与管理

教学目标

本章主要讲述常用建筑施工机械的有关安全使用基本方法和要求，以及基本的防护措施；并对相关的吊装工程，介绍了基本安全管理及技术要求。通过本章学习，应达到以下目标。

(1) 掌握垂直运输机械的防护措施和安全装置，着重掌握塔式起重机的性能以及参数选择、机械基础的基本设计计算。

(2) 熟悉常见水平运输机械的安全技术要求和规定。

(3) 熟悉各种中小型施工机具和电动工具的安全使用技术要求和规定。

(4) 了解吊装工程各种作业的安全措施、方法。

教学要求

知识要点	能力要求	相关知识
垂直运输机械	(1) 机械的种类、特点、辅助用具的正确使用 (2) 机械的安全防护装置工作原理 (3) 常见设备的选择、安全使用要求	(1) 各种机械的技术指标、运行方法 (2) 塔式起重机的基础设计
水平运输机械	(1) 机械的种类、特点、正确操作方法 (2) 常见设备的安全使用要求	各种机械的技术指标、运行方法
中小型施工机具	(1) 机具的组成、运行方法 (2) 常见机具的安全使用要求	中小型施工机具的运行方法
吊装作业	(1) 吊装作业的特点和准备工作 (2) 各种吊物吊装作业的方法和要求	吊运机具的受力特征及分析

基本概念

起重机、物料提升机、施工电梯、推土机、挖掘机、翻斗车、自卸汽车、混凝土搅拌机、振捣器、卷扬机、冷拉机、钢筋调直机、圆盘锯、电平刨、混凝土泵

引例

一次塔吊折臂事故

1. 现场状况和事故经过

(1) 塔吊所吊两块钢模板(重5t以上)坠落在塔吊东南方向的工地围墙外，距塔吊中心线49.85m处。

(2) 塔头四根主弦杆拉断三根，其中，靠塔吊起重臂方向的两根主弦杆均被拉断。由于塔头主弦杆折断失去支点作用，吊拉起重臂、平衡臂的拉杆也失去吊拉作用，致使起重臂、平衡臂以塔头为轴向下坠落。起重臂砸在建筑物上严重扭曲变形，平衡臂砸在塔身上严重损坏。

(3) 变幅小车停在起重臂端部，变幅绳断开。

(4) 所幸整个塔吊事故没有人员伤亡，但百余万元的塔吊完全报废。根据国家有关规定，本次事故属于重大事故。

(5) 本次事故的大致过程：某公司有关人员操作塔吊，从塔吊西侧七层楼上吊钢模板(距塔心17.9m)，在向南、向东吊运摆放时发生事故。

2. 事故的技术分析

由于本次塔吊作业的目的是一次超载作业，本台塔吊力矩限制器又处于失调状态，使得塔吊司机得不到超载警报的信息，力矩限制器的自动断电功能不能实现。这样，超载幅度越来越大，等到塔吊司机发觉情况异常时，超载幅度已经很大了。在大幅度超载的情况下，塔身和吊臂均形成相当大的弯曲变形，吊臂形成较大的负角。由于变幅制动器制动力显著下降，不能克服变幅小车的惯性力和因吊臂负角形成的下滑力，塔吊司机所采取的紧急制动措施也不能制止变幅小车冲向臂端。这样，由于超载、力矩限制器和变幅制动器失灵，最终导致了本次塔吊折臂事故。

3. 事故所反映出的问题

我国塔吊行业的立法(标准)是比较完备的。在产品的设计和定型生产上，由于涉及的单位较少，国家有关部委控制也比较严，问题也相对较少。更多的问题出现在塔吊的使用阶段，尤其各个施工单位大量雇用民工，许多技术工种，如起重工、司机未经严格培训即上岗作业。

9.1 起重及垂直运输机械

9.1.1 吊装机具

1. 绳索

1) 钢丝绳

(1) 钢丝绳。用直径0.4～3mm，强度140～200kg/mm² 的钢丝合成股，再由钢丝股围绕一根浸过油的棉制或麻制的绳芯，拧成整根的钢丝绳。

钢丝绳具有强度高、弹性大、韧性好、耐磨并能承受冲击荷载等特点。钢丝绳破断前有断丝现象，容易检查、便于预防事故。因此，在起重作业中广泛应用，是吊装中的主要绳索，见图9.1。

图9.1 钢丝绳

(2) 种类。按照捻制的方法分同向捻、交互捻、混合捻等几种；按绳股数及一股中的钢丝数分，常用的有6股19丝、6股37丝、6股61丝等几种。日常工作中以6×19+1、6×37+1、6×61+1来表示。

在钢丝绳直径相同的情况下，绳股中的钢丝数越多，钢丝的直径越细，钢丝越柔软，挠性也就越好。但细钢丝捻制的绳没有较粗钢丝捻制的钢丝绳耐磨损。因此，6×19+1较6×37+1的钢丝绳硬，耐磨损。

钢丝绳按绳芯不同分麻芯(棉芯)、石棉芯和金属芯三种。用浸油的麻或棉纱作绳芯的钢丝绳比较柔软，容易弯曲，但不能受重压和在较高温度下工作；石棉芯的钢丝绳可以适应较高温度下工作，不能重压；金属芯的钢丝绳可以在较高温度下工作，且耐重压，但太硬不易弯曲。

(3) 钢丝绳的破断拉力。将整根钢丝绳拉断所需要的拉力大小，也称为整条钢丝绳的破断拉力，用 S_p 表示。求整条钢丝绳的破断拉力 S_p 值，应根据钢丝绳的规格型号从金属材料手册中的钢丝绳规格性能表中查出钢丝破断拉力总和 $\sum S_i$ 值，再乘以换算系数 ϕ 值，即

$$S_p = \phi \sum S_i \tag{9-1}$$

式中，ϕ——换算系数值，当钢丝绳为 6×19＋1 时，$\phi=0.85$；为 6×37＋1 时，$\phi=0.82$；为 6×61＋1 时，$\phi=0.80$。

钢丝绳在使用时由于搓捻得不均匀，钢丝之间存在互相挤压和摩擦的现象，各钢丝受力大小是不一样的，要拉断整根钢丝绳，其破断拉力要小于钢丝破断拉力总和，因此要乘一个小于1的系数。

(4) 钢丝绳的允许拉力。为了保证吊装的安全，钢丝绳根据使用时的受力情况，规定所能允许承受的拉力。其计算公式为

$$S = \frac{S_p}{k} \tag{9-2}$$

式中，S——钢丝绳的允许拉力(N)；

k——安全系数，如表 9-1 所示；

S_p——钢丝绳的破断拉力(N)。

表 9-1 丝绳安全系数 k 值

钢丝绳用途	安全系数	钢丝绳用途	安全系数
作缆风绳	3.5	作吊索无弯曲时	6～7
缆索起重机承重绳	3.75	作捆绑吊索	8～10
手动起重设备	4.5	用于载人的升降机	14
机动起重设备	5～6		

钢丝绳的允许拉力应低于钢丝绳破断拉力的若干倍，而这个倍数就是安全系数。它表明钢丝绳在使用中的安全可靠程度，因此要根据荷载情况、使用的频繁程度等因素，合理地选择钢丝绳的安全系数。

(5) 钢丝绳重量的计算。钢丝绳在使用时或运输装卸时都需要知道其重量，一般可从钢丝绳表中查得每百米的参考重量，但在现场临时使用就会感到不便。考虑钢丝绳中钢丝的理论重量、纤维芯和油的重量，可用简化近似公式计算：

$$G = 0.0035 l d^2 \tag{9-3}$$

式中，l——钢丝绳的长度(m)；

d——钢丝绳的公称直径(mm)。

(6) 钢丝绳的报废。钢丝绳在使用过程中会不断地磨损、弯曲、变形、锈蚀和断丝

等。当整个钢丝绳外表面受腐蚀的麻面比较明显时，中间的纤维芯会被挤出，使其结构性能减弱，不能满足安全使用的要求时，应予以报废，以免发生危险。报废条件如下。

① 钢丝绳的断丝达到规定。

② 钢丝绳直径的磨损和腐蚀大于钢丝绳直径的7%，或外层钢丝磨损达钢丝的40%。

③ 使用当中，断丝数逐渐增加，其时间间隔越来越短。

④ 钢丝绳的弹性减少，失去正常状态。

(7) 钢丝绳的安全使用。

① 选用钢丝绳要合理，不准超负荷使用。

② 经常保持钢丝绳清洁，定期涂抹无水防锈油或油脂。钢丝绳使用完毕，应用钢丝刷将上面的铁锈、脏垢刷去，不用的钢丝绳应进行维护保养，按规格分类存放在干净的地方。在露天存放的钢丝绳应在下面垫高，上面加盖防雨布罩。

③ 钢丝绳在卷筒上缠绕时，要逐圈紧密地排列整齐，不应错叠或离缝。

2) 绳扣

绳扣(千斤绳、带子绳、吊索)是把钢丝绳编插成环状或插在两头带有套鼻的绳索，是用来连接重物与吊钩的吊装专用工具。它使用方便，应用极广。

绳扣多是由人工编插的，也有用特制金属卡套压制而成的。人工插接的绳扣，其编结部分的长度不得小于钢丝绳直径的15倍，并且不得短于300mm。见图9.2。

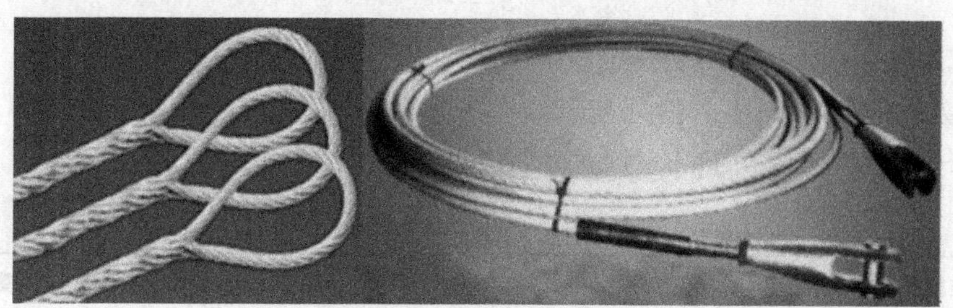

图9.2 钢丝绳的绳扣

3) 吊索内力计算与选择

吊装吊索内力的大小，除与构件重量、吊索类型等因素有关外，尚与吊索和所吊重物间的水平夹角有关。水平夹角越大，则吊索内力越小，反之，吊索内力越大，同时其水平分力会对构件产生不利的水平压力。如果夹角太大，虽然能减小吊索内力，但吊索的起重高度要求很高，所以吊索和构件间的水平夹角一般取为45°～60°。若吊装高度受到限制，其最小夹角应控制在30°。

(1) 两点起吊，见图9.3。

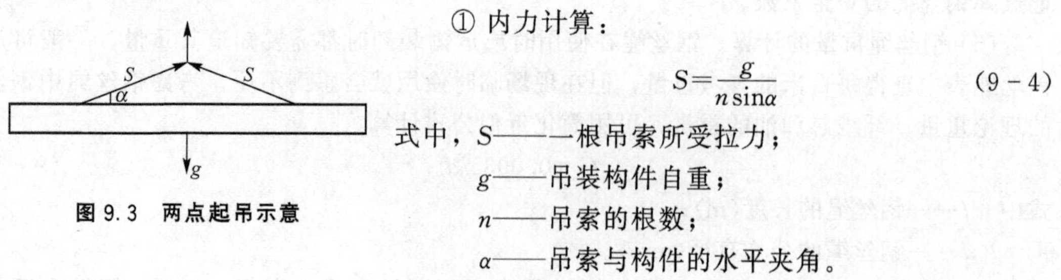

图9.3 两点起吊示意

① 内力计算：

$$S=\frac{g}{n\sin\alpha} \tag{9-4}$$

式中，S——一根吊索所受拉力；

g——吊装构件自重；

n——吊索的根数；

α——吊索与构件的水平夹角。

② 强度条件：

$$S \leqslant \frac{S_p}{k} \tag{9-5}$$

(2) 四点起吊，见图 9.4。

对平面尺寸较大，而厚度较薄的板式构件，一般采用四点起吊。吊索的拉力 S 仍按式(9-4)计算，其中吊索的根数 $n=4$。为了考虑其中某一根吊索可能处于松软状态而不受力或受力很小，为安全起见，可按三根吊索承担构件自重，即用 $n=3$ 代入公式计算。

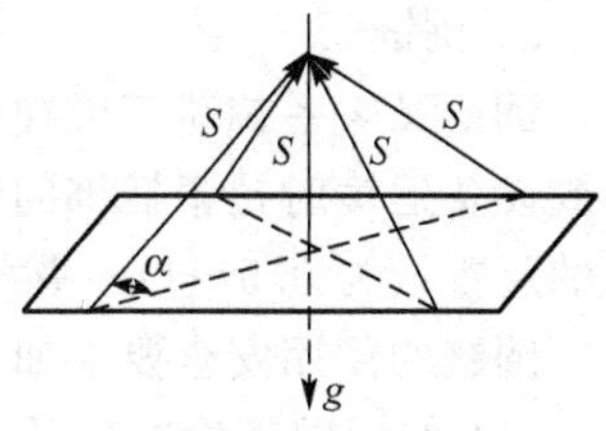

图 9.4 四点起吊示意

求出吊索拉力后，即可根据 k 值选择吊索的类型及直径。

工人师傅把上面的钢绳拉力计算，总结成易记、上口的口诀：

两根钢绳拉力诗

两根钢绳挂一钩，绳与平面有角度；
角度变小拉力大，角度变大拉力小；
角度三十两相等，角度六十比物轻；
四五六十选角度，角度九十力平分。

四根钢绳拉力诗

四根钢绳挂一钩，绳与平面有角度；
角度变小拉力大，张力曲线要记住；
四五六十当中定，张力定后算单根。

2. 吊装工具

1) 千斤顶

千斤顶又叫举重器，在起重工作中应用的很广，见图 9.5。它用很小的力就能顶高很重的机械设备，还能校正设备安装的偏差和构件的变形等。千斤顶的顶升高度一般为 100～400mm，最大起重量可达 500t，顶升速度可达 10～35mm/min。

千斤顶的使用安全要求如下。

(1) 千斤顶应放在干燥无尘土的地方，不可日晒雨淋，使用时应擦洗干净，各部件灵活无损。

(2) 设置的顶升点需坚实牢固，荷载的传力中心应与千斤顶轴线一致，严禁荷载偏斜，以防千斤顶歪斜受力而发生事故。

(3) 千斤顶不要超负荷使用，顶升的高度不得超过活塞上的标志线。如无标志，顶升高度不得超过螺纹杆丝扣或活塞总高度的 3/4。

图 9.5 立式液压千斤顶

(4) 顶升前，千斤顶应放在平整坚实的地面上，并于底座下垫垫木或钢板，严防地基偏沉，顶部与金属或混凝土构件等光滑面接触时，应加垫硬木板，严防滑动。开始顶升时，先将结构构件轻微顶起后停住，检查千斤顶承力、地基、垫木、枕木垛是否正常，如有异常或千斤顶歪斜应及时处理后，方准继续工作。

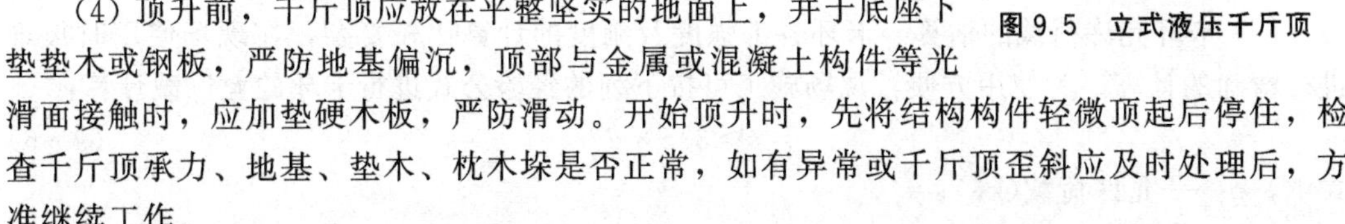

(5) 顶升过程中，用枕木垛临时支持构件时，千斤顶的起升高度要大于枕木厚度与枕木垛变形之和。结构构件顶起后，应随起随搭防坠枕木垛，随着构件的顶升，枕木垛上应加临时短木块，其与构件间的距离必须保持在 50mm 以内，以防千斤顶突然倾倒或回油而

引起活塞突然下降，造成伤亡事故。起升过程中，不得随意加长千斤顶手柄或强力硬压。

(6) 有几个千斤顶联合使用顶升同一构件时，应采用同型号的千斤顶，应设置同步升降装置，并每个千斤顶的起重能力不得小于所分担构件重量的 1.2 倍。用两台或两台以上千斤顶同时顶升构件一端时，另一端必须垫实、垫稳，严禁两端同时起落。

2) 倒链

倒链又叫手拉葫芦或神仙葫芦，可用来起吊轻型构件、拉紧扒杆的缆风绳，及用在构件或设备运输时拉紧捆绑的绳索，见图 9.6。它适用于小型设备和重物的短距离吊装，一般的起重量为 0.5～1t，最大可达 2t。

倒链的使用安全要求如下。

(1) 使用前需检查确认各部位灵敏无损。应检查吊钩、链条、轮轴、链盘，如有锈蚀、裂纹、损伤、传动部分不灵活应严禁使用。

(2) 起重时，不能超出起重能力，在任何方向使用时，拉链方向应与链轮方向相同，要注意防止手拉链脱槽，拉链子的力量要均匀，不能过快过猛。

(3) 要根据倒链的起重能力决定拉链的人数。如拉不动时，应查明原因再拉。

(4) 起吊重物中途停止时，要将手拉小链栓在起重链轮的大链上，以防时间过长而自锁失灵。

3) 卡环

卡环又名卸甲，用于绳扣(千斤绳、钢丝绳)和绳扣、绳扣与构件吊环之间的连接，是在起重作业中用的较广的连接工具。卡环由弯环与销子两部分组成，按弯环的形式分为直形和马蹄形两种；按销子与弯环的连接形式分，有螺栓式和抽销式卡环及半自动卡环，见图 9.7。

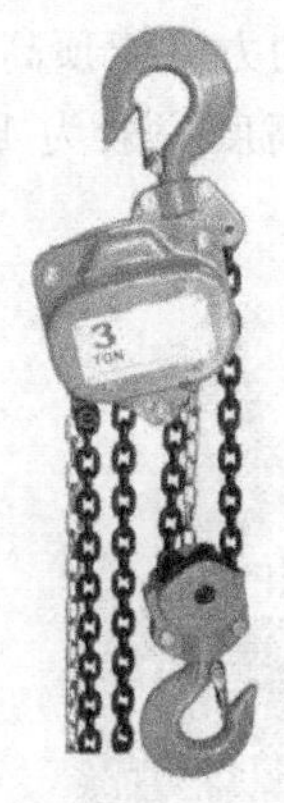

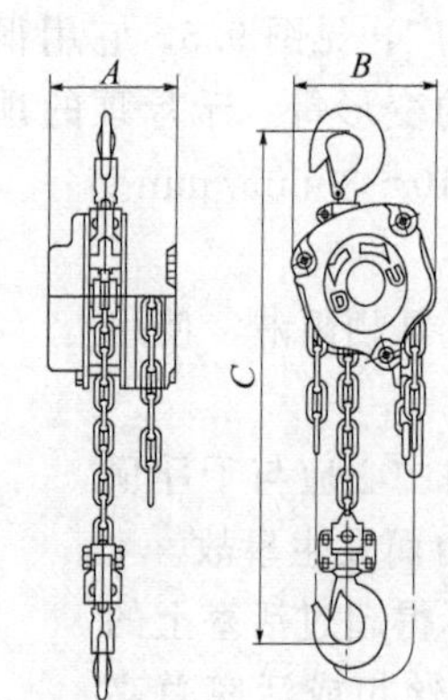

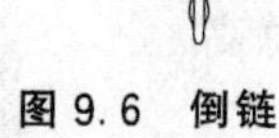

图 9.6　倒链

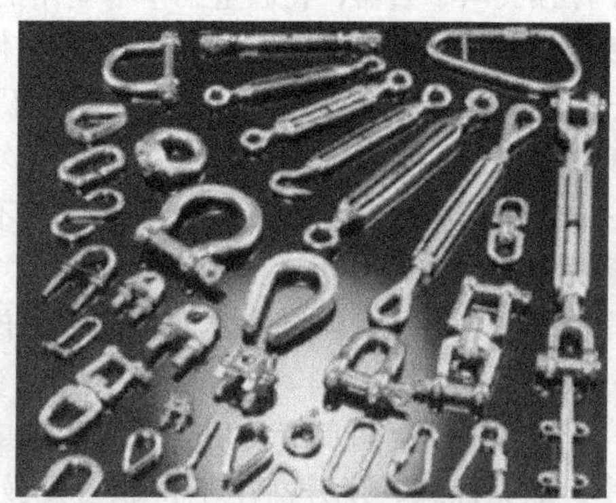

图 9.7　各类钢丝绳连接件

(1) 卡环允许荷载的估算。卡环各部强度及刚度的计算比较复杂，在现场使用时很难进行精确的计算。为使用方便，现场施工可按下列的经验公式进行卡环的允许载计算：

$$p \approx 3.5 \times d^2 \qquad (9-6)$$

式中，p——允许荷载(kg)；

d——销子的直径(mm)。

(2) 卡环的使用安全要求。

① 卡环必须是锻造的，一般是用 20 号钢锻造后经过热处理而制成的。不能使用铸造的和补焊的卡环。

② 在使用时不得超过规定的荷载，并应使卡环销子与环底受力(即高度方向)，不能横向受力，横向使用卡环会造成弯环变形，尤其是在采用抽销卡环时，弯环的变形会使销子脱离销孔，钢丝绳扣柱易从弯环中滑脱出来。

③ 抽销卡环经常用于柱子的吊装，可以在柱子就位固定后，可在地面上用事先系在销子尾部的麻绳，将销子拉出，解开吊索，避免了摘扣时高空作业的不安全因素，提高了吊装效率。但在柱子的重量较大时，为提高安全度，须用螺栓式卡环。

4) 绳卡

钢丝绳的绳卡主要用于钢丝绳的临时连接(图 9.8)和钢丝绳穿绕滑车组时后手绳的固定，以及扒杆上缆风绳绳头的固定等。它是起重吊装作业中用的较广的钢丝绳夹具。通常用的钢丝绳卡，有骑马式、拳握式和压板式三种。其中骑马式卡是连接力最强的标准钢丝绳卡，应用最广。

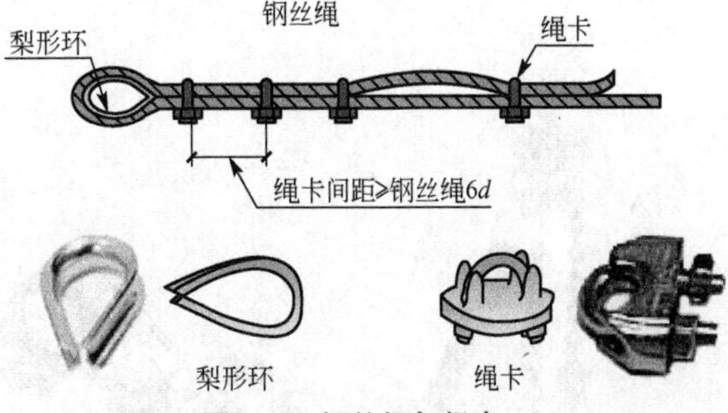

图 9.8 钢丝绳与绳卡

绳卡的使用安全要求如下。

(1) 绳卡的大小，要适合钢丝绳的粗细，U 形环的内侧净距，要比钢丝绳直径大 1～3mm，净距太大不易卡紧绳子。

(2) 使用时，要把 U 形螺栓拧紧，直到钢丝绳被压扁 1/3 左右为止。由于钢丝绳在受力后产生变形，绳卡在钢丝绳受力后要进行第二次拧紧，以保证接头的牢靠。如需检查钢丝绳在受力后绳卡是否滑动，可采取附加一安全绳卡来进行。安全绳卡安装在距最后一个绳卡约 500mm 左右，将绳头放出一段安全弯后，再与主绳夹紧，这样如卡子有滑动现象，安全弯将会被拉直，便于随时发现和及时加固。

(3) 绳卡之间的排列间距一般为钢丝绳直径的 6～8 倍，绳卡要一顺排列，应将 U 形环部分卡在绳头的一面，压板放在主绳的一面。

5) 吊钩

吊钩根据外形的不同，分单钩和双钩两种。单钩一般在中小型的起重机上用，也是常用的起重工具之一。在使用上，单钩较双钩简便，但受力条件没有双钩好，所以起重量大的起重机用双钩较多。双钩多用在桥式机门座式的起重机上。

(1) 吊钩分类：吊钩按锻造的方法分锻造钩和板钩。

锻造钩采用 20 号优质碳素钢，经过锻造和冲压，进行退火热处理，以消除残余的内应力，增加其韧性。要求硬度达到 HB=75～135，再进行机加工。板钩是由 30mm 厚的钢板片铆合制成的。

(2) 吊钩的使用安全要求。

① 一般吊钩是用整块钢材锻制的，表面应光滑，不得有裂纹、刻痕、剥裂、锐角等缺陷，并不准对磨损或有裂缝的吊钩进行补焊修理。

② 吊钩上应注有载重能力，如没有标记，在使用前应经过计算，确定荷载重量，并作动静荷载试验，在试验中经检查无变形、裂纹等现象后方可使用。

③ 在起重机上用吊钩，应设有防止脱钩的吊钩保险装置。

6) 手扳葫芦

手扳葫芦是一种轻巧简便的手动牵引机械，见图 9.9。它具有结构紧凑、体积小、自重轻、携带方便、性能稳定等特点。其工作原理是由两对平滑自锁的夹钳，像两只钢爪一样交替夹紧钢丝绳，作直线往复运动，从而达到牵引作用。它能在各种工程中承担牵引、卷扬、起重等作业。

使用手扳葫芦时，起重量不准超过允许荷载，要按照标记的起重量使用；不能任意地加长手柄，应用有钢芯的钢丝绳作业。使用前应检查验证自锁夹钳装置，夹紧钢丝绳后能否往复作直线运动，否则严禁使用；使用时应待其受力后再检查一次，确认无问题后方可继续作业。若用于吊篮时，还应于每根钢丝绳处拴一根保险绳，并将保险绳另一端固定于永久性结构上，见图 9.10。

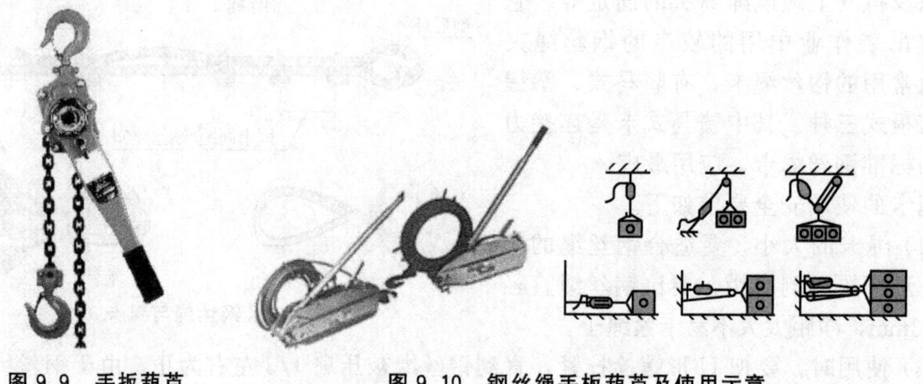

图 9.9　手扳葫芦　　　　图 9.10　钢丝绳手板葫芦及使用示意

9.1.2　起重机械

1. 建筑起重机械分类及特点

起重机械指用于垂直升降或者垂直升降并水平移动重物的机电设备。其范围规定：额定起重量大于或者等于 0.5t 的升降机；额定起重量大于或者等于 1t，且提升高度大于或者等于 2m 的起重机和承重形式固定的电动葫芦等。建筑起重机械指纳入特种设备目录(国家质检总局 2004 年公布)，在房屋建筑工地和市政工程工地安装、拆卸、使用的起重机械。

起重机械的工作过程，一般包括起升、运行、下降及返回原位等。起升机构通过取物装置从取物地点把重物提起，经运行、回转或变幅机构把重物移位，在指定地点下放重物后返回原位。

1）分类

除塔式起重机外，还有施工升降机、物料提升机、流动式起重机、桅杆起重机、缆索起重机、门式起重机、桥式起重机、电动葫芦、高处作业吊篮。建筑工程中常用的行走式起重机械如下。

(1) 履带式起重机。起重量为 15～300t，常用 15～50t。因其行走部分为履带而得名。履带式起重机操作灵活，使用方便，车身能 360°回转，并且可以荷载行驶，越野性能好。但是机动性差，长距离转移时要用拖车或火车运输，对道路破坏性较大，起重臂拆接烦琐，工人劳动强度高。

(2) 汽车式起重机。在专用汽车底盘的基础上，再增加起重机构以及支腿、电气系统、液压系统等机构组成。常见的汽车式起重机为 8～50t。

汽车式起重机最大的特点是机动性好，转移方便，支腿及起重臂都采用液压式，可大大减轻工人的劳动强度。但是超载性能差，越野性能也不如履带式起重机，对道路的要求比履带式起重机更严格。

3) 移动式起重机安全要求

由于起重机械比其他机械有着突出的特殊性，从保证安全考虑，国家规定把它作为特种设备进行管理，要求合理选用、正确操作、科学维护。

(1) 施工前确定施工方案并告知所有相关人员，指定手势语指挥人员并按照规定的手势语进行施工。

(2) 检查钢丝绳是否有损伤。

(3) 正确安装防止超荷载装置，标示额定荷载，严格遵守额定荷载。

(4) 检查刹车、离合器是否处于正常使用状态。

(5) 支脚确实固定在具有足够强度的地基上，见图 9.11。

(6) 在吊件下方设置严禁入内等防护栏，严禁进入旋转区。

(7) 确认吊钩的安装拆卸情况。

(8) 选用具有足够吊挂能力的设备。

(9) 操作人员持证上岗。

(10) 履带式起重机的安全要求如下。

① 履带式起重机行走道路要求坚实平整，对周围环境要求宽阔，不得有障碍物。

② 禁止斜拉、斜吊和起吊地下埋设或凝结在地面上的重物。

(11) 汽车式起重机的安全要求如下。

① 必须按照额定的起重量工作，不能超载和违反该车使用说明书所规定的要求条款。

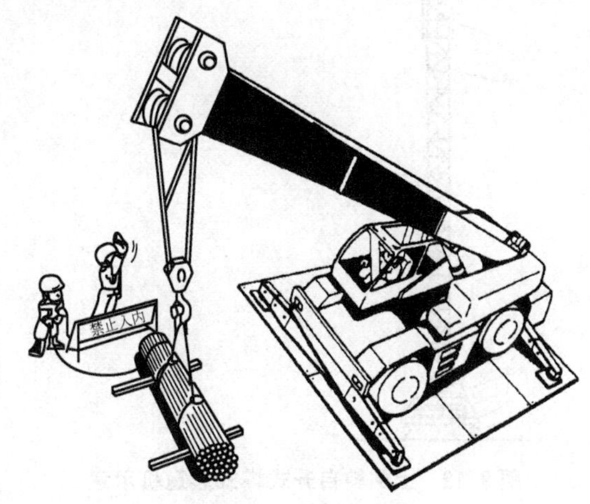

图 9.11 移动式起重机安全操作示意

② 汽车起重机的支腿处必须坚实，铺垫道木，加大承压面积，在起吊重物前，应对支腿进行检查，查看有无陷落现象，以保证使用安全。

③ 支腿支完，应将车身调平并锁住才能工作；工作时还应注意风力大小，六级风时应停止工作。

2. 建筑起重机械相关安全责任

《建筑起重机械安全监督管理规定》(建设部令第 166 号)(以下简称《规定》)指出，最重要的责任主体是租赁单位、安装单位、使用单位，是这些掌握产权、专业技术、专业人员并提供服务的专业公司。

检验检测机构也是《规定》中很重要的安全责任主体。建筑起重机械在验收前应当经有相应资质的检验检测机构监督检验合格。“监督检验”是由国家质量监督检验检疫总局核准的检验检测机构实施。检验检测机构和检验检测人员对检验检测结果、鉴定结论依法承担法律责任。“检验检测机构监督检验”是建筑起重机械很重要的一道安全屏障。

不合格的特种作业人员在施工现场是重大危险源。《规定》第二十五条规定，特种作业人员应当经建设主管部门考核，并发证上岗。

9.1.3 垂直运输设备

1. 塔式起重机

塔式起重机(简称塔吊)，在建筑施工中已经得到广泛的应用，成为建筑安装施工中不可缺少的建筑机械。

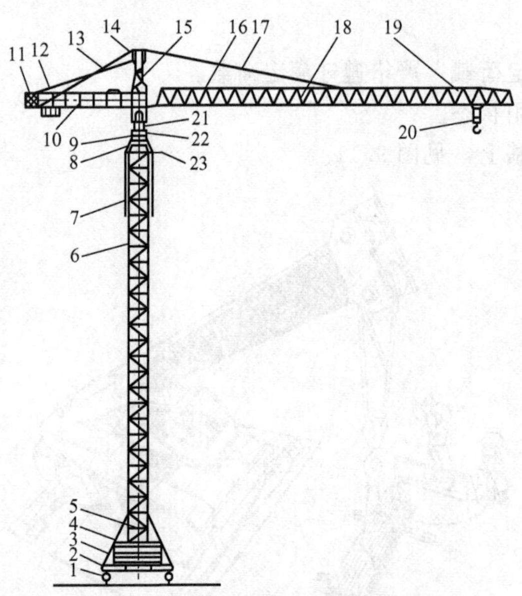

图 9.12 上回转自升式塔式起重机示意

1. 台车；2. 底架；3. 压重；4. 斜撑；5. 塔身基础节；6. 塔身标准节；7. 顶升套架；8. 承座；9. 转台；10. 平衡臂；11. 起升机构；12. 平衡重；13. 平衡臂拉索；14. 塔帽操作平台；15. 塔帽；16. 小车牵引机构；17. 起重臂拉索；18. 起重臂；19. 起重小车；20. 吊钩滑轮；21. 司机室；22. 回转机构；23. 引进轨道

由于塔吊的起重臂与塔身可成相互垂直的外形，见图 9.12，故可把起重机安装在靠近施工的建筑物附近。其有效工作幅度优越于履带、轮胎式起重机，本身具有操作方便、变幅简单等特点。特别是出现高层、超高层建筑后，塔吊的工作高度可达 100～160m，更体现其优越性。

1) 塔吊按工作方法分类

(1) 固定式塔吊：塔身不移动，工作范围靠塔臂的转动和小车变幅完成，多用于高层建筑、构筑物、高炉安装工程。

(2) 运行式塔吊：可由一个工作地点移到另一工作地点(如轨道式塔吊)，可以带负荷运行，在建筑群中使用可以不用拆卸、通过轨道直接开进新的工程幢号施工。

2) 基本参数

起重机的基本参数有六项：起重力矩、起重量、工作幅度、起升高度、轨距和运动速度，其中起重力矩为主要参数。

(1) 起重力矩：指起重臂为基本臂长时，最大幅度和相应额定起重量的乘积。这个参数综合了起重量和幅度两个因素，比较全面、确切地反映了臂架型起重机的起重能力和工作过程中的抗倾覆能力。选用塔吊不仅考虑起重量，而且还应考虑工作幅度。

$$起重力矩=起重量\times工作幅度(kN\cdot m) \tag{9-7}$$

(2) 起重量：以起重吊钩上所悬挂的索具与重物的重量之和计算(kN)。

关于起重量的考虑有两层含义：其一是最大工作幅度时的起重量，指起重机械在正常作业条件下最大的额定起重量。其二是最大额定起重量，指起重机械在各种情况下和规定的使用条件下，安全作业所允许的起吊物料连同可分吊具或索具质量。

(3) 工作幅度：也称回转半径，是起重机械置于水平场地时，起重吊钩中心到塔吊回转中心线之间的水平距离(m)。它是以建筑物尺寸和施工工艺的要求而确定的。

在选择机型时，应按其说明书使用。因动臂式塔吊的工作幅度有限制范围，所以若以力矩值除以工作幅度，计算所得值并不准确。

(4) 起升高度：塔式起重机空载、塔身处于最大高度、吊钩在最大工作幅度时，吊钩中心线至轨顶面(轮胎式、履带式起重机至地面)的垂直距离(m)。该值的确定是以建筑物尺寸和施工工艺的要求而确定的。

(5) 轨距：指轨道中心线的水平距离。轨距值的确定是从塔吊的整体稳定和经济效果而定。

(6) 运动速度：指起升、运行、变幅和回转机械的运动速度。其中起升、运行和变幅速度的单位为 m/min，回转速度的单位为 r/min。

3) 技术性能

(1) 主要金属结构，包括底架、塔身、顶升套架、顶底及过渡节、转台、起重臂、平衡臂、塔帽、附着装置等部件。

(2) 工作机构和安全装置。

① 行走机构。大车行走机构由底架、四个支腿和四个台车组成。轨道端头附近设行程限位开关，把起重机限制在一定范围内行驶，防止塔机发生出轨或撞车。轨道行走式塔机必须安装夹轨器，保证在非工作状态下将塔机固定在轨道上，防止风荷载等造成塔机溜车倒塔。

② 起升机构。起升卷扬机上装有吊钩上升限位器(防止吊钩与载重小车或起重臂端部碰撞以及碰撞后继续起升而将起重绳扭断等事故)、吊钩保险装置(防止在吊钩上的吊索由钩头上自动脱落)、起重量限制器(限制塔机起吊物的重量不得超过塔机相应工况的允许最大起重量)、力矩限制器(同时控制塔机工作幅度与相应的起重量两个参数，使它们的乘积保持在额定的力矩范围之内)、卷筒保险装置(为防止钢丝绳因缠绕不当越出卷筒之外)等。

③ 变幅机构。起重臂根部和头部装有缓冲块和限位开关，以限定载重小车行程，防止臂架反弹后翻。对小车变幅的塔机，应设小车断绳保护装置，防止牵引绳断后载重小车自动溜车。

④ 回转机构。塔帽回转设有手动液压制动机构，防止起重臂定位后因大风吹动臂杆，影响就位。设有回转限制器(有减速装置的限位开关)，防止塔机只向一个方向回转扭断电缆。

⑤ 平衡重牵引。由电动机驱动，平衡臂的两端设有缓冲块和限位开关。

⑥ 顶升液压系统。塔机液压系统应有防止过载和液压冲击的安全装置。安全溢流阀调整压力不得大于系统额定工作压力的 110%，系统的额定工作压力不得大于液压泵的额定压力。

使用前应根据国家标准)《塔式起重机安全规程》GB 5144—2006 和《塔式起重机操作使用规程》JG/T 100—1999 的要求，检查安全装置的可靠性。

4) 塔吊天然基础计算

根据国家标准《塔式起重机混凝土基础工程技术规程》JGJ/T 187—2009，塔机的基础必须能承受工作状态和非工作状态下的最大荷载，并满足塔机稳定性要求。应提供塔机的基础设计施工图纸和有关技术要求，包括地耐力、基础布置、几何尺寸、混凝土设计强度、钢筋配制及预埋件或预留孔位置等，并应注明地脚螺栓是否允许焊接等技术要求。

轨道式和固定式塔吊对路基的承载能力都有一定要求。轨道式基础要求轨距与名义值的误差不大于1/1000，其绝对值不大于6m，两端设止挡和行程极限拨杆；固定式基础按说明书配筋、浇混凝土。

塔机基础形式按塔机类型及施工条件可设计成整体式、独分块独立式、灌注桩承台基础。独立式基础主要承受轴心荷载，材料用量少造价低。

运行式塔机基础，土质分层夯实达到说明书规定的地耐力，先铺一层砂，掺水压实，然后再铺碎石，并将轨枕之间填满碎石。基础应高于地面250mm以上并有排水措施，为围护碎石应沿基础沟侧砌筑边墙。

(1) 塔吊受力计算：作用于塔吊的竖向力包括塔吊自重、塔吊最大起重荷载；水平力主要是风荷载，依据GB 50009—2001（2006版）计算。

(2) 塔吊基础抗倾覆稳定性按下式计算：

$$e=\frac{M_k}{F_k+G_k}\leqslant\frac{B_c}{3} \tag{9-8}$$

式中，e——偏心距，即地面反力的合力至基础中心的距离；

M_k——作用在基础上的弯矩；

F_k——作用在基础上的垂直荷载；

G_k——混凝土基础重力；

B_c——基础的底面宽度；

(3) 地基承载力验算：依据国家标准《建筑地基基础设计规范》GB 50007—2011第5.2条承载力计算。

(4) 基础受冲切承载力验算：依据GB 50007—2011第8.2.8条。

(5) 承台配筋计算：依据GB 50007—2011第8.2.12条进行抗弯计算和配筋面积计算。

5) 安全操作

(1) 塔吊司机和信号人员，必须经专门培训持证上岗。

(2) 实行专人专机管理，机长负责制，严格交接班制度。

(3) 新安装的或经大修后的塔吊，必须按说明书要求进行整机试运转。

(4) 塔吊距架空输电线路应保持安全距离，如表9-2所示。

表9-2 起重机与架空输电导线间的安全距离

电压/kV 安全距离/m	<1	1～15	20～40	60～110	220
沿垂直方向	1.5	3.0	4.0	5.0	6.0
沿水平方向	1.0	1.5	2.0	4.0	6.0

(5) 司机室内应配备适用的灭火器材。

(6) 提升重物前，要确认重物的真实重量，要做到不超过规定的荷载，不得超载作业；必须使起升钢丝绳与地面保持垂直，严禁斜吊；吊运较大体积的重物应拉溜绳，防止摆动。

(7) 司机接班时，应检查制动器、吊钩、钢丝绳和安全装置。发现性能不正常，应在操作前排除。开车前，必须鸣铃或报警。操作中接近人时，也应给予继续铃声或报警。

(8) 操作应按指挥信号进行。听到紧急停车信号，不论是何人发出，都应立即执行。

(9) 确认起重机上或其周围无人时，才可以闭合主电源。如果电源断路装置上加锁或有标牌，应由有关人员除掉后才可闭合电源。闭合主电源前，应使所有的控制器手柄置于零位。工作中突然断电时，应将所有的控制器手柄扳回零位；在重新工作前，应检查起重机动作是否都正常。

(10) 操作各控制器应逐级进行，禁止越挡操作。变换运转方向时，应先转到零位，待电动机停止转动后，再转向另一方向。提升重物时应慢起步，不准猛起猛落防止冲击荷载。重物下降时应进行控制，禁止自由下降。

(11) 动臂式起重机可作起升、回转、行走三种动作同时进行，但变幅只能单独进行。

(12) 两台塔吊在同一条轨道作业时，应保持安全距离；两台同样高度的塔吊，其起重臂端部之间，应大于4m，两台塔吊同时作业，其吊物间距不得小于2m；高位起重机的部件与低位起重机最高位置部件之间的垂直距离不小于2m。

(13) 轨道行走的塔吊，处于90°弯道上，禁止起吊重物。

(14) 操作中遇大风(六级以上)等恶劣气候，应停止作业，将吊钩升起，夹好轨钳；当风力达十级以上时，吊钩落下钩住轨道，并在塔身结构架上拉四根钢丝绳，固定在附近的建筑物上。

(15) 起重机作业中，任何人不准上下塔机、不得随重物起升，严禁塔机吊运人员。

(16) 司机对起重机进行维修保养时，应切断主电源，并挂上标志牌或加锁；必须带电修理时，应戴绝缘手套、穿绝缘鞋，使用带绝缘手柄的工具，并有人监护。

2. 龙门架、井字架物料提升机

龙门架、井字架都是以地面卷扬机为动力，用做施工中的物料垂直运输，因架体的外形结构而得名。龙门架由天梁及两立柱组成，形如门框；井架由四边的杆件组成，形如“井”字的截面架体见图9.13，提升货物的吊篮在架体中间井孔内垂直运行。

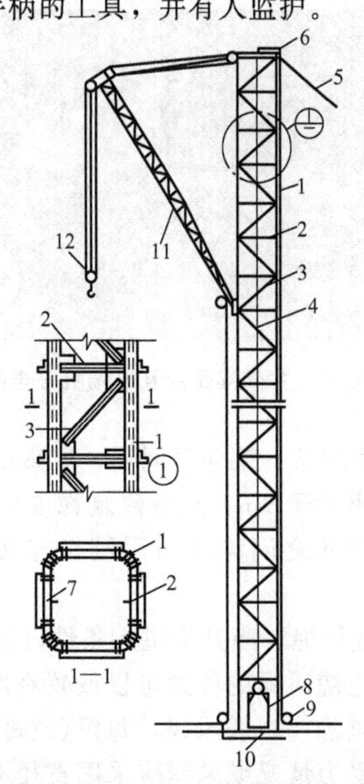

图9.13 井架提升机构造示意

1. 立柱；2. 平撑；3. 斜撑；4. 钢丝绳；5. 缆风绳；6. 天轮；7. 导轨；8. 吊盘；9. 地轮；10. 垫木；11. 摇臂拔杆；12. 滑轮组

龙门架、井字架物料升降机在现场使用，应编制专项施工方案，并附有有关计算书。

1) 构造

升降机架体的主要构件有立柱、天梁、上料吊篮、导轨及底盘，提升设备主要是卷扬机。架体的固定方法可采用在架体上拴缆风绳，其另一端固定在地锚处；或沿架体每隔一定高度，设一道附墙杆件，与建筑物的结构部位连接牢固，从而保持架体的稳定。

2) 安全防护装置

(1) 停靠装置：吊篮到位停靠后，该

装置能可靠地承担吊篮自重、额定荷载及运料人员和装卸工作荷载，此时起升钢丝绳不受力。当工人进入吊篮内作业时，吊篮不会因卷扬机抱闸失灵或钢丝绳突然断裂而坠落，以保人员安全。

(2) 限速及断绳保护装置：当吊篮失控超速或钢丝绳突然断开时，此装置即弹出，两端将吊篮卡在架体上，使吊篮不坠落。

(3) 吊篮安全门：宜采用联锁开启装置，即当吊篮停车时安全门自动开启，吊篮升降时安全门自行关闭，防止物料从吊篮中滚落或楼面人员失足落入井架。

(4) 楼层口停靠栏杆：升降机与各层进料口的结合处搭设了运料通道时，通道处应设防护栏杆，宜采用联锁装置。

(5) 上料口防护棚：升降机地面进料口上方应搭设防护棚。宽度大于升降机最大宽度，长度应大于3(低架)～5(高架)m，棚顶可采用50mm厚木板或两层竹笆(上下竹笆间距不小于600mm)。

(6) 超高限位装置：防止吊篮上升失控与天梁碰撞的装置。

(7) 下极限限位装置：主要用于高架升降机，为防止吊篮下行时不停机，压迫缓冲装置造成事故。

(8) 超载限位器：为防止装料过多而设置。当荷载达到额定荷载的90%时，发出报警信号，荷载超过额定荷载时，切断电源。

(9) 通讯装置：升降时传递联络信号。必须是一个闭路的双向电气通讯系统。

图 9.14 井架操作室及卷扬机安全防护

(10) 井架操作室：应防雨、防晒、视线好、拆装方便，可采用聚苯乙烯夹芯彩钢板组装制作，见图9.14。

3) 基础、附墙架、缆风绳及地锚

(1) 基础：依据升降机的类型及土质情况确定基础的做法。基础埋深与做法应符合设计和升降机出厂使用规定。应有排水措施。距基础边缘5m范围内，开挖沟槽或有较大振动的施工时，应有保证架体稳定的措施。

(2) 附墙架：架体每间隔一定高度必须设一道附墙杆件与建筑结构部分进行连接，其间隔一般不大于9m，且在建筑物顶层必须设置一组，从而确保架体的自身稳定。附墙件与架体及建筑之间均应采用刚性连接，见图9.15，不得连接在脚手架上，严禁用钢丝绑扎。

(3) 缆风绳：当升降机无条件设置附墙架时，应采用缆风绳固定架体。

第一道缆风绳的位置可以设置在距地面20m高处，架体高度超过20m以上，每增高10m就要增加一组缆风绳；每组(或每道)缆风绳不应少于四根，沿架体平面360°范围内布局，按照受力情况缆风绳应采用直径不小于9.3mm的钢丝绳。

(4) 地锚：要视其土质情况，决定地锚的形式和做法。一般宜选用卧式地锚；当受力小于15kN、土质坚实时，也可选用桩式地锚。

① 卧式地锚是将横梁(圆木、方木)或型钢横卧在预先挖好的坑底，绳索捆扎一端从坑前端的槽中引出，埋好后用土回填夯实即成，一般埋置深度为1.5～3.5m。水平地锚承

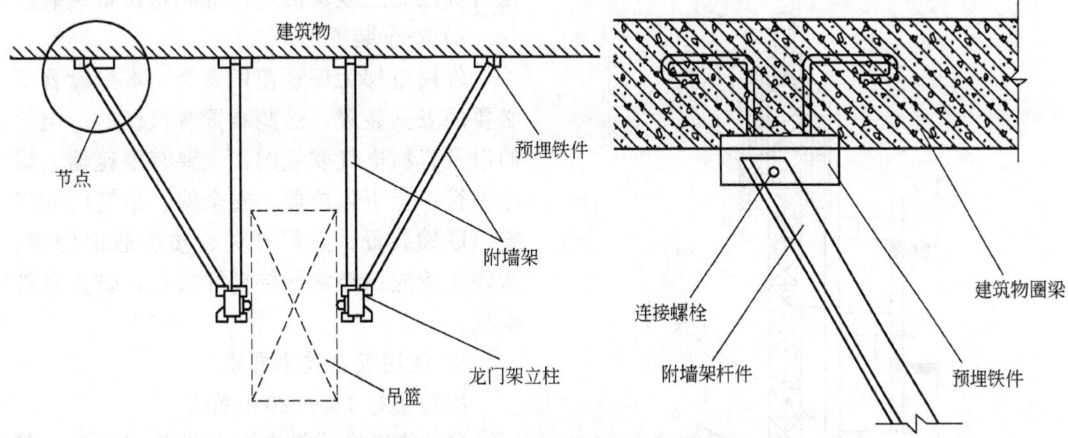

图 9.15 型钢附墙架与架体及建筑的连接示意

受的拉力可分解为垂直向上分力和水平分力，并形成一个向上的拔刀，还采用垂直挡板加固的办法来扩大受压面积，以降低土壤的侧向压力。这种锚桩常用在普通系缆、桅杆或起重机上。

② 桩式地锚。适用于固定作用力不大的系统，是以角钢、钢管或圆木作锚桩垂直或斜向(向受拉的反方向倾斜)打入土中，依靠土壤对桩体的嵌固和稳定作用，使其承受一定的拉力；锚桩长度多为1.5～2.0m，入土深度为1.2～1.5m，按照不同的需要分为一排、两排或三排入土中，生根钢丝绳拴在距地面约50mm处，为了加强桩的锚固力，在其前方距地面400～900m深处，紧贴桩木埋置较长的档木一根。桩式地锚承载能力虽小，但工作简便，省力省时，因而被普遍采用。

4) 安装与拆除

按《建筑施工升降机安装、使用、拆卸安全技术规程》JGJ 215—2010操作。

(1) 龙门架、井字架物料提升机的安装与拆除必须编制专项施工方案，并应由有资质的队伍施工。

(2) 升降机应有专职机构和专职人员管理。司机应经专业培训，持证上岗。

(3) 组装后应进行验收，并进行空载、动载和超载试验。

(4) 严禁载人升降，禁止攀登架体及从架体下面穿越。

3. 外用电梯

1) 构造特点

建筑施工外用电梯又称附壁式升降机，是一种垂直井架(立柱)导轨式外用笼式电梯，见图9.16。主要用于工业、民用高层建筑的施工，桥梁、矿井、水塔的高层物料和人员的垂直运输。

外用电梯的构造原理，是将运载梯笼和平衡重之间，用钢丝绳悬挂在立柱顶端的定滑轮上，立柱通过附壁架与建筑结构进行刚性连接(不需缆风绳)。梯笼内以电力驱动齿轮，凭借立柱上固定齿条的反作用力，梯笼沿立柱导轨作垂直运动。其立柱制成一定长度的标准节，上下各节可以互换，根据需要的高度到施工现场进行组装，一般架设高度可达100m，用于超高层建筑施工时可达200m。电梯可借助本身安装在顶部的电动吊杆组装，

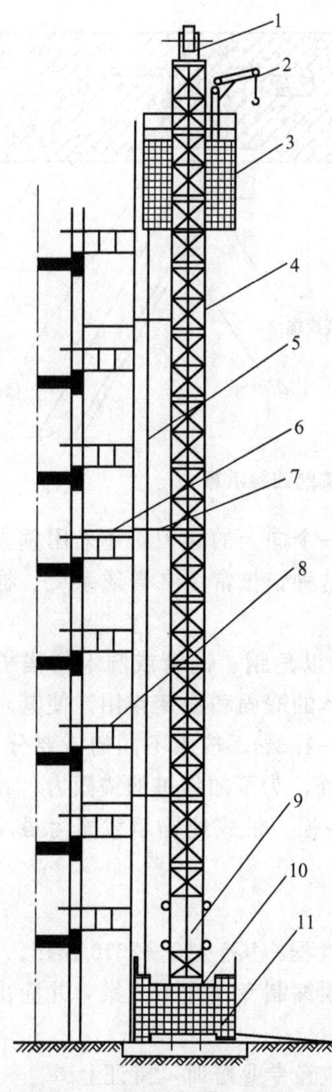

图 9.16　施工升降机构造示意

1. 天轮架；2. 小起重机；3. 吊笼；4. 导轨；5. 电缆；6. 后附着架；7. 前附着架；8. 护栏；9. 配重；10. 底笼；11. 基础

也可利用施工现场的塔吊等起重设备组装。

2）安全装置

外用电梯为保证使用安全，本身设置了必要的安全装置，这些装置有机械的、电气的以及机械电气联锁的，主要有限速器、缓冲弹簧、上下限位器、安全钩、吊笼门和底笼门联锁装置、急停开关、楼层通道门等。这些装置应该经常保持良好状态，防止意外事故。

3）使用安全技术要求

应按 JGJ 125—2010 操作。

(1) 施工升降机应为人货两用电梯，其安装和拆卸工作必须由取得建设行政主管部门颁发的拆装资质证书的专业队负责，并须由经过专业培训，取得操作证的专业人员进行操作和维修。

(2) 升降机的专用开关箱应设在底架附近便于操作的位置，馈电容量应满足升降机直接启动的要求，箱内必须设短路、过载、相序、断相及零位保护等装置。

(3) 升降机梯笼周围 2.5m 范围内应设置稳固的防护栏杆，各楼层平面通道应平整牢固，出入口应设防护栏杆和防护门，见图 9.17。全行程四周不得有危害安全运行的障碍物。具体详见 7.1.3 节 2 条 2)款安全防护门。

(4) 升降机安装在建筑物内部井道中间时，应在全行程范围井壁四周搭设封闭屏障。装设在阴暗处或夜班作业的升降机，应在全行程上装设足够的照明和明亮的楼层编号标志灯。

(5) 升降机的防坠安全器，在使用中不得任意拆检调整，需要拆检调整时或每用满一年后，均由生产厂或指定的认可单位进行调整、检修或鉴定。

(6) 作业前重点检查项目应符合的要求：各部结构无变形，连接螺栓无松动；齿条与齿轮、导向轮与导轨均连接正常；各部钢丝绳固定良好，无异常磨损；运行范围内无障碍。

(7) 启动前宜检查并确认电缆、接地线完整无损，控制开关在零位。电源接通后，应检查并确认电压正常，应测试无漏电现象。应试验并确认各限位装置、梯笼、围护门等处的电器联锁装置良好可靠，电器仪表灵敏有效。启动后应进行空载升降试验，测定各传动

图 9.17 升降机安全防护门

机构制动器的效能，确认正常后方可开始作业。

(8) 升降机在每班首次载重运行时，当梯笼升离地面 1～2m 时，应停机试验制动器的可靠性；当发现制动效果不良时，应调整或修复后方可运行。

(9) 梯笼内乘人或载物时，应使荷载均匀分布，不得偏重。严禁超载运行。

(10) 操作人员应根据指挥信号操作，作业前应鸣声示意。在升降机未切断电源开关前，操作人员不得离开操作岗位。

(11) 当升降机运行中发现有异常情况，应立即停机并采取有效措施将梯笼降到底层，排除故障后可继续运行。在运行中发现电气失控时，应立即按下急停按钮；在未排除故障前，不得打开急停按钮。

(12) 升降机在大雨、大雾、六级及以上大风，以及导轨、电缆等结冰时，必须停止运行，并将梯笼降到底层，切断电源。暴风雨后，应对升降机各喉管安全装置进行一次检查，确认正常后方可运行。

(13) 升降机运行到最上层或最下层时，严禁用行程开关作为停止运行的控制开关。

(14) 作业后应将梯笼降到底层，各控制开关拨到零位，切断电源、锁好开关箱、闭锁梯笼和围护门。

9.2 水平运输机械

9.2.1 土石方机械

土石方工程施工主要有开挖、装卸、运输、回填、夯实等工序。目前使用的机械主要有推土机、铲运机、挖掘机(包括正铲、反铲、拉铲、抓铲等)、装载机、压实机等。

1. 推土机

推土机是由拖拉机驱动的机器，有一宽而钝的水平推铲，用以清除土地、道路、构筑物或类似的工作，见图 9.18。包括机械履带式、液压履带式、液压轮胎式。

图 9.18　推土机

(1) 推土机在坚硬的土壤或多石土壤地带作业时，应先进行爆破或用松土器翻松。在沼泽地带作业时，应更换湿地专用履带板。

(2) 不得用推土机推石灰、烟灰等粉尘物料和用作碾碎石块的作业。

(3) 牵引其他机械设备时，应有专人负责指挥；钢丝绳的连接应牢固可靠。在坡道或长距离牵引时，应采用牵引杆连接。

(4) 推土机行驶前，严禁有人站在履带或刀片的支架上，机械四周应无障碍物，确认安全后方可开动。

(5) 驶近边坡时，铲刀不得越出边缘。后退时应先换挡，方可提升铲刀进行倒车。

(6) 在深沟、基坑或陡坡地区作业时，应有专人指挥，其垂直边坡高度不应大于 2m。

(7) 在推土或松土作业中不得超载，不得做有损于铲刀、推土架、松土器等装置的动作，各项操作应缓慢平稳。

(8) 两台以上推土机在同一地区作业时，前后距离应大于 8.0m，左右距离应大于 1.5m。在狭窄道路上行驶时，未征得前机同意，后机不得超越。

(9) 推土机转移行驶时，铲刀距地面宜为 400mm，不得用高速挡行驶和进行急转弯。不得长距离倒退行驶。长途转移工地时，应采用平板拖车装运。短途行走转移时，距离不宜超过 10km，并在行走过程中应经常检查和润滑行走装置。

(10) 作业完毕后，应将推工机开到平坦安全的地方，落下铲刀，有松土器的应将松土器爪落下。

(11) 停机时，应先降低内燃机转速，变速杆放在空挡，锁紧液力传动的变速杆，分开主离合器，踏下制动踏板并锁紧，待水温降到 75℃以下，油温降到 90℃以下时，方可熄火。在坡道上停机时，应将变速杆挂低速挡，接合主离合器，锁住制动踏板，并将履带或轮胎楔住。

(12) 在推土机下面检修时，内燃机必须熄火，铲刀应放下或垫稳。

2. 挖掘机

用铲斗挖掘高于或低于承机面的物料，并装入运输车辆或卸至堆料场的土方机械，见图 9.19。挖掘的物料主要是土壤、煤、泥沙及经过预松后的岩石和矿石。

挖掘机械分为单斗挖掘机和多斗挖掘机两类。单斗挖掘机的作业是周期性的，多斗挖掘机的作业是连续性的。挖掘机械一般由动力装置、传动装置、行走装置和工作装置等组成。单斗挖掘机和斗轮挖掘机有转台，多斗挖掘机还有物料输送装置。

图 9.19　挖掘机

(1) 单斗挖掘机的作业和行走场地应平整坚实，对松软地面应垫以枕木或垫板，沼泽地区应先作路基处理，或更换湿地专用履带板。

(2) 轮胎式挖掘机使用前应支好支腿并保

持水平位置，支腿应置于作业面的方向，转向驱动桥应置于作业面的后方。采用液压悬挂装置的挖掘机，应锁住两个悬挂液压缸。履带式挖掘机的驱动轮应置于作业面的后方。

(3) 平整作业场地时，不得用铲斗进行横扫或用铲斗对地面进行夯实。

(4) 挖掘机正铲作业时，除松散土壤外，其最大开挖高度和深度不应超过机械本身性能规定。在拉铲或反铲作业时，履带到工作面边缘距离应大于1.0m，轮胎距工作面边缘距离应大于1.5m，见图9.20。

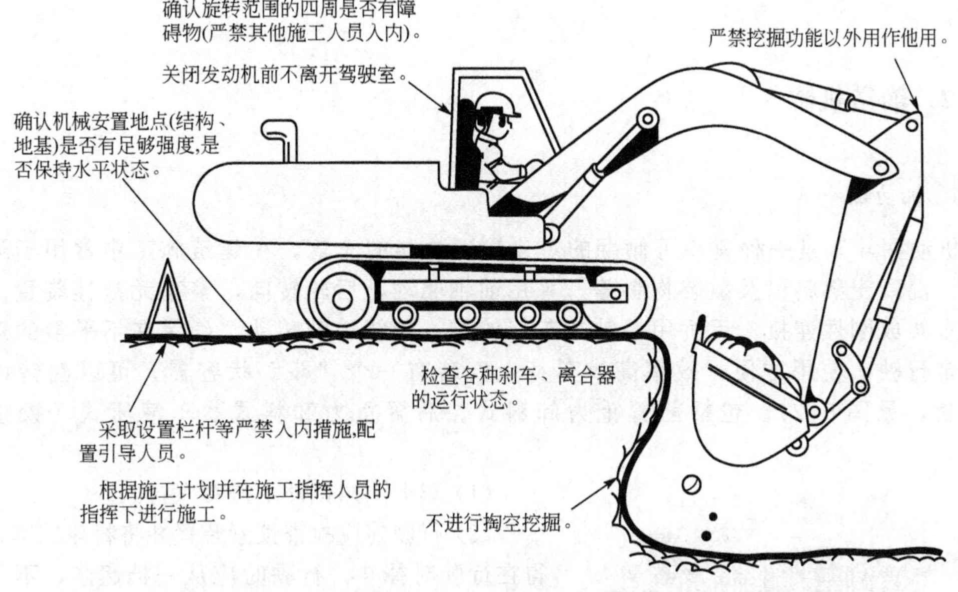

图9.20 挖掘机操作示意

(5) 遇到较大的坚硬石块或障碍物时，应待清除后方可开挖，不得用铲斗破碎石块、冻土，或用单边斗齿硬啃。

(6) 挖掘悬崖时，应采取防护措施。作业面不得留有伞沿及松动的大块石，当发现有塌方危险时，应立即处理或将挖掘机撤至安全地带。

(7) 作业时应待机身停稳后再挖土，当铲斗未离开工作面时，不得作回转、行走等动作；回转制动时应使用回转制动器，不得用转向离合器反转制动。

(8) 作业时各操纵过程应平稳，不宜紧急制动。铲斗升降不得过猛，下降时不得碰撞车架或履带。斗臂在抬高及回转时，不得碰到洞壁、沟槽侧面或其他物体。

(9) 向运土车辆装车时，宜降低挖铲斗、减小卸落高度，避免偏装或砸坏车厢。汽车未停稳或铲斗需越过驾驶室而司机未离开前不得装车。

(10) 反铲作业时，斗臂应停稳后再挖土，挖土时斗柄伸出不宜过长，提斗不得过猛。

(11) 作业后，挖掘机不得停放在高边坡附近和填方区，应停放在坚实、平坦、安全的地带，将铲斗收回平放在地面上，所有操纵杆置于中位，关闭操纵室和机棚。

(12) 履带式挖掘机转移工地应采用平板拖车装运。短距离自行转移时，应低速缓行，每行走500～1000m应对行走机构进行检查和润滑。

(13) 司机离开操作位置，不论时间长短，必须将铲斗落地并关闭发动机。

(14) 不得用铲斗吊运物料。使用挖掘机拆除构筑物时，操作人员应了解构筑物倒塌方向，在挖掘机驾驶室与被拆除构筑物之间留有构筑物倒塌的空间。

(15) 作业结束后，应将挖掘机开到安全地带，落下铲斗制动好回转机构，操纵杆放在空挡位置。

(16) 保养或检修挖掘机时，除检查内燃机运行状态外，必须将内燃机熄火，并将液压系统卸荷，铲斗落地。利用铲斗将底盘顶起进行检修时，应使用垫木将抬起的轮胎垫稳，并用木楔将落地轮胎揳牢，然后将液压系统卸荷，否则严禁进入底盘下工作。

9.2.2 输送机械

1. 机动翻斗车

机动翻斗车是一种料斗可倾翻的短途输送物料的车辆，在建筑施工中常用于运输砂浆、混凝土熟料以及散装物料等。采用前轴驱动，后轮转向，整车无拖挂装置。前桥与车架成刚性连接，后桥用销轴与车架铰接，能绕销轴转动，确保在不平整的道路上正常行驶。使用方便，效率高。车身上安装有一个"斗"状容器，可以翻转以方便卸货，见图 9.21。包括前置重力卸料式、后置重力卸料式、车液压式、铰接液压式。

图 9.21　翻斗车

(1) 车上除司机外不得带人行驶。

(2) 行驶前应检查锁紧装置并将料斗锁牢，不得在行驶时掉斗。行驶时应从一挡起步，不得用离合器处于半结合状态来控制车速。

(3) 上坡时，当路面不良或坡度较大，应提前换入低挡行驶；下坡时严禁空挡滑行，转弯时应先减速，急转弯时应先换入低挡。

(4) 翻斗车制动时，应逐渐踩下制动踏板，并应避免紧急制动。

(5) 通过泥泞地段或雨后湿地时，应低速缓行，应避免换挡、制动、急剧加速，且不得靠近路边或沟旁行驶，并应防侧滑。

(6) 翻斗车排成纵队行驶时，前后车之间应保持 8m 的间距，在下雨或冰雪的路面上应加大间距。

(7) 在坑沟边缘卸料时，应设置安全挡块，车辆接近坑边时应减速行驶，不得剧烈冲撞挡块。

(8) 严禁料斗内载人，料斗不得在卸料工况下行驶或进行平地作业。

(9) 内燃机运转或料斗内荷载时，严禁在车底下进行任何作业。

(10) 停车时应选择适合地点，不得在坡道上停车。冬季应采取防止车轮与地面冻结的措施。

(11) 操作人员离机时，应将内燃机熄火，并挂挡、拉紧手制动器。

(12) 作业后，应对车辆进行清洗，清除砂土及混凝土等黏结在料斗和车架上的脏物。

2. 自卸汽车

(1) 自卸汽车应保持顶升液压系统完好，工作平稳、操纵灵活，不得有卡阻现象。各节液压缸表面应保持清洁。

(2) 非顶升作业时，应将顶升操纵杆放在空挡位置，顶升前应拔出车厢固定销。作业后应插入车厢固定销。

(3) 配合挖装机械装料时，自卸汽车就位后应拉紧手制动器，在铲斗需越过驾驶室时，驾驶室内严禁有人。

(4) 卸料前车厢上方应无电线或障碍物，四周应无人员来往。卸料时应将车停稳，不得边卸边行驶，举升车厢时应控制内燃机中速运转，当车厢升到顶点时，应降低内燃机转速，减少车厢振动。

(5) 向坑洼地区卸料时，应和坑边保持安全距离，防止塌方翻车；严禁在斜坡侧向卸料。

(6) 卸料后，应及时使车厢复位方可起步，不得在倾斜情况下行驶；严禁在车厢内载人。

(7) 车厢举升后需进行检修、润滑等作业时，应将车厢支撑牢靠后，方可进入车厢下面工作，见图9.22。

图9.22 在车厢下维修示意

(8) 装运混凝土或黏性物料后，应将车厢内外清洗干净，防止凝结在车厢上。

9.3 施工机具安全防护

9.3.1 混凝土搅拌机和砂浆搅拌机

混凝土搅拌机是由搅拌筒、上料机构、搅拌机构、配水系统、出料机构、传动机构和动力部分组成。动力部分有电动机和内燃机两种。

砂浆搅拌机是根据强制搅拌的原理设计的。在搅拌时，拌筒一般固定不动，以筒内带条形拌叶的转轴来搅拌物料。其出料方式有两种，一种是使拌筒倾翻，筒口朝下出料；另一种是拌筒不动，底部有出料口出料，此种出料虽方便，但有时因出料口处门关不严而漏浆。

1. 搅拌机类型

搅拌机是把水泥、砂石骨料和水混合并拌制成混凝土混合料的机械，见图9.23。按混凝土搅拌方式分，有自落式和强制式。

自落式搅拌机，按其搅拌罐的形状和出料方法又可分为鼓形、锥形反转出料和锥形倾翻出料三种。鼓形搅拌机的滚筒外形呈鼓形，靠四个托轮支承，保持水平，中心转动。滚筒后面进料，前面出料，是国内建筑施工中应用最广泛的一种。

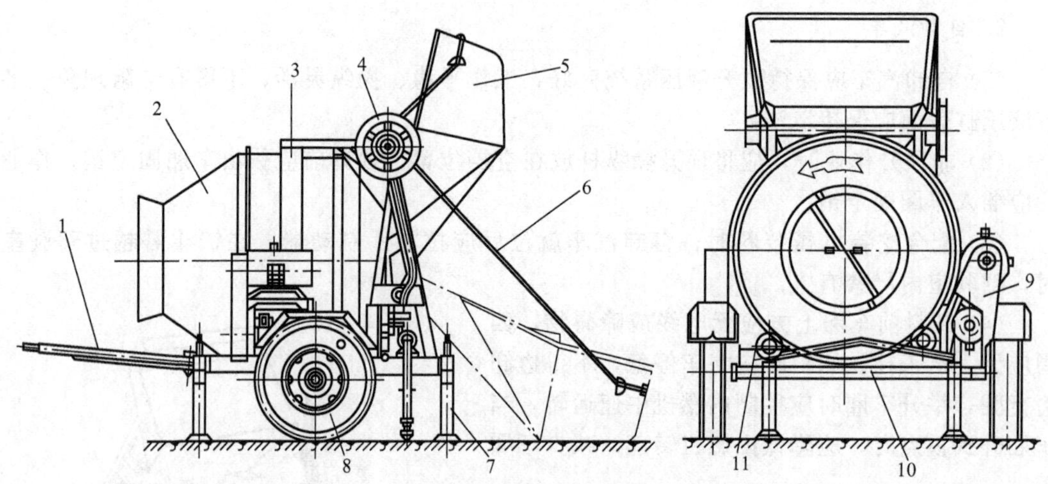

图 9.23 混凝土搅拌机示意

1. 牵引杆；2. 搅拌筒；3. 大齿圈；4. 吊轮；5. 料斗；6. 钢丝绳；
7. 支腿；8. 行走轮；9. 动力及传动机构；10. 底盘；11. 托轮

各型搅拌机容量，以出料容量并经捣实后的每罐新鲜混凝土体积(m^3)作为额定容量(即出料容量为立方米数×1000 确定，如 JC－750 型，表示出料容量为 $0.75m^3$)。

2. 使用与管理

(1) 固定式的搅拌机要有可靠的基础，操作台面牢固、便于操作，操作人员应能看到各工作部位情况；移动式的应在平坦坚实的地面上支架牢靠，不准以轮胎代替支撑，使用时间较长的(一般超过三个月的)，应将轮胎卸下妥善保管。

(2) 使用前要空车运转，检查各机构的离合器及制动装置情况，不得在运行中做注油保养。

(3) 作业中严禁将头或手伸进料斗内，也不得贴近机架查看；运转出料时，严禁用工具或手进入搅拌筒内扒动，见图 9.24。

图 9.24 机械运转时进行清理、加油或保养

(4) 运转中途不准停机，也不得在满载时启动搅拌机(反转出料者除外)。

(5) 作业中发生故障时，应立即切断电源，将搅拌筒内的混凝土清理干净，然后再进行检修，检修过程中电源处应设专人监护(或挂牌)并拴牢上料斗的摇柄，以防误动摇柄，使料斗提升，发生挤伤事故。

(6) 料斗升起时，严禁在其下方工作或穿行，料坑底部要设料斗的枕垫，清理料坑时必须将料斗用链条扣牢。料斗升起挂牢后，坑内才准下人。

(7) 作业后，要进行全面冲洗，筒内料出净，料斗降落到最低处坑内；如需升起放置时，必须用链条将料斗扣牢。

(8) 搅拌机要设置防护棚，上层防护板应有防雨措施，并根据现场排水情况做顺水坡，见图 9.25。

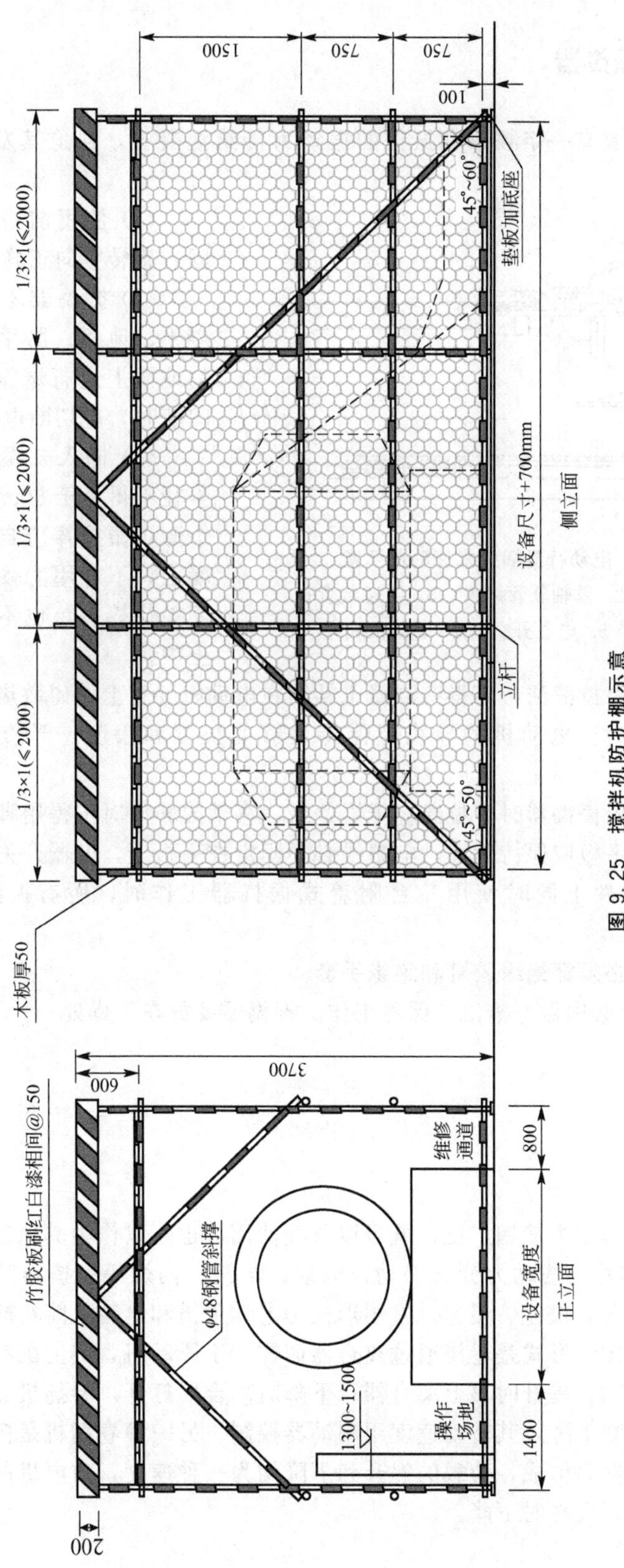

图 9.25 搅拌机防护棚示意

9.3.2 混凝土振捣器

机械振动时将具有一定频率和振幅的振动力传给混凝土，强迫其发生振动密实，见图 9.26。

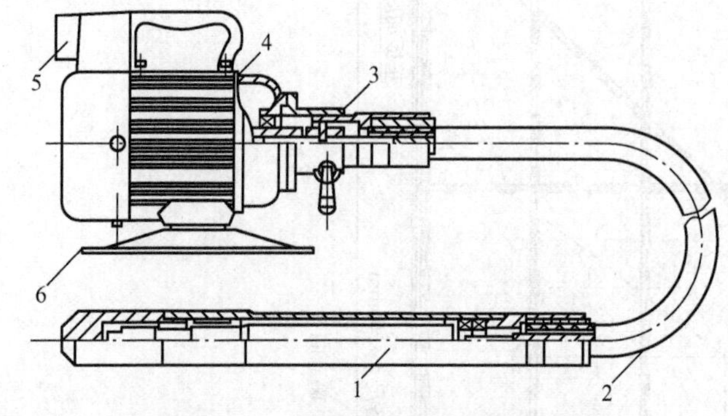

图 9.26 电动行星插入式振动器示意

1. 振动棒；2. 软轴软管组件；3. 防逆装置；4. 电动机；5. 电源开关；6. 电动机底座

(1) 使用前检查各部应连接牢固，旋转方向正确。

(2) 振捣器不得放在初凝的混凝土、地板、脚手架、道路和干硬的地面上进行试振。如检修或作业间断时，应切断电源。

(3) 插入式振捣器软轴的弯曲半径不得小于 50cm，并不得多于两个弯；振捣棒应自然垂直地沉入混凝土，不得用力硬插、斜推或使钢筋夹住棒头，也不得全部插入混凝土中。

(4) 振捣器应保持清洁，不得有混凝土粘结在电动机外壳上妨碍散热。

(5) 作业转移时，电动机的导线应保持足够的长度和松度，严禁用电源线拖拉振捣器。

(6) 用绳拉平板振捣器时，拉绳应干燥绝缘，移动或转向时不得用脚踢电动机。

(7) 振捣器与平板应保持紧固，电源线必须固定在平板上，电器开关应装在手把上。

(8) 在一个构件上同时使用几台附着式振捣器工作时，所有振捣器的频率必须相同。

(9) 操作人员必须穿绝缘胶鞋和绝缘手套。

(10) 作业后，必须做好清洗、保养工作。振捣器要放在干燥处。

9.3.3 卷扬机

1. 性能

卷扬机在建筑施工中使用广泛，既可以单独使用，也可以作为其他起重机械的卷扬机构，见图 9.27。其种类按动力分有手动、电动、蒸汽、内燃等；按卷筒数分有单筒、双筒、多筒；按速度分有快速、慢速。常用形式为电动单筒和电动双筒卷扬机。

卷扬机的标准传动形式是卷筒通过离合器而连接于原动机，其上配有制动器，原动机始终按同一方向转动。提升时靠上离合器；下降时离合器打开，卷扬机卷筒由于荷载重力的作用而反转，重物下降，其转动速度用制动器控制。另一种卷扬机是由电动机、齿轮减速机、卷筒、制动器等构成，荷载的提升和下降均为一种速度，由电机的正反转控制，电机正转时物料上升，反转时下降。

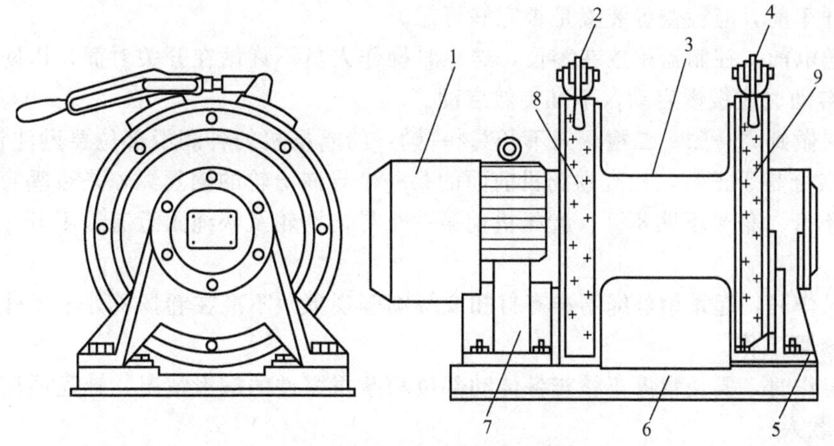

图 9.27 卷扬机的构造示意

1. 电动机；2. 制动手柄；3. 卷筒；4. 启动手柄；5. 轴承支架；6. 机座；
7. 电机托架；8. 带式制动器；9. 带式离合器

2. 使用

1）安装位置

(1) 视野良好，施工过程中司机应能对操作范围内全过程监视。

(2) 地基坚固，防止卷扬机移动和倾覆，固定方法见图 9.28。

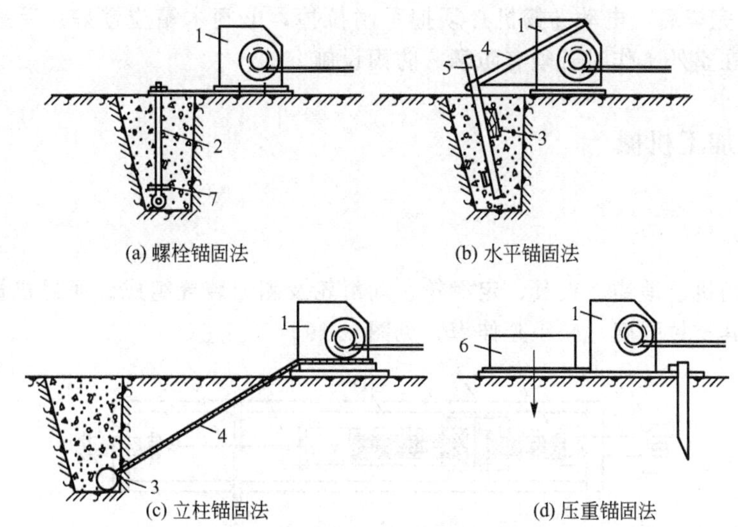

图 9.28 卷扬机的固定方法

1. 卷扬机；2. 地脚螺栓；3. 横木；4. 拉索；5. 木桩；6. 压重；7. 压板

(3) 从卷筒到第一个导向滑轮的距离，按规定带槽卷筒应大于卷筒宽度的 15 倍，无槽卷筒应大于 20 倍。

(4) 搭设操作棚和给操作人员创造一个安全作业条件。

2）安全使用

(1) 卷扬机司机应经专业培训持证上岗。操作人员经培训发证后，方准操作。

(2) 开车前，应检查各装置是否完好可靠。

(3) 送电前，控制器须放在零位，送电时操作人员不许站在开关对面，以防保险丝爆炸伤人，转动时应缓慢启动，不准突然启动。

(4) 要做到“一勤、二检、三不开”。一勤：给卷扬机的各润滑部位要勤注油；二检：检查齿轮啮合是否正常，检查卷扬机前面的第一个导向滑轮的钢丝绳，是否垂直于卷筒中心线；三不开：信号不明不开，卷扬机前第一个导向滑轮及快绳附近有人不开，电流超载不开。

(5) 操作时，起重钢丝绳不准有打扣或绕圈等现象，不准在卷扬机处于工作状态时注油或进行修理工作。

(6) 工作时，要经常停车检查各传动部位和摩擦零件的润滑情况，轴瓦温度不得超过60°，严禁载人。

(7) 卷扬机使用的钢丝绳与卷筒牢固卡好，钢丝绳在卷筒上的圈数，除压板固定的圈数外，至少还要留2～3圈。

(8) 工作时，机身2m范围内不许站人。

(9) 起吊重物时，应先缓慢吊起，检查网扣及物件捆绑是否牢固，置物下降离地面2～3m时，应停车检查有无障碍，垫板是否垫好，确认无异常后，才能平稳下降。

(10) 手摇卷扬机的绳索受力时，手不得松开，防止倒转伤人。

(11) 钢丝绳要定期涂油，并要放在专用的槽道里，以防碾压倾扎，破坏钢丝绳的强度。

(12) 工作完毕后，电动卷扬机必须把手闸拉掉，电闸木箱应锁好。手摇卷扬机必须把摇柄拆掉，在室外工作时必须有防晒、防雨设施。

9.3.4 钢筋加工机械

1. 冷拉机

主要由卷扬机、地锚、夹具、定滑轮、动滑轮及测力装置组成。通过机械拉伸使钢筋延长，并提高其抗拉强度，减小延伸率，见图9.29。

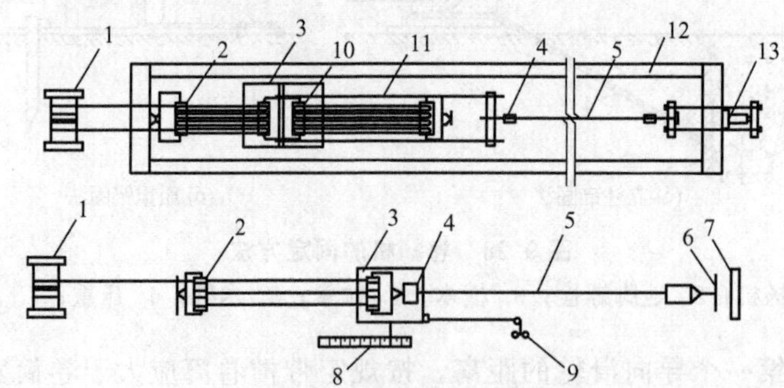

图9.29 卧式冷拉机构造示意

1. 卷扬机；2. 滑轮组；3. 冷拉小车；4. 夹具；5. 被冷拉的钢筋；6. 地锚；7. 防护壁；8. 标尺；9. 回程荷重架；10. 回程滑轮组；11. 传力架；12. 冷拉槽；13. 液压千斤顶

(1) 操作时应控制冷拉值，不准超载。

(2) 拉直钢筋的两端要有防护措施，防止钢筋拉断或滑离夹具伤人。冷拉场地在两端地锚外侧设置警戒区，装设防护栏杆及警告标志，没有指示标记时应有专人指挥。严禁无关人员在此停留；工作中禁止人员站在冷拉线的两端，或跨越冷拉中的钢筋，操作人员在作业时必须离钢筋 2m 以外。

(3) 用配重控制的设备，工作前要检查配重块与设计要求是否一致，并设有起落标记，配重框提起时，高度应限制在离地面 300m 以内；用延伸率控制的装置，必须有明显限位标记，并要有专人负责指挥。

(4) 作业前，应检查冷拉夹具、夹齿必须完好，滑轮、拖拉小车应润滑灵活，拉钩、地锚及防护装置均应齐全牢固，确认良好后方可作业。

(5) 卷扬机操作人员必须看到指挥人员发出信号，并待所有人员离开危险区后方可作业。冷拉应缓慢、均匀地进行，随时注意停车信号或见到有人进入危险区时，应立即停拉，并稍稍放松卷扬机钢丝绳。

(6) 夜间工作照明设施应设在张拉危险区外，如必须装设在场地上空时，其高度应超过 5m，灯泡应加防护罩，导线不得用裸线。

2. 钢筋调直切断机

用于矫直和定长切断钢筋，见图 9.30。

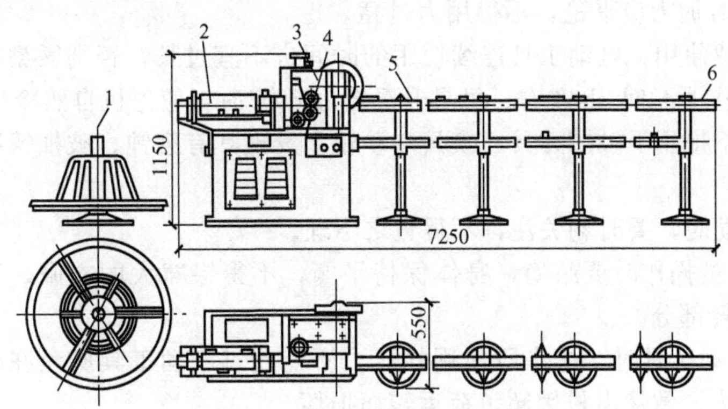

图 9.30 钢筋调直切断机构造示意

1. 放盘架；2. 调直筒；3. 传动箱；4. 机座；5. 承受架；6. 定尺板

(1) 料架、料槽应安装平直，对准导向筒、调直筒和下切刀孔的中心线。

(2) 用手转动飞轮，检查传动机构和工作装置，调整间隙，紧固螺栓，确认正常后启动空运转，检查轴承有无异响、齿轮是否啮合良好，待运转正常后方可作业。

(3) 拉调直钢筋的直径，选用适当的调直块及传动速度。经调试合格，方可送料。

(4) 在调直块未固定、防护罩未盖好前不得送料。作业中，严禁打开各部防护罩及调整间隙。

(5) 当钢筋送入后，手与拽轮必须保持一定距离，不得接近。

(6) 送料前应将不直的料头切去，导向筒应装一根 1m 长的钢管，钢筋必须先穿过钢筒再送入调直前端的导孔内。

(7) 作业后，应松开调直筒的调直块并回到原来位置，同时顶压弹簧必须回拉。

9.3.5 手持电动工具

1. 一般要求

(1) 使用刃具的机具，应保持刃磨锋利、完好无损，安装正确、牢固可靠。

(2) 使用砂轮的机具，应检查砂轮与接盘间的软垫片安装稳固、螺帽不得过紧，凡受潮、变形、裂纹、破碎、磕边缺口或接触过油、碱类的砂轮均不得使用，并不得将受潮的砂轮片自行烘干使用。

(3) 在潮湿地区或在金属构架、压力容器、管道等导电良好的场所作业时，必须使用双重绝缘或加强绝缘的电动工具。

(4) 非金属壳体的电动机、电器，在存放和使用时不应受压、受潮，并不得接触汽油等溶剂。

(5) 作业前应检查：外壳、手柄不出现裂缝、破损；电缆软线及插头等完好无损，开关动作正常；各部防护罩齐全牢固，电气保护装置可靠；保护接零连接正确牢固可靠。

(6) 使用前应先检查电源电压是否和电动工具铭牌上所规定的额定电压相符。长期搁置未用的电动工具，使用前还必须用500V兆欧表测定绕组与机壳之间的绝缘电阻值，应不得小于8MΩ，否则必须进行干燥处理。机具启动后应空载运转，检查并确认机具联动灵活无阻，作业时加力应平稳，不得用力过猛。

(7) 严禁超载使用，电动工具连续使用的时间也不宜过长，否则微型电机容易过热损坏，甚至烧毁。作业时间2h左右、机具升温超过60℃时，应停机自然冷却后再作业。

(8) 作业中不得用手触摸刃具、模具和砂轮，发现其有磨钝、破损情况时应立即停机修整或更换。

(9) 机具转动时，要时刻关注，不得置之不理。

(10) 操作人员操作时要站稳，身体保持平衡，不得穿宽大的衣服，不戴纱手套，以免卷入工具的旋转部分。

(11) 使用电动工具时，操作所使用的压力不能超过电动工具所允许的限度，切忌单纯求快而用力过大，致使电机因超负荷运转而损坏。

(12) 电机工具在使用中不得任意调换插头，更不能不用插头，而将导线直接插入插座内。当电动工具需调换工作头时，应及时拔下插头，但不能拉着电源线拔下插头。插插头时，开关应在断开位置，以防突然启动。

(13) 使用过程中要经常检查，如发现绝缘损坏，电源线或电缆护套破裂，接地线脱落，插头插座开裂，接触不良以及断续运转等故障时，应立即修理，否则不得使用。移动电动工具时，必须握持工具的手柄，不能用拖拉橡皮软线来搬运工具，并随时注意防止橡皮软线擦破、割断和轧坏现象，以免造成人身事故。

(14) 电动工具不适宜在含有易燃、易爆或腐蚀性气体及潮湿等特殊环境中使用，并应存于干燥、清洁和没有腐蚀性气体的环境中。对于非金属壳体的电机、电器，在存入和使用时应避免与汽油等接触。

2. 常用电动工具

1) 冲击电钻或电锤

(1) 作业时应掌握电钻(图 9.31)或电锤手柄，打孔时先将钻头抵在工作表面，然后开动，用力适度，避免晃动；若转速急剧下降，应减少用力防止电机过载，严禁用木杠加压。

(2) 钻孔时，应注意避开混凝土中的钢筋。

(3) 电钻和电锤为 40%断续工作制，不得长时间连续使用。

(4) 作业孔径在 25mm 以上时，应有稳固的作业平台，周围应设护栏。

2) 角向磨光机

(1) 磨光机(图 9.32)的砂轮应选用增强纤维树脂型，其安全线速度不得小于 80m/s。配用的电缆与插头应具有加强绝缘性能，并不得任意更换。

图 9.31　冲击电钻

图 9.32　角向磨光机

(2) 磨削作业时，应使砂轮与工件面保持 15°～30°的倾斜位置，切削作业时，砂轮不倾斜，并不得横向摆动。

3) 射钉枪

(1) 严禁用手掌推压射钉枪(图 9.33)的钉管和将枪口对准人。

(2) 击发时，应将射钉枪垂直压紧在工作面上，当两次扣动扳机，子弹均不击发时，应保持原射击位置数秒钟后，再退出射钉弹。

(3) 在更换零件或断开射钉枪之前，射钉枪内均不得装有射钉弹。

4) 拉铆枪(图 9.34)

图 9.33　电动射钉枪

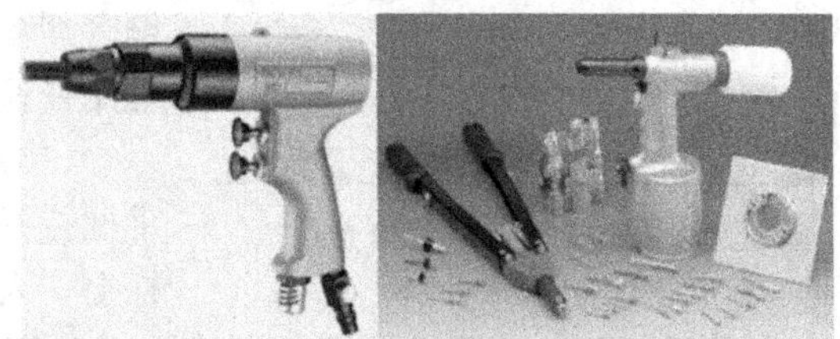

图 9.34　拉铆枪

(1) 被铆接物体上的铆钉孔应与铆钉配合(保证具有间隙，轴对于孔可作相对运动)，并不得过盈量太大。

(2) 铆接时，当铆钉轴未拉断时，可重复扣动扳机，直到拉断为止，不得强行扭断或撬断。

(3) 作业中，接铆头或柄帽若有松动，应立即拧紧。

9.4 吊装工程

1. 起重吊装的一般安全要求

(1)重吊装工人属于特种作业人员，汽车吊、司索工、龙门吊操作人员和起重指挥人员(信号工)必须经培训、考试合格后，持证上岗。

(2) 参加起重吊装作业的人员必须了解和熟悉所使用的机械设备性能，并遵守操作规程的规定。

(3) 起重机的司机和指挥人员，应熟悉和掌握所使用的起重信号，起重信号一经规定(国家标准《起重吊运指挥信号》GB 5082—1985)，严禁随意擅自变动。指挥人员必须站在起重机司机和起重工都能看见的地方，并严格按规定的起重信号指挥作业，如因现场条件限制，可配备信号员传递其指挥信号。汽车吊必须由起重机司机驾驶。

(4) 起重机械应具备有效的检验报告及合格证，并经进场验收合格；起重吊装作业所用的吊具、索具等必须经过技术鉴定或检验合格，方可投入使用。

(5) 高处吊装作业应由经体检合格的人员担任，禁止酒后或严重心脏病患者从事起重吊装的高处作业。

(6) 起重吊装作业的区域，必须设置有效的隔离和警戒标志；涉及交通安全的起重吊装作业，应及时与交通管理部门联系，办理有关手续，并按交通管理部门的要求落实好具体安全措施。严禁任何人在已吊起的构件下停留或穿行，已吊起的构件不准长时间悬停在空中。不直接参加吊装的人员和与吊装无关的人员，禁止进入吊装作业现场。

(7) 对所起吊的构件，应事前了解其准确的自重，并选用合适的滑轮组和起重钢丝绳，严禁盲目地冒险起吊。严禁用起重机载运人员，并严格实行重物离地 20～30cm 试吊，确认安全可靠，方可正式吊装作业，见图 9.35。

图 9.35 起吊时离地试吊示意

(8) 预制构件起吊前，必须将模板全部拆除堆放好，严防构件吊起后模板坠落伤人。

(9) 现场堆放屋架、屋面梁、吊车梁等构件，必须支垫稳妥，并用支撑撑牢，严防倾倒。严禁将构件堆放在通行道路上，保持消防道路畅通无阻。

(10) 使用撬杠做撬和拨的操作时，应用双手握持撬杠，不得用身体扑在撬杠上或坐在撬杠上，人要立稳，拴好安全带。

(11) 起重机行驶的道路必须平整坚实，对地下有坑穴和松软土层者应采取措施进行处理，对于土体承载力较小地区，采用起重机吊装重量较大的构件时，应在起重机行驶的道路上采用钢板、道木等铺垫措施，以确保机车的作业条件。

(12) 起重机严禁在斜坡上作业，一般情况纵向坡度不大于 3‰，横向坡度不大于 1‰。两个履带不得一高一低，并不得载负荷行驶。严禁超载，起重机在卸载或空载时，其起重臂必须落到最低位置，即与水平面的夹角在 60°以内。

(13) 起吊时，起重物必须在起重臂的正下方，不准斜拉、斜吊(指所要起吊的重物不在起重机起重臂顶的正下方，因而当将捆绑重物的吊索挂上吊钩后，吊钩滑车组不与地面垂直。斜吊会使重物在离开地面后发生快速摆动，可能碰伤人或碰撞其他物体)。吊钩的悬挂点与被起吊物的重心在同一垂直线上，吊钩的钢丝绳应保持垂直。履带或轮胎式起重机在满负荷或接近满负荷时，不得同时进行两种操作动作。被起吊物必须绑扎牢固。两支点起吊时，两副吊具中间的夹角不应大于60°，吊索与物件的夹角宜采用45°～60°，且不得小于30°。落钩时应防止被起吊物局部着地引起吊绳偏斜。被起吊物未固定或未稳固前不得将起重机械松钩。

(14) 高压线或裸线附近工作时，应根据具体情况停电或采取其他可靠防护措施后，方准进行吊装作业。起重机不得在架空输电线路下面作业，通过架空输电线路时，应将起重臂落下，并保持安全距离，如表9-3所示；在架空输电路一侧工作时，无论在何种情况下，起重臂、钢丝绳、被吊物体与架空线路的最近距离不得小于表9-3的规定。

表9-3 被吊物体与架空线的最近距离

输电线路电压	<1kV	1～20	35～110	154	220
允许与输电线路的最近距离/m	1.5	2	4	5	6

(15) 用塔式起重机或长吊杆的其他类型的起重机时，应设有避雷装置或漏电保护开关。在雷雨季节，起重设备若在相邻建筑物或构筑物的防雷装置的保护范围以外，要根据当地平均雷暴日数及设备高度，设置防雷装置。

(16) 吊装就位，必须放置平稳牢固后，方准松开吊钩或拆除临时性固定。未经固定，不得进行下道工序或在其上行走。起吊重物转移时，应将重物提升到所遇到物件高度的0.5m以上。严禁起吊重物长时间悬挂在空中，作业中若遇突发故障，应立即采取措施使重物降落到安全的地方(下降中严禁制动)并关闭发动机或切断电源后进行维修；在突然停电时，应立即把所有控制器拨到零位，并采取措施将重物降到地面。

(17) 遇六级以上大风，或大雨、大雾、大雪、雷电等恶劣天气及夜间照明不足等恶劣气候条件时，应停止起重吊装作业，见图9.36。在雨期或冬季进行起重吊装作业时，必须采取防滑措施，如清除冰雪、在屋架上捆绑麻袋或在屋面板上铺垫草袋等。

图9.36 大风天气进行起重作业危险

(18) 高处作业人员使用的工具、零配件等，必须放在工具袋内，严禁随意丢掷。在高处用气割或电焊切割时，应采取可靠措施防止已割下物坠落伤人。在高处使用撬棍时，人要立稳，如附近有脚手架或已安装好的构件，应一手扶住，一手操作。撬棍插进深度要适宜，如果撬动距离较大，则应逐步撬动，不宜急于求成。

(19) 工人在安装、校正构件时，应站在操作平台上进行，并佩带安全带且一般应高挂低用(即将安全带绳端的钩环挂于高处，而人在低处操作)；如需要在屋架上弦行走，则应在上弦上设置防护栏杆。

总结起来，就是要坚持起重机械十不吊：斜吊不准吊、超载不准吊、散装物装得太满或捆扎不牢不准吊、指挥信号不明不准吊、吊物边缘锋利无防护措施不准吊、吊物上站人不准吊、埋入地下的构件情况不明不准吊、安全装置失灵不准吊、光线阴暗看不清吊物不准吊、六级以上强风不准吊。

2. 散装物与细长材料吊运

1) 绑扎安全要求

(1) 卡绳捆绑法：用卡环把吊索卡出一个绳圈，用该绳圈捆绑起吊重物的方法。一般是把捆绑绳从重物下面穿过，然后用卡环把绳头和绳子中段卡接起来，绳子中段在卡环中可以自由窜动，当捆绑绳受力后，绳圈在捆绑点处对重物有束紧的力，即使重物达到垂直的程度，捆绑绳在重物表面也不会滑绳。卡绳捆绑法适合于对长形物件(如钢筋、角铁、钢管等)的水平吊装及桁架结构(如支架、笼等)的吊装。

(2) 穿绳安全要求：确定吊物重心，选好挂绳位置。穿绳应用铁钩，不得将手臂伸到吊物下面。吊运棱角坚硬或易滑的吊物，必须加衬垫，用套索。

(3) 挂绳安全要求：应按顺序挂绳，吊绳不得相互挤压、交叉、扭压、绞拧。一般吊物可用兜挂法，必须保护吊物平衡，对于易滚、易滑或超长货物，宜采用绳索方法，使用卡环锁紧吊绳。

(4) 试吊安全要求：吊绳套挂牢固，起重机缓慢起升，将吊绳绷紧稍停，起升不得过高。试吊中，指挥信号工、挂钩工、司机必须协调配合。如发现吊物重心偏移或其他物件粘连等情况时，必须立即停止起吊，采取措施并确认安全后方可起吊。

(5) 摘绳安全要求：落绳、停稳、支稳后方可放松吊绳。对易滚、易滑、易散的吊物，摘绳要用安全钩。挂钩工不得站在吊物上面。如遇不易人工摘绳时，应选用其他机具辅助，严禁攀登吊物及绳索。

(6) 抽绳安全要求：吊钩应与吊物重心保持垂直，缓慢起绳，不得斜拉、强拉、不得旋转吊壁抽绳。如遇吊绳被压，应立即停止抽绳，可采取提头试吊方法抽绳。吊运易损、易滚、易倒的吊物不得使用起重机抽绳。

(7) 捆绑安全要求：作业时必须捆绑牢固，吊运集装箱等箱式吊物装车时，应使用捆绑工具将箱体与车连接牢固，并加垫防滑；管材、构件等必须用紧线器紧固。

(8) 吊挂作业安全要求：锁绳吊挂应便于摘绳操作；扁担吊挂时，吊点应对称于吊物中心；卡具吊挂时应避免卡具在吊装中被碰撞。

2) 钢筋吊运

(1) 吊运长条状物品(如钢筋、长条状木方等)，所吊物件应在物品上选择两个均匀、平衡的吊点，绑扎牢固。

(2) 钢筋、型钢、管材等细长和多根物件必须捆扎牢靠，不准一点吊，而要多点起吊。单头“千斤”或捆扎不牢靠不准吊。起吊钢筋时，规格必须统一，不准长短参差不一。地面采用拉绳控制吊物的空中摆动，见图 9.37。

(3) 钢筋笼吊装前应联系承担运输的长大件公司，派人员实地查看是否具备车辆进场条件及车辆可能的停放位置和方向，再由生产经理组织物资设备部、安质部、工程部、起重作业负责人和操作员及装吊作业负责人就作业位置、具体吊装作业流程、落笼位置等问题现场予以解决、确定。吊挂捆绑钢筋笼用钢丝绳的安全系数不小于 6 倍。吊点选择在钢筋笼的定位钢筋处，起吊时严禁单点起吊、斜吊。

图 9.37 使用拉绳制止吊物摇晃

3) 砖和砌块吊运

(1) 吊运散件物时，应用铁制合格料斗，料斗上应设有专用的牢固的吊装点；料斗内装物高度不得超过料斗上口边，散粒状的轻浮易撒物盛装高度应低于上口边线 10cm。

(2) 吊砌块必须使用安全可靠的砌块夹具，见图 9.38，吊砖必须使用砖笼，并堆放整齐。木砖、预埋件等零星物件要用盛器堆放稳妥，叠放不齐不准吊。散装物装得太满或捆扎不牢不吊。搬运时可用夹持器，见图 9.39。

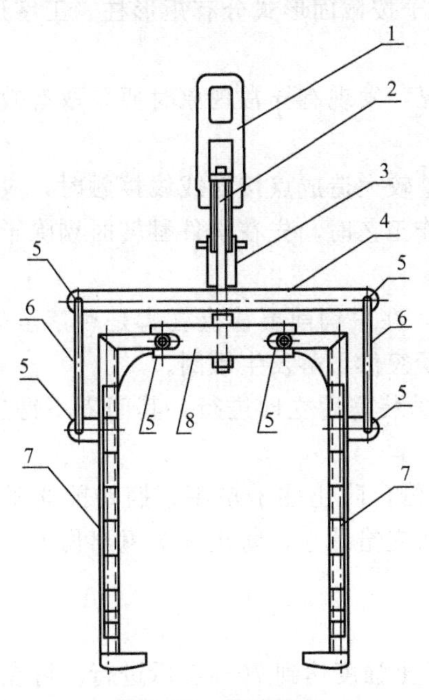

图 9.38 吊砖筐夹

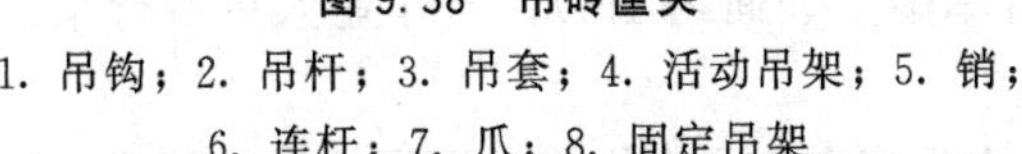
1. 吊钩；2. 吊杆；3. 吊套；4. 活动吊架；5. 销；6. 连杆；7. 爪；8. 固定吊架

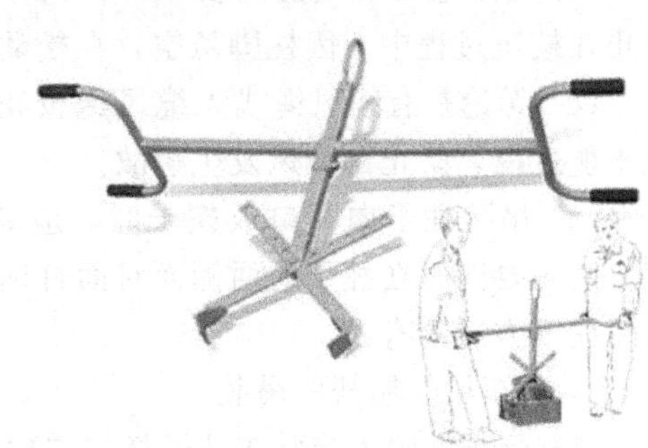

图 9.39 砖块搬运夹

(3) 用起重机吊砖要用上压式或网罩式砖笼，当采用砖笼往楼板上放砖时，要均布分布，并预先在楼板底下加设支柱或横木承载。砖笼严禁直接吊放在脚手架上，吊砂浆的料斗不能装得过满，装料量应低于料斗上沿 100mm。吊件回转范围内不得有人停留，吊物在脚手架上方下落时，作业人员应躲开。

3. 构件吊装

构件吊装要编制专项施工方案，它也是施工组织设计的组成部分。方案中包括：根据吊装构件的重量、用途、形状，施工条件、环境选择吊装方法和吊装的设备；吊装人员的组成；吊装的顺序；构件校正、临时固定的方式；悬空作业的防护等。

1）构件及设备的吊装一般安全要求

(1) 作业时应缓起、缓转、缓移，并用控制绳保持吊物平稳。

(2) 码放构件的场地应坚实平整。码放后应支撑牢固、稳定。

(3) 作业前应检查被吊物、场地、作业空间等，确认安全后方可作业。

(4) 超长型构件运输中，悬出部分不得大于总长的1/4，并应采取防护倾覆措施。

(5) 吊装大型构件使用千斤顶调整就位时，严禁两端千斤顶同时起落；一端使用两个千斤顶调整就位时，起落速度应一致。

(6) 移动构件、设备时，构件、设备必须连接牢固，保持稳定。道路应坚实平整，作业人员必须听从统一指挥，协调一致。使用卷扬机移动构件或设备时，必须用慢速卷扬机。

(7) 暂停作业时，必须把构件、设备支撑稳定，连接牢固后方可离开现场。

2）柱子的吊装

柱子的类型很多，重量的差异也很悬殊，小柱子只有2～3t重，而大柱子达50～60t，在大型的重工业厂房中，柱子重可达100t以上。柱子按截面形式分有矩形柱、工字形柱、管形柱和双肢柱等。柱子吊装时的安全要求如下。

(1) 起吊时要观察卡环的方位与绳扣的变化情况，发现有异常现象时要采取有效的措施，保证吊装的安全。

(2) 吊装前要检查柱脚或杯底的平直度，如误差较大造成点接触或线接触时，应预先剔平或抹平，以保证柱子的稳定。凡采用砖胎模制作工艺时，先在构件翻转时剔除干净后再起吊，不准边起吊边剔除粘在构件上的砖胎。

(3) 柱子临时固定用的楔子，每边不少于两个，在脱钩前要检查柱脚是否落至杯底，防止在校正过程中，因柱脚悬空，在松动楔子时柱子突然下落发生倾倒。

(4) 无论是有缆风绳或无缆风绳校正，都应在吊装完后立即进行，其间隔不得过长，更不能过夜，防止刮大风发生事故。

(5) 吊装柱子向杯口放楔子时，应拿楔子的两侧，防止柱子挤手。摘钩前楔子要打紧，两人要同时在柱子的两侧面对面打锤，避开正面交错站立，防止锤头甩出伤人。摘吊索时柱下方严禁有人。

3）行车梁、屋架的吊装

(1) 行车梁的吊装要在柱子杯口二次灌缝的混凝土强度达到70%以后进行。可在行车梁高度的一侧，沿柱子拉一道水平钢丝绳(距行车梁上表面约1m)，当作业人员沿行车梁上作业行走时，将安全带扣牢在钢丝绳上滑行。

(2) 吊装前要搭设操作平台或脚手架，操作人员应在架子上操作，不可站在柱顶或牛腿上，以及不牢固的地方安装构件。构件的两端要有专人用溜绳来控制梁的方向，防止碰撞构件或挤伤人。由地面到高空的往返要走马道梯子等，禁止用起重机将人和构件一起升降。

(3) 屋架吊装前要挂好安全网，安全网要随吊装面移动而增加。作业人员严禁走屋架上弦，当走屋架下弦时，应把安全带系牢在屋架的加固杆上(在屋架吊装之前临时绑扎的木杆)。

(4) 在进行节间吊装时应采用平网防护，进行节间综合吊装时，可采用移动平网(即在沿柱子一侧拉一钢丝绳，平网为一个节间的宽度，随吊装装完一个节间，再向前移动到下一个节间)。

(5) 结构及楼板安装后，对临边及孔洞按有关规定进行防护，防止吊装过程中发生事故。

4) 设备吊装

在设备的装、运、安等工作中，不论是采用扒杆起吊或是机械吊装都应注意以下几点。

(1) 在安装过程中，如发现问题应及时采取措施，处理后再继续起吊。

(2) 用扒杆吊装大型设备，多台卷扬机联合操作时，各卷扬机的速度应相同，要保证设备上各吊点受力大致趋于均匀，避免设备变形。

(3) 采用回转法或扳倒法吊装塔罐时，塔体底部安装的铰碗必须具有抵抗起吊过程中所产生水平推力的能力，起吊过程中塔体的左右溜绳必须牢靠，塔体回转就位时，使其慢慢落入基础，避免发生意外和变形。

(4) 在架体上或建筑物上安装设备时，其强度和稳定性要达到安装条件的要求。在设备安装定位后，要按图纸的要求连接紧固或焊接，满足了设计要求的强度和具有稳固性后，才能脱钩，否则要进行临时的固定。

案例

施工机械设备事故案例

施工机械设备一些事故及其原因分析见图9.40。

序号	事故现场图片及简要原因分析	序号	事故现场图片及简要原因分析
1	在使用塔吊吊运钢筋时，塔身突然折断，塔司死亡。事故原因是超载导致塔式起重机的钢结构发生破坏，当时吊物重量已经达到额定荷载的213%	3	使用塔吊吊运90cm长的碗扣脚手架，在吊运中，吊物与塔吊附着操作平台相撞，导致两根碗扣脚手架从近30m高度坠落，其中一根击中下面施工人员的头部将其砸死。事故原因是违反标准对散件未使用容器吊运，信号工无证上岗，指挥不当
2	铲车司机在铲起一车土方倒运至槽边时，由于操作失误，致使铲车突然向基槽窜出，掉入槽内。事故原因是司机无证上岗	4	塔吊司机等三人进行塔吊保养作业时，从一层平台向二层平台爬时，不慎失手，坠落至塔吊基坑(落差约36m)。事故原因是缺少安全防护

（续）

序号	事故现场图片及简要原因分析	序号	事故现场图片及简要原因分析
5	 外用电梯平台防护门未关上，电梯上行后，工人不慎从此处坠落	6	 工人和信号工配合塔司吊运大模板，信号工发出起吊信号后，起吊模板，模板刚离开地面，开始剧烈晃动，将旁边的一块模板碰倒，工人被砸伤致死。事故原因是信号工无证上岗，吊物时吊钩没有与吊物垂直，歪拉斜吊

图 9.40　施工机械设备事故

本章小结

机械化作业在建筑施工中日益广泛，违章作业成为安全管理中的难点之一。各种机械设备以及工具在作业安全中有共性也有特点，要根据施工条件制定完善的防护措施和安全技术操作规程；对机械设备要掌握构造原理、使用方法和保养维修的要求，其中根据技术参数正确选择设备、严格按安全技术规程要求进行操作和指挥，是杜绝机械伤害事故的关键，也是施工现场管理的薄弱环节，需要着重掌握。

吊装工程是人、机械、材料构件之间的配合，并常常包含力学知识的运用，除了了解各种吊装工艺安全要点外，尚需强调避免野蛮作业、违章指挥等环节。

习　题

(1) 发生塔机事故的原因有哪些？
(2) 操作混凝土振捣器应注意哪些事项？
(3) 操作蛙式打夯机应注意哪些事项？
(4) 操作木工机械应注意哪些事项？
(5) 操作钢筋机械应注意哪些事项？
(6) 操作混凝土搅拌机应注意哪些事项？
(7) 操作灰浆搅拌机应注意哪些事项？
(8) 操作机动翻斗车应注意哪些事项？
(9) 哪些行为是设备操作违章行为？

第10章 建筑施工现场用电、用火安全技术与管理

教学目标

本章主要讲述建筑施工现场有关用电安全的基本原理和要求，以及基本的防护措施；并对相关的焊接工程，介绍基本安全管理及技术要求；了解施工现场动火制度和消防设施及措施。通过本章学习，应达到以下目标。

(1) 掌握施工现场临时用电系统的组成、设施、防护措施，安全用电要求。

(2) 熟悉焊接工程中电焊、气焊和气割等作业的安全技术要求和规定。

(3) 熟悉施工现场动火防火制度。

(4) 了解施工现场消防设施及使用要求。

教学要求

知识要点	能力要求	相关知识
临时用电及安全防护	(1) 线路组成和敷设的正确方法 (2) 用电安全设施类型及正确使用方法 (3) 各种用电设备及电动工具的安全防护	(1) 施工临时用电线路的组成 (2) TN－S系统的工作原理
设备用电方法	(1) 施工临电电路搭建方法 (2) 各种用电机械设备、工具的安全用电要求	(1) 配电方法 (2) 接零接地的工作原理
焊接	(1) 电焊安全操作要求 (2) 气焊安全操作要求	(1) 电焊设备组成、使用方法 (2) 气焊设备组成、材料、使用要求
施工现场动火	(1) 明火的危险及安全使用要求 (2) 消防制度及防火措施	(1) 危险品管理 (2) 消防器材的种类、使用条件

基本概念

临时用电、电路、TN－S系统、绝缘、接零、接地、动火、防火、电焊、气焊

引例

事故经过：

2002年9月11日，因台风下雨，某工程人工挖孔桩施工停工。雨过天晴后，工人们返回工作岗位进行作业，约15时30分，又下一阵雨，大部分工人停止作业返回宿舍，25号和7号桩孔因地质情况

特殊需继续施工(25号由江某等两人负责)，此时，配电箱进线端电线因无穿管保护，被电箱进口处割破绝缘造成电箱外壳、PE线、提升机械以及钢丝绳、吊桶带电，江某触及带电的吊桶遭电击，经抢救无效死亡。

直接原因：

(1) 电源线进配电箱处无套管保护，金属箱体电线进口处也未设护套，使电线磨损破皮。

(2) 重复接地装置设置不符合要求，接地电阻达不到规范要求。

(3) 电气开关的选用不合理、不匹配，漏电保护装置参数选择偏大、不匹配。

间接原因：

(1) 现场用电系统的设置未按施工组织设计的要求进行。

(2) 现场施工用电管理不健全，用电档案建立不健全。

事故教训：

(1) 加强施工现场用电安全管理。

(2) 对现场用电的线路架设、接地装置的设置、电箱漏电保护器的选用要严格按照用电规范进行。

(3) 建立健全施工现场用电安全技术档案，包括用电施工组织设计、技术交底资料、用电工程检查记录、电气设备试验调试纪录、接地电阻测定纪录和电工工作记录等。

10.1 施工现场临时用电及安全防护

10.1.1 线路敷设

施工现场的配电线路包括室外线路和室内线路。室外线路主要有绝缘导线架空敷设(架空线路，包括沿墙敷设的墙壁电缆线路)和绝缘电缆埋地敷设(埋地电缆线路)两种敷设方式，严禁沿地面明设。室内线路通常有绝缘导线和电缆的明敷设(明设线路)和暗敷设(暗设线路)两种。

1. 架空线路

架空线路由导线、绝缘子、横担及电杆等组成。

架空线的选择主要是确定架空线路导线的种类和导线的截面，其选择依据主要是施工现场对架空线路敷设的要求和负荷计算的计算电流。

1) 导线

(1) 架空线必须采用绝缘铜线或绝缘铝线。一般应优先选择绝缘铜线。

(2) 架空线路的档距不得大于35m，线间距离不得小于0.3m；架空线的最大弧垂(导线悬挂点至导线最低点之间的垂直距离，也称弧度)与地面的最小垂直距离，施工现场一般场所4m、机动车道6m、铁路轨道7.5m。

(3) 架空导线的截面选择，不仅要通过负荷计算，而且还要考虑其机械强度才能确定，通常以保持其最小截面为限定条件。用作架空线路的绝缘铝线截面不小于16mm²，绝缘铜线截面不小于10mm²；跨越铁路、公路、河流、电力线路档距内的架空绝缘铝线最小截面不小于35mm²，绝缘铜线截面不小于16mm²，档距内不得有接头。三相四线制的工作零线与保护零线的截面，不小于相线的50%。

(4) 架空导线的相序排列。工作零线与相线在一个横担架设时，导线相序排列：面向负荷从左侧起为A、(N)、B、C；和保护零线在同一横担架设时，导线相序排列：面向负荷从左侧起为A、(N)、C、(PE)；动力线、照明线在两个横担上分别架设时，上层横担，面向负荷从左侧起为A、B、C；下层横担，面向负荷从左侧起为A(B、C)、(N)、(PE)；在两个以上横担上架设时，最下层横担面向负荷，最右边的导线为保护零线(PE)。

(5) 为正确区分导线中相线、相序、零线、保护零线，防止发生误操作事故，不同导线应使用不同的安全色。相线L_1(A)、L_2(B)、L_3(C)相序的颜色分别为黄、绿、红色；工作零线N为淡蓝色；保护零线PE为绿/黄双色线，并严格规定在任何情况下不准使用绿/黄双色线做负荷线。

2) 绝缘子

绝缘子也称瓷瓶，是用来固定导线和使导线与电杆绝缘。因此，要求绝缘子既要有一定的电气强度，又要有足够的机械强度。

施工现场直线杆(起支撑线路的最基本的电杆，用在没有转弯的直线线路上)采用针式绝缘子，耐张杆(在线路终点或转弯处、很长的直线线路中间用到，承受纵向张力，让电缆不能过紧也不能过松，控制倒杆范围)采用蝶式绝缘子，见图10.1。

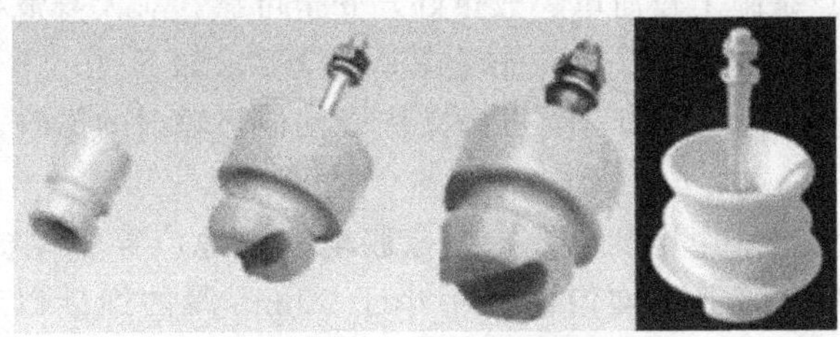

图10.1 针式和蝶式绝缘子

3) 横担

架空线路的横担安装在电杆的上部，是固定瓷瓶架设导线用的部件。可采用木质横担和金属横担。

(1) 横担间的最小垂直距离不得小于表10-1所列数值。线路间距不小于30cm。

表10-1 横担间的最小垂直距离　　单位：m

排列方式	直线杆	分支或转角杆
高压与低压	1.2	1.0
低压与高压	0.6	0.3

(2) 木横担截面积不小于80mm×80mm，角钢横担不小于∟50mm×5mm。

(3) 横担长度应符合表10-2规定。

表10-2 横担长度　　单位：m

二线	三线、四线	五线
0.7	1.5	1.8

4) 电杆

(1) 架空线必须设在专用电杆上，严禁架设在树木、脚手架上。

(2) 架空线路宜采用混凝土杆或木杆，混凝土杆不得有露筋、环向裂纹和扭曲，木杆不得腐朽，其梢径应不小于130mm。

(3) 电杆埋设深度宜为杆长1/10加1.6m，但在松软土质处应适当加大埋设深度或采用卡盘等加固；档距不大于35m。

(4) 直线杆和15°以下的转角杆，可采用单横担，但跨越机动车道时应采用单横担双绝缘子；15°～45°的转角杆应采用双横担双绝缘子；45°以上的转角杆，应采用十字横担。

(5) 拉线宜用镀锌铁线，其圆截面不得小于3×ϕ4.0。拉线与电杆的夹角应在45°～30°之间；拉线埋设深度不得小于1m。钢筋混凝土杆上的拉线应在高于地面2.5m处装设拉紧绝缘子。

(6) 因受地形环境限制不能装设拉线时，可采用撑杆代替拉线，撑杆埋深不得小于0.8m，其底部应垫底盘或石块。撑杆与主杆的夹角宜为30°。

(7) 橡皮电缆架空敷设时，应沿墙壁或电杆设置，用绝缘子固定(瓷瓶、瓷夹)，严禁使用金属裸线绑扎。电缆的最大弧垂距地不得小于2.5m。

2. 埋地线路

电缆直埋方式优点是施工较简单、散热好，安全可靠，对人身危害大量减少；维修量大大减少；线路不易受雷电袭击。应首先考虑其安全要求如下。

(1) 选择的地点应能保证电缆不受机械操作或其他热辐射的影响，同时还应尽量避开建筑物和交通要道。

(2) 电缆直埋敷设应采用铠装电缆，用橡胶电缆埋地应穿管保护。直接埋地的深度应不小于0.6m，并在电缆上下均匀铺设不小于50mm厚的细砂以利散热和调节变形，然后覆盖砖等硬质保护层，见图10.2。地面一定距离标有“地下有电缆”等走向字样标志。

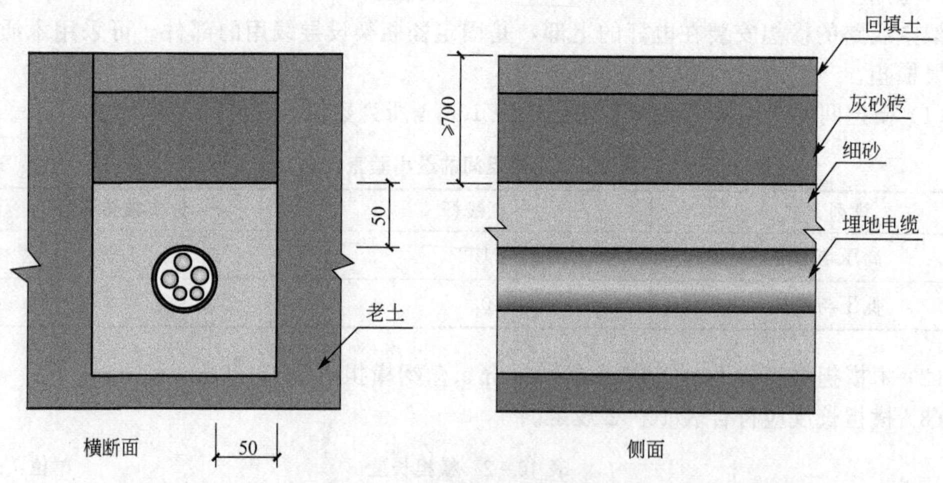

图10.2 电缆埋地构造示意

(3) 电缆穿越建筑物、构筑物等易受机械损伤的场所时应加防护套管。

(4) 在高层建筑临时电缆配电必须采用电缆埋地引入，垂直敷设可采用铝芯塑料电缆，在相同的载流下，比铜线轻约1/2；水平敷设宜沿墙或门口固定，最大弧垂距地不得小于1.8m，以防施工过程中人及物料经常碰触。

10.1.2 一般安全设施

1. TN－S系统

在施工现场专用的中性点直接接地的电力线路中，必须采用TN－S接零保护系统，它的中性线PE与保护线N是分开的，见图10.3。这样可进一步提高施工现场供电系统的本质安全。

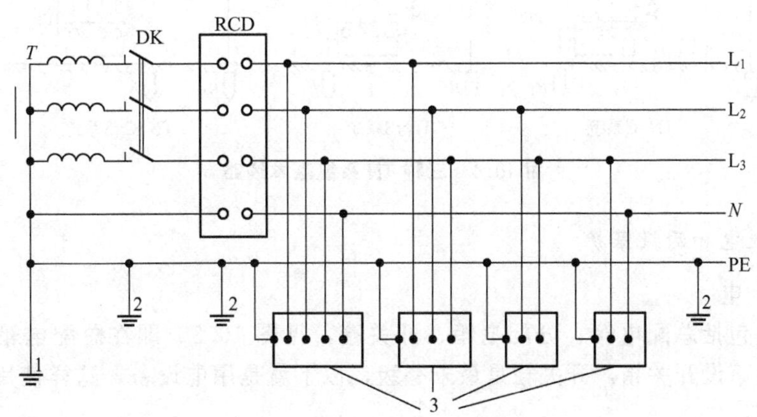

图10.3 TN－S系统示意

1. 工作接地；2. PE线重复接地；3. 电器设备金属外壳(正常不带电的外露可导电部分)；L_1、L_2、L_3. 相线；N. 工作零线；PE. 保护零线；DK. 总电源隔离开关；RCD. 总剩余电流动作保护器(兼有短路、过载、漏电保护功能断路器)；T. 变压器

1) 在同一供电系统中，只能采用同一种接地方式

如果供电系统的变压器中性点不接地，那么该供电系统所有用电设备均采用保护接地；若变压器中性点直接接地，则该系统全部用电设备均采用保护接零。

如果在变压器中性点接地的系统中，一部分用电设备采用保护接零，同时又有一部分采用保护接地，当采用保护接地的设备发生碰壳故障时，由于短路故障电流不足以使保护装置动作，此时短路电流将通过保护接地到工作接地，再到零线，导致接零设备在没有发生故障的情况下外壳带电，这对人体是很危险的。

2) 当分包单位采用总包单位电源时，必须与总包单位保护方式一致

当施工现场与电力部门线路共用同一供电系统(此时施工单位没有自行维护的变压器，而是直接采用电力部门低压供电)时，必须与电力部门的保护方式一致。

当施工现场采用电力部门高压端供电，自行设置变压器提供现场施工用电时，应将变压器中性点直接接地，还须采用TN－S保护系统。

3) TN－C、TN－S和TN－C－S三种系统对比

T是“大地”一词法文Terre的第一个字母，表示电源的一点(通常是中性线上的一点)与大地直接连接；N是“中性点”一词法文Neutre的第一个字母，表示外露导电部分通过与接地的电源中性点的连接而接地；C是“合一”一词法文Comhine的第一个字母；S是“分开”一词法文Separe的第一个字母。

TN－C系统指整个系统的中性线与保护线合一的TN系统，系统内的PEN线兼起PE线和N线的作用，可节省一根导线，比较经济；TN－S系统指在全系统内N线和PE线是分开的；TN－C－S系统指在全系统内，通常仅在低压电气装置电源进线点前N线和PE线是合一的，电源进线点后即分为两根线。它们各自特点和适用场合有所不同，基本线路见图10.4。

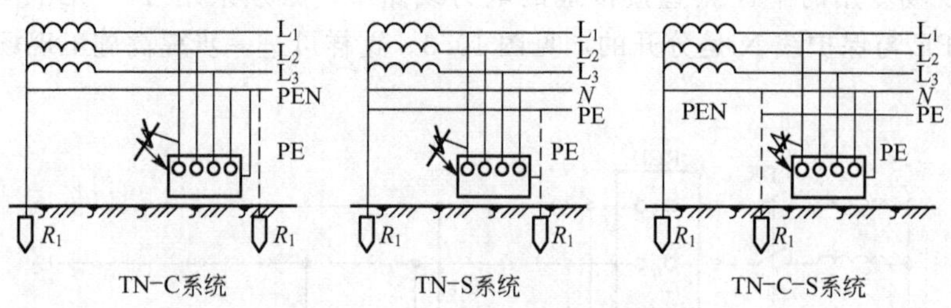

图10.4　三种TN系统基本线路

2. 三级配电和两级保护

1）三级配电

三级配电包括总配电箱、分配电箱、开关箱，见图10.5。即在总配电箱下设分配电箱，分配电箱下设开关箱，开关箱是最末一级，以下就是用电设备，这样使用配电层次清楚，便于管理。

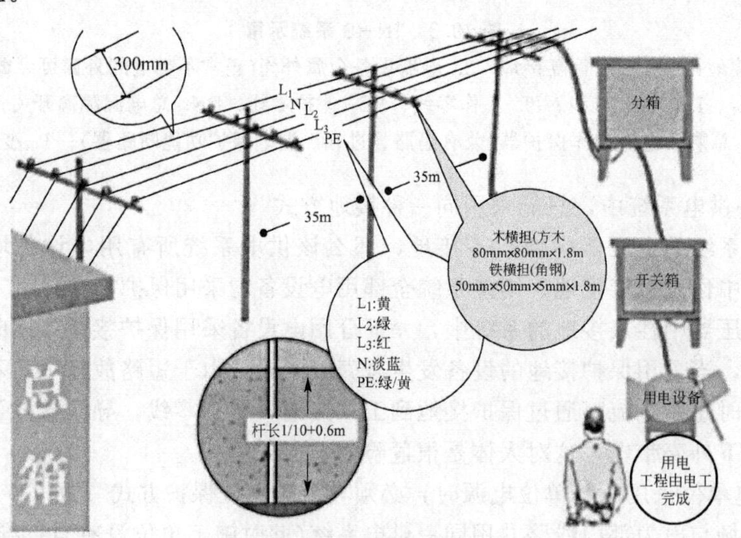

图10.5　三级配电示意

施工现场的配电箱，是配电系统中电源与用电设备之间的中枢环节，非常重要；开关箱是配电系统的末端环节，上接电源下接用电设备，人员接触操作频繁。

2）两级保护

鉴于施工现场用电的危险性及接零、接地保护的局限性，规定施工现场所有用电设备除作保护接零(接地)外，还要加装剩余电流动作保护装置。

一般施工现场采用二级保护时，可将干线与分支线路作为第一级，线路末端作为第二级。

第一级剩余电流动作开关设在总配电箱，可以对干线、支线都能保护，保护范围大，但保护器的灵敏度不能太高，否则就会发生误动作；这一级主要提供间接接触保护，主要对线路、设备进行保护。

第二级是将剩余电流动作开关设置在线路末端(开关箱内)用电设备的电源进线处(隔离开关负荷侧)。末级主要提供间接接触防护和直接接触的补充防护。末端电器使用频繁、危险性大，要求设置高灵敏度、快速型的保护器，用以防止有致命危险的人身触电事故。

国家标准《剩余电流动作保护装置安装和运行》GB 13955—2005 中规定："剩余电流保护装置只作为直接接触电击事故基本防护措施的补充保护措施(不包括对相与相、项与N线间形成的直接接触电击事故的保护)，额定剩余动作电流不超过 30mA。"从中可以看出，当采用剩余电流动作保护器作直接接触保护时是有条件的，应该按照规定条件选用保护器的参数，必须是高灵敏度(剩余电流的动作电流在 30mA 以下)和无延时型(分断时间小于 0.04s)的。并且不能只采用这种措施，它只作为辅助性的补充保护措施。

3. 绝缘

绝缘是采用绝缘物把带电体封闭起来。绝缘物在强电场的作用下，遭破坏丧失绝缘性能，这就是击穿现象。绝缘物除因击穿而破坏外，腐蚀性气体、蒸汽、潮气、粉尘、机械损伤也都会降低其绝缘性能或导致破坏。

为了防止绝缘破坏造成事故，应当按照规定严格检查绝缘性能。绝缘电阻是最基本的绝缘性能指标，用兆欧表测定。为保证安全，测量之前必须断开电源并进行放电，测量完毕也应进行放电。

设备或线路的绝缘必须与所采用的电压相符合，必须与周围环境和运行条件相符合。一般新安装低压线路和设备，要求绝缘电阻不低于 0.5MΩ；运行中的线路和设备，要求可降低为每伏工作电压 1000Ω；在潮湿环境，要求可降低为每伏工作电压 500Ω；手持式电气设备Ⅰ类的绝缘电阻不应低于 2MΩ。

双重绝缘是在基本绝缘的基础上提供加强绝缘，包括工作绝缘和保护绝缘。工作绝缘是保证设备正常工作和防止触电的基本绝缘；保护绝缘是用来当工作绝缘损坏时，防止设备金属外壳带电的绝缘(如Ⅱ类手持电动工具)。

4. 接零与接地

1) 工作接零

电气设备因运行需要而与工作零线连接。

2) 工作接地

在正常或故障情况下，为了保证电气设备能安全工作，必须把电力系统(电网上)某一点(通常为变压器的中性点)接地。接地方式可以直接接地，或经电阻接地、经电抗接地、经消弧线圈接地。

将变压器的中性点与大地连接后，则中性点和大地之间就没有电压差，此时中性点可称为零电位，自中性点引出的中性线称为零钱。这就是一般施工现场采用的 220V/380V 低压系统三相四线制，即三根相线一根中性线(零线)，这四根线兼作动力和照明用，把中性点直接接地，这个接地就是电力系统的工作接地。这种将变压器的中性点与大地相连接，就叫工作接地。

这种工作接地不能保障人体触电时的安全。当人体触及带电的设备外壳时，这时人身的安全问题要靠保护接零或保护接地等措施去解决。

3）保护接零

保护接零是把电气设备在正常情况下不带电的金属部分与电网中的零线连接起来，这种做法就叫保护接零。在220V/380V三相四线制变压器中性点直接接地的系统中，普遍采用保护接零为安全技术措施。

有这种接零保护后，当电机的其中一相带电部分发生碰壳时，该相电流通过设备的金属外壳，形成该相对零线的单相短路(漏电电流经相线到设备外壳，到保护零线，最后经零线回到电网，与漏电相形成单相回路)，这时的短路电流很大，会迅速将熔断器的保险烧断(保护接零措施与保护切断相配合)，从而断开电源消除危险，见图10.6。

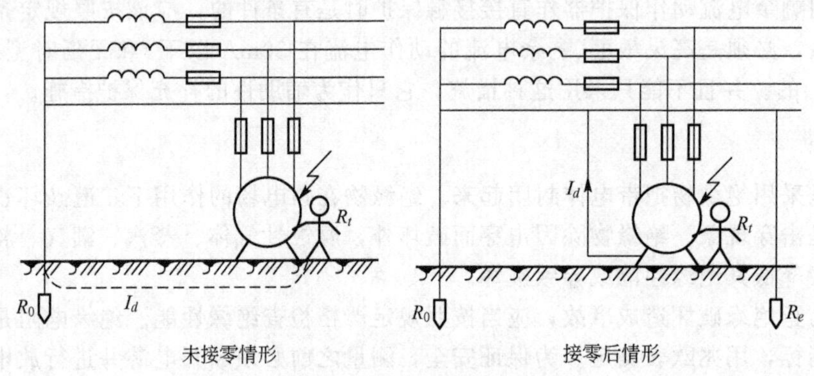

图10.6　保护接零原理

(1) 在施工现场专用的中性点直接接地的电力线路中，必须采用TN－S接零保护系统。

(2) 城防、人防、隧道等潮湿或条件特别恶劣的施工现场的电气设备必须采用保护接零。

(3) 电气设备的金属外壳必须与专用保护零线连接。专用保护零线应由工作接地线、配电室的零线或第一级剩余电流保护器电源侧的零线引出。

(4) 当施工现场与外电线路共用同一供电系统时，电气设备应根据当地的要求做保护接零，或做保护接地。不得一部分设备做保护接零，另一部分设备做保护接地。

(5) 做防雷接地电气设备，必须同时做重复接地。同一台电气设备的重复接地与防雷接地可使用同一个接地体，接地电阻应符合重复接地电阻值的要求。施工现场的电气设备和避雷装置可利用自然接地体接地，但应保证电气连接并校验自然接地体的热稳定。

(6) 在只允许做保护接地的系统中，因条件限制接地有困难时和维修电气装置的绝缘台，并必须使操作人员不致偶然触及外物。

(7) 施工现场的保护零线系统严禁与工作零线混接，否则导致在正常情况下，电气设备外壳带电。保护零线不得装设开关或熔断器，否则容易造成保护零线断线失去作用。保护零线应单独敷设，不作他用。重复接地线应与保护零线相连接。

(8) 保护接地、保护接零都不允许串接。电气设备的接地支线(或接零支线)，应单独与接地干线(接零干线)或接地体相连，不应串联连接。

(9) 保护零线的截面，应不小于工作零线的截面，同时必须满足机械强度要求，不准使用铝线。保护零线架空敷设的间距不小于12m时，保护零线必须选择不小于$10mm^2$的绝缘铜线。与电气设备连接的保护零线，应使用截面不小于 2.5mm² 的绝缘多股铜线；手持式用电设备的保护零线，应在多股铜线的橡皮电缆内，其截面不小于 1.5mm²。对产生振动的设备，保护零线的连接点不少于两处。

(10) 电气设备不带电的导电部分，应采用专用芯线作保护接零，此芯线严禁通过工作电流。

(11) 保护零线采用绿/黄双色线。在任何情况下不准用绿/黄双色线作负荷线用。

(12) 电箱中保护零线端子板应与金属箱体、金属底板连接，而工作零线端子板应与金属箱体、金属底板以及保护零线端子绝缘。

(13) 应在保护零线上进行重复接地，以提高其可靠性。保护零线除必须在配电室或总配电箱处作重复接地外，还必须在配电线路的中间处和末端处做重复接地。

4) 保护接地

保护接地是将电气设备在正常运行时不带电，而在故障情况下可能呈现危险的对地电压的导电(金属)部分与大地作电气(金属)连接，防止金属外壳因绝缘损坏而带电，以保护人身安全，见图 10.7。它的接地电阻一般不大于 4Ω。

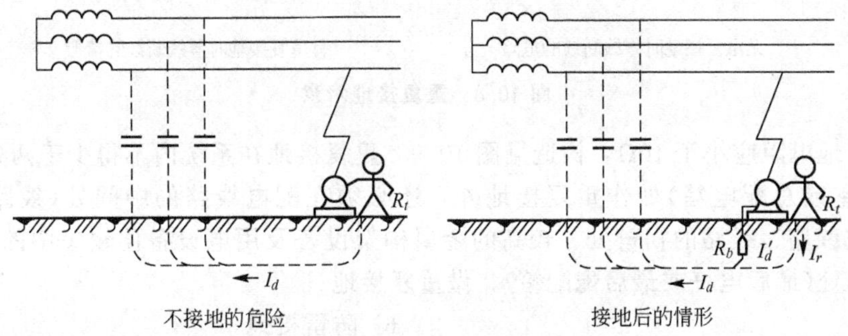

图 10.7 保护接地原理示意

有了这种接地，当电气设备发生短路时，外壳上的电源就会通过接地体向大地作半球形敞开。把大地看作导体，同时认为是零电位。距接地体越远，流散电阻(接地电阻)越小，当距 20m 以外的地方，实际上已变得很小，其流散电阻可以忽略不计(距接地体 20m 以外土壤中，流散电流所产生的电位降(或叫电压降)已接近零)。通常人们所说的“地”，就是指零电位处。

保护接地与保护接零一样都是电气上采用的保护措施，但其适用的范围不同。保护接零适用于中性点接地的电网；保护接地的措施适用于中性点不接地的电网中(电网系统对地是绝缘的)，这种电网在正常情况下，漏电电流很小，当设备一相碰壳时，漏电设备对地电压很低，人触及时危险不大(电流通过人体和电网对地绝缘阻抗形成回路)，但当电网绝缘、性能下降等各种原因发生的情况下，可能该电压就会上升到危险程度。

采用保护接地后，由于人体电阻与保护接地电阻并联，这时漏电电流经金属外壳后，同时经过人体和接地。但是人体电阻(1000Ω)远远大于保护接地电阻(4Ω)，因此大量电流经保护接地，只有很少电流通过人体。这样人体所承受的电压就很小，危险也就小多了。

每一接地装置的接地线应采用两根以上导体，在不同点与接地装置做电气连接。不得用铝导体做接地线或地下接地线，垂直接地体宜采用角钢、钢管或圆钢，不宜采用螺纹钢材。

5) 重复接地

在中性点直接接地(三相四线制)电力系统中，将保护零线上的一处或多处通过接地装置与大地再次连接，称为重复接地，见图 10.8。可以减轻保护零线断线的危险性、缩短故障时间、降低漏电设备的对地电压以及改善防雷性能等。是与保护接零相配合的一种补充保护措施。

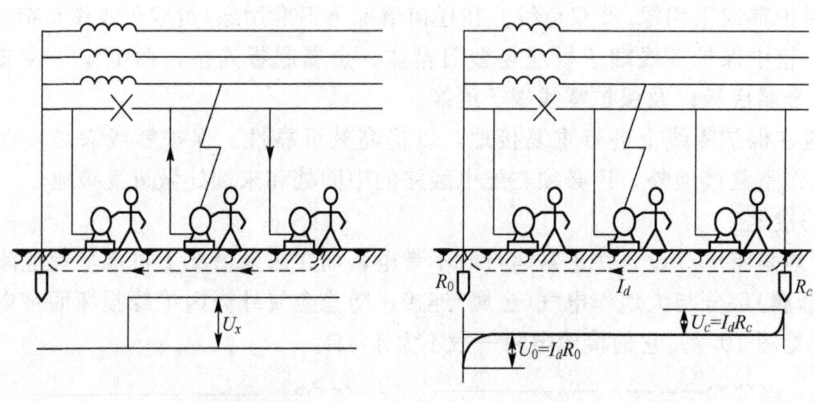

图 10.8 重复接地示意

重复接地电阻应小于 10Ω，构造见图 10.9。重复接地在系统内不得少于两处。即除在首端(配电室或总配电箱)处作重复接地外，还必须在配电线路的中间处(线路长度超过 1km 的架空线路、线路的拐弯处、较高的金属构架设备及用电设备比较集中的作业点)和线路的末端处(最后电杆或最后配配箱)，做重复接地。

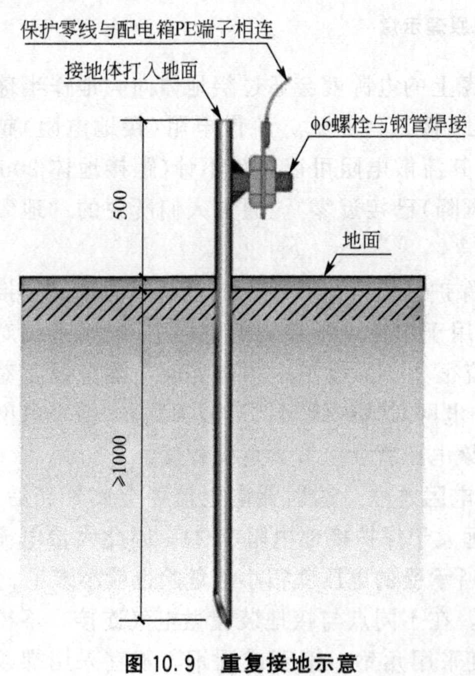

图 10.9 重复接地示意

6) 防雷接地

为防止雷电对电气设备、系统或建筑物的危害，使雷电流顺利泄入大地，称为防雷接地。

(1) 在土壤电阻率低于 200Ω·m 处的电杆可不另设防雷接地装置。在配电室的进线或出线处应将绝缘子铁脚与配电室的接地装置相连接。

(2) 施工现场内起重机、井字架及龙门架等机械设备，若在相邻建筑物、构筑物的防雷装置的保护范围以外，则应安装防雷装置。若最高机械设备上的设避雷针，其保护范围按 60°计算能够保护其他设备，且最后退出现场，则其他设备可不设防雷装置。

(3) 施工现场内所有防雷装置的冲击接地电阻值不得大于 30Ω。

(4) 各机械设备的防雷引下线可利用该设备的金属结构体，但应保证电气连接。

(5) 机械设备上的避雷针长度应为 1～2m。

(6) 安装避雷针的机械设备所用动力、控制、照明、信号及通信等线路采用钢管敷设，并将钢管与该机械设备的金属结构体作电气连接。

10.1.3 用电安全技术要求

1. 施工现场电路

为防止人体触及或接近带电体而造成触电事故，避免车辆、起重机碰撞或过分接近带电体造成事故，以及为防止过电压放电、操作方便等，规定带电体与其他设施之间、带电体与操作者之间、带电体与地面之间、带电体与带电体之间均需保持一定的安全距离。

安全距离，指带电导体与其附近接地的物体以及人体之间，必须保持的最小空间距离或最小空气间隙。其大小决定于电压的高低、设备的类型、安装的方式等因素。

在施工现场中，安全距离问题主要是指在建工程(含脚手架具)的外侧边缘与外电架空线路的边线之间的最小安全操作距离，和施工现场的机动车道与外电架空线路交叉时的最小安全垂直距离。对此，JGJ 46—2005 已经作了具体的规定。

1) 低压线路

旋转臂架式起重机的任何部位或被吊物边缘与10kV以下架空线路的边线最小水平距离不小于2m；电缆线路在室外直接埋地敷设的深度不小于60cm；架空敷设时，橡皮电缆的最大弧垂距地面不小于2.5m。

2) 高压(外电)线路

由于高压线路周围存在强电场，对导体产生电感应而成为带电体。附近的电介质(主要指空气)也在电场中被极化而成为导体，产生带电现象，电压的等级越高，电极化就越强，所以必须保持一定安全距离。随电压等级增加，安全距离相应加大。

高压线路与物体的安全距离，指在最大工作电压和最大过电压下，相对应不致引起间隙放电的最小空气间隙。

为了确保施工安全，必须采取设置防护性遮栏、栅栏，以及悬挂警告标志牌等防护措施。如无法设置遮栏则应采取停电、迁移外电线路或改变工程位置等，否则不得强行施工。

(1) 在施工现场中，最小安全操作距离在10kV时不超过6m。这是考虑动态情况下(如脚手架搭设过程中，考虑手臂1m、其杆件长度不超过5m)规定的。

(2) 在架空线路下方不得进行作业；在架空线路一侧作业时，与架空线路边线之间最小安全操作距离1～10kV为6m、35～110kV为8m。

(3) 当达不到规定的安全距离时，应搭设防护架遮拦。防护架至线路边线的安全距离为10kV不小于0.7m，见图10.10。防护架至带电体的安全距离指静态(防护架搭设完毕)的距离。所以在搭设和拆除防护架的动态过程中，必须采取停电措施，并设监护人。

应将防护架用密目网(阻燃型)或钢板网等材料封严，防止脚手管、钢筋等物料穿入。

(4) 现场的起重机作业有时被吊物需从外电线路上方经过，此时须要按规定在该段外电线路的上方搭设遮拦，防护架呈Ⅱ型，其顶部可采用5cm厚木板防止落物。需要夜间施工时，应在防护架顶部设红色灯泡，其电源电压采用36V，防止臂杆碰触。

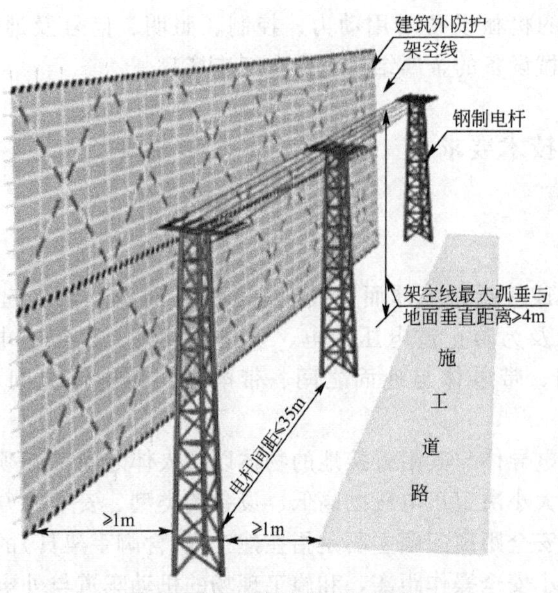

图 10.10　建筑外防护架示意

3）设备间距

配电装置的布置，应考虑设备搬运、检修、操作和试验的便利，为了工作人员的安全，配电装置需保持必要的安全通道。

(1) 低压配电装置正面通道宽度，单列布置时不小于 1.5m，双列布置不小于 2m。

(2) 配电屏后面的维护通道宽度不小于 0.8m，侧面通道宽度不小于 1m。

(3) 配电装置的上端距顶棚不小于 0.5m。

(4) 配电室内设值班室的，该室距配电屏的水平距离大于 1m，并采取屏护隔离。

2. 施工现场的配电

1) 配电室的位置及布置

(1) 现场应设总配电箱(或配电室)，总配电箱以下设分配电箱，分配电箱以下设开关箱，开关箱以下就是用电设备，见图 10.11～图 10.13。

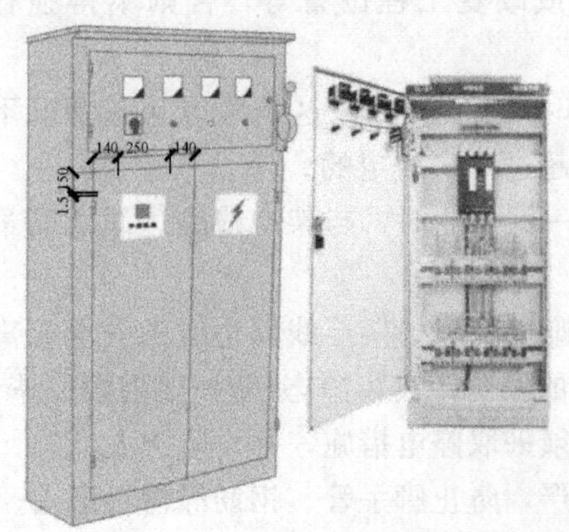
图 10.11　总配电箱示意

(2) 施工现场的照明配电宜与动力配电分别设置，各自自成独立配电系统，以不致因动力停电或电气故障而影响照明。

(3) 配电室建筑物的耐火等级应不低于三级，室内不得存放易燃、易爆物品，并应配备沙箱、1211 灭火器等绝缘灭火器材。配电室的屋面应该有隔层及防水、排水措施，并应有自然通风和采光，还须有避免小动物进入的措施。

(4) 总配电箱是施工现场配电系统的总枢纽，其装设位置应考虑便于电源引入、靠近负荷中心、减少配电线路、缩短配电距离和减小导线截面，提高配电质量，同时还能使配电线路清晰，便于维护。

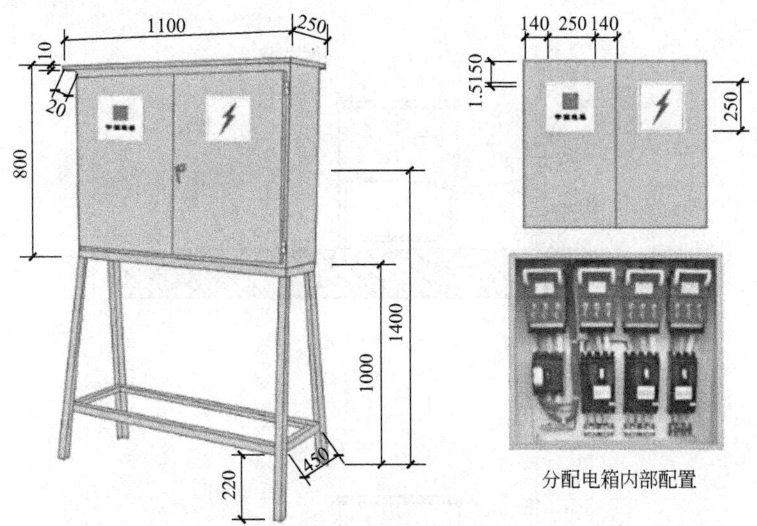

图 10.12 分配电箱示意

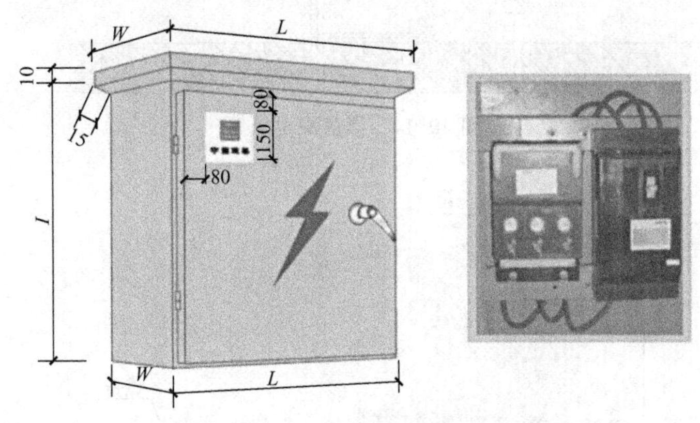

图 10.13 开关箱示意

(5) 分配电箱则应设置在负荷相对集中的地区，见图 10.14。

(6) 开关箱与所控制的用电设备的距离应不大于 3m，见图 10.15。

(7) 配电箱、开关箱的周围环境应保障箱内开关电器正常、可靠地工作，配备防雨棚，见图 10.16。配电箱、开关箱周围的空间条件，则应保证足够的工作场地和通道，不应放置有碍操作、维修和对电气线路有操作损伤的杂物，不应有灌木、杂草丛生。

(8) 配电箱地面应做硬化处理。围栏高×宽×长为 1.2m×1.2m×2m，围栏内不得堆有妨碍操作、维修的物品，围栏门前不得堆放物品，见图 10.17。配电箱周围应有足够两人同时工作的空间。

(9) 配电室内的配电屏是经常带电的配电装置，为了保障其运行安全和检查、维修安全，这些装置之间以及这些装置与配电室棚顶、墙壁、地面之间必须保持电气安全距离。

2) 配电箱与开关箱的电器选择

配电箱、开关箱内的开关电器应能保证在正常或故障情况下可靠地分断电路，在漏电

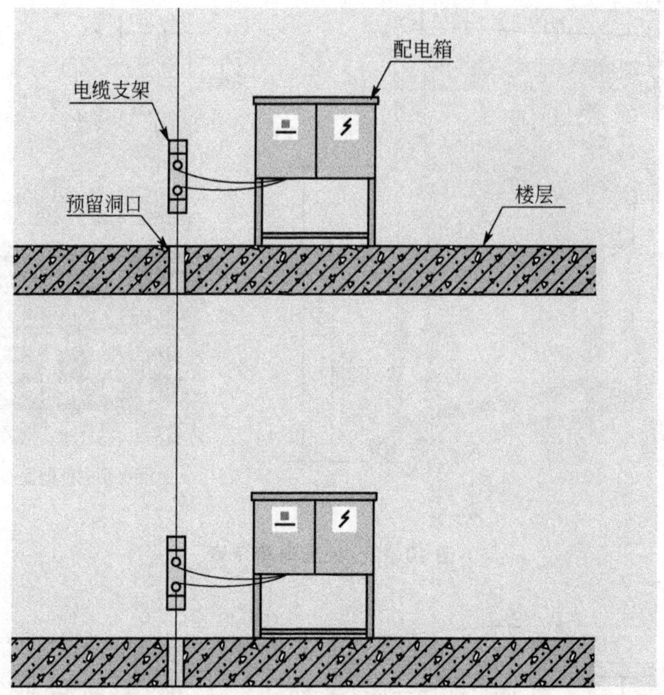

图 10.14 楼层配电示意

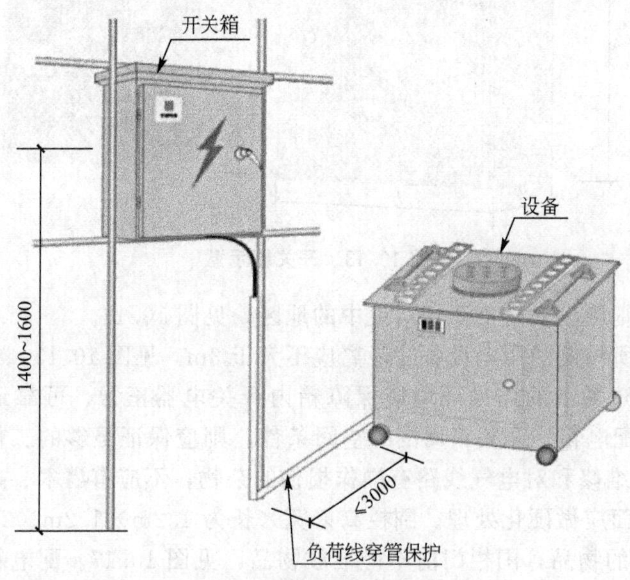

图 10.15 设备与电源距离示意

的情况下可靠地使漏电设备脱离电源，在维修时有明确可见的电源分断点。为此，配电箱和开关箱的电器选择应遵循下述各项原则。

(1) 所有开关电器必须是合格产品。不论是选用新电器，还是使用旧电器，必须完整、无损、动作可靠、绝缘良好，严禁使用破损电器。

(2) 装有隔离电源的开关电器。

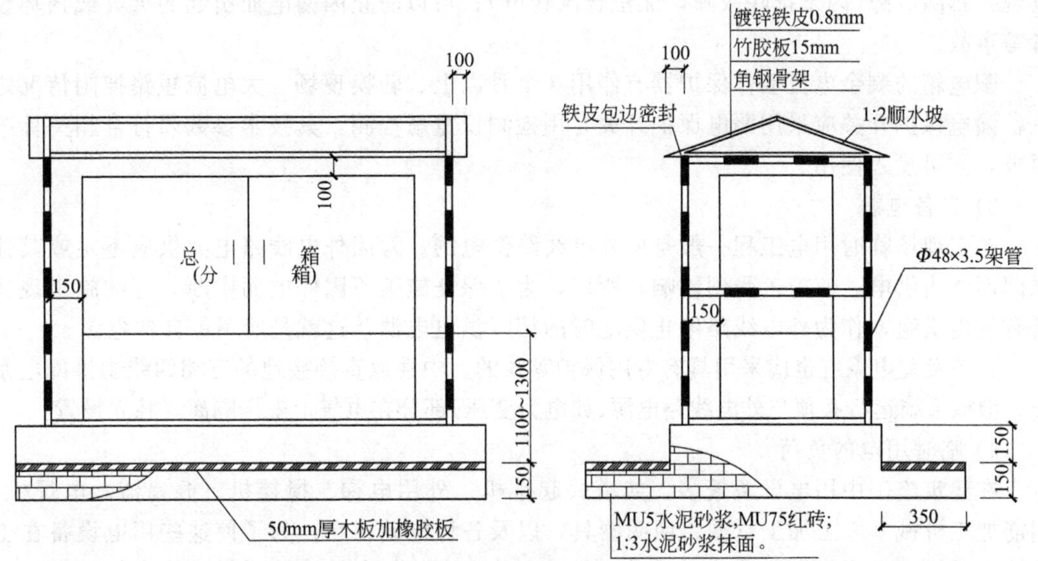

注:落地式总箱的防雨棚外檐尺寸应大于200,原则上是避免雨水进箱内。

图 10.16 配电箱防雨棚做法示意

(3) 配电箱内的开关电器应与配电线路一一对应配合，作分路设置。

(4) 开关箱与用电设备之间应实行“一机一闸”制。

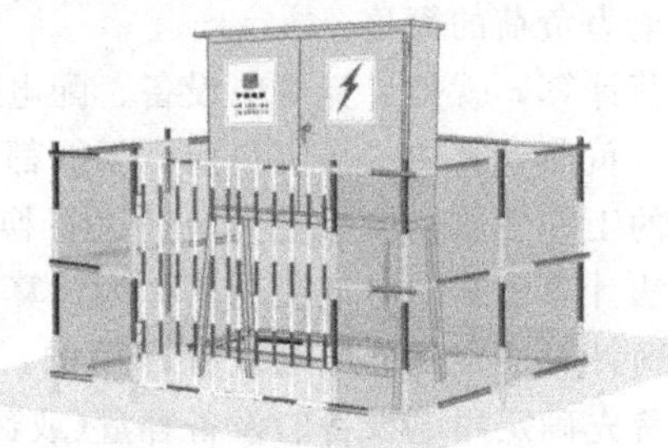

图 10.17 配电箱护栏示意

(5) 配电箱、开关箱内应设置剩余电流动作保护器，其额定漏电动作电流和额定漏电动作时间应安全可靠(一般额定漏电动作电流≤30mA，额定漏电动作时间<0.1s)，并有合适的分级配合。但总配电箱(或配电室)内的剩余电流动作保护器，其额定漏电动作电流与额定漏电动作时间的乘积最高应限制在 30mA·s以内。

通过大量的动物试验和研究表明，引起心室颤动不仅与通过人体的电流(I)有关，而且与电流在人体中持续的时间(t)有关，即由通过人体的安全电量 $Q=I\cdot t$ 来确定，一般为50mA·s。就是说当电流不大于50mA，电流持续时间在1s以内时，一般不会发生心室颤动。但是，如果按照50mA·s控制，当通电时间很短而通入电流较大时(如500mA×0.1s)，仍然会有引发心室颤动的危险。虽然低于50mA·s不会发生触电致死的后果，但也会导致触电者失去知觉或发生二次伤害事故。实践证明，用30mA·s作为电击保护装置的动作特性，无论从使用的安全性还是制造方面来说都比较合适，与50mA·s相比较，有1.67倍的安全率($K=50/30=1.67$)。从“30mA·s”这个安全限值可以看出，即使电流达到100mA，只要漏电保护器在0.3s之内动作并切断电源，人体尚不会引起致命的危险。故30mA·s这个限值也成为漏电保护器产品的选用依据。

剩余电流动作保护器的作用：当人员触电时尚未达到受伤害的电流和时间即跳闸断电；设备线路漏电故障发生时，人虽未触及即先跳闸，避免设备长期存在隐患，以便及时发现并排除故障(因未排除故障，无法合闸送电)；可以防止因漏电而引起的火灾或损坏设备等事故。

配电箱的剩余电流动作保护器有停用3个月以上、转换现场、大电流短路掉闸情况之一，漏电保护开关应采用漏电保护开关专用检测仪重新检测，其技术参数须符合相关标准要求，方可投入使用。

3）自备电源

施工现场临时用电工程一般是由外电线路供电的。常因外电线路电力供应不足或其他原因而停止供电，使施工受到影响。所以，为了保证施工不因停电而中断，有的施工现场备有发电机组，作为外电线路停止供电时的接续供电电源，这就是所谓的自备电源。

自备发配电系统也应采用具有专用保护零线的、中性点直接接地的三相四线制供配电系统。但该系统运行必须与外电线路电源(如电力变压)部分在电气上安全隔离，独立设置。

4）临时用电的负荷

在建筑施工中用电设备繁多，如塔式起重机、外用电梯、搅拌机、振捣器、电焊机、钢筋加工机械、木工加工机械、照明器具，以及各种电动工具。为了使这些用电设备在正常情况下能够安全、可靠地获得其运行所需要的电力，而在故障情况下又能安全、可靠地得到保护，需要借助合理选择的配电线路、配电装置对电力进行传输、分配和控制。

负荷指电气线路中的用电设备(变压器、电动机、照明等)和线路中流过的电流或功率，是电力负荷的简称。

负荷计算，就是计算用电设备、配电线路、配电装置，以及变压器、发电机中的电流和功率。负荷计算中的额定负荷，不能都采用各种设备铭牌上的功率或容量，而是根据用电设备的工作性质，按照电力负荷进行换算，所得到的负荷称为“计算负荷”。这些按照一定方法计算出来的电流或功率称为计算电流或计算功率。

负荷计算通常是从用电设备开始的，逐级经由配电装置和配电线路，直至电力变压器。即首先确定用电设备的设备容量(或额定负荷)和计算负荷，继之计算用电设备组的计算负荷，最后计算总配电箱或整个配电室的计算负荷。

5）施工现场停送电操作顺序

施工现场停、送电时，正确的操作顺序如下。

(1) 送电时，配电屏(总配电箱)→分配电箱→开关箱。

(2) 停电时，开关箱→分配电箱→配电屏(总配电箱)。

这种操作顺序的优点：送电时，除开关箱中的控制开关以外，其余配电装置中的开关电器均是空载关闭。不会产生危害操作者和开关电器的电弧或电火花；停电时，只要开关箱中的控制开关分闸，其余配电装置中的开关电器都是空载分闸，也不会产生危害操作者和开关电器的电弧或电火花。

如果倒置操作，则当送电时，配电屏或总配电箱中的开关电器将带大负荷合闸，会产生强大电弧，尤其当最后合闸的是电源隔离开关时，对操作者的隔离开关的危害更大，这是不允许的；同时，远离配电屏或总配电箱的用电设备突然启动，也会给其周围的操作者和作业人员带来意外伤害。停电时，也有类似的危害：一方面配电屏或总配电箱中的开关电器，尤其是电源隔离开关带强大负荷分闸，会产生强烈电弧或电火花，会对操作者和开关电器带来危害；另一方面，全现场突然停电也不容易与所有用电设备操作者的停电准备达成一致。

3. 用电设备、机械

1）塔吊

(1) 保护方式：采用三相四线制供电时，供电线路的零线应与塔机的接地线严格分开。在TN系统中，必须采用TN－S方式，有专用的保护零线，严禁用金属结构作照明线路的回路。

(2) 开关电箱：应将电源线路送至塔式起重机轨道附近的开关电箱，由箱内引出保护零线，与道轨上的重复接地线相连接，开关箱中应设置电源隔离开关及漏电断路器(空气开关、剩余电流保护器)，应具有短路保护、过流保护、短相保护及漏电保护等功能。

(3) 电复接地：塔机的重复接地，应在轨道的两端各设一组接地装置，且将两条轨道焊 $\phi 8 \sim \phi 10$mm 钢筋作环形电气连接，道轨各接头也应用导线做电气连接。对较长的轨道可按每30m设置一组接地装置。

(4) 线路保护：塔机所用各种线路(动力、控制、照明、信号、通讯等)，均采用钢管敷设，并将钢管与该机的金属结构做电气连接。

(5) 悬挂电缆：沿塔身垂直悬挂的电缆，应使用电缆网套或其他可靠装置悬挂，以保证电缆自重不拖拉电缆和防止机械磨损。

(6) 电缆卷筒：轨道式塔机的供电电缆卷筒应具有张紧装置，防止电缆在轨道、枕木上磨损和机械损伤，电缆收放速度应与塔机运行速度同步。

(7) 障碍指示灯：塔顶高于30m的塔机，其最高点及起重臂端部应安装红色障碍指示灯，其电源应不受停机影响。

2）蛙式打夯机

蛙式打夯机是一种小型的冲击式压实机械，适用于面积小、无法使用大型土方压实机的工作场所俗称“蛙夯机”。

(1) 蛙夯机的金属外壳应作接地(接零)保护，负荷线的首端处(开关箱)应装剩余电流动作保护器(15mA×0.1s)。

(2) 蛙夯机的开关控制，不准使用倒顺开关，防止误操作。负荷线应采用橡皮护套铜芯软电缆，长度不大于50m。

(3) 蛙夯机的操作扶手必须采取绝缘措施，操作人员应穿绝缘鞋和戴绝缘手套。

(4) 需要转移打夯机时，必须先拉闸切断电源，防止误操作事故。

3）磨石机

主要用于水磨石地面作业。磨石机主要由金刚砂磨石转盘、移动滚轮、电动机、减速箱及操纵杆等部件构成。

(1) 磨石机工作场所特别潮湿，属危险作业场所，应加强管理，防止发生触电事故。

(2) 磨石机金属外壳应作接地(接零)保护，负荷线首端处装设剩余电流动作保护器(15mA×0.1s)。

(3) 各台磨石机的开关箱应执行一机一闸，不准用一个开关控制多台磨石机，也不允许共用一个剩余电流动作保护器同时保护多台开关或多台设备。正确的做法是，从分支线路安装一台分配电箱，并作重复接地；由分配电箱引出负荷线与各台磨石机的开关箱连接(可采用固定式或移动式)，每台磨石机有自己的专用开关箱并进行编号与磨石机对应，防止发生误操作。

(4) 磨石机的负荷线应采用橡皮护套铜芯软电缆，严禁有破损或接头；使用时电缆不准拖地和泡在水中，应采用钢索滑线将电缆悬吊。

(5) 磨石机的操作扶手必须采取绝缘措施，操作人员应穿高筒绝缘鞋和戴绝缘手套。

4) 电焊机

电焊是利用电能转换为热能对金属进行加热焊接的方法。

(1) 电焊机运到施工现场或在接线之前，应由主管部门验收确认合格。露天放置应稳固并有防雨设施。

(2) 每台电焊机有专用的开关箱和一机一闸控制，由专业电工负责接线安装。开关控制应采用自动开关，不能使用手动开关(由于电焊机一般容量比较大，而手动开关的通断电源速度慢，灭弧能力差，容易发作弧光和相间短路故障)。

(3) 按照现场安全用电要求，电焊机的外壳应做保护接地或接零。为了防止高压(一次侧)窜入低压(二次侧)造成危害，交流电焊机的二次侧应当接零或接地。

(4) 电焊机的一次侧及二次侧都应装设防触电保护装置。

(5) 一次侧的电源线长度不应超过 3m。线路与电焊机接线柱连接牢固，接线柱上部应有防护罩，防止意外损伤及触电。因为一次线与二次线相比较，一次线的电压高、危险性大，所以应当尽量缩短其长度、焊机靠近开关箱，不使一次线拖地造成的泡水，并加防护套管防止被钢筋等金属挂、砸发生事故。当特殊情况一次线必须加长时，应架设高度在 2.5m 以上并固定牢。

(6) 应由经过培训考核合格的电焊工操作，并按规定穿戴绝缘防护用品。

(7) 作业前，应认真检查周围及作业面下方的环境，消除危险因素。当作业下方有易燃物等情况时应设监护人员及灭火器材。

(8) 应使用合格的电焊钳，焊钳应能牢固地夹紧焊条，与电缆线连接可靠，这是保持焊钳不异常发热的关键。焊钳要有良好的绝缘性能，禁止使用自制的简易焊钳。

(9) 焊接电缆应使用橡皮护套铜芯多股软电缆，与电焊机接线柱采用线鼻子连接压实，禁止采用随意缠绕方法连接，防止造成松动接触不良和引起的火花、过热现象。

(10) 焊接电缆长度一般不超过 30m 且无接头。若电缆过长，会造成电压降过大，影响操作和引起导线过热；电缆因电流大，遇接头电阻增大过热，遇易燃物造成火险。

(11) 电缆线经过通道时，必须采取加护套、穿管(不同电压、不同回路的导线不能穿在同一管内)等保护措施。

(12) 严禁使用脚手架、金属栏杆、轨道及其他金属物搭接代替导线使用，防止造成触电事故和因接触不良引起火灾。

(13) 不允许超载焊接。超载作业会引起过热(烧毁焊机或造成火灾)、绝缘损坏(漏电导致触电)事故。

(14) 在进行改变焊机接头、更换焊件需要改接二次回路、转移工作地点、焊机需要检修、暂停工作或下班时，先切断电源。

4. 电动工具

应遵守国家标准《手持式电动工具的管理、使用、检查和维修安全技术规程》GB/T 3787—2006 中作出具体规定。

1）作业场所

(1) 一般作业场所：比较干燥的场所(干燥木地板、塑料地板、相对湿度≤75%)、气温不高于30℃、无导电粉尘。

(2) 危险场所：比较潮湿的场所(露天作业、相对湿度长期在75%以上)、气温高于30℃、有导电灰尘，可导电的地板(混凝土、潮湿泥土)、良好导电地板(金属构架作业)。

(3) 高度危险场所：特别潮湿的场所(相对湿度接近100%、蒸气潮湿环境)、锅炉、金属容器、管道、高温和导电粉尘场所。

2）工具分类

(1) Ⅰ类工具：工具在防止触电的保护方面不仅依靠基本绝缘，而且还包含一个附加的安全预防措施，其方法是将可触及的可导电的零件与已安装的固定线路中的保护(接地)导线连接起来，以这样的方法使这些零件在基本绝缘损坏的事故中不成为带电体，适用于干燥场所。

(2) Ⅱ类工具：工具在防止触电的保护方面不仅依靠基本绝缘，而且还提供如双重绝缘或加强绝缘的附加安全预防措施，没有保护接地或依赖安装条件的措施。

Ⅱ类工具分绝缘外壳Ⅱ类工具和金属外壳Ⅱ类工具。应在工具的明显部位标有Ⅱ类结构符号“回”，见图10.18，适用于比较潮湿的作业场所。

图10.18 手持式工具分类

(3) Ⅲ类工具：工具在防止触电的保护方面，依靠由安全特低电压供电和在工具内部不会产生比安全特低电压高的电压，适用于特别潮湿的作业场所和在金属容器内作业。

3）使用

(1) 在一般作业场所，应使用Ⅱ类土具。若使用Ⅰ类工具，还应在电气线路中采用额定剩余动作电流不大于30mA的剩余电流动作保护器、隔离变压器等保护措施。

(2) 在潮湿作业场所或金属构架上等导电性能良好的作业场所，应使用Ⅱ类或Ⅲ类工具。

(3) 在锅炉、金属容器、管道内等作业场所，应使用Ⅲ类工具或在电气线路中装设额定剩余动作电流不大于30mA的剩余电流动作保护器的Ⅱ类工具。

(4) 工具的电源线不得任意接长或拆换。当电源离工具操作点距离较远而电源线长度不够时，应采用耦合器进行连接。

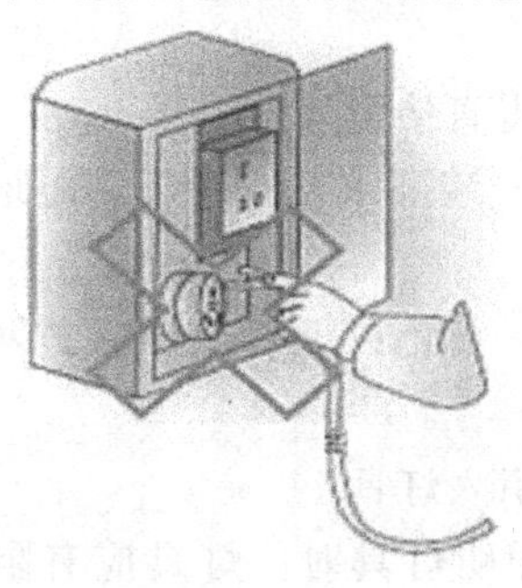
图10.19 插头使用不当

(5) 工具电源线上的插头不得任意拆除或调换，当原有插头损坏后，严禁不用插头直接将电线的金属丝插入插座，见图10.19。工具的插头、插座应按规定正确接线，其中的保护接地极在任何情况下只能单独连接保护接地线(PE)。严禁在插头、插座内用导线直接将保护接地极与工作中性线连接起来。

(6) 工具的日常检查项目至少应包括：是否有产品认证标志及定期检查合格标志，外壳、手柄是否有裂缝或破损，保护接地线(PE)连接是否完好无损，电源线是否完好无损，电源插头是否完整无损，电源开关动作是否正常、灵活、缺损、破裂，机械防护装置是否完好，工具转动部分是否转动灵活、轻快而无阻滞现象，电气保护装置是否良好。

(7) 长期搁置不用或受潮的工具，在使用前，应由电工测量绝缘阻值是否符合要求。

(8) 作业人员按规定穿戴绝缘防护用品(绝缘鞋、绝缘手套等)。手持式工具的旋转部件应有防护装置。

(9) 严禁超载使用，注意声响和温升，发现异常应立即停机检查。非专职人员不得擅自拆卸和修理工具。

5. 施工现场的照明

1) 照明器选用

(1) 正常湿度时，选用开启式照明器。

(2) 在潮湿或特别潮湿的场所，选用密闭型防水、防尘照明器或配有防水灯头的开启式照明器。

(3) 含有大量尘埃，但无爆炸和火灾危险的场所，采用防尘型照明器。

(4) 对有爆炸和火灾危险的场所，必须按危险场所等级选择相应的照明器。

(5) 在振动较大的场所，应远用防振爆照明器。

(6) 对有酸碱等强腐蚀的场所，应采用耐酸碱型照明器。

2) 安全电压选用

(1) 一般场所照明器宜选用电压为 220V。

(2) 隧道、人防工程、高湿、导电灰尘和灯具离地面高度低于 2.4m 等场所的照明源，电压应不大于 36V。

(3) 在潮湿、易触及带电体场所的照明电源，电压不得大于 24V。

(4) 在特别潮湿的场所(水中作业、水磨石作业)、导电良好的地面(金属构架、管道上)、锅炉或金属容器内工作，照明电源电压不得大于 12V。

3) 安全使用要求

在施工现场的电气设备中，照明装置与人的接触最为经常和普遍。为了从技术上保证现场工作人员免受发生在照明装置上的触电伤害，照明装置必须采取如下技术措施。

(1) 照明开关箱中的所有正常不带电的金属部件都必须作保护接零，所有灯具的金属外壳必须作保护接零。

(2) 单相回路的照明开关箱(板)应装设剩余电流动作保护器。照明系统中的每一单相回路上，灯具和插座数量不宜超过 25 个。

(3) 照明线路的相线必须经过开关才能进入照明器，不得直接引入照明器。

(4) 灯具的安装高度既要符合施工现场实际，又要符合安装要求。室外灯具距地不得低于 3m；室内灯具距地不得低于 2.4m。

(5) 行灯灯体与手柄应坚固、绝缘良好并耐热、耐潮湿，灯泡外面有金属保护网并固定在灯罩的绝缘部位上。

(6) 任何灯具的相线必须经开关控制，不得将相线直接引入灯具。

(7) 在用易燃材料作顶棚的临时工棚或防护棚内安装照明灯具时，灯具应有阻燃底座，或加阻燃垫，并使灯具与可燃顶棚保持一定距离，防止引起火灾。

(8) 临时宿舍内的照明装置及插座要严格管理。防止私拉、乱接电炊具或违章使用电炉，见图10.20。严禁在床上装设开关。

(9) 暂设工程的照明灯具应采用拉线开关，安装位置在2m以上。灯具的相线必须经过开关控制，否则开关只切断零线而电源并未切断，灯具金属部分仍处于带电状态，检修时易发生触电事故。

(10) 路灯的每个灯具应单独装设熔断器保护，灯头线应做防水弯。

(11) 荧光灯管应用管座固定或用吊链，悬挂镇流器不得安装在易燃的结构物上。

(12) 钠、铊、铟等金属卤化物灯具的安装高度宜在5m以上，灯线应在接线柱上固定，不得靠近灯具表面。

图10.20 职工临时宿舍违章用电

(13) 投光灯的底座应安装牢固，按需要的光轴方向将枢轴拧紧固定。

(14) 螺口灯头及接线、相线接在与中心触头相连的一端，零线接在与螺纹口相连的一端；灯头的绝缘外壳不得有损伤和漏电；灯具内的接线须牢固，灯具外的接线必须做可靠的绝缘包扎。

10.1.4 用电安全管理要求

1. 人员的基本要求和职责

电工必须经过按国家现行标准考核合格后，持证上岗工作；其他用电人员必须通过相关安全教育培训和技术交底，考核合格后方可上岗工作。

安装、巡检、维修或拆除临时用电设备和线路，必须由电工完成，并应有人监护。电工等级应同工程的难易程度和技术复杂性相适应。

(1) 各类用电人员应掌握安全用电基本知识和所用设备的性能。

(2) 使用电气设备前必须按规定穿戴和配备好相应的劳动防护用品，并应检查电气装置和保护设施，严禁设备带“缺陷”运转。

(3) 保管和维护所用设备，发现问题及时报告解决。

(4) 暂时停用设备的开关箱必须分断电源隔离开关，并应关门上锁。

(5) 移动电气设备时，必须经电工切断电源并做妥善处理后进行。

2. 施工现场临时用电的管理

1) 临时用电的施工组织设计

(1) 编制及变更。临时用电施工组织设计是施工现场临时用电管理的主要技术文件。按照JGJ 46—2005的规定：“临时用电设备在5台及5台以上或设备总容量在50kW及以上者，应编制临时用电施工组织设计。”其他的应制定安全用电技术措施和电器防火措施。

必须履行“编制、审核、批准”程序，由电气工程技术人员组织编制，经相关部门审核及具有法人资格企业的技术负责人批准后实施。变更用电组织设计时应补充有关图纸资料。

(2) 主要技术内容。一个完整的施工用电组织设计应包括：现场勘测，确定电源进线、变电所或配电室、配电装置、用电设备位置及线路走向，负荷计算，选择变压器，配电系统设计(配电线路设计、配电装置设计、接地设计)，防雷设计，外电防护措施，安全用电与电气防火措施，施工用电工程设计施工图等。

临时用电工程必须经编制、审核、批准部门和使用单位共同验收，合格后方可投入使用。

2) 安全技术档案

施工现场临时用电必须建立安全技术档案。

(1) 内容。用电组织设计的全部资料，修改用电组织设计的资料，用电技术交底资料，用电工程检查验收表，电气设备的试、检验凭单和调试记录，接地电阻、绝缘电阻和剩余电流动作保护器漏电动作参数测定记录，定期检(复)查表；电工安装、巡检、维修、拆除工作记录。

(2) 建档与管理。安全技术档案应由主管该现场的电气技术人员负责建立与管理。其中“电工安装、巡检、维修、拆除工作记录”可指定电工代管，每周由项目经理审核认可，并应在临时用电工程拆除后统一归档。

3) 检查

临时用电工程应定期检查。定期检查时，应按分部、分项工程进行，对安全隐患必须及时处理，并应履行复查验收手续；应复查接地电阻值和绝缘电阻值。

3. 电气防火基本保护

1) 电气火灾的特点和原因

电气火灾具有季节性、时间性、不可预见性。

(1) 形成的根本原因：短路、漏电、过负荷、接触不良、电弧和电火花、静电和雷击。

(2) 日常管理原因：电气线路和电器设备选型不当、安装不合理、操作失误、违章操作、局部过热、静电和雷击。

2) 电气线路火灾及其对策

(1) 短路火灾：短路俗称碰线或连线，指电气线路中相线与相线或相线与零线之间没有经过任何用电设备直接短接起来的现象。短路电流能达到原来的几十甚至几百倍。

电气线路发生短路的原因：电气线路绝缘破坏、自然原因、操作人员违反操作规程或操作失误、维护和管理不善。

防止电气线路发生短路的措施：严格按照规范要求设计、安装、调试、使用和维修电气线路，防止电气线路绝缘老化。特殊环境下，电气线路敷设应严格执行相应的规定，加强管理。

(2) 过载引起的火灾：电气线路中允许连续通过而不至于使电气线路绝缘遭到破坏的电流量，为电线的安全载流量或安全电流。例如，电流中流过的电流量超过了安全电流值，叫电气线路过载(也称过负荷)。

电气线路过载的主要原因：电气线路截面积过小、在线路中接入过多或大功率设备。

预防措施：合理选用导线、不乱拉乱接用电设备、定期检查线路。

(3) 接触电阻过大：电源线的连接处，电源线与电气设备连接的地方，由于连接不牢或其他原因，使接头接触不良，造成局部电阻过大，称为接触电阻过大。

电气线路接触电阻过大的主要原因：安装质量差，造成导线与导线，导线与电气设备接触不牢；连接点由于热作用或长期震动使接头松动；导线连接处有杂质或氧化；电化学腐蚀。

(4) 电气线路产生的电弧和电火花：电火花是电极间放电的结果。电弧是有大量密集电火花构成的。电弧温度可达3000℃。

产生电弧和电火花的主要原因：导线绝缘损坏或断裂形成短路或接地，在短路点或接地点处将有强烈电弧和电火花，大负荷导线连接处松动，架空裸导线、混线相碰或风雨中短路，各种开关在连通或切断电路，熔断器熔断的时候，带电情况下操作电气设备。

预防电弧和电火花的措施：裸导线间或导线与接地体之间保持足够的安全距离、绝缘导线的绝缘层无损伤、熔断器和开关安装在非燃材料基础上、不带电安装和修理电气设备、防止雷击和线路过电压的影响。

(5) 漏电：产生的原因主要有绝缘导线与建筑物、构筑物以及设备的外壳等的直接接触；电线接头处松动漏电。

3) 电气设备火灾原因及预防措施

(1) 电动机：利用电磁转换将电能转化为机械能的装置。

引发火灾原因：过载、接触不良、绝缘破坏、单相运行、铁损大、机械原因。

电动机火灾的预防措施：正确选择电动机的容量和机型、正确选择电动机的启动方式、正确选择电动机的保护方式(短路保护、失压保护、过载保护、断相保护、接地保护)。

(2) 电气照明设备：火灾危险性主要是来自白炽灯、碘钨灯和聚光灯的使用。

电器照明设备的防火措施：根据环境要求选择不同类型的灯具、与可燃物保持一定的安全距离、选择合适的导线。

(3) 电加热设备：火灾危险性在于温控系统失灵或损坏、绝缘层老化、使用不当或管理不严。

电热设备的防火措施：放置在符合要求的建筑物内、采用单独的供电回路、加强管理、人走断电、严格操作规程、配备相应的灭火器材。

(4) 电焊设备：火灾危险性在于焊接过程中，电弧温度高产生大量的火花，焊接后的焊件温度很高。

电焊安全防火措施：动用电焊机要实行严格的审批手续、保持足够的安全距离、清除周围可燃物、要派专人监护、配备灭火器材、保证电焊设备的完整好用、操作人员要持证上岗。

4) 雷击火灾及其防护

雷电的火灾危险性在于破坏绝缘性引起短路，雷电冲击的放电火花直接引发火灾或爆炸，以及雷电的热效应。

(1) 对直击雷的防护主要是装设避雷针、避雷网、避雷带、消雷器等保护措施。

(2) 对感应雷的防护可将金属屋面、金属设备、金属管道、结构钢筋等予以良好接地。

(3) 对雷电波的防护主要是对架空线路加装管形或阀形避雷器，对金属管道采用多点接地。

(4) 对球形雷的防护一般采用消雷器或全屏蔽的方法。

4. 触电

1）触电事故

触电事故指人体触及带电体，或人体接近高压带电体时有电流流过人体而造成的事故。

(1) 单相触电：由于电线绝缘破损、导线金属部分外露、导线或电气设备受潮等原因使其绝缘部分的能力降低，导致站在地上的人体直接或间接地与火线接触，这时电流就通过人体流入大地而造成单相触电事故，见图 10.21。

图 10.21 单相触电示意

(2) 两相触电：人体同时触及两相电源或两相带电体，电流由一相经人体流入另一相时，加在人体上的最大电压为线电压，其危险性最大。两相触电见图 10.22。

(3) 跨步电压触电：对于外壳接地的电气设备，当绝缘损坏而使外壳带电，或导线断落发生单相接地故障时，电流由设备外壳经接地线、接地体(或由断落导线经接地点)流入大地，向四周扩散。如果此时人站立在设备附近地面上，两脚之间也会承受一定的电压，称为跨步电压。跨步电压的大小与接地电流、土壤电阻率、设备接地电阻及人体位置有关。当接地电流较大时，跨步电压会超过允许值，发生人身触电事故。特别是在发生高压接地故障或雷击时，会产生很高的跨步电压，见图 10.23。跨步电压触电也是危险性较大的一种触电方式。

图 10.22 两相触电示意　　图 10.23 跨步电压触电示意

2）触电伤害

按电流对人体伤害的程度，触电可分为电击和电伤两种。

(1) 电击是指电流通过人体造成人体内部器官损坏，而导致残废或死亡，所以是最危险的。

(2) 电伤是指强电流瞬时通过人体的某一局部或电弧烧伤人体，造成对人体外表器官的破坏。当烧伤面积不大时，不至于有生命危险，因而其危害性较电击为小。

3) 影响触电危险性的因素

人触电，产生肌肉收缩运动，形成机械性损伤；还产生热效应和化学反应，形成急剧的病理变化，严重伤害肌体。电流流经心脏，心室纤维颤动，心脏起不到压缩血液泵浦作用，不能使新鲜血液及时输送到大脑，几秒钟内使人休克而造成死亡。如表 10－3 所示。

表 10－3 电流对人体造成的影响

50Hz 的交流电/直流电/mA	作用的情况
0.6～1.5	开始有感觉，手指有麻刺感，直流电时没有感觉
2～3	手指有强烈麻刺感，颤抖，直流电时没有感觉
5～7	手部痉挛感觉痒、刺痛、灼热
8～10	手已难于摆脱带电体，但是还能摆脱，手指尖部到手腕有剧痛，热感觉增强
20～25	手迅速麻痹，不能摆脱带电体，剧痛，呼吸困难，热感觉增强较大，手部肌肉不强烈收缩
50～80	呼吸麻痹，心房开始震颤，有强烈热感觉，手部肌肉收缩，痉挛，呼吸困难
90～100	呼吸麻痹，持续 3s 或更长时间，则心脏麻痹，心室颤动呼吸麻痹
300 及以下	作用时间 0.1s 以上，呼吸和心脏麻痹，机体组织遭到电流的热破坏

50mA(只是一只普通 100W 电灯流过电流的 1/9)以上的电流即可造成死亡。所以末级剩余电流动作保护开关的动作电流不大于 30mA，动作时间不大于 0.1 秒，为保护小孩应为 6mA。

(1) 流经人体电流的大小：当通过人身的电流为交流电时，工频电流在 15～20mA，对人体伤害较轻，如果长期通过人体工频电流为 30～50mA 时，对人身体伤害较严重，甚至有性命危险。超过上述电流值，则对人的性命是绝对危险的。一般认为通过人体的电流超过 50mA 时，就有生命危险；超过 100mA 时，即使很短时间，也会使人停止呼吸，失去知觉而死亡。

(2) 人体的电阻大小：人身电阻越大，通过人身的电流越小；人身电阻越小，通过人身的电流越大，也就愈危险。人体的电阻由体内电阻(500Ω)和皮肤电阻(650～10kΩ)组成。

(3) 作用于人体的电压值：作用于人身的电压越高，则通过人身的电流越大，也就越危险。所以安全电压取决于人体电阻和安全电流的大小。

(4) 电流频率：直流电流、高频电流、冲击电流对人体都有伤害作用，其伤害程度一般较工频电流为轻。

当流过人体的电流能够被感觉到，则被称为感知电流。触电后能自行摆脱的最大电流称为摆脱电流。直流电最小感知电流，男性约为 5.2mA，女性约为 3.5mA。平均的摆脱电流，男性约为 76mA，女性约为 51mA。可能引起心室颤动的电流，通电时间 0.03s，约为 1300mA；3s，约为 500mA。

电流频率不同，对人体的伤害程度也不同。25～300Hz 的交流电流对人体伤害最严重。1000Hz 以上，伤害程度明显减轻，但高压高频电也有电击致命的危险。例如，10000Hz 高频交流电感知电流，男性约为 12mA；女性约为 8mA。平均摆脱电流，男性约为 75mA；女性约为 50mA。可能引起心室颤动的电流，通电时间 0.03s 时约为 1100mA；3s 时约为 500mA。

雷电和静电都能产生冲击电流。冲击电流能引起强烈的肌肉收缩，给人以冲击的感觉。冲击电流对人体的伤害程度与冲击放电能量有关。数十至 100ms 的冲击电流使人有感觉的最小值为数十毫安以上，甚至 100A 的冲击电流也不一定引起心室颤动使人致命。当人体电阻为 1000Ω 时，可以认为冲击电流引起心室颤动的界限是 27W·s。

(5) 触电时间长短：发生触电事故时，电流持续的时间越长，越容易引起心室颤动，即电击危险性越大。这是因为电流持续时间越长，能量积累增加，引起心室颤动的电流减小。

在心脏搏动周期中，只有大约 0.2s 的特定时间是对电流最敏感的，这一特定时间即易损期。电流持续时间越长，与易损期重合的可能性越大，电击的危险性也越大；当电流持续时间在 0.2s 以下时，重合易损期的可能性较小，电击危险性也较小。另外，电流持续时间越长，人体电阻因出汗等原因而降低，导致通过人体的电流进一步增强，电击危险也随之增加。此外，电流持续时间越长，人的中枢神经系统反射越强烈，电击的危险性越大。

另外，触电危害还与触电电流流经人体的途径、触电电流的频率和人的精神状态及健康状态等因素有关。

10.1.5 电焊

对焊机：工件放入动、静夹具电极上，焊机完成钢筋的对焊焊接。见图 10.24。

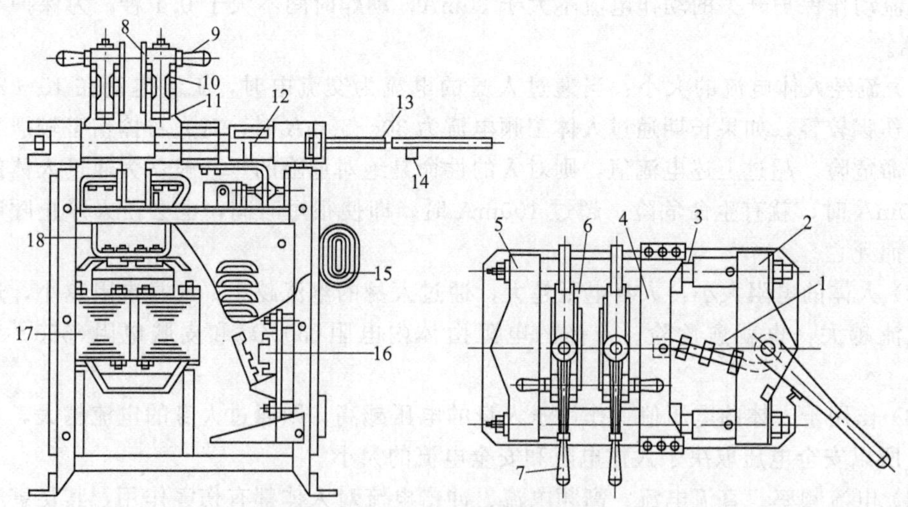

图 10.24 对焊机构造示意

1. 调节螺钉；2. 导轨架；3. 导轮；4. 滑动平板；5. 固定平板；6. 左电极；7. 旋紧手柄；8. 护板；9. 套钩；10. 右电极；11. 加紧臂；12. 行程标尺；13. 操纵杆；14. 接触器按钮；15. 分级开关；16. 交流接触器；17. 焊接变压器；18. 铜引线

气压焊机：利用氧-乙炔(或液化石油气)混合火焰对钢筋接头进行加热，使被焊接钢筋端部达到塑性状态(或基本熔态)，再对钢筋端面施加大于 30MPa 的轴向压力，使被焊接钢筋接头的端面紧密结合并墩粗，将钢筋焊接。见图 10.25。

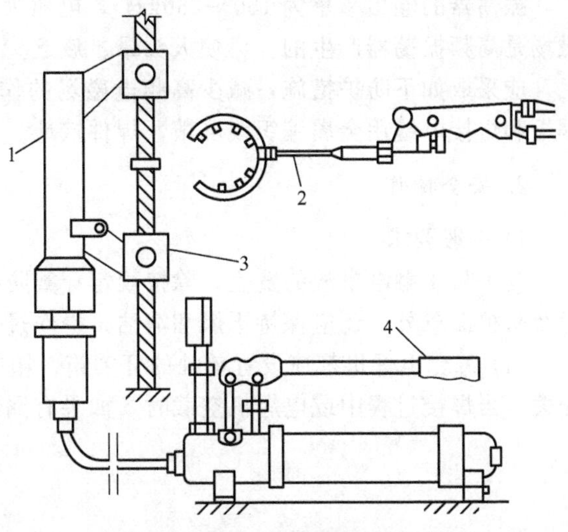

图 10.25　气压焊机构造示

1. 压接器；2. 加热器；3. 焊接夹具；4. 加压器

1. 操作的不安全因素

1) 触电

(1) 焊工接触电的机会最多，经常要带电作业，如接触焊件、焊枪、焊钳、砂轮机、工作台等。还有调节电流和换焊条等经常性的带电作业。有时还要站在焊件上操作，可以说，电就在焊工的手上、脚下及周围。

(2) 电气装置有问题、一次电源绝缘损坏、防护用品有缺陷或违反操作规程等都可能发生触电事故。

(3) 在容器、管道、船舱、锅炉内或钢构架上操作时，触电的危险性更大。

2) 电气火灾、爆炸和灼烫

电焊操作过程中，会发生电气火灾、爆炸和灼烫事故。短路或超负荷工作，都可引起电气火灾；周围有易燃易爆物品时，由于电火花和火星飞溅，会引起火灾和爆炸，如压缩钢瓶的爆炸。特别是燃料容器(如油罐、气罐等)和管道的焊补，焊前必须采取严密的防爆措施，否则将会发生严重的火灾和爆炸事故。火灾、爆炸和操作中的火花飞溅，都会造成灼烫伤亡事故。

3) 触电造成的二次事故

电焊高处操作较多，除直接从高处坠落的危险外，还可能发生因触电失控，从高处坠落的二次事故。

4) 机械性伤害

机械性伤害，如焊接笨重构件，可能会发生挤伤、压伤和砸伤等事故。

5) 辐射

焊接辐射的危害：可见强光、不可见红外线和紫外线等，除电子束焊接会产生 X 射线外，其他焊接作业不会生产影响生殖机能一类的辐射线。

气焊和电焊时可用护目玻璃，减弱电弧光的刺目和过滤紫外线、红外线。氮弧焊时，弧光最强，辐射强度也最大，紫外线强度达到一定程度后，会产生臭氧。工作时除要戴护目眼镜外，还应戴口罩、面罩，穿戴好防护手套、脚盖、帆布工作服。

6) 中毒

焊接过程中，由于高温使焊接部位的金属、焊条药皮、污垢、油漆等蒸发或燃烧，形成烟雾状的蒸汽、粉尘引起中毒。有色金属的烟雾一般都有不同程度的危害，如人体吸入这些烟雾后会引起锰中毒。

因此在焊接时必须采取有效措施，如戴口罩、安装通风或吸尘设备等，采用低尘少害的焊条，自动焊代替手工焊。

7）磁场

振荡器的输出频率为150～260kHz，电压为2000～3000V，以帮助引燃电弧。高频电磁场是高频振荡器产生的，会使人头晕、疲乏。

应采取如下防护措施：减少高频电磁场的作用时间、引燃电弧后立即切断高频电源、焊炬和焊接电缆用金属编织线屏蔽、焊件接地。

2. 安全操作

1）一般要求

为了防止触电事故的发生，除按规定穿戴防护工作服、防护手套、绝缘鞋、使用护目镜及防护面罩外，还应保持干燥和清洁。操作过程应遵守下面的要求。

(1) 每台电焊机都应设置单独的开关箱，箱中装有电源侧和把手线侧(二次侧)的漏电开关，当焊接过程中或电焊机空载时，如果有漏电现象都能防止触电事故，见图10.26。

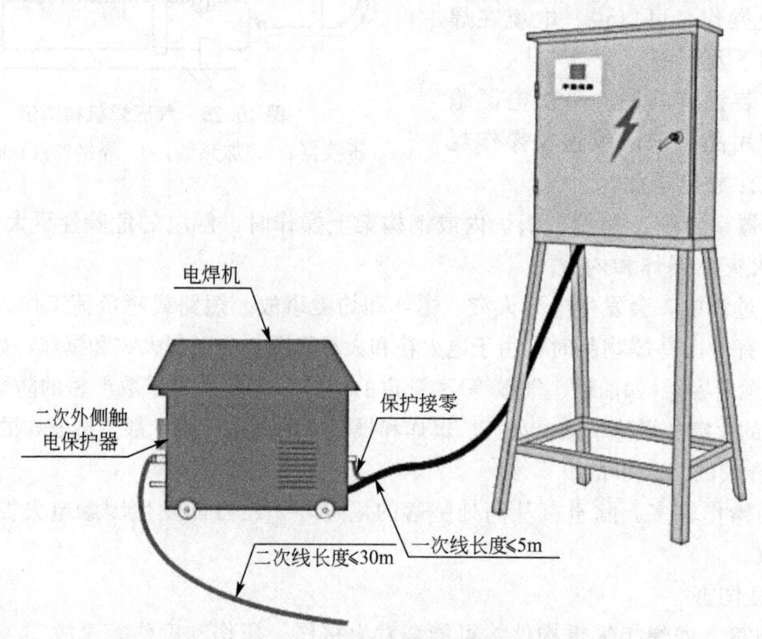

图10.26 电焊机配线示意

(2) 焊接工作开始前，应首先检查焊机和工具是否完好和安全可靠。例如，焊钳和焊接电缆的绝缘是否有损坏的地方，焊机的外壳接地和焊机的各接线点接触是否良好。不允许未进行安全检查就开始操作。

(3) 在狭小空间、船仓、容器和管道内工作时，为防止触电，必须穿绝缘鞋，脚下垫橡胶板或其他绝缘衬垫；最好两人轮换工作，以便互相照看，否则就需有一名监护人员，随时注意操作人的安全情况，一遇有危险情况就可立即切断电源进行抢救。

(4) 身体出汗而使衣服潮湿时，人体电阻降低，切勿靠在带电的钢板或工件上，以防触电。

(5) 工作地点潮湿时，地面应铺有橡胶板或其他绝缘材料。

(6) 更换焊条一定要戴皮手套，不要赤手操作。

(7) 在带电情况下为了安全，焊钳不得夹在腋下去搬被焊工件或将焊接电缆挂在脖颈上。

(8) 推拉闸刀开关时，脸部不允许直对电闸，以防止短路造成的火花烧伤面部。

(9) 下列操作，必须切断电源才能进行：改变焊机接头、更换焊件需要改接二次回路、更换保险装置、焊机发生故障需进行检修、转移工作地点搬动焊机、工作完毕或临时离开工作现场。

(10) 施工现场的焊、割工作必须符合防火要求，严格执行“十不准”规定。

① 焊工必须持证上岗，无特种安全操作证的人员，不准进行焊、割作业。

② 凡属一、二、三级动火范围的焊、割作业，未经办理动火审批手续，不准进行焊、割。

③ 焊工不了解焊、割现场周围情况，不准进行焊、割。

④ 焊工不了解焊件内部是否安全时，不准进行焊、割。

⑤ 各种装过可燃气体，易燃液体和有毒物质的容器，未经彻底清洗，排除危险性之前，不准进行焊、割。

⑥ 用可燃材料作保温层、冷却层、隔热设备的部位，或火星能飞溅到的地方，在未采取切实可行的安全措施之前，不准焊、割。

⑦ 有压力或密闭的管道、容器，不准焊、割。

⑧ 焊、割部位附近有易燃易爆物品，在未作清理或未采取有效的安全措施之前，不准焊、割。

⑨ 附近有与明火作业相抵触的工种在作业时，不准焊、割。

⑩ 与外单位相连的部位，在没有弄清有无险情，或明知存在危险而未采取有效的措施之前，不准焊、割。

2) 电弧焊

电弧是两电极间持久有力的一种放电现象。放电同时产生高热(温度可达6000℃左右)和强烈弧光。电弧产生的热，可以用来焊接、切割和炼钢等。

为了使电弧在焊条与焊件之间保持连续稳定的燃烧，电焊机空载电压很高，工作电压较低。

(1) 焊接设备上的电机、电器、空压机等应按有关规定执行，并有完整的防护外壳，一、二次接线柱处应有保护罩。

(2) 现场使用的电焊机应设有可防雨、防潮、防晒的机棚，并备有消防用品。

(3) 焊接铜、铝、锌、铅等有色金属时，必须在通风良好的地方进行，焊接人员应戴防毒面具或呼吸滤清器。

(4) 严禁在运行中的压力管道、装有易燃易爆物品的容器和受力构件上进行焊接和切割。

(5) 在容器内施焊时，必须采取以下措施：容器上必须有进、出风口并设置通风设备；容器内的照明电压不得超过12V，焊接时必须有人在场监护，严禁在已喷涂过油漆或塑料的容器内焊接。

(6) 焊接预热焊件时，应设挡板隔离焊件发出的辐射热。

(7) 高空焊接或切割时，必须挂好安全带，焊件周围和下方应采取防火措施并有专人监护。

(8) 电焊线通过道路时，必须架高或穿入防护管内埋设在地下，如通过轨道时，必须从轨道下面穿过。

(9) 接地线及手把线都不得搭在易燃、易爆和带有热源的物品上，接地线不得接在管道、机床设备、建筑物金属构架或轨道上，接地电阻不大于4Ω。

(10) 雨天不得露天电焊。在潮湿地带作业时，操作人员应站在铺有绝缘物品的地方并穿绝缘鞋。

(11) 长期停用的电焊机，使用时须检查其绝缘电阻不得低于0.5MΩ，接线部分不得有腐蚀和受潮现象。

(12) 焊钳应与手把线连接牢固，不得用胳膊夹持焊钳。清除焊渣时，面部应避开被清的焊缝。

(13) 在荷载运行中，焊接人员应经常检查电焊机的温升，如超过A级60℃、B级80℃时，必须停止运转并降温。

(14) 施焊现场的10m范围内，不得堆放氧气瓶、乙炔发生器、木材等易燃物。

(15) 作业后，清理场地、灭绝火种、切断电源、锁好配电箱、消除焊料余热后方可离开。

3) 交流电焊机

(1) 应注意初、次级线不可接错，输入电压必须符合电焊机的铭牌规定。严禁接触初级线路的带电部分。

(2) 次级抽头连接铜板必须压紧，接线柱应有垫圈。合闸前详细检查接线螺母、螺栓，其他部件应无松动或损坏。

(3) 移动电焊机时，应切断电源，不得用拖拉电缆的方法移动焊机，如焊接中突然停电，应切断电源。

4) 点焊机

(1) 作业前，必须清除上、下两极的油污；通电后机体外壳应无漏电。电极触头应保持光洁，如有漏电时应立即更换。

(2) 起动前，应先按通控制线路的转向开关和调整好极数。接通水源、气源，再接通电源。

(3) 作业时，气路、水冷系统应畅通，气体必须保持干燥。排水温度不得超过40℃，排水量可根据气温调节。

(4) 严禁在引燃电路中加大熔断器。当负载过小使引燃管电弧不能发生时，不得闭合控制箱的引燃电路。

(5) 控制箱如长期停用，每月应通电加热30min。如更换闸流管亦应预热30min，正常工作的控制箱的预热不得小于5min。

10.2 用火及现场消防

10.2.1 现场用火与防火检查

1. 动用明火及危险品

动火作业，指能直接或间接产生明火的工艺设置以外的非常规作业，如使用电焊、气焊(割)、喷灯、电钻、砂轮等进行可能产生火焰、火花和炽热表面的非常规作业。

动火作业分为特殊动火作业、一级动火作业和二级动火作业三级。特殊动火作业指在生产运行状态下的易燃易爆生产装置、输送管道、储罐、容器等部位及其他特殊危险场地动火作业，带压不置换动火作业按特殊动火作业管理。一级动火作业指在易燃易爆场所进行的除特殊动火作业以外的动火作业。二级动火作业指除特殊动火作业和一级动火作业以外的禁火区的动火作业；以及凡生产装置或系统全部停车，装置经清洗、置换、取样分析合格并采取安全隔离措施后其火灾、爆炸危险性大小，经厂安全(防火)部门批准，动火作业可按二级动火作业管理。

(1) 建立实行工地消防领导小组和义务消防队监督管理下的动火管理，实行“一批三定”(动火必须审批，定人、定点、定措施)，并应远离易燃物，备有消防器材。

在施工现场禁火区域内施工，动火作业前必须申请办理动火证。动火证必须注明动火地点、动火时间、动火人、现场监护人、批准人和防火措施。动火证由安全生产管理部门负责管理，施工现场动火证的审批工作由工程项目负责人组织办理。动火作业没经过审批的，一律不得实施动火作业。动火证只限当天本人在规定地点使用。

(2) 设立动火审批办公室，由义务消防队正、副队长专职审批，并实行谁审批谁负责制度，落实看火人员，明确其职责，认真履行。

一级动火作业由所在单位行政负责人填写动火申请表，编制安全技术措施方案，公司保卫部门及消防部门审查批准后方可动火；二级动火作业由所在工地、车间的负责人填写动火申请表，编制安全技术措施方案，报本单位主管部门审查批准后方可动火；三级动火作业由所在班组填写动火申请表，经工地、车间负责人及主管人员审查批准后方可动火；古建筑和重要文物单位等场所动火作业，按一级动火手续上报审批。

(3) 严格执行“三不动火”，即没有经批准的动火证不动火、防火监护人不在现场不动火、防火措施不落实不动火。对不符合“三不动火”要求的，有权拒绝动火。

(4) 监火人必须了解动火区域的生产过程，熟悉工艺操作和设备状况；要有较强的责任心，出现问题能正确处理；有应付突发事故的能力，并经培训考试合格持证上岗。监火人佩戴明显标志，在用火过程中不准擅自离开岗位。特殊情况需离开现场，必须事先安排好合格的监火人方可离开。

监火人对动火部位与动火证不符，安全措施不落实的，有权制止用火；异常情况发生时有权停止用火；对动火人不执行“三不动火”且不听劝阻的，有权收回动火证，并报告领导处理；检查动火现场的情况，对照动火单逐项确认并落实防火措施；监火人员随身应有灭火器具，动火中发现异常情况及时采取灭火等措施。

(5) 严格按照有关规范、规程使用、存放如乙炔、氧气、油类、油漆等易燃危险物品，并配备足量有效的消防器具、器材，落实责任人员，安全标志醒目。

(6) 漆类、油类、香蕉水等各种易燃物品进工地后必须及时进仓，由仓库保管员按指定地点存放，各领用部门严格控制限额领料，严格出入登记手续，施工现场内不宜存料过多，不用物品及时退回仓库，不准到处乱放。

(7) 氧气要注意安全运输，进工地后由焊工负责保管，氧气瓶应做好标记，不准堆放。

(8) 动火后检查动火现场余火是否熄灭，切断动火设备电源、气源。

2. 防火安全检查制度

(1) 义务消防队由队长负责，成员每天巡查，设立专册登记簿。

(2) 岗位、班组防火检查由操作工结合清洁、文明等，对本岗位的防火安全随时进行检查。

(3) 消防领导小组防火检查每月不少于一次，由组长组织成员会同义务消防队员和班组责任人参加，并做好检查结果登记。

(4) 平时消防安全检查可结合各级安全生产检查进行。

(5) 对查出的火险隐患及时整改，本部门难以解决的要及时上报。

(6) 在每次的协调例会中，对防火用电进行集中检查小结。义务消防队要把每次消防安全检查情况进行记录，并把火险隐患的整改措施，立案登记存入防火档案。

10.2.2 施工现场消防

1. 防火制度

1) 防火制度的建立

(1) 施工现场都要建立、健全防火检查制度。

(2) 建立义务消防队，人数不少于施工总人员的10%。

(3) 建立动用明火审批制度，按规定划分级别，审批手续完善。

2) 消防重点单位消防安全要求

(1) 有生产岗位防火责任制。

(2) 有专职或兼职防火安全干部。

(3) 有群众性的义务消防队和必要的消防器材设备，规模大、火灾危险性大、离公安消防队远的企业设有专职消防队。

(4) 有健全的消防安全制度。

(5) 对火险隐患能及时发现和立案整改。

(6) 对消防重点部位做到定点、定人、定措施，并根据需要采用自动报警、灭火等新技术。

(7) 对职工群众普及消防知识，对重点工种进行专门的消防训练和考核。

(8) 有消防档案和灭火实施计划。

(9) 对消防工作定期总结评比，奖惩严明。

2. 消防器材的配置和使用

1) 施工现场消防器材

施工现场必须配备消防器材，做到布局、选型合理。

(1) 灭火器：配置遵照《建筑灭火器配置设计规范》GB 50140—2005的要求设置。常见灭火器见图10.27。

灭火器按充装的灭火剂分类：水基型灭火器(包括清洁水或带添加剂的水，如湿润剂或发泡等)、干粉型灭火器、二氧化碳灭火器、洁净气体灭火器；按驱动灭火器的压力型式分类：贮气瓶式灭火器(灭火剂由灭火器的贮气瓶释放的压缩气体或液化气体的压力驱动)见图 10.28、贮压式灭火器(灭火剂由贮于灭火器同一容器内的压缩气体或灭火剂蒸气压力驱动)。

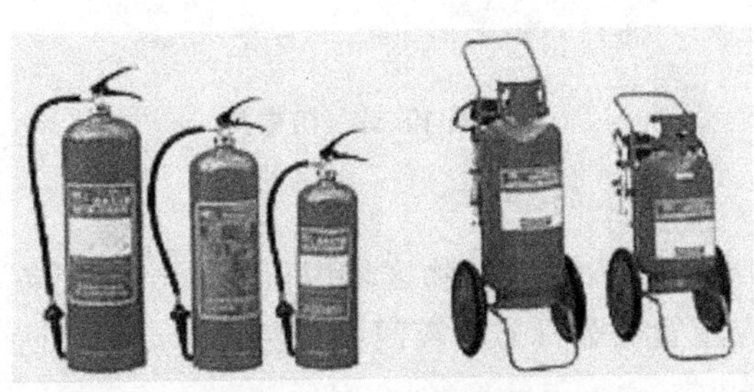

图 10.27 移动式灭火器

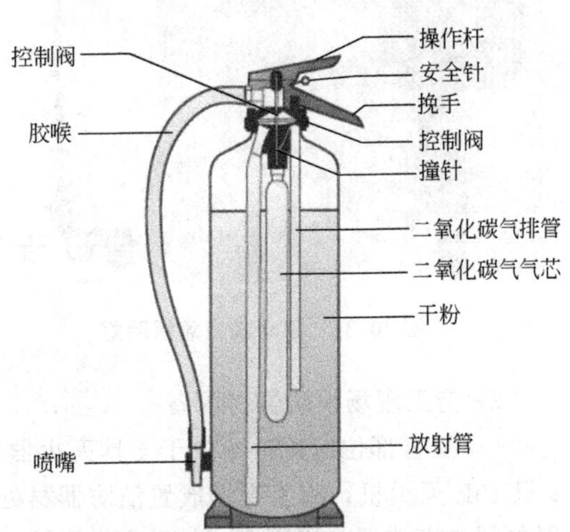

图 10.28 贮气瓶式灭火器(干粉灭火器)

(2) 消防栓。一种固定消防工具。主要作用是控制可燃物、隔绝助燃物、消除着火源。

室外消防栓是设置在建筑物外消防给水管网上的供水设施，见图 10.29。主要供消防车从市政给水管网或室外消防给水管网取水实施灭火，也可以直接连接水带、水枪出水灭火。所以它也是扑救火灾的重要消防设施之一。

要求有醒目的标注，写明“消防栓”，见图 10.30，并不得在其前方设置障碍物，避免影响消防栓门的开启。

图 10.29 室外消防栓

图 10.30 “地上消防栓”标志

(3) 消防应急照明灯。适用于人员疏散和消防应急照明，是消防应急中最为普遍的一种照明工具，有耗电小、应急时间长、亮度高、使用寿命长等特点，具有断电自动应急功能。设计有电源开关和指显灯。应保证在断电状态下可工作 2 个小时，应符合《消防应急照明和疏散指示系统》GB 17945—2010 的规定。有壁挂式、手提式、吊式安装式和移动式等种类，见图 10.31。

(4) 防爆灯。用于可燃性气体和粉尘存在的危险场所，能防止灯内部可能产生的电弧、火花和高温引燃周围环境里的可燃性气体和粉尘，从而达到防爆要求的灯具，见图 10.32。仓库必须安装防爆灯而不能使用普通日光灯。

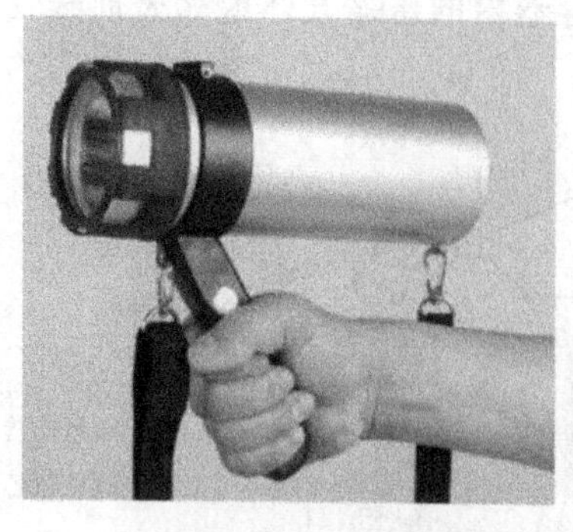

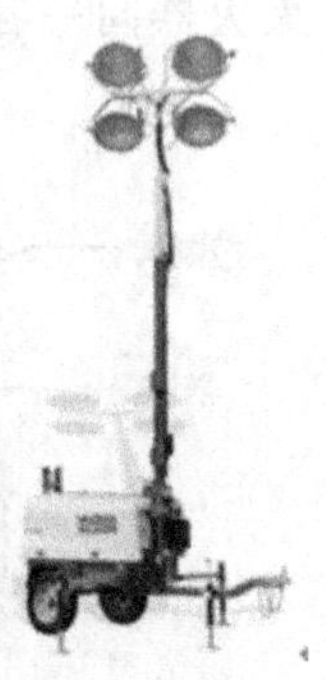

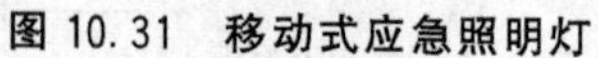

图 10.31　移动式应急照明灯

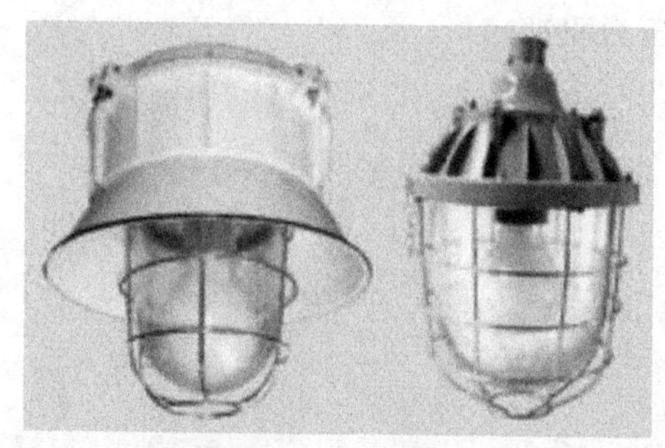

图 10.32　防爆灯

2）施工现场消防器材配备

(1)要害部位应配备不少于 4 具灭火器材，临时搭设的建筑物区域内，每 100m² 配备 2 只 10L 灭火机，施工现场放置消防器材处，应设置明显标志，夜间设红色警示灯，消防器材须垫高放置，周围 3m 内不准存放任何物品。

(2) 大型临时设施总面积超过 1200m²，应备有专供消防用的太平桶、积水桶(池)、黄砂池等设施，上述设施周围不得堆放物品，见图 10.33。

(3) 临时木工间、油漆间和木、机具间等每 25m² 配备 1 只种类合适的灭火器，油库危险品仓库应配备数量足够、种类合适的灭火机。

(4) 高层建筑工地应随层安装临时消防竖管(2 寸管)，每层设消火栓口，24m 高度以上高层建筑施工现场，应设置有足够扬程的高压水泵并配备足够的消防水带、消防水枪，见图 10.34。

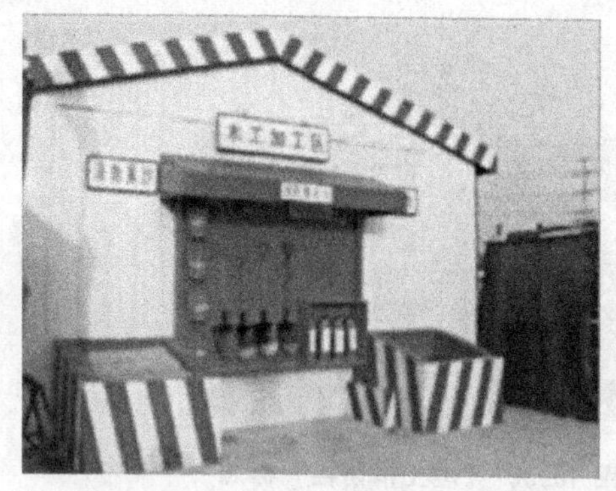

图 10.33　消防设施(木工加工区)

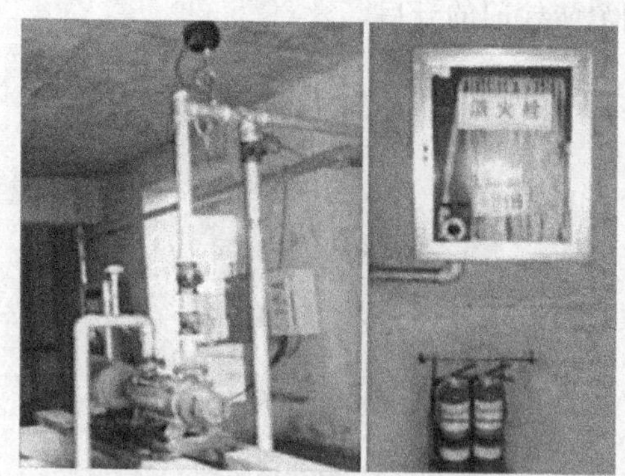

图 10.34　高层建筑工地消防设施(加压泵、消火栓等)

(5) 要有明显的防火标志，并经常检查、维护、保养，保证灭火器材灵敏有效。

(6) 消防器材应置于明显、干燥处，严禁直接放置地面或潮湿地点，其放置高度不得低于 0.15m、顶部不得高于 1.5m，并有明显的消防器材存放处标志，不得随意挪动。

3）灭火器的选择

根据火灾类型、火灾危险等级、修正系数、灭火器类型、建筑物参数等选择灭火器。灭火器需确定的参数包括形式(手提、推车)、灭火剂充装量、灭火器类型规格代码、灭火级别、数量、场所灭火级别等。

(1) 火灾类别。

A类(固体有机物质燃烧，如木材、棉、麻、纸张及其制品)火灾选用水型、泡沫、磷酸氨盐干粉、卤代烷灭火器。

B类(液体或可熔化固体燃烧，如汽油、煤油、柴油、甲醇、乙醇、沥青、石蜡)火灾选用干粉(碳酸氢钠、磷酸铵盐)、泡沫、二氧化碳型灭火器，灭B类火灾的水型灭火器或卤代烷灭火器。扑救水融性B类火灾应选用抗溶性泡沫灭火剂。

C类(可燃气体燃烧，如煤气、天然气、甲烷、乙烷、丙烷、氢气等)火灾应选用干粉(磷酸铵盐、碳酸氢钠)、二氧化碳型或卤代烷灭火器。扑救带电设备火灾选用二氧化碳、干粉型灭火器。扑救A类火灾和带电设备火灾应选用磷酸盐干粉。

D类(轻金属燃烧，应根据金属的种类、物态和特性研究确定)火灾选用扑灭金属火灾的专用干粉灭火器，如7150灭火剂。

E类(物体带电燃烧，如发电机房、变压器室、配电间、计算机房等)火灾选择干粉(磷酸铵盐、碳酸氢钠)、卤代烷或二氧化碳灭火器，但不得选用装有金属喇叭喷筒的二氧化碳灭火器。

(2) 火灾危险等级：GB 50140—2005中划分4个危险级，如表10-4所示。

表10-4 火灾危险等级

建筑类型	危险等级	划分因素	灭火器配置场所
工业建筑	严重危险级	生产、使用、储存物品的火灾危险性，可燃物数量，火灾蔓延速度，扑救难易程度等	火灾危险性大，可燃物多，起火后蔓延迅速，扑救困难，容易造成重大财产损失的场所
	中危险级		火灾危险性较大，可燃物较多，起火后蔓延较迅速，扑救较难的场所
	轻危险级		火灾危险性较小，可燃物较少，起火后蔓延较缓慢，扑救较易的场所
民用建筑	严重危险级	使用性质，人员密集程度，用电用火情况，可燃物数量，火灾蔓延速度，扑救难易程度等	使用性质重要，人员密集，用电用火多，可燃物多，起火后蔓延迅速，扑救困难，容易造成重大财产损失或人员群死群伤的场所
	中危险级		使用性质较重要，人员较密集，用电用火较多，可燃物较多，起火后蔓延较迅速，扑救较难的场所
	轻危险级		使用性质一般，人员不密集，用电用火较少，可燃物较少，起火后蔓延较缓慢，扑救较易的场所

(3) 修正系数K：应按表10-5的规定取值。

表10-5 修正系数

计算单元	K
未设室内消火栓系统和灭火系统	1.0
设有室内消火栓系统	0.9
设有灭火系统	0.7

（续）

计算单元	K
设有室内消火栓系统和灭火系统	0.5
可燃物露天堆场、 甲、乙、丙类液体储罐区、 可燃气体储罐区	0.3

(4) 灭火器类型：有水型、泡沫(化学泡沫)型、干粉型(碳酸氢钠或磷酸铵盐)、卤代烷型(1211)、二氧化碳型(CO_2)。

(5) 建筑物参数：地上建筑、娱乐场所(歌舞娱乐放映游艺场所、网吧、商场、寺庙)及地下场所、建筑面积。

例如，火灾类型为A类、火灾危险等级为轻级危险、未设室内消火栓和灭火系统的修正系数 $K=1.0$、灭火器类型泡沫型、建筑物参数为地上建筑 $1000m^2$。则灭火器确定为手提形式、灭火剂充装量3L、灭火器类型规格代码有MP3或MP/AR3、灭火级别1A、数量10只、场所灭火级别10。

4) 施工现场消防器材管理

(1) 根据起火情况使用不同类型的消防器材，不得乱用。

(2) 凡动用过的消防器材，要及时填写《火灾事故及消防器材使用情况》，并及时上报。

(3) 凡工地的消防器材，由义务消防队成员负责管理、检查和保养。

(4) 消防器材要安放在指定位置，不准随意移位和挪作他用。

(5) 要加强检查和保养，每月检查一次，每半年保养一次。消防器材(柜)损坏、缺少和动用要及时上报，以便及时恢复使用。

(6) 防火器材要保持充足、干燥，缺少和潮湿要及时处理或更换。

(7) 消防器材损坏、缺少、随意移位或挪作他用，要追究分管人责任。

3. 施工现场防火要求

1) 建筑施工引起火灾和爆炸的原因

建筑施工中发生火灾和爆炸事故，主要发生在储存、运输及施工(加工)过程中。有间接原因(技术、管理的原因)也有直接原因(现场的设施不符合消防安全的要求，缺少防火、防爆安全装置和设施，在高处实施电焊、气割作业时对作业的周围和下方缺少防护遮挡，雷击、地震、大风、洪水等天灾，雷暴区季节性施工避雷设施失效)。

引起火灾爆炸的点火源主要如下。

(1) 明火，如喷灯、火炉、火柴、锅炉房、食堂烟筒或烟道喷出火星。

(2) 电火花。高电压的火花放电、短路，开闭电闸时的弧光放电，接点上的微弱火花等。

(3) 电焊、气焊和气割的焊渣。

初期火灾和爆炸事故，如果控制不及时、扑救不得力，便会发展扩大成为灾害。灾害扩大的主要原因如下。

(1) 作业人员对异常情况不能正确判断、及时报告处理。

(2) 现场消防制度不落实，措施不落实，无灭火器材或灭火剂失效。

(3) 延误报火警，消防人员未能及时到达火场灭火。

(4) 因防火间距不足、可燃物质数量多、大风天气等而无法短时间灭火。

在生产加工和储存运输过程中，应全面、系统地分析造成火灾爆炸事故的各种原因，有效地采取相应的防火技术措施和管理措施，达到预防事故的目的。

2) 施工现场防火基本要求

(1) 各单位在编制施工组织设计时，施工总平面图、施工方法和施工技术均要符合消防安全要求。

(2) 施工现场应明确划分用火作业、易燃可燃材料堆场、仓库、易燃废品集中站和生活区等区域。各区域之间要按规定保持防火安全距离：禁火作业区距离生活区不小于15m，距离其他区域不小于25m；易燃、可燃材料堆料场及仓库与在建工程和其他区域的距离应不小于20m；易燃的废品集中场地与在建工程和其他区域的距离应不小于30m。防火间距内，不应堆放易燃和可燃材料。

(3) 施工现场，夜间应有照明设备，保持消防车通道畅通无阻，并要安排力量加强值班巡逻。

(4) 施工作业期间，需搭设临时性建筑物，必须经施工企业技术负责人批准，施工结束应及时拆除，见图10.35。但不得在高压线架空下面搭设临时性建筑物或堆放可燃物品。

(5) 施工现场应配备足够的消防器材，指定专人维护、管理、定期更新，保证完整好用。

(6) 在土建施工时，应先将消防器材和设施配备好，有条件的应敷设好室外消防水管和消防栓。

(7) 焊、割作业点与氧气瓶、电石桶和乙炔发生器等危险物品的距离不得小于10m，与易燃、易爆物品的距离不得小于30m；焊、割作业不准与油漆、喷漆、木料加工等易燃、易爆作业同时上下交叉进行；高处焊接下方应设专人监护，中间应有防护隔板。如达不到上述要求的，应执行动火审批制度，并采取有效的安全隔离措施。

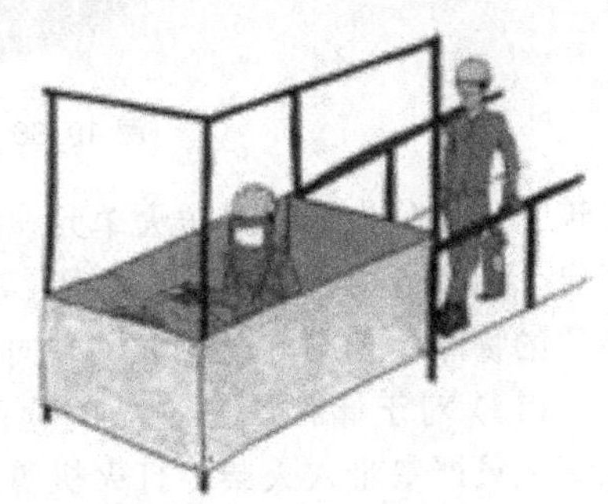

图10.35 防火安全面罩、临时隔离设施及监护

(8) 乙炔发生器和氧气瓶的存放之间距离不得小于2m；使用时，两者的距离不得小于5m，见图10.36；氧气瓶、乙炔发生器等焊割设备上的安全附件应完整有效，否则不准使用。

(9) 防火防爆措施包括：转移、隔离、置换、清洗、移去危险品、加强通风、提高湿度、进行冷却、备好灭火器材。焊、割作业结束后，必须及时彻底清理现场，清除遗留的火种。关闭电源、气源，把焊、割炬放置在安全的地方。

(10) 冬季施工采用保温加热措施时，应符合以下要求：采用电热器加温应设电压调整器控制电压，导线应绝缘良好，连接牢固，并在现场设置多处测量点；采用锯末生石灰蓄热，应选择安全配方比，并经工程技术人员同意后方可使用；采用保温或加热措施前，应进行安全教育，施工过程中应安排专人巡逻检查，发现隐患及时处理。

(11) 施工现场的动火作业，必须执行审批制度。未经批准，严禁动火；没有消防措施、无人监护，严禁动火。

(12) 在对易引起火灾的仓库，应将库房内、外按500m^{2}的区域分段设立防火墙，把

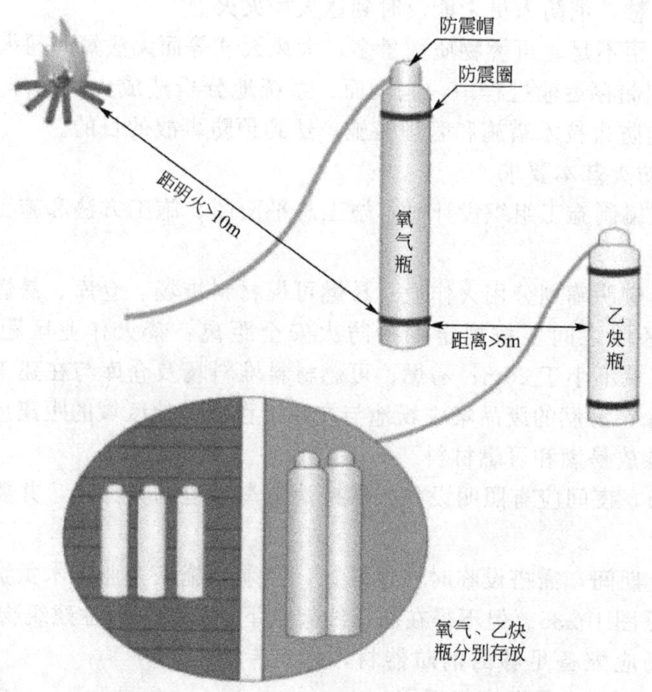

图 10.36 氧气、乙炔瓶使用距离设置示意

建筑平面划分为若干个防火单元。贮量大的易燃仓库，应设两个以上的大门，大门应向外开启。固体易燃物品应当与易燃、易爆的液体分间存放，不得在一个仓库内混合贮存不同性质的物品。仓库应设在下风方向，保证消防水源充足和消防车辆通道的畅通。

(13) 对于储存易燃物品的仓库，应有醒目的“禁止烟火”等安全标志，严禁吸烟，入库人员严禁带入火柴、打火机等火种，见图 10.37。

图 10.37 吸烟应在吸烟区并正确弃置烟蒂

(14) 烘烤、熬炼使用明火或加热炉时，应用砖砌实体墙完全隔开。烟道、烟囱等部位与可燃建筑结构应用耐火材料隔离，操作人员应随时监督。

办公室、食堂、宿舍等临时设施不得乱拉乱扯电线，不得使用电炉子，取暖炉具应当符合防火要求，要由专人管理。施工现场内严禁焚烧建筑垃圾和用明火取暖。

(15) 电气防火防爆措施。严格按照 JGJ 46—2005 的要求，编制临时用电专项施工方案和设置临时用电系统，以避免引起电气火灾。

(16) 现场气瓶垂直吊运时，应使用气瓶托架，见图 10.38。托架边长为 0.8m、宽为 0.6m、高为 1.4m，边框采用∟45×45×5 角钢焊接，围栏用 ϕ12mm 螺纹钢筋焊接。托架悬挂“禁止烟火”警示牌。

(17) 每日作业完毕或焊工离开现场时，必须确认火已熄灭，周围已无隐患，电闸已拉下，门已锁好。确认无误后，方可离开。

4. 火灾应对措施

1）火灾报警

（1）一般情况下，发生火灾后应当报警和救火同时进行。

（2）当发生火灾，现场只有一个人时，应该一边呼救一边进行处理，必须赶快报警，边跑边喊，以便取得群众的帮助。

（3）报警拨通“119”电话后，应沉着、准确地讲清起火单位、所在地区、街道、起火部位、燃烧物、火势大小、报警人姓名以及使用电话的号码。

2）火场救人

救人重于救火。在楼房火灾中，以下七种“救人术”是十分有效的。

（1）缓和救人术：楼房中受火围困人员较多时，可先引导、疏散受困人员到安全地方，再设法转移到地面。

（2）转移救人术：可引导被困人员从屋顶到另一单元的楼梯转移到地面。

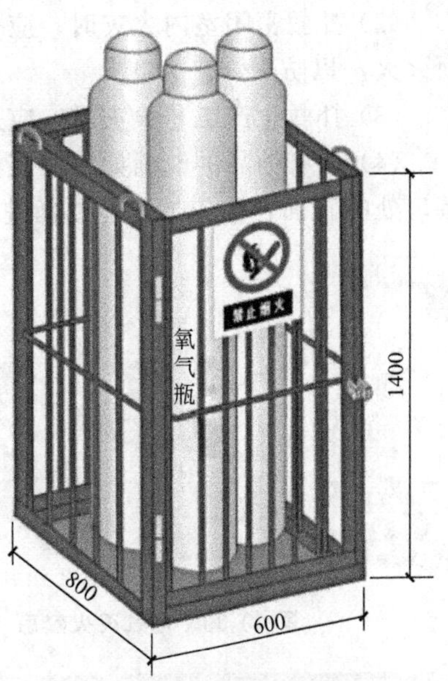

图 10.38 气瓶托架示意

（3）架梯救人术：利用举高消防车、挂钩梯、单梯等登高工具，抢救被困人员。

（4）绳管救人术：利用室外排水管或安全绳实施抢救。

（5）控制救人术：用水枪控制楼梯、楼梯间的火势，引导受困人员疏散。

（6）缓降救人术：利用缓降器把被困人员抢救至地面。

（7）拉网救人术：发现有人急欲纵身跳楼时，可用大衣、被褥、帆布等拉成一个“救生网”抢救人命。

3）火灾逃生

（1）当处于烟火中，首先要想办法逃走。如烟不浓可俯身行走；如烟太浓，须卧地爬行，并用湿毛巾蒙着口鼻，以减少烟毒危害。

（2）当楼房发生火灾时，如火势不大，可用湿棉被、毯子等披在身上，从火中冲过去。

（3）如楼梯已被火封堵，应立即通过屋顶由另一单元的楼梯脱险。

（4）如其他方法无效，可用绳子或撕开的被单连接起来，顺着往下滑。

（5）如时间来不及，应先向地面抛一些棉被、沙发垫等物，以增加缓冲。

4）灭火的基本方法

（1）窒息灭火法：使燃烧物质断绝氧气的助燃而熄灭。

（2）冷却灭火法：使可燃物质的温度降低到燃点以下而终止燃烧。

（3）隔离灭火法：将燃烧物体与附近的可燃物质隔离或疏散开，使燃烧停止。

（4）抑制灭火法：使灭火剂参与到燃烧反应过程中去，使燃烧中产生的游离基消失而使燃烧反应停止。

5）火场扑救

（1）应首先查明燃烧区内有无发生爆炸的可能性。

(2) 扑救密闭室内火灾时，应先用手摸门，如门很热，绝不能贸然开门或站在门的正面灭火，以防爆炸。

(3) 扑救生产工艺火灾时，应及时关闭阀门或采用水冷却容器的方法。

(4) 装有油品的油桶如膨胀至椭圆形时，可能很快就会爆炸，救火人员不能站在油桶接口处的正面，且应加强对油桶进行冷却保护。

图 10.39　电气灭火禁忌

(5) 竖立的液化石油气瓶发生泄漏燃烧时，如火焰从桔红变成银白，声音从“吼”声变成“哗”声，就会很快爆炸。应及时采取有力的应急措施和撤离在场人员。

(6) 施工现场电气着火扑救方法：施工现场电气发生火情时，应先切断电源，再使用砂土、二氧化碳、“1211”或干粉灭火器进行灭火，不得用水及泡沫灭火器进行灭火，以防止发生触电事故，见图 10.39。

案例

施工现场临时用电及动火事故案例

施工现场临时用电及动火事故及其分析见图 10.40。

序号	事故现场图片及简要原因分析	序号	事故现场图片及简要原因分析
1	现场负责人带 5 名工人，将移动式工具脚手架(钢管立杆最高点距地面 6.46m)移动，从场区内 10kV 架空高压线下方穿行时，未注意高压线高度(高压线距地面 6.4m)，导致脚手架钢管立杆与高压线接触，造成 3 人触电死亡	3	施工人员甲从楼顶找来一个稀料桶(高 25cm、直径 18. 5cm)准备当作盛水的器具，请正在做电焊工作的乙使用电焊切割小桶，切割时桶内残存的稀料爆燃，将乙烧伤至死
2	辅助工从商场三楼二号强电间应急电源 EPS 柜桩头上接单机箱电源时，不慎触电，经送医院抢救无效死亡	4	施工人员 2 人进行消防水管湾头焊接工作时，其中一人操作电焊不慎触电，后经 120 抢救无效身亡 。事后调查发现电焊焊把线破损，导致漏电

（续）

序号	事故现场图片及简要原因分析	序号	事故现场图片及简要原因分析
5	 一栋高层公寓起火。事故原因有无证电焊工违章操作，装修工程违法违规、层层多次分包；存在明显抢工行为；违规使用大量尼龙网、聚氨酯泡沫等易燃材料	6	 一工地民工简易宿舍突然起火，大火将44间宿舍烧为灰烬。由于工人在宿舍内明火煮食或私拉电线使用大功率电器煮食引起此次火灾

图 10.40 事故案例

本章小结

施工现场临时用电涉及建筑施工大部分工艺过程和人员，是安全管理的重点之一。供电线路、用电器具有临时性、移动性等特点，要根据施工条件灵活采用适当的防护措施，并加强规范用电的管理；电气焊作业内容涉及用电、危险品、动火等安全管理内容，应严格各项安全制度。施工现场动火制度及消防器材的选用需要着重掌握。

习　　题

(1) 从安全角度，如何理解电气设备接地？

(2) 由同一个变压器供电的采用保护接零的配电系统中，能否同时采用保护接零和保护接地，为什么？

(3) 防爆场所电气设备的安全基本要求是什么？

(4) 防止电气装置发生火灾、爆炸事故，应采取哪些安全措施？

(5) 为什么电线接头不好会引起火灾？

(6) 安全电压的电源使用范围有哪些？

(7) 保护接地电阻值、重复接地电阻值、工作接地电阻值、防雷接地电阻值有何规定？

(8) 引起触电事故的主要原因有哪些？

(9) 焊接作业要防止哪些事故隐患？

(10) 电焊作业应注意哪些事项？

(11) 电焊机为什么要加装二次防触电保护装置？

(12) 使用手持电动工具应注意哪些事项？

(13) 分别指出氧气瓶、乙炔瓶、氢气瓶、液化石油气瓶的标准色是什么？

(14) 使用气瓶时，必须遵守哪些规定？

(15) 各类气瓶检验周期为多少？

(16) 用水救火应注意什么？

(17) 消防安全管理中的“两懂、三会、四记住”的内容是什么？

参考文献

[1] 罗云. 现代安全管理 [M]. 2 版. 北京：化学工业出版社，2010.

[2] 陈森尧. 安全管理学原理 [M]. 北京：航空工业出版社，1996.

[3] 武明霞. 建筑安全技术与管理 [M]. 北京：机械工业出版社，2009.

[4] 饶国宁，陈网桦，郭学永. 安全管理 [M]. 南京：南京大学出版社，2010.

[5] 邓铁军. 工程建设环境与安全 [M]. 北京：中国建筑工业出版社，2009.

[6] 林柏泉，张景林. 安全系统工程 [M]. 北京：中国劳动社会保障出版社，2007.

[7] 中国建筑工程总公司. 施工现场环境控制规程 [M]. 北京：中国建筑工业出版社，2005.

[8] 张兴荣，李世嘉. 安全科学原理 [M]. 北京：中国劳动社会保障出版社，2004.

[9] 陈宝智. 危险源辨识控制及评价 [M]. 成都：四川科学技术出版社，1996.

[10] 吴宗之，高进东. 重大危险源辨识与控制 [M]. 北京：冶金工业出版社，2001.

[11] 彭东芝，郑霞忠. 现代企业安全管理 [M]. 北京：中国电力出版社，2004.

[12] 韩军. 现代安全管理方法 [M]. 北京：机械工业出版社，1992.

[13] 何学秋. 安全工程学 [M]. 徐州：中国矿业大学出版社，2000.

[14] 毛海峰. 现代安全管理理论与实务 [M]. 北京：首都经济贸易大学出版社，2000.

[15] 国家安全生产监督管理局政策法规司. 安全文化新论 [M]. 北京：煤炭工业出版社，2002.

[16] 吴宗之，高进东，魏利军. 危险评价方法及其应用 [M]. 北京：冶金工业出版社，2001.

[17] 张晓艳. 安全员岗位实务知识 [M]. 北京：中国建筑工业出版社，2007.

[18] 李钰. 建筑施工安全 [M]. 北京：中国建筑工业出版社，2009.

[19] 建设部工程质量安全监督与行业发展司组织. 建设工程安全生产法律法规 [M]. 北京：中国建筑工业出版社，2004.

[20] 中国安全生产协会注册安全工程师工作委员会. 安全生产管理知识 [M]. 2 版. 北京：中国大百科全书出版社，2008.

[21] 中国安全生产协会注册安全工程师工作委员会. 安全生产法及相关法律知识 [M]. 2 版. 北京：中国大百科全书出版社，2008.

[22] 中国安全生产协会注册安全工程师工作委员会. 安全生产技术 [M]. 2 版. 北京：中国大百科全书出版社，2008.

[23] 中国安全生产协会注册安全工程师工作委员会. 安全生产事故案例分析 [M]. 2 版. 北京：中国大百科全书出版社，2008.

[24] 国家安全生产监督管理总局. 注册安全工程师执业资格考试大纲 [M]. 徐州：中国矿业大学出版社，2008.

[25] 朱建军. 建筑安全工程 [M]. 北京：化学工业出版社，2007.

[26] 李坤宅. 建设工程施工安全资料手册 [M]. 北京：中国建筑工业出版社，2003.

[27] 刘军. 安全员必读 [M]. 北京：中国建筑工业出版社，2001.

[28] 姜敏. 现代建筑安全管理 [M]. 北京：中国建筑工业出版社，2009.

[29] 李世蓉，兰定筠. 建设工程安全监理 [M]. 北京：中国建筑工业出版社，2004.

[30] 范照远. 建筑施工与安全技术 [M]. 北京：中国建材工业出版社，1998.

[31] 谢建民，肖备. 施工现场设施安全设计计算手册 [M]. 北京：中国建筑工业出版社，2007.

[32] 方东平，黄新宇. 工程建设安全管理 [M]. 北京：中国水利水电出版社，2001.

[33] 高向阳. 建筑施工安全管理与技术 [M]. 北京：化学工业出版社，2012.

[34] 任宏，兰定筠. 建设工程施工安全管理 [M]. 北京：中国建筑工业出版社，2005.

［35］ 张仕廉，董勇，潘承仕．建筑安全管理［M］．北京：中国建筑工业出版社，2005.
［36］ 陆荣根．施工现场分部分项工程安全技术［M］．上海：同济大学出版社，2002.
［37］ 刘嘉福．建筑施工安全技术［M］．北京：中国建筑工业出版社，2004.
［38］ 李杰，周福来，徐化玉．建筑施工安全技术［M］．北京：中国建筑工业出版社，1991.
［39］ 吴穹，许开立．安全管理学［M］．北京：煤炭工业出版社，2002.
［40］ 李世蓉，兰定筠，罗刚．建设工程施工安全控制［M］．北京：中国建筑工业出版社，2004.
［41］ 中华人民共和国国家质量监督检验检疫总局，中国国家标准化管理委员会．职业健康安全管理体系要求 GB/T 28001—2011［S］．北京：中国标准出版社，2012.
［42］ 中华人民共和国住房和城乡建设部．建筑施工安全检查标准 JGJ 59—2011［S］．北京：中国建筑工业出版社，2012.
［43］ 中华人民共和国住房和城乡建设部．施工企业安全生产评价标准 JGJ/T 77—2010［S］．北京：中国建筑工业出版社，2010.
［44］ 中华人民共和国住房和城乡建设部．建筑施工现场环境与卫生标准 JGJ 146—2004［S］．北京：中国建筑工业出版社，2005.
［45］ 安全生产、劳动保护政策法规系列专辑编委会．建筑企业职业安全健康管理体系实施指南［M］．北京：中国劳动社会保障出版社，2004.